Prüfungsbuch Anlagenmechaniker SHK

Teil 2

von
Peter Pusch und Josef Wagner

3., überarbeitete und erweiterte Auflage

Handwerk und Technik – Hamburg

Bildquellen

Autoren und Verlag danken den genannten Firmen, Institutionen und Personen für die Überlassung von Vorlagen bzw. Abdruckgenehmigungen folgender Abbildungen:

Airflow Lufttechnik GmbH, Rheinbach: S. 317.3; 318.1,2 – AkoTec Produktionsgesellschaft mbH, Angermünde: S. 102.1 – Bayernwerk AG, Bayreuth: S. 204.1 – ASUE Arbeitsgemeinschaft für sparsamen und umweltfreundlichen Energieverbrauch e.V., Berlin: S. 157.1 – BlowerDoor GmbH, Springe-Eldagsen: S. 258.1 – Bosch Thermotechnik GmbH Buderus Deutschland, Wetzlar: S. 98.1 – Bosch Thermotechnik GmbH Junkers Deutschland, Wernau: S. 160.2; 161.1; 162.1; 326.1 – Bundesverband der Deutschen Heizungsindustrie (BDH), Köln: S. 8.1 – DOYMA GmbH & Co., Oyten: S. 185.1 – Eder (Anton) GmbH, Bramberg, Österreich: S. 253.1 – ELCO Shared Services GmbH, Hechingen: S. 100.1 – ETA Heiztechnik GmbH, A-Hofkirchen: S. 247.1; 250.2; 252.2 – Fischbach Luft- und Ventilatorentechnik GmbH, Neunkirchen: S. 311.1 – FläktGroup Deutschland GmbH, GT-1, Herne: S. 302.1,2 – FLIR Systems GmbH, Frankfurt am Main: S. 260.1 – Fröling Heizkessel- und Behälterbau Ges.m.b.H., Grieskirchen: S. 250.1; 252.1 – HARGASSNER GmbH, A-Weng/Innkreis: S. 248.1 – HDG Bavaria GmbH Heizsysteme für Holz, Massing: S. 243.1; 244.1 – HEINEMANN GmbH, Dießen: S. 300.1 – Helios Ventilatoren GmbH + Co. KG, Villingen-Schwenningen: S. 288.1 – Hoval GmbH, Aschheim-Dornach: S. 235.1 – Hoyer KG, Wilhelm, Visselhövede: S. 205.2 – INTEWA GmbH, Aachen: S. 353.1,2 – IWO Institut für Wärme und Oeltechnik e. V., Hamburg: S. 219.1,2 – Wilhelm Kaufmann, Norderstedt: S. 295.1; 317.1,2 – Kutzner + Weber GmbH, Maisach: S. 35.2,3 – Maico Elektroapparate-Fabrik GmbH, Villingen-Schwenningen: S. 301.1,2; 309.2 – Mall GmbH, Donaueschingen: S. 353.3,4 – MAX WEISHAUPT GMBH, Schwendi: S. 148.1; 223.1 – Mertik Maxitrol GmbH & Co. KG, Thale: S. 188.1, 2; 189.1; 190.1,2 – nVent, Haasrode (Belgien): S. 128.1,2 – ÖkoFEN Heiztechnik GmbH, Mickhausen: S. 249.1 – Öko-Haustechnik inVENTer GmbH, Löberschütz: S. 313.1 – Oventrop GmbH & Co. KG, Olsberg: S. 220.1 – OWI Oel-Waerme-Institut gGmbH, An-Institut der RWTH Aachen, Herzogenrath: S. 284.1 – PAW GmbH & Co. KG, Hameln: S. 109.1 – Peter Pusch, Hamburg: S. 55.1, 2; 73.1, 2 – ROTEX Heating Systems GmbH, Güglingen, www.rotex-heating.com: S. 236.1 – Roth Werke GmbH, Dautphetal: S. 103.1 – Rox-Klimatechnik GmbH, Weitefeld: S. 298.1 – Schmieding Armaturen GmbH, Holzwickede: S. 191.1 – Selfio GmbH, Bad Honnef: S. 304.2 – STIEBEL ELTRON, Holzminden: S. 64.1; 67.1; 71.1; 78.1; 80.1; 81.1 – Stiftung Warentest (Hg.): Solarwärme. Heizen mit der Sonne. Berlin 2012, S. 16., Berlin: S. 91.1 – TROX GmbH, Neukirchen-Vluyn: S. 296.1; 306.1; 308.1,2 – Tyczka Totalgaz GmbH, Geretsried: S. 206.1 – Vaillant GmbH, Remscheid: S. 152.1,2 – VDE Prüf- und Zertifizierungsinstitut GmbH, Offenbach: S. 63.1-4 – Viega GmbH & Co. KG, Attendorn: S. 127.1 – Viessmann Werke GmbH & Co. KG, Allendorf: S. 86.1; 87.1; 88.1; 91.1; 94.1; 95.1; 96.1; 100.2; 101.1; 105.3; 106.1; 160.1; 234.1; 238.1; 261.1,2 – Josef Wagner, Salzweg: S. 221.1; 222.1,2; 239.1; 240.1,2; 360.1-3 – WILO SE, Dortmund: S. 116.1 – WISY AG, Kefenrod: S. 352.3,4 – Wolf GmbH, Mainburg: S. 365.1,2

Die technischen und grafischen Zeichnungen wurden nach Vorlagen ausgeführt durch as-illustration Alexander Schmitt, 97222 Rimpar.

Die Normblattangaben werden wiedergegeben mit Erlaubnis des Deutschen Instituts für Normung e.V. Maßgebend für das Anwenden der Norm ist deren Fassung mit dem neuesten Ausgabedatum, die bei der Beuth GmbH, Burggrafenstr. 6, 10787 Berlin, erhältlich ist.

ISBN 978-3-582-49244-9 Best.-Nr.: 3754

Verlag Handwerk und Technik GmbH,
Lademannbogen 135, 22339 Hamburg; Postfach 63 05 00, 22331 Hamburg – 2020
E-Mail: info@handwerk-technik.de – Internet: www.handwerk-technik.de

Satz und Layout: dtp design, Verlags- und Medienservice, 35085 Ebsdorfergrund
Umschlagmotiv: as-illustration Alexander Schmitt, 37222 Rimpar
Druck: Grafisches Centrum Cuno GmbH & Co. KG, 39240 Calbe

Vorwort

Die Bücher „Prüfungsbuch für Anlagenmechaniker SHK Teil 1 und Teil 2" enthalten Übungen zum gesamten Lehrstoff der Sanitär-, Heizung- und Klimatechnik. Die fachlichen Inhalte richten sich nach den einschlägigen Lehrplänen sowie den Handwerk und Technik – Fachbüchern 3135 bis 3137, „Grundkenntnisse bzw. Fachkenntnisse Anlagenmechaniker SHK" und sind unterteilt in lernfeldübergreifende und lernfeldbezogene Inhalte.

In ihrer inhaltlichen Gliederung orientieren sich die beiden Prüfungsbücher an die ab 1. August 2016 durchzuführende „gestreckte Gesellenprüfung", d. h. anstelle der Zwischenprüfung ist künftig am Ende des zweiten Ausbildungsjahres der 1. Teil der Gesellenprüfung abzulegen und das Prüfungsergebnis geht entsprechend gewichtet in das Gesamtergebnis der Prüfung mit ein. Der 2. Prüfungsteil findet nach wie vor gegen Ende der Ausbildung statt.

Das **Prüfungsbuch Teil 1** enthält Übungen zu den lernfeldübergreifenden Inhalten des 1. und 2. Ausbildungsjahres einschließlich zu den Grundkenntnissen der Mathematik sowie zu den Lernfeldern 1 bis 8. Das **Prüfungsbuch Teil 2** enthält Übungen zu den lernfeldübergreifenden Inhalten des 3. und 4. Ausbildungsjahres sowie zu den Lernfeldern 9 bis 15.

Die Einteilung der Buchseiten ist zweispaltig. In der linken Spalte stehen die Übungen und in der rechten Spalte die Antworten. Die Inhalte vieler Übungen und Antworten werden zusätzlich zu den Texten auch durch Bilder verdeutlicht. Um bei den mathematischen Übungen eine Beeinflussung durch die nebenstehende Lösung zu verhindern bzw. eine selbstständige Lösung zu ermöglichen, sind lediglich die Endergebnisse in der gegenüber liegenden Spalte ablesbar, während die Lösungswege sich am Ende des Buches befinden.

Die Prüfungsbücher richten sich insbesondere an die Auszubildenden im Bereich der Sanitär-, Heizungs- und Klimatechnik. Sie lassen sich aber auch gut zur Überprüfung des Grundlagenwissens bei der Vorbereitung auf die Meisterprüfung einsetzen. Die klare Gliederung und das Inhalts- und Sachwortverzeichnis ermöglichen das schnelle Auffinden unterschiedlichster Themen und Übungen.

Dem Auszubildenden ermöglichen die Bücher eine systematische, gezielte und umfassende Vorbereitung auf beide Teile der Gesellenprüfung und erleichtern die Bewältigung des Unterrichtsstoffes während der gesamten Ausbildungszeit. Sinnvoll ist deshalb der unterrichtsbegleitende Einsatz der Bücher zur Kontrolle und Sicherung des Gelernten und zur Vorbereitung auf Klassenarbeiten.

Hinweise und Verbesserungsvorschläge nehmen Autoren und Verlag jederzeit gerne entgegen.

Autoren und Verlag

Inhaltsverzeichnis

1 Wärmewert und Verbrennung

1. Was versteht man unter dem Wärmewert eines Brennstoffs?

Der **Wärmewert** eines Brennstoffs gibt die bei der vollständigen Verbrennung einer Brennstoffeinheit (1 kg, 1 l, 1 m^3) freiwerdende Wärmemenge (MJ, kWh) an. Der Wärmewert ist ein Sammelbegriff für den Heizwert H_i und den Brennwert H_s.

2. Erläutern Sie den Begriff Heizwert H_i eines Brennstoffs.

Der **Heizwert H_i** ist die Wärmeenergie, die bei der vollständigen Verbrennung eines Brennstoffs je Menge (kg, l, m^3 usw.) frei wird, wenn der bei der Verbrennung entstehende Wasserdampf **dampfförmig** bleibt. Die Kondensationswärme des Wasserdampfes bleibt unberücksichtigt.

3. Erläutern Sie den Begriff Brennwert H_s eines Brennstoffs.

Der **Brennwert H_s** ist die Wärmeenergie, die bei der vollständigen Verbrennung eines Brennstoffs je Menge (kg, l, m^3 usw.) frei wird, wenn der bei der Verbrennung entstehende Wasserdampf **kondensiert** und seine Kondensationswärme genutzt wird.

4. Erläutern Sie den Unterschied zwischen Heizwert H_i und Brennwert H_s.

Der Brennwert H_s ist um die Kondensationswärme des im Brennstoff enthaltenen Wassers größer als der Heizwert H_i.

5. Erläutern Sie die Bedeutung des Betriebsheizwertes H_{iB} bei gasförmigen Brennstoffen.

Bei Brenngasen beziehen sich der Heiz- und Brennwert auf den **Normzustand** (0 °C, 1013 mbar). Da ein Brenngas unter Betriebsbedingungen meist nicht im Normzustand vorliegt, ist der Betriebsheizwert H_{iB} bzw. Betriebsbrennwert H_{sB} anzugeben. Der Grund dafür ist, dass das Gasvolumen stark temperatur- und druckabhängig ist. Die jeweiligen Werte können bei den örtlichen Gasversorgungsunternehmen nachgefragt oder aus dem Heizwert H_i bzw. Brennwert H_s berechnet werden.

6. Worauf ist der Unterschied zwischen Heizwert und Betriebsheizwert bei gasförmigen Brennstoffen zurückzuführen?

Der Betriebsheizwert ist kleiner als der Heizwert, da sich gasförmige Brennstoffe unter Betriebsbedingungen, also bei höherer Temperatur und niedrigerem Luftdruck als im Normzustand, ausdehnen. Somit enthält ein Kubikmeter Gas weniger Wärmeenergie.

7. Berechnen Sie den Betriebsheizwert H_{iB} von Erdgas E (Heizwert $H_i = 10{,}3\,\frac{kWh}{m^3}$), wenn die Gastemperatur am Zähler 15,4 °C, der Überdruck am Zähler 20,2 mbar und der atmosphärische Druck 978 mbar betragen.

$H_{iB} = 9{,}6\,\frac{kWh}{m^3}$

Lösungsweg siehe II Lösungswege, Zu Lernfeldübergreifende Inhalte, 1 Wärmewert und Verbrennung

8. Berechnen Sie die Wärmemenge, die bei der vollständigen Verbrennung von 50 l Heizöl ohne Berücksichtigung der Kondensationswärme des Wasserdampfes freigesetzt wird.

$Q = 500\ kWh$

Lösungsweg siehe II Lösungswege, Zu Lernfeldübergreifende Inhalte, 1 Wärmewert und Verbrennung

9. Ein Kessel mit Koksfeuerung wird durch einen Ölkessel ersetzt. Wie viele Liter Heizöl werden nötig sein, wenn bisher 4,5 t Koks pro Jahr verbraucht wurden und weder bei der Koksfeuerung noch bei der Ölfeuerung die im Wasserdampf enthaltene Kondensationswärme genutzt wird (Wirkungsgrad bleibt unberücksichtigt)?

$V_{Öl} = 3645\ l$

Lösungsweg siehe II Lösungswege, Zu Lernfeldübergreifende Inhalte, 1 Wärmewert und Verbrennung

10. Eine Eigentumswohnung wird mit einem Gas-Brennwertkessel beheizt. Die täglich benötigte Wärmemenge beträgt 135 kWh. Wie viele m³ Erdgas E mit einem Betriebsbrennwert H_{sB} von $10{,}8\,\frac{kWh}{m^3}$ werden verbraucht (Wirkungsgrad bleibt unberücksichtigt)?

$V = 12{,}5\ m^3$

Lösungsweg siehe II Lösungswege, Zu Lernfeldübergreifende Inhalte, 1 Wärmewert und Verbrennung

11. In einem Niedertemperaturheizkessel werden monatlich 250 l Heizol EL verbrannt.
a) Berechnen Sie die dabei erzeugte Wärmemenge in kWh und kJ.
b) Wie viele m³ Erdgas E ($H_{iB} = 9{,}9\,\frac{kWh}{m^3}$) sind erforderlich, um die gleiche Wärmemenge zu erzeugen?
c) Vergleichen Sie die Brennstoffkosten, wenn der Heizölpreis $0{,}84\,\frac{€}{l}$ und der Gaspreis $0{,}62\,\frac{€}{m^3}$ betragen.

a) $Q = 2500\ kWh$ $Q = 9000000\ kJ$

b) $V = 252{,}5\ m^3$

c) $K_{Öl} = 210\ €$ $K_{Gas} = 156{,}55\ €$

Lösungsweg siehe II Lösungswege, Zu Lernfeldübergreifende Inhalte, 1 Wärmewert und Verbrennung

12. Was versteht man unter Verbrennung?

Verbrennung ist eine besondere Form der Oxidation, bei der Wärme frei wird.

13. Unter welchen Bedingungen findet eine vollständige Verbrennung statt?

- Brennstoff muss vorhanden sein
- genügend Sauerstoff muss vorhanden sein
- Brennstoff und Verbrennungsluft müssen gut miteinander vermischt werden
- erforderliche Zündtemperatur muss vorhanden sein

14. Stellen Sie die Verbrennungsgleichungen bei der vollständigen Verbrennung von Heizöl auf.

$CH_4 + 2O_2 \rightarrow CO_2 + 2H_2O$

$C + O_2 \rightarrow CO_2$

$2H_2 + O_2 \rightarrow 2H_2O$

$S + O_2 \rightarrow SO_2$

15. Stellen Sie die Verbrennungsgleichungen bei der vollständigen Verbrennung von Erdgas auf.

$CH_4 + 2O_2 \rightarrow CO_2 + 2H_2O$

$C + O_2 \rightarrow CO_2$

$2H_2 + O_2 \rightarrow 2H_2O$

16. Geben Sie die Reaktionsgleichung bei unvollständiger Verbrennung des Kohlenstoffs an.

$2C + O_2 \rightarrow 2CO$

17. Was versteht man unter dem Begriff Zündtemperatur?

Die Zündtemperatur ist die niedrigste Temperatur, die erreicht werden muss, damit eine Verbrennung eingeleitet wird und selbstständig weiterbesteht.

18. Erläutern Sie die Bedeutung der Zündgrenzen.

Die Zündgrenzen geben die Mischungsverhältnisse an, innerhalb der die Zündung eines Öldampf-Luft- bzw. Öldampf-Sauerstoff-Gemisches (Brenngas-Luft bzw. Brenngas-Sauerstoff-Gemisches) möglich ist.
Die obere Zündgrenze ist die maximale noch zündbare Konzentration des Öldampfes bzw. Brenngases im Brennstoff-Luft-Gemisch.
Die untere Zündgrenze ist die minimale noch zündbare Konzentration des Öldampfes bzw. Brenngases im Brennstoff-Luft-Gemisch.

19. Erläutern Sie den Begriff Zündgeschwindigkeit.

Die Zündgeschwindigkeit ist die Geschwindigkeit, mit der sich eine Verbrennung innerhalb eines Gemisches fortpflanzt.

20. Erläutern Sie den Zusammenhang zwischen Zündgeschwindigkeit, Ausströmungsgeschwindigkeit und Stabilität der Flamme.	Eine Flamme brennt stabil, wenn die Ausströmungsgeschwindigkeit gleich der Zündgeschwindigkeit ist. Ist die Ausströmungsgeschwindigkeit im Vergleich zur Zündgeschwindigkeit zu groß, z. B. durch zu hohe Pressung bei Heizöl, hebt die Flamme ab. Ist die Zündgeschwindigkeit größer als die Ausströmungsgeschwindigkeit, kann die Flamme zurückschlagen und den Brenner beschädigen bzw. zerstören.
21. Erläutern Sie den Begriff Luftverhältniszahl für Verbrennungsvorgänge.	Die Luftverhältniszahl λ bezeichnet das Verhältnis der tatsächlich zugeführten Luftmenge L zum theoretischen Luftbedarf L_{min}.
22. Welche Auswirkungen hat Luft(Sauerstoff)mangel bei einer Verbrennung?	Bei Luft(Sauerstoff)mangel wird ein Hauptbestandteil der Brennstoffe, der Kohlenstoff, nicht vollständig verbrannt und es entsteht das hochgiftige, brennbare Kohlenmonoxid.
23. Geben Sie die Ursachen einer unvollständigen Verbrennung an.	• Luft(Sauerstoff)mangel • Flammenabkühlung an kalten Brennraumwänden bzw. bei zu hohem Luftüberschuss • hohe Viskosität bei Heizöl • unzureichender Druck an der Ölbrennerdüse • verschmutzte Düse
24. Geben Sie drei mögliche Ursachen eines zu hohen Luftüberschusses an.	• falsche Einstellung der Luft • Falschluft bei undichten Kesseln • zu hoher Schornsteinzug
25. Welche Auswirkungen hat ein zu hoher Luftüberschuss bei der Verbrennung?	• die Verbrennungstemperatur nimmt ab • die Wärmeverluste nehmen zu, da zusätzliche Luft (Stickstoff) erwärmt werden muss
26. Geben Sie mindestens drei Abhilfemaßnahmen bei zu hohem Luftüberschuss an.	• Einbau eines Zugbegrenzers/Nebenluftvorrichtung • Luftklappe weiter schließen • Düsendruck erhöhen • größere Düse einbauen

27. Wie viele m^3 Luft sind zur Verbrennung von 1 m^3 Erdgas E erforderlich, wenn der Luftüberschuss 20 % beträgt?

$L = 11{,}76\,\frac{m^3}{m^3}$

Lösungsweg siehe II Lösungswege, Zu Lernfeldübergreifende Inhalte, 1 Wärmewert und Verbrennung

28. Bei der Abgasmessung einer Ölfeuerungsanlage wird ein CO_2-Gehalt von 11,8 % gemessen. Berechnen Sie:
a) den Luftüberschuss in %
b) den tatsächlichen Luftbedarf in $\frac{m^3}{kg}$.

a) $n = 30\,\%$
b) $L = 14{,}56\,\frac{m^3}{kg}$

Lösungsweg siehe II Lösungswege, Zu Lernfeldübergreifende Inhalte, 1 Wärmewert und Verbrennung

29. In einem Heizkessel mit atmosphärischem Gasbrenner wird Erdgas LL verbrannt.
a) Welcher CO_2-Gehalt müsste sich bei einem Luftüberschuss von 50 % ergeben?
b) Wie viele m^3 Luft sind zur Verbrennung von 25 m^3 Erdgas LL erforderlich?

a) $CO_{2gem} = 7{,}87\,\%$
b) $V_L = 315\,m^3$

Lösungsweg siehe II Lösungswege, Zu Lernfeldübergreifende Inhalte, 1 Wärmewert und Verbrennung

30. Nennen Sie die Bestandteile, die im Abgas nach einer Verbrennung vorliegen können.

- Ruß (bei festen und flüssigen Brennstoffen)
- Stickstoff aus der Verbrennungsluft
- Restsauerstoff aus der Verbrennungsluft
- Wasserdampf, der durch die Verbrennung entsteht
- Kohlendioxid aus der Verbrennungsluft und aus dem Brennstoff
- Schadstoffe

31. Nennen Sie vier im Abgas enthaltene Schadstoffe und erläutern Sie deren Folgen für die Umwelt.

- **Schwefeldioxid (SO_2)** – entsteht bei der Verbrennung schwefelhaltiger Brennstoffe wie Kohle und Heizöl; in Verbindung mit Wasser bildet sich schweflige Säure (H_2SO_3), die als Hauptverursacher des sauren Regens gilt
- **Stickoxid (NO_x)** – umfasst im Wesentlichen die chemischen Verbindungen Stickstoffoxid (NO) und Stickstoffdioxid (NO_2), die mit dem Wasserdampf des Abgases bzw. der Luft zu salpetriger Säure (HNO_2) und Salpetersäure (HNO_3) reagieren; letztere gilt als einer der Hauptverursacher für das Übersäuern der Böden und damit für das Waldsterben
- **Kohlenmonoxid (CO)** – entsteht infolge unvollkommener Verbrennung durch unzureichende Abfuhr der Abgase (Störungen an der Abgasanlage) oder unzureichende Verbrennungsluftzufuhr (Luftmangel bei der Einstellung, schlechte Durchmischung von Brennstoff und Verbrennungsluft, keine ausreichenden Lüftungsöffnungen nach außen usw.); wird eine entsprechend große Menge von Kohlenmonoxid eingeatmet, sind Vergiftungserscheinungen die Folge, die bis zum Tode führen können
- **Feinstaub** – entsteht bei der unvollständigen Verbrennung von festen Brennstoffen (Holz, Steinkohle, Braunkohle, Torf, Getreide und Stroh) und ist gesundheitsgefährdend

32. Warum ist Feinstaub gesundheitsgefährdend?

Feinstaub kann durch Einatmen in die Lunge gelangen und dort zu Entzündungen und sogar Krebs führen.

33. Nennen Sie drei Nachteile, die eine Verbrennung von feuchtem Holz hat.

- unwirtschaftlich
- hohe Schadstoffemissionen
- Teerablagerungen im Schornstein

34. Welcher Zusammenhang besteht zwischen der Restfeuchte und dem Heizwert von Holz?

Je höher die Restfeuchte des Holzes, desto höher ist der Anteil des Wasserdampfes und umso niedriger ist der Heizwert.

35. Ab welcher Nennwärmeleistung gilt die neue BImSchV?

Die neue Verordnung zur Durchführung des Bundes-Immissionsschutzgesetzes (Verordnung über kleine und mittlere Feuerungsanlagen – 1. BImSchV – in Kraft seit 22.03.2010) gilt bereits für Zentralheizungen ab einer Nennwärmeleistung Φ_{NL} von 4 kW (früher 15 kW).

36. Was muss bei der Verfeuerung von festen Brennstoffen beachtet werden?

Feste Brennstoffe dürfen nur dann in Feuerungsanlagen verfeuert werden, wenn ihr Feuchtegehalt bezogen auf das Trockengewicht des Brennstoffs unter 25 % liegt.

37. Welchen Grenzwert hat der Kessel- und Brennerhersteller hinsichtlich der Verbrennungsgüte bei:
a) Ölfeuerungsanlagen
b) Gasfeuerungsanlagen
nachzuweisen und zu bescheinigen?

a) bei Feuerung mit Heizöl EL einen Stickstoffoxid-Grenzwert von 110 mg pro kWh zugeführter Brennstoffenergie, angegeben als Stickstoffdioxid (NO_2)
b) bei Feuerung mit Erdgas einen Stickstoffoxid-Grenzwert von 60 mg pro kWh zugeführter Brennstoffenergie, angegeben als Stickstoffdioxid (NO_2)

38. Was geschieht mit älteren Feuerungsanlagen, wenn sie die entsprechenden Grenzwerte nicht einhalten können?

Wenn ältere Feuerungsanlagen die Grenzwerte nicht einhalten können, müssen sie nachgerüstet, oder wenn das nicht möglich ist, ausgetauscht werden.

39. Nennen Sie vier Anforderungen, die Ölfeuerungsanlagen mit Zerstäubungsbrenner erfüllen müssen.

- die Rußzahl darf den Wert 1 (Vergleichsskala nach Bacharach) nicht übersteigen
  Ausnahme: bei Anlagen, die bis zum 1. Oktober 1988 (neue Bundesländer bis zum 3. Oktober 1990) errichtet wurden, gilt als maximaler Wert die Rußzahl 2
- die Abgase müssen frei von Ölderivaten (Ölrückständen) sein
- die Abgasverlustgrenzwerte (≥ 4 kW ≤ 25 kW … 11 %, > 25 kW ≤ 50 kW … 10 %, > 50 kW … 9 % müssen eingehalten werden
- die CO-Emissionen dürfen einen Wert von 1300 $\frac{mg}{kWh}$ nicht überschreiten

40. Welcher CO-Grenzwert, bezogen auf unverdünntes, trockenes Abgas, gilt für den Betrieb von Gasfeuerstätten?

Bei Gasfeuerstätten darf der CO-Gehalt, bezogen auf unverdünntes, trockenes Abgas, 1000 ppm (0,1 Vol. %) nicht überschreiten.

2 Einteilung der Wärmeerzeuger

1. Welche zwei Wärmeerzeugerarten unterscheidet man grundsätzlich?

Grundsätzlich unterscheidet man Wärmeerzeuger, die ihre Wärmeenergie durch Verbrennung eines Energieträgers erzeugen, z. B. Heizkessel, und Wärmeerzeuger, die durch verbrennungslose Techniken Wärme produzieren, z. B. Wärmepumpen und Solaranlagen.

2. Welche Angaben muss das Typenschild eines Heizkessels enthalten?

Name und Firmensitz des Herstellers; Typ; Bauart; Baujahr; Herstellnummer; zulässige Betriebstemperatur in °C; zulässiger Betriebsdruck in bar; Nennwärmeleistung bzw. Wärmeleistungsbereich

3. Welche Anforderungen müssen Öl- und Gasheizkessel nach EnEV erfüllen, damit sie eingebaut werden dürfen?

Öl- und Gasheizkessel dürfen laut EnEV 2014 (§ 13) nur dann eingebaut werden, wenn sie mit der CE-Kennzeichnung und der damit verbundenen EG-Konformitätserklärung (92/42 EWG bzw. 2008/28 EG) über bestimmte einzuhaltende Wirkungsgrade (Energieeffizienz) versehen sind.

4. Womit müssen Wärmeerzeuger mit einer Leistung bis 70 kW nach der Öko-design-Richtlinie für energieverbrauchende und energieverbrauchsrelevante Produkte (ERP) gekennzeichnet werden?

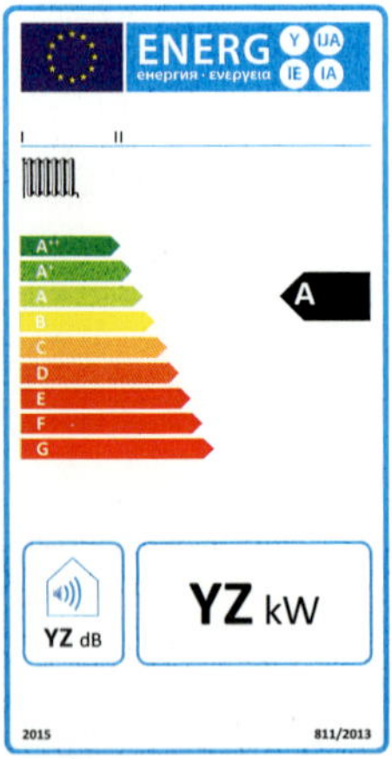

Die Wärmeerzeuger müssen mit einem Energieeffizienzlabel gekennzeichnet werden. Dabei werden die Wärmeerzeuger einer der Effizienzklassen von A^{+++} (höchste Energieeffizienz) bis G (schlechteste Energieeffizienz) bzw. ab 20. 09. 2019 bis D (schlechteste Energieeffizienz) zugeordnet.

5. Was versteht man unter einem Unit-Kessel?

Unit-Kessel sind Niedertemperatur- und Brennwertkessel, die mit bereits werkseitig eingebautem und voreingestelltem Brenner und montierter Regelung geliefert werden.

6. Nennen Sie zwei Vorteile von Unit-Kesseln.

- Bauteile sind optimal aufeinander abgestimmt
- Montagezeit kann eingespart werden

7. Nennen Sie die Vorteile von Guss- gegenüber Stahlheizkesseln.

Unempfindlich gegen Korrosion (siliziumhaltige Gusshaut); schalldämmend; leichterer Transport durch die Gliederbauweise; unbegrenzte Gestaltmöglichkeit der Heizflachen beim Gießen

8. Was versteht man unter einem Hybridkessel?

Bei einem Hybridkessel besteht der Kesselkörper aus Stahl und der Brennraum ist wegen der besseren Korrosionsbeständigkeit mit gerippten Gussringen ausgestattet.

9. Beschreiben Sie die Unterschiede zwischen einem Kessel mit Naturzugfeuerung und einem Kessel mit Überdruckfeuerung.

Heizkessel mit **Naturzugfeuerung** werden mit dem natürlichen Schornsteinzug, der durch den Dichteunterschied zwischen dem Abgas und der Außenluft entsteht, betrieben. Der Schornstein saugt die Abgase aus dem Kessel. Im Brennraum herrscht ein negativer Überdruck (Unterdruck).
Bei Heizkesseln mit **Überdruckfeuerung** werden die Abgase mit einem Gebläse durch den Kessel gedrückt. Im Brennraum herrscht ein positiver Überdruck. Anwendung findet die Überdruckfeuerung bei Dachheizzentralen und Heizkesseln mit langen, vergrößerten Nachschaltheizflächen, an denen die Abgase mehrfach umgelenkt werden.

10. Bezeichnen Sie die abgebildeten Arten der Heizgasführung.

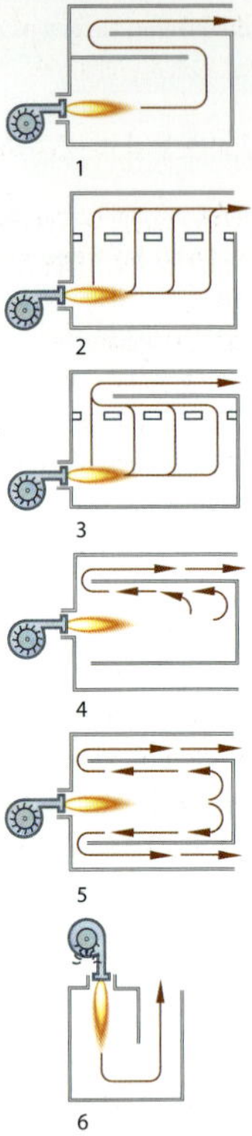

Heizgasführungen

1 Dreizugprinzip
2 Teilstromprinzip
3 kombiniertes Teilstrom- und Dreizugprinzip
4 Flammenumkehrprinzip
5 Flammenumstülpprinzip
6 Sturzprinzip

11. Was versteht man unter einem Niedertemperaturkessel?

Niedertemperaturkessel sind Heizkessel, die dauerhaft mit einer Rücklauftemperatur von 35 °C bis 40 °C betrieben werden können, ohne dass der Kessel geschädigt wird. Brennraum und Nachschaltheizflächen müssen so gestaltet sein, dass die Taupunkttemperatur der Verbrennungsgase trotz der niedrigen Kesselwassertemperatur nur kurzzeitig unterschritten wird (z. B. beim Anfahren des Kessels in kaltem Zustand).

12. Durch welche Maßnahmen wird bei Niedertemperatur-Heizkesseln Taupunktkorrosion verhindert?

- Brennkammer und Heizflächen bzw. Nachschaltheizflächen bestehen aus korrosionsbeständigem Material
- trockene, heiße Brennkammer (Brennkammer ist nicht direkt vom Kesselwasser umgeben)
- senkrecht angeordnete Nachschaltheizflächen
- Zweikreissystem
- Vergrößerung der Oberfläche der Kesselwand auf der Heizgasseite, z. B. durch Rippen, Wülste oder Noppen
- zwei- oder dreischaliger Aufbau der Heizflächen bzw. Nachschaltheizflächen
- Thermostreamtechnik, d. h. kaltes Rücklaufwasser wird von oben zugeführt und mit dem warmen Vorlaufwasser gemischt; dadurch wird die Rücklauftemperatur angehoben

13. Was versteht man unter einem Brennwertkessel?

Ein Brennwertkessel ist ein Heizkessel, der so konstruiert ist, dass der in den Abgasen enthaltene Wasserdampf kondensiert und diese Kondensationswärme genutzt werden kann.

14. Wodurch unterscheiden sich Brennwertkessel von Niedertemperatur-Heizkesseln?

Brennwertkessel unterscheiden sich von Niedertemperatur-Heizkesseln durch integrierte oder nachgeschaltete Heizflächen (Wärmeübertrager), an denen die Abgase soweit abkühlen, dass der Wasserdampf kondensiert.

15. Welche Vorteile hat Erdgas gegenüber Heizöl bei der Brennwerttechnik?

- Erdgas hat einen wesentlich höheren Wasserstoffanteil
- Erdgas hat eine um 10 °C höhere Taupunkttemperatur als Heizöl
- bei Erdgas ist der Unterschied zwischen Brennwert H_s und Heizwert H_i größer als bei Heizöl
- Erdgas beinhaltet weniger aggressive Bestandteile als Heizöl (Schwefel)

16. Welche energetischen Vorteile haben Brennwertgeräte gegenüber NT-Heizkesseln?

- Nutzung der Kondensationswärme des Wasserdampfes
- geringere Abgasverluste durch niedrigere Abgastemperaturen
- geringere Strahlungs- und Bereitschaftsverluste aufgrund der niedrigeren Wassertemperaturen

17. Warum kann der Wirkungsgrad bei Brennwertkesseln über 100 % betragen?

Da sich der Wirkungsgrad auf den Heizwert bezieht, kann er beim Brennwertkessel (Brennwert > Heizwert) über 100 % betragen.

18. a) Erläutern Sie die Zusammenhänge zwischen der Luftverhältniszahl λ und dem CO_2-Gehalt des Abgases einerseits und der Wasserdampf-Taupunkttemperatur andererseits.

b) Welche Konsequenzen ergeben sich aus den Abhängigkeiten?

a) Nur wenn die Wasserdampf-Taupunkttemperatur deutlich unterschritten wird, kann mit einer Kondensation im Kessel gerechnet werden. Bei einer Luftverhältniszahl $\lambda = 1$ (stöchiometrische Verbrennung) beträgt die Wasserdampf-Taupunkttemperatur des Erdgases ca. 58 °C, die des Heizöls EL ca. 49 °C. Bekanntermaßen müssen Verbrennungsabläufe in der Praxis jedoch mit Luftüberschuss stattfinden, da sonst ein dauerhaft stabiler, schadstoffarmer und gefahrloser Betrieb nicht gewährleistet wäre. Mit zunehmendem Luftüberschuss (bei gleichzeitig sinkendem CO_2-Gehalt) sinkt allerdings die Taupunkttemperatur des Wasserdampfes und damit die Möglichkeit der Brennwertnutzung.
Je niedriger die Luftverhältniszahl bzw. je höher der CO_2-Gehalt ist, desto höher ist die Taupunkttemperatur und desto besser ist die Brennwertnutzung.

b) Ein Brennwertgerät benötigt deshalb möglichst niedrige Systemtemperaturen. Vollkondensation oder zumindest Teilkondensation in nennenswertem Umfang kann folglich nur in Verbindung mit Heizflächen stattfinden, die für niedrige Temperaturen ausgelegt sind, z. B. Flächenheizungen, entsprechend groß dimensionierte Heizkörper.
Der Brenner eines Brennwertgerätes muss mit möglichst niedrigem Luftüberschuss betrieben werden, um eine gute Brennwertnutzung zu erreichen. Deshalb kommen, z. B. bei Ölbrennwertgeräten, ausschließlich Blaubrenner zum Einsatz.

19. a) In welchen Fällen kann unter Umständen auf eine Neutralisationseinrichtung beim Einsatz von Brennwertgeräten verzichtet werden?
b) Nennen Sie das Regelwerk, dem Sie entsprechende Angaben entnehmen können.

a) Eine Neutralisation ist nicht erforderlich bei Brennwertgeräten, die mit Gas oder schwefelarmen Heizöl betrieben werden,
- bei einer Nennwärmebelastung < 25 kW: Ausnahmen 1, 2
- bei einer Nennwärmebelastung 25 ... 200 kW: Ausnahmen 1,2,3

Ausnahmen:
1 Ableitung des häuslichen Abwassers in Kleinkläranlagen
2 bei Gebäuden und Grundstücken, deren Entwässerungsleitungen nicht aus gegenüber Kondensaten von Brennwertgeräten beständigen Werkstoffen (Steinzeug, Glas, Polyvinylchlorid, Polyethylen, Polypropylen, Styrol-Copolymerisate, Polyerterharz, Faserzement, Eisenwerkstoff) bestehen
3 bei Gebäuden, deren Kondensat nicht mit häuslichen Abwasser vermischt wird, das im Jahresmittel das 20fache Volumen der Kondensatmenge beträgt

b) Arbeitsblatt DWA-A-251 Kondensate aus Brennwertkesseln der Deutschen Vereinigung für Wasserwirtschaft, Abwasser und Abfall e.V. vom November 2011.

3 Wirkungs- und Nutzungsgrade

1. **Was gibt der feuertechnische Wirkungsgrad an?**

Der feuerungstechnische Wirkungsgrad η_F gibt den Anteil der zugeführten Wärmeleistung (Wärmestrom) in Prozent an, der nach Abzug der Abgasverluste im Wärmeerzeuger nutzbar ist.

2. **Die Abgasverluste q_A eines Heizkessels mit Ölzerstäubungsbrenner betragen 10 %. Bestimmen Sie den feuerungstechnischen Wirkungsgrad.**

$\eta_F = \underline{\underline{90\ \%}}$

Lösungsweg siehe II Lösungswege, Zu Lernfeldübergreifende Inhalte, 3 Wirkungsgrade und Nutzungsgrade

3. **Welche Wärmeverluste, die während der Betriebszeit (Brennerlaufzeit) auftreten, gehen in den Kesselwirkungsgrad mit ein?**

- Abgasverluste
- Verluste durch unverbrannte Gase, im Wesentlichen CO
- Verluste durch brennbare Rückstände wie z. B. Ruß
- Strahlungsverluste

4. **Wovon hängen die Strahlungsverluste ab, die während der Brennerlaufzeit über die Oberfläche des Wärmeerzeugers an den Aufstellraum abgegeben werden?**

- Qualität der Wärmedämmung zwischen Kesselkörper und -verkleidung
- Kesseloberfläche
- Temperaturdifferenz zwischen Oberflächentemperatur (abhängig von der Kesselwassertemperatur) und Aufstellraumtemperatur

5. **Die Abgasverluste q_A eines Heizkessels mit Ölzerstäubungsbrenner betragen 9 % und die Strahlungsverluste q_S betragen 2 %. Bestimmen Sie den Kesselwirkungsgrad.**

$\eta_K = \underline{\underline{89\ \%}}$

Lösungsweg siehe II Lösungswege, Zu Lernfeldübergreifende Inhalte, 3 Wirkungsgrade und Nutzungsgrade

6. **Die Nennwärmeleistung eines Öl-Heizkessels ist mit 18 kW angegeben. Der stündliche Heizölverbrauch (Heizöl EL) beträgt 1,7 kg. Ermitteln Sie den Kesselwirkungsgrad η_K.**

$\eta_K = \underline{\underline{90\ \%}}$

Lösungsweg siehe II Lösungswege, Zu Lernfeldübergreifende Inhalte, 3 Wirkungsgrade und Nutzungsgrade

7. **Ein Gas-Kombiwasserheizer verbraucht pro Minute 42 l Erdgas LL ($H_{iB} = 9{,}4\ \frac{kWh}{m^3}$). Der Gerätewirkungsgrad beträgt 88 %.**
   a) Berechnen Sie die Wärmebelastung Φ_B.
   b) Berechnen Sie die Wärmeleistung Φ_L.

a) $\Phi_B = \underline{\underline{23{,}69\ kW}}$

b) $\Phi_L = \underline{\underline{20{,}85\ kW}}$

Lösungsweg siehe II Lösungswege, Zu Lernfeldübergreifende Inhalte, 3 Wirkungsgrade und Nutzungsgrade

8. Ein Öl-Heizkessel verbraucht stündlich 3,0 kg Heizöl EL. Der Kesselwirkungsgrad beträgt 90 %. In welcher Zeit (Minuten und Sekunden) können damit 160 l Trinkwasser um 45 K erwärmt werden, wenn aufgrund der Speichervorrangschaltung die gesamte Wärmeleistung für die Trinkwassererwärmung verwendet wird (Wärmeübertragungsverluste vom Heizwasser auf das Trinkwasser werden vernachlässigt)?

$t = \underline{\underline{15\ \text{min}\ 46\ \text{s}}}$

Lösungsweg siehe II Lösungswege, Zu Lernfeldübergreifende Inhalte, 3 Wirkungsgrade und Nutzungsgrade

9. Erläutern Sie den Unterschied zwischen Wirkungsgrad und Nutzungsgrad.

Der **Nutzungsgrad** eines Wärmeerzeugers (Heizkessels) ist das Verhältnis der in einem bestimmten Zeitraum (Heizperiode) abgegebenen Nutzwärmemenge zur zugeführten Wärmemenge. Der Nutzungsgrad ist also das Verhältnis von Wärmemengen (Einheit kWh) bezogen auf einen bestimmten Zeitraum. Im Vergleich dazu ist der **Wirkungsgrad** das Verhältnis der Wärmeleistungen eines momentanen Betriebszustandes, z. B. Volllast.

10. Welche Verluste werden im Jahresnutzungsgrad berücksichtigt?

Der Jahresnutzungsgrad eines Heizkessels berücksichtigt neben den Abgasverlusten und den Strahlungsverlusten (Wärmeverluste über die Oberfläche während der Brennerlaufzeit) auch die Bereitschaftsverluste.

11. Was versteht man unter Bereitschaftsverlusten?

Die Bereitschaftsverluste sind Wärmeverluste, die durch Abstrahlung über die Kesseloberfläche und Auskühlung über den Schornstein bei Brennerstillstand entstehen.

12. Welche Verluste berücksichtigt der Jahresnutzungsgrad einer Heizungsanlage?

Der Jahresnutzungsgrad der Heizungsanlage berücksichtigt neben den Verlusten des Wärmeerzeugers (Heizkessels) auch die Verluste der Wärmeverteilungssysteme (Wärmeabgabe der wärmeführenden Rohrleitungen an ihre Umgebung).

13. Für die Beheizung eines Einfamilienhauses in Passau wird ein 18 kW-Gasheizkessel mit Brenner ohne Gebläse (NT-Betrieb) verwendet.

a) Bestimmen Sie den Jahresnutzungsgrad des Heizkessels, wenn der Kesselwirkungsgrad $\eta_K = 96\,\%$, die Betriebsbereitschaftsverluste $q_B = 0{,}6\,\%$, die Betriebsbereitschaftszeit $b = 5460\,\frac{h}{a}$ und die Jahresvollbenutzungsstunden $b_V = 1400\,\frac{h}{a}$ betragen.

b) Bestimmen Sie den Jahresnutzungsgrad der gesamten Heizungsanlage bei einem Verteilungsnutzungsgrad $\eta_V = 0{,}96$.

a) $\eta_a = 0{,}94 = \underline{\underline{94\,\%}}$

b) $\eta_{a,Anl} = 0{,}90 = \underline{\underline{90\,\%}}$

Lösungsweg siehe II Lösungswege, Zu Lernfeldübergreifende Inhalte, 3 Wirkungsgrade und Nutzungsgrade

14. Der jährliche Ölverbrauch der Heizungsanlage eines Zweifamilienhauses beträgt 4520 l. Berechnen Sie den Jahresnutzungsgrad der Heizungsanlage, wenn der Brenner 1300 Stunden in Betrieb war und für die Normheizlast 24 kW berechnet wurden.

$\eta_{a,Anl} = 0{,}69 = \underline{\underline{69\,\%}}$

Lösungsweg siehe II Lösungswege, Zu Lernfeldübergreifende Inhalte, 3 Wirkungsgrade und Nutzungsgrade

4 Sicherheitstechnische Ausrüstung

1. Nennen Sie die erforderlichen Sicherheitseinrichtungen, mit denen geschlossene Warmwasser-Heizungsanlagen mit Öl-/Gasfeuerung und Vorlauftemperaturen bis 105 °C nach DIN EN 12828 auszurüsten sind.

Sicherung gegen Temperaturüberschreitung

1 Temperaturmessgerät (Thermometer)
2 Temperaturregler
3 Sicherheitstemperaturbegrenzer (STB)
4 Wassermangelsicherung (Wasserstandbegrenzer oder Mindestdruckbegrenzer oder Durchflussbegrenzer)

Sicherung gegen Drucküberschreitung

5 Druckmessgerät (Manometer)
6 Sicherheitsventil
7 Entspannungstopf (> 300 kW)
8 Sicherheits-Druckbegrenzer (> 300 kW)
9 Mindestdruckbegrenzer (als Ersatzmaßnahme bei Verzicht auf WMS)
10 Druckausdehnungsgefäß (MAG oder AG mit Fremddruckregulierung)
11 Fülleinrichtung
12 Entleerungseinrichtung

2. Ergänzen Sie die erforderlichen Sicherheitseinrichtungen nach DIN EN 12828 der abgebildeten geschlossenen Warmwasser-Heizungsanlage, wenn der Öl-Heizkessel eine Nennwärmeleistung von 18 kW aufweist, die maximale Vorlauftemperatur 75 °C beträgt und das Sicherheitsventil bei einem Überdruck von 2,5 bar öffnet.

Lösungsweg siehe II Lösungswege, Zu Lernfeldübergreifende Inhalte, 4 Sicherheitstechnische Ausrüstung

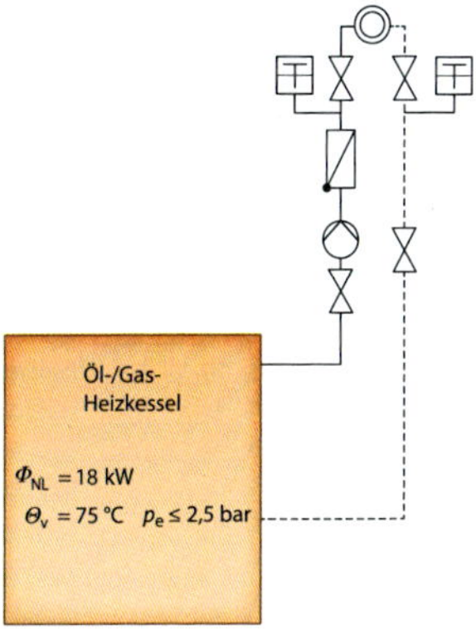

3. **Warum ist in geschlossenen Heizungsanlagen ein Ausdehnungsgefäß einzubauen?**

Das Ausdehnungsgefäß gleicht temperaturbedingte Volumenänderungen des Heizwassers aus. Ohne Ausdehnungsgefäß würde ständig Ausdehnungswasser über das Sicherheitsventil entweichen. Bei Abkühlung würde negativer Überdruck entstehen und über Stopfbuchsen und lösbare Verbindungen würde Luft angesaugt werden. Es müsste häufig Wasser nachgefüllt werden und die Korrosionsgefahr würde dadurch erheblich steigen.

4. **Beschreiben Sie den Aufbau eines Membran-Ausdehnungsgefäßes.**

Das Membran-Ausdehnungsgefäß enthält einen Wasseranschlussstutzen, ein Gas-Füllventil mit Abdeckkappe und eine Membrane, die den Wasser- und Gasraum trennt. Es wird werkseitig mit einem Inertgas (chemisch reaktionsträge) – meist Stickstoff – gefüllt und mit einem Vordruck von 0,5; 1,0; 1,5 oder 3,0 bar geliefert.

5. **Wovon hängt die Größe eines Membran-Ausdehnungsgefäßes ab?**

- Wasservolumen der Anlage
- maximale Vorlauftemperatur
- Anfangsdruck (Vordruck)
- Ansprechdruck des Sicherheitsventils

6. **Welche Auswirkungen hat ein zu kleines oder defektes Membran-Ausdehnungsgefäß auf die Heizungsanlage?**

- keine Aufnahme des Ausdehnungswassers und somit ständiges Tropfen oder Abblasen des Sicherheitsventils
- Wassermangel und negativer Überdruck in der Anlage bei Abkühlung des Heizwassers und dadurch Ansaugen von Luft (Betriebsstörungen, Korrosion)

7. **Wozu ist der Anfangsdruck im Membran-Ausdehnungsgefäß notwendig?**

Der Anfangsdruck soll verhindern, dass bereits beim Füllen der Anlage mehr als das für die Wasservorlage erforderliche Wasser in das Ausdehnungsgefäß eindringt und dadurch Ausdehnungsvolumen verloren geht.

8. **Wovon hängt der Anfangsdruck des Membran-Ausdehnungsgefäßes ab?**

Der Anfangsdruck hängt vom Höhenunterschied (Statischer Druck) zwischen Anschluss des Ausdehnungsgefäßes und dem höchsten Punkt der Anlage ab.

9. Was versteht man unter der Wasservorlage eines Membran-Ausdehnungsgefäßes?

Die Wasservorlage ist die Wassermenge, die bei gefüllter aber noch nicht in Betrieb befindlicher Anlage im Ausdehnungsgefäß sein soll, um auftretende Wasserverluste des Heizsystems auszugleichen.

10. Nennen Sie Vorschriften, die beim Einbau des Membran-Ausdehnungsgefäßes zu beachten sind.

- der Anschluss des Membran-Ausdehnungsgefäßes soll vorzugsweise am Rücklauf erfolgen, damit sich die Membrane nicht zu sehr erwärmt
- in die Verbindungsleitung zur Heizungsanlage sind eine Entleerungseinrichtung und eine Absperrung einzubauen, die gegen unbeabsichtigtes Schließen gesichert ist wie z. B. ein mit Draht und Plombe gesichertes Kappenventil
- das Membran-Ausdehnungsgefäß und die Verbindungsleitung sind frostsicher anzuordnen

11. Welche Aufgabe hat das Sicherheitsventil?

Das Sicherheitsventil schützt den Wärmeerzeuger gegen Überschreiten des zulässigen Betriebsdrucks.

12. Wonach richtet sich die Nennweite (Querschnitt des Ventileintritts) des Sicherheitsventils?

Die Nennweite des Sicherheitsventils richtet sich nach der Nennwärmeleistung des Wärmeerzeugers.

13. Geben Sie den Mindestdurchmesser eines Sicherheitsventils an.

Das Sicherheitsventil muss einen Mindestdurchmesser von DN 15 aufweisen.

14. Nennen Sie Einbauvorschriften für das Sicherheitsventil.

- der Einbau des Sicherheitsventils muss gut zugänglich am Wärmeerzeuger oder in unmittelbarer Nähe im Vorlauf erfolgen
- das Sicherheitsventil ist so anzuordnen, dass der Druckverlust der Verbindungsleitung 3 % und der der Abblasleitung 10 % des Nenndrucks des Sicherheitsventils nicht überschreitet
- zwischen Wärmeerzeuger und Sicherheitsventil darf keine Absperrung eingebaut werden

15. Ab welcher Nennwärmeleistung des Wärmeerzeugers ist bei geschlossenen Warmwasser-Heizungsanlagen nach DIN EN 12828 ein Entspannungstopf vorzusehen?

Bei Wärmeerzeugern über 300 kW Nennwärmeleistung muss die Abblasleitung des Sicherheitsventils mit einem Entspannungstopf in der Nähe des Ventils und mit einer im Freien endenden Dampf-Abblasleitung versehen sein.

16. Welche Aufgabe hat der Sicherheitstemperaturbegrenzer (STB)?

Der Sicherheitstemperaturbegrenzer (STB) verhindert bei Nichtansprechen des Temperaturreglers ein Überschreiten der zulässigen Kesselwassertemperatur, indem er den Brenner bei Erreichen einer werkseitig eingestellten Grenztemperatur von z. B. 98 °C abschaltet und gegen selbsttätiges Wiedereinschalten verriegelt.

17. Wodurch unterscheidet sich ein Sicherheitstemperaturbegrenzer von einem Sicherheitstemperaturwächter?

Der Sicherheitstemperaturwächter unterbricht zwar auch bei Erreichen des eingestellten Grenzwertes die Wärmezufuhr, verriegelt sie aber nicht, sondern gibt sie nach Absinken der Temperatur unter den Einstellwert wieder selbsttätig frei.

18. Wodurch unterscheiden sich Sicherheitstemperaturbegrenzer und Temperaturbegrenzer?

Im Vergleich zu Temperaturbegrenzern weisen Sicherheitstemperaturbegrenzer eine erweiterte Sicherheit auf, d. h. es muss auch bei einem Fehler ihrer Bauteile eine Abschaltung bzw. Begrenzung gewährleistet sein.

19. Wozu dient der Temperaturregler?

Heizkessel benötigen einen Temperaturregler (Kesselthermostat), um die Wärmeerzeugung dem Wärmebedarf anzupassen. Der Temperaturregler hält durch Ein- und Ausschalten des Brenners die Kesselwassertemperatur auf dem vorgegebenen Sollwert. Der höchste Einstellwert des Temperaturreglers liegt unter dem Schaltpunkt des Sicherheitstemperaturbegrenzers.

20. Welche Aufgabe erfüllt die Wassermangelsicherung?

Die Wassermangelsicherung muss die Feuerung bei Wassermangel abschalten, um ein Überhitzen bzw. Ausglühen des Wärmeerzeugers zu verhindern.

21. An welcher Stelle der Anlage ist die Wassermangelsicherung einzubauen?

Die Wassermangelsicherung wird parallel an einen senkrecht verlaufenden Rohrabschnitt der Vorlaufleitung im Kesselkreis vor dem Mischer oder an dafür vorgesehene Anschlussstutzen direkt am Kessel montiert.

22. Bei welchen Wärmeerzeugern kann auf eine Wassermangelsicherung verzichtet werden?

Handelt es sich nicht um eine Dachheizzentrale, kann bei Wärmeerzeugern bis 300 kW Nennwärmeleistung auf eine Wassermangelsicherung verzichtet werden, wenn durch eine andere Maßnahme des Herstellers sichergestellt ist, dass eine unzulässige Aufheizung bei Wassermangel nicht auftreten kann.

23. Welche Aufgabe erfüllt der Mindestdruckbegrenzer?

Der Mindestdruckbegrenzer soll verhindern, dass das Heizwasser bei zu geringem Druck in der Anlage verdampft.

24. Welche Wärmeerzeuger in geschlossenen Heizungsanlagen sind nach DIN EN 12828 mit einem Sicherheits-Druckbegrenzer (Maximal-Druckbegrenzer) auszurüsten?

Jeder Wärmeerzeuger mit einer Nennwärmeleistung über 300 kW muss mit einem Sicherheits-Druckbegrenzer (Maximal-Druckbegrenzer) ausgerüstet sein.

25. Welche Markierungen weist das Druckmessgerät/Manometer auf?

Das Druckmessgerät/Manometer ist mit einer Markierung für den Mindestbetriebsdruck der Heizungsanlage (meist Stellzeiger) sowie für den Ansprechdruck des Sicherheitsventils (rote Strichmarke, z. B. bei 2,5 bar) versehen. Der Bereich zwischen Mindest- und Höchstdruck wird häufig durch ein grünes Feld gekennzeichnet. Bei korrekter Funktion der Anlage muss sich der Druckanzeiger in diesem Bereich bewegen.

26. An welcher Stelle der Anlage ist das Druckmessgerät/Manometer einzubauen?

Das Druckmessgerät/Manometer wird direkt am Wasserraum des Heizkessels oder in unmittelbarer Nähe am Vorlauf gut sichtbar angebracht. Häufig wird es auch zusammen mit dem Sicherheitsventil und dem automatischen Entlüfter als Systemeinheit an den Sicherheitsvorlauf des Wärmeerzeugers angeschlossen.

27. An welcher Stelle der Anlage ist das Temperaturmessgerät/Thermometer einzubauen?

Das Temperaturmessgerät/Thermometer wird direkt am Wasserraum des Heizkessels oder am Vorlauf angebracht und erfasst die Vorlauftemperatur des Heizwassers. Sein Anzeigebereich muss 20 % über die maximal zulässige Betriebstemperatur hinausgehen.

28. Nennen Sie die erforderlichen Sicherheitseinrichtungen, mit denen Festbrennstoff-Heizkessel mit nicht abschaltbarer Feuerung in geschlossenen Warmwasser-Heizungsanlagen nach DIN EN 12828 auszurüsten sind.

Sicherung gegen Temperaturüberschreitung

1 Temperaturmessgerät (Thermometer)
2 Temperaturregler (Verbrennungsluftregler/ Feuerungsregler)
3 Sicherheitstemperaturbegrenzer (STB) Wärmeerzeuger mit ungeregelter oder nicht schnell abschaltbarer Beheizung: Notkühlung über thermische Ablaufsicherung oder Sicherheitswärmeverbraucher mit STB
4 Wassermangelsicherung (Wasserstandsbegrenzer oder Mindestdruckbegrenzer oder Durchflussbegrenzer)

Sicherung gegen Drucküberschreitung

5 Druckmessgerät (Manometer)
6 Sicherheitsventil
7 Entspannungstopf (> 300 kW)
8 Sicherheits-Druckbegrenzer (> 300 kW)
9 Mindestdruckbegrenzer (als Ersatzmaßnahme bei Verzicht auf WMS)
10 Druckausdehnungsgefäß (MAG oder AG mit Fremddruckregulierung)
11 Fülleinrichtung
12 Entleerungseinrichtung

29. Ergänzen Sie die erforderlichen Sicherheitseinrichtungen nach DIN EN 12828 der abgebildeten geschlossenen Warmwasser-Heizungsanlage, wenn die Nennwärmeleistung des Festbrennstoff-Heizkessels 21 kW beträgt, die Vorlauftemperatur auf 75 °C begrenzt ist und das Sicherheitsventil bei einem Überdruck von 3,0 bar öffnet.

Lösungsweg siehe II Lösungswege, Zu Lernfeldübergreifende Inhalte, 4 Sicherheitstechnische Ausrüstung

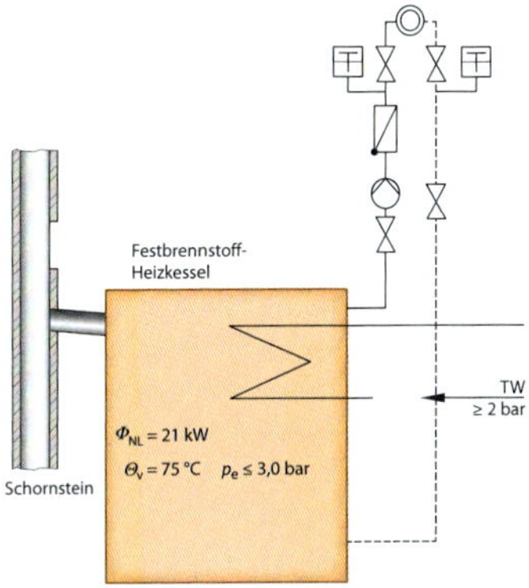

30. Welche Aufgabe hat der Feuerungsregler (Verbrennungsluftregler) eines Festbrennstoff-Heizkessels?

Der Feuerungsregler (Verbrennungsluftregler) beeinflusst durch Verstellen der Zuluftklappe oder über ein Gebläse die Verbrennungsluftzufuhr in Abhängigkeit von der vorgegebenen Kesselwassertemperatur.

31. Warum müssen Festbrennstoff-Heizkessel mit nicht oder teilweise abschaltbarem Feuerungssystem in geschlossenen Warmwasser-Heizungsanlagen mit einer thermischen Ablaufsicherung ausgerüstet werden?

Die thermische Ablaufsicherung in Verbindung mit einem in den Heizkessel eingebauten Wärmeübertrager dient zur Absicherung von geschlossenen Festbrennstoff-Heizungsanlagen mit nicht oder teilweise abschaltbarem Feuerungssystem gegen unzulässig hohe Betriebstemperaturen. Sie ist erforderlich, weil die Brennstoffglut auch bei geschlossener Luftklappe bzw. abgeschaltetem Gebläse noch Wärme freisetzt und diese Restwärme auf die Wasserseite übertragen wird.

32. Beschreiben Sie den Aufbau und die Funktionsweise einer thermischen Ablaufsicherung.

Der Fühler erfasst die Kesselwassertemperatur und ist über ein Kapillarrohr mit dem thermisch gesteuerten Ventil verbunden. Im Fühler und Kapillarrohr befindet sich eine Ausdehnungsflüssigkeit. Eine Feder hält das Ventil geschlossen. Überschreitet die Kesselwassertemperatur einen Maximalwert, in der Regel 95 °C, ist die Kraft, die durch den Druck der Ausdehnungsflüssigkeit erzeugt wird, größer als die Federkraft. Das Thermoventil öffnet und lässt so lange kaltes Wasser durch den Wärmeübertrager (Kühlschlange) strömen bzw. lässt so lange warmes Wasser aus dem integrierten Trinkwassererwärmer (Speicher) abfließen und damit kaltes Wasser nachströmen, bis dem Heizkessel die überschüssige Wärme entzogen ist.

33. Die Nennwärmeleistung Φ_{NL} einer Warmwasserheizungsanlage 70/50 °C beträgt 18 kW. Berechnen Sie das Wasservolumen der Heizungsanlage, wenn als Heizflächen Stahlröhrenradiatoren zum Einsatz kommen.

$V_A = \underline{\underline{469{,}8\ \text{l}}}$

Lösungsweg siehe II Lösungswege,
Zu Lernfeldübergreifende Inhalte,
4 Sicherheitstechnische Ausrüstung

34. Eine geschlossene Warmwasser-Heizungsanlage 70/55 °C hat eine Nennwärmeleistung von 20 kW. Das Sicherheitsventil öffnet bei $p_{SV} = 2{,}5$ bar. Die Wasserhöhe über dem Ausdehnungsgefäß beträgt 6 m. Bestimmen Sie den Nenninhalt des Membran-Ausdehnungsgefäßes bei 70 % Flachheizkörper und 30 % Fußbodenheizung.

$V_{n,min} = 19{,}86$ l; gewählt 25 l

Lösungsweg siehe II Lösungswege, Zu Lernfeldübergreifende Inhalte, 4 Sicherheitstechnische Ausrüstung

35. Eine geschlossene Warmwasserheizungsanlage enthält 480 l Heizwasser, das von 10 °C auf 75 °C aufgeheizt wird. Das Sicherheitsventil öffnet bei einem positiven Überdruck $p_{SV} = 3{,}0$ bar. Bestimmen Sie das erforderliche Nennvolumen des Membran-Ausdehnungsgefäßes bei einem Anfangsdruck $p_0 = 1{,}2$ bar.

$V_{n,min} = 40{,}6$ l; gewählt 50 l

Lösungsweg siehe II Lösungswege, Zu Lernfeldübergreifende Inhalte, 4 Sicherheitstechnische Ausrüstung

36. Das Ausdehnungsgefäß einer geschlossenen Heizungsanlage hat ein Nennvolumen von 35 l und einen Anfangsdruck $p_0 = 0{,}8$ bar. Es soll eine Wasservorlage von 3 l aufnehmen. Berechnen Sie den notwendigen Anlagenfülldruck in bar.

$F = 0{,}97$ bar

Lösungsweg siehe II Lösungswege, Zu Lernfeldübergreifende Inhalte, 4 Sicherheitstechnische Ausrüstung

37. Im Rahmen der Wartungsarbeiten ist das Membranausdehnungsgefäß zu prüfen. Nennen Sie die erforderlichen Prüfmaßnahmen.

- Prüfung des äußeren Zustandes (Beschädigung, Korrosion, Befestigung)
- Prüfung der Dichtheit der Verbindungen, des Gasfüllventils und der Membrane (Membrane ist undicht, wenn beim Öffnen des Gasfüllventils Wasser entweicht)
- Funktionsprüfung des MAG

38. a) Im Rahmen der Wartungsarbeiten ist die Funktionsfähigkeit eines geschlossenen Ausdehnungsgefäßes zu überprüfen. Erläutern Sie die einzelnen Arbeitsschritte.

b) Bei der Überprüfung des Membran-Ausdehnungsgefäßes stellen Sie fest, dass es defekt und wahrscheinlich falsch dimensioniert ist. Bestimmen Sie mit Hilfe der abgebildeten Herstellertabelle die Größe des MAG und den Mindest-Fülldruck, wenn das Anlagenvolumen $V_A = 580$ l, der Ansprechdruck des Sicherheitsventils 2,5 bar und der Anfangsdruck $p_0 = 0{,}5$ bar betragen.

a) Funktionsprüfung/Arbeitsschritte:
- Draht bzw. Plombe am Kappenventil entfernen
- Kappenventil schließen und MAG entleeren (Wasserseite muss drucklos sein)
- Staubkappe am Ventil des MAG entfernen
- Druck z. B. mit elektrischem Vordruckmessgerät prüfen
- je nach Bedarf Stickstoff nachfüllen, ablassen oder das Gefäß austauschen

b) Lösung mittels Herstellerauslegungstabelle
$V_{n,min} = 35$ l
($V_{A,max} = 640$ l,
$p_F = 0{,}9$ bar)

Heizungsanlage 70 °C Vorlauftemperatur, 50 °C Rücklauftemperatur
p_{SV} Ansprechdruck des Sicherheitsventils am Wärmeerzeuger — V_A max. Wasserinhalt der Anlage
p_0 Gasvordruck (Anfangsdruck) im Ausdehnungsgefäß — p_F Anlagenfülldruck in bar

p_{SV}	bar	2,5			V_n	3,0			
p_0	bar	0,5	1,0	1,5	Liter	0,5	1,0	1,5	1,8
V_A	Liter	110	48		8	130	80	31	
p_F	bar	1,1	1,6			1,1	1,7	2,2	
V_A	Liter	160	70		12	200	120	46	
p_F	bar	1,1	1,6			1,1	1,7	2,2	
V_A	Liter	270	130		18	330	210	95	27
p_F	bar	1,0	1,5			1,0	1,6	2,1	2,4
V_A	Liter	420	240	50	25	500	340	180	90
p_F	bar	0,9	1,3	1,8		0,9	1,4	1,9	2,3
V_A	Liter	640	390	130	35	730	540	310	180
p_F	bar	0,9	1,3	1,8		0,9	1,4	1,9	2,2
V_A	Liter	910	610	220	50	1040	780	500	310
p_F	bar	0,9	1,3	1,8		0,9	1,4	1,9	2,2
V_A	Liter	1460	970	360	80	1670	1250	830	560
p_F	bar	0,9	1,3	1,8		0,9	1,4	1,9	2,2

Herstellertabelle

5 Abgasanlagen

1. Nennen Sie die Bestandteile einer Abgasanlage.

- Schornstein, Abgasleitung oder Luft-Abgas-System
- Verbindungsstück (Rohr oder Kanal) zur Feuerstätte

2. Wofür sind richtig ausgewählte Abgasanlagen eine wichtige Voraussetzungen?

Für eine wirtschaftlich und sicher betriebene Heizungsanlage

3. Nach dem Austausch eines alten Kessels durch einen modernen Niedertemperaturkessel zeigt sich am Schornstein eine beginnende Versottung. Nennen Sie geeignete Gegenmaßnahmen.

- Erhöhung der Abgastemperatur (Angaben des Kesselherstellers beachten)
- Einbau einer Nebenluftvorrichtung
- Wärmedämmung des Schornsteins in unbeheizten Räumen und über Dach
- Wärmedämmung des Verbindungsstücks
- Einziehen eines Edelstahlkamins

4. Begründen Sie, warum alte Schornsteine die Anforderungen moderner Feuerungssysteme nicht oder nur unvollständig erfüllen.

Alte Schornsteine sind fast immer überdimensioniert und unzureichend gegen Durchfeuchtung (Versottung) geschützt weil:

- die neuen Heizsysteme mit immer niedrigeren Abgastemperaturen arbeiten (häufig ca. 100 °C niedriger als alte Systeme)
- das Abgasvolumen immer kleiner wird (geringerer Luftüberschuss)
- die Betriebszeiten immer länger werden (geringere Leistung des Kessels) und der Schornstein keine Zeit hat auszutrocknen

5. Begründen Sie, weshalb herkömmliche Schornsteine nicht für Brennwertkessel zugelassen sind.

Da die Abgase bei Brennwertgeräten weit heruntergekühlt werden (ca. 35 °C … 40 °C), entsteht auf jeden Fall Kondensat (Durchfeuchtungs- und Versottungsgefahr). Außerdem reicht der natürliche (thermische) Auftrieb meist nicht aus, um die Abgase abzuleiten. Sie müssen deshalb meist mit einem Gebläse (Ventilator) abgeführt werden, weshalb in der Abgasanlage ein positiver Überdruck entstehen kann. Herkömmliche Schornsteine sind aber gegenüber positivem Überdruck nicht dicht und gegenüber anfallendem Kondensat nicht beständig und damit nicht zugelassen.

6. Womit erfolgt die Abgasabführung bei Brennwertkesseln?

Zur Abführung der Abgase von Brennwertkesseln verwendet man:

- besondere Abgasleitungen, z. B. aus Edelstahl, Aluminium, Keramik, Kunststoff oder Glas
- feuchteunempfindliche Schornsteine (Betrieb grundsätzlich mit negativem Überdruck)

Die Abgasleitungen unterteilt man entsprechend den zulässigen Abgastemperaturen in drei Gruppen:

- Typ A zulässig ≤ 80 °C
- Typ B zulässig ≤ 120 °C
- Typ C zulässig ≤ 160 °C

7. Welche Aufgaben hat ein Schornstein?

Der Schornstein hat die Aufgabe, die Abgase über Dach ins Freie abzuführen und bei Feuerstätten mit natürlichem Zug die erforderliche Verbrennungsluft anzusaugen.

8. Welche Faktoren beeinflussen die Abgasführung?

- die Abgastemperatur
- die Außenlufttemperatur
- die wirksame Höhe des Schornsteins
- der Schornsteinquerschnitt
- die Beschaffenheit (Rauigkeit) der Schornstein-Innenfläche
- die Dichtheit (Fugendichtheit) des Schornsteins
- die Witterungsbedingungen (Luftdruck, Temperatur, Wind)

9. Erklären Sie, wie der Schornsteinzug entsteht.

Der Schornsteinzug (Auftrieb im Schornstein) entsteht durch den Dichte- bzw. Gewichtsunterschied zwischen den heißen Abgasen im Schornstein (= Abgassäule) und der kalten Außenluft (gedachte gleich große Außenluftsäule).

10. Wovon ist der erforderliche Schornsteinzug abhängig?

Der Schornsteinzug ist abhängig:

- vom Temperaturunterschied zwischen heißem Abgas und kalter Außenluft
- der wirksamen Schornsteinhöhe
- dem Schornsteinquerschnitt
- der Ausführung des Schornsteins (möglichst glatte Innenflächen) und der Fugendichtheit

11. Was verstehen Sie unter der wirksamen Schornsteinhöhe?

Die wirksame Schornsteinhöhe ist der Höhenunterschied zwischen Abgaseinführung der obersten Feuerstätte und der Schornsteinmündung.

12. Geben Sie jeweils die erforderliche wirksame Schornsteinhöhe an:
a) bei einfach belegten Schornsteinen
b) bei gemeinsamen Schornsteinen für feste und flüssige Brennstoffe.

a) mindestens 4 m
b) mindestens 5 m

13. Wie hoch müssen Schornsteine über Dach geführt werden?

Bei Dächern mit einer Neigung ≥ 20° muss die Schornsteinmündung mindestens 40 cm über dem First liegen oder einen horizontalen Abstand von der Dachfläche von mindestens 2,30 m haben.
Bei Dächern mit einer Neigung < 20° muss die Schornsteinmündung mindestens 40 cm über dem First liegen oder einen senkrechten Abstand zur Dachfläche von mindestens 100 cm haben.
Schornsteine von stroh-, schindel- oder reetgedeckten Häusern (weiche Bedachung) müssen im First oder in seiner unmittelbaren Umgebung austreten und mindestens 80 cm über dem First ausmünden; bei einer Neigung ≤ 20° mindestens 100 cm.

14. Nennen Sie mindestens fünf Anforderungen an einen Schornstein.

Schornsteine müssen standsicher, dicht, temperatur- und säurebeständig sowie widerstandsfähig gegenüber Rußbränden von innen und Bränden von außen sein.

15. Wodurch werden die Kesselwiderstände bei Heizkesseln mit negativem Überdruck im Brennraum überwunden?

Die Kesselwiderstände werden bei Heizkesseln mit negativem Überdruck (Naturzugkessel) durch den Schornsteinzug überwunden.
Dies gilt auch für ältere Kessel mit Gebläsebrenner, da hier das Gebläse nur die Mischung von Verbrennungsluft und Heizöl bzw. Brenngas übernimmt.

16. Wodurch werden die Kesselwiderstände bei Heizkesseln mit positivem Überdruck im Brennraum überwunden?

Bei Heizkesseln mit positivem Überdruck im Brennraum werden die Kesselwiderstände vom Gebläsebrenner überwunden.
Die Pressung des Gebläses muss jedoch am Ende des Kessels aufgebraucht sein. Der Schornsteinzug dient nur dazu, Verbrennungsluft in den Aufstellraum nachzuführen und den Widerstand im Schornstein zu überwinden.

17. Warum müssen Naturzugkessel gegenüber dem Aufstellraum nicht völlig dicht sein?

Naturzugkessel müssen gegenüber dem Aufstellraum nicht völlig dicht sein, da durch den negativen Überdruck im Brennraum keine Abgase in den Aufstellraum gelangen können.

18. Nennen Sie fünf brandschutztechnische Anforderungen an einen Schornstein.

- Schornsteine müssen in besonderem Maße gegen Wärme, Abgase und Rußbrände im Inneren des Schornsteins beständig sein und aus nicht brennbaren Stoffen nach DIN 4102-2 bestehen
- bei Abgastemperaturen von 400 °C dürfen sich die Außenseiten eines Schornsteins auf nicht mehr als 85 °C erwärmen; wenn die Oberflächen benachbarter Bauteile aus brennbaren Baustoffen bestehen, darf die Temperatur 85 °C nicht übersteigen
- bei einem Rußbrand im Inneren des Schornsteins dürfen sich seine Außenseiten auf nicht mehr als 100 °C erwärmen
- bei Bränden im Gebäude muss der Schornstein mindestens 90 min standsicher bleiben, um eine Ausbreitung des Brandes auf andere Geschosse zu vermeiden
- der Baustoff eines Schornsteins muss so beschaffen sein, dass eine Brandübertragung durch Wärmeleitung ausgeschlossen ist; Stahlschornsteine dürfen deshalb nur dann verwendet werden, wenn keine Übertragung von Bränden auf andere Geschosse möglich ist

19. Welche Bauarten unterscheidet man bei Schornsteinen?

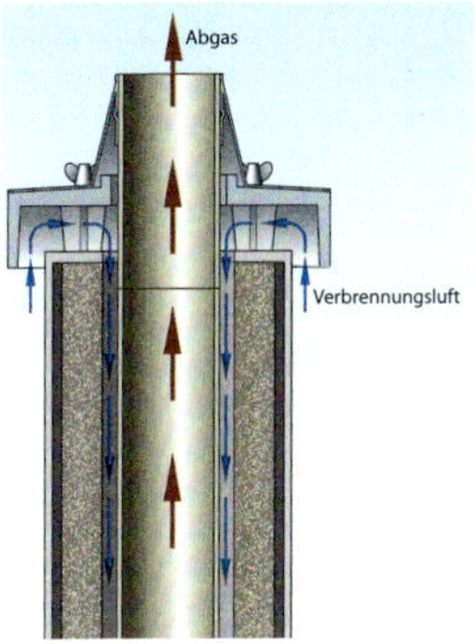

- einschalige Schornsteine aus Mauer- oder Formsteinen (Altbauten)
- zweischalige Isolier-Schornsteine (frei bewegliches Innenrohr, säurebeständig)
- dreischalige Isolier-Schornsteine, bestehend aus Innenschale, z. B. Schamotterohr, Wärmedämmung und Außenschale, z. B. Leichtbeton-Mantelstein mit und ohne Hinterlüftung (wärmegedämmt, säurebeständig, für niedrige Abgastemperaturen)
- feuchtigkeitsunempfindliche Isolier-Schornsteine mit kondensatdichter Innenschale, z. B. aus Schamottetonrohren mit Innenglasur, Edelstahl- oder Glasrohren
- Luft-Abgas-Schornsteine (LAS-System)

20. Welche Einschränkungen gibt es für Schornsteine mit begrenzter Temperaturbeständigkeit?

Schornsteine mit begrenzter Temperaturbeständigkeit sind gegen Rußbrände im Inneren des Schornsteins nicht widerstandsfähig und dürfen nur für Gasfeuerstätten mit Brennern ohne Gebläse, einer Nennwärmeleistung ≤ 30 kW und bei Abgastemperaturen ≤ 350 °C eingesetzt werden.

21. Was versteht man unter einem:
a) einfach,
b) mehrfach,
c) gemischt belegten Schornstein?

a) Schornsteine, an die nur eine Feuerstätte angeschlossen ist, bezeichnet man als einfach belegt.
b) Schornsteine, an die mehrere Feuerstätten angeschlossen sind, bezeichnet man als mehrfach belegt.
c) Schornsteine, an die Feuerstätten für feste und flüssige oder gasförmige Brennstoffe angeschlossen sind, bezeichnet man als gemischt belegt.

22. Nennen Sie mindestens vier Feuerstätten, die nach DIN V 18160-1 an einen eigenen Schornstein anzuschließen sind.

- alle Feuerstätten mit Gebläsebrennern
- Gasfeuerstätten ohne Gebläse mit einer Nennwärmeleistung > 30 kW
- Feuerstätten für feste und flüssige Brennstoffe ohne Gebläse mit einer Nennwärmeleistung > 20 kW
- jede offene Feuerstätte (z. B. offener Kamin)
- jede Feuerstätte in Gebäuden mit mehr als fünf Vollgeschossen
- jede Feuerstätte mit dichtem Brennraum gegenüber dem Aufstellraum, der die Verbrennungsluft durch eine dichte Leitung zugeführt wird
- jede Feuerstätte mit ständig offener Verbindung ins Freie
- jede Sonderfeuerstätte

23. Welche Feuerstätten dürfen nach DIN V 18160-1 an einem gemeinsamen Schornstein angeschlossen werden?

An einen gemeinsamen Schornstein dürfen nach DIN V 18160-1 bis zu drei Gasfeuerstätten ohne Gebläse mit je einer Nennwärmeleistung ≤ 30 kW angeschlossen werden oder bis zu drei Feuerstätten ohne Gebläse für feste oder flüssige Brennstoffe mit je einer Nennwärmeleistung ≤ 20 kW.

24. Wovon hängt die Dimensionierung des Schornsteins ab?

- von der Art des Brennstoffs
- von der Bauart des Schornsteins
- von der wirksamen Schornsteinhöhe
- von der Abgastemperatur am Abgasstutzen des Wärmeerzeugers
- vom notwendigen Förderdruck (negativer Überdruck)
- von der Nennwärmeleistung des Wärmeerzeugers
- vom Abgasmassenstrom

25. Ein Heizkessel mit Ölzerstäubungsbrenner für Überdruckfeuerung und einer Nennwärmeleistung von $\Phi_{NL} = 20\,kW$ soll an einen Isolierschornstein mit Hinterlüftung angeschlossen werden. Die Abgastemperatur am Kesselende beträgt 95 °C. Bestimmen Sie bei einer Schornsteinhöhe von 9 m den erforderlichen Schornsteindurchmesser mit Hilfe des Diagramms.

Der erforderliche Schornsteindurchmesser beträgt 120 mm.

Lösungsweg siehe II Lösungswege, Zu Lernfeldübergreifende Inhalte, 5 Abgasanlagen

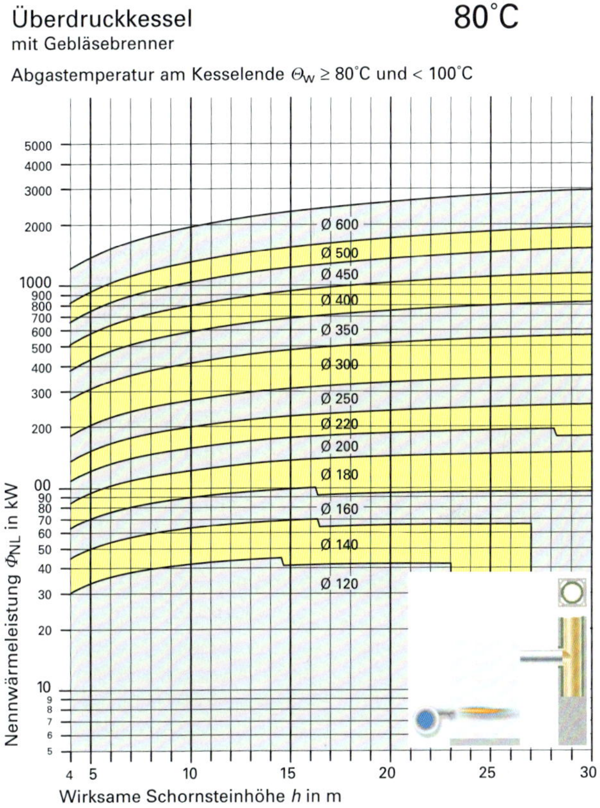

Auslegungsdiagramm für einen Heizkessel mit Ölzerstäubungsbrenner für Isolierschornsteine mit Hinterlüftung

26. Was versteht man unter Luft-Abgas-Schornsteinen (LAS-System)?

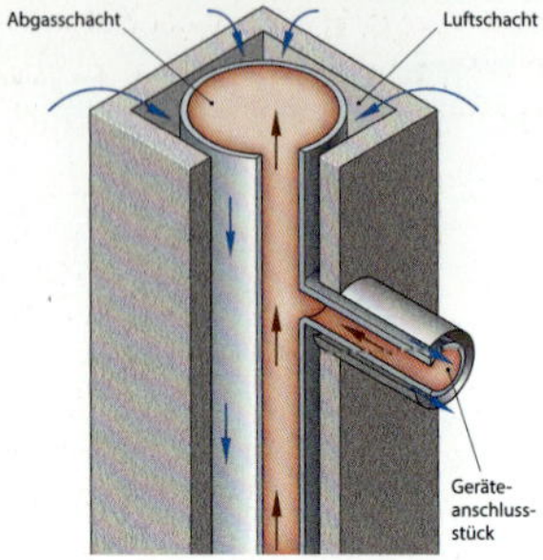

Luft-Abgas-Schornsteine bestehen aus konzentrischen oder nebeneinander liegenden Schächten, von denen der eine der Feuerstätte Verbrennungsluft zuführt und der andere die anfallenden Abgase ableitet. An Luft-Abgas-Schornsteine dürfen nur raumluftunabhängige Feuerstätten angeschlossen werden. Die Abgase werden ausschließlich durch den thermischen Auftrieb im Abgasschacht abgeleitet. Im Abgasschacht muss ein geringerer Druck herrschen als im Verbrennungsluftschacht und in den umliegenden Räumen.

27. Welche Vorteile hat das LAS-System?

- Gesicherte Verbrennungsluftzufuhr
- Geräteaufstellung unabhängig von der Raumgröße
- Anschluss von bis zu zehn Gasfeuerstätten

28. Wie müssen der Schornsteinkopf und der Schornsteinfuß eines Luft-Abgas-Schornsteins ausgeführt sein?

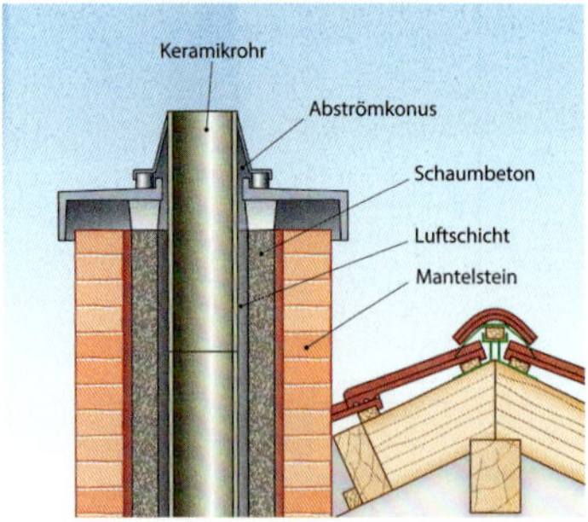

Die Abgasschachtmündung soll oberhalb der Verbrennungslufteinmündung angeordnet und durch eine Scheibe von ihr getrennt sein. Am Schornsteinfuß ist der Abgasschacht mit dem Verbrennungsluftschacht verbunden, damit ein Druckausgleich zwischen beiden Schächten stattfinden kann.

29. Was versteht man unter dem Verbindungsstück einer Abgasanlage?

Verbindungsstücke verbinden den Heizkessel mit dem Schornstein. Sie können als Abgasrohre oder als Abgaskanäle ausgeführt sein. Abgasrohre sind Rohre und Formstücke, die frei im Raum verlegt werden. Abgaskanäle entsprechen in der Regel den brandschutztechnischen Anforderungen an Schornsteine und werden in Massivbauart häufig aus den gleichen Baustoffen wie ein Schornstein hergestellt.

30. Geben Sie mindestens zwei Verlegeregeln für Verbindungsstücke an.

- sie sollen möglichst kurz sein und mit Steigung zum Schornstein verlegt werden, um Wärmeverluste und zusätzliche Widerstände zu vermeiden
- sie dürfen nicht in andere Geschosse geführt werden
- sie dürfen nicht in Wänden, Schächten, Decken und durch Räume verlegt werden, in denen keine Feuerstätten aufgestellt werden dürfen

31. Wozu dienen Abgasklappen?

Abgasklappen dienen der Energieeinsparung während der Stillstandzeiten des Wärmeerzeugers. Sie verhindern, dass Wärme durch den thermischen Auftrieb verloren geht.

32. a) Bezeichnen Sie die abgebildete Abgasklappe.
b) Für welche Brenner sind Abgasklappen dieser Art zugelassen?
c) Nennen Sie wesentliche Einbauvorschriften.
d) Erläutern Sie die Funktionsweise der Abgasklappe.

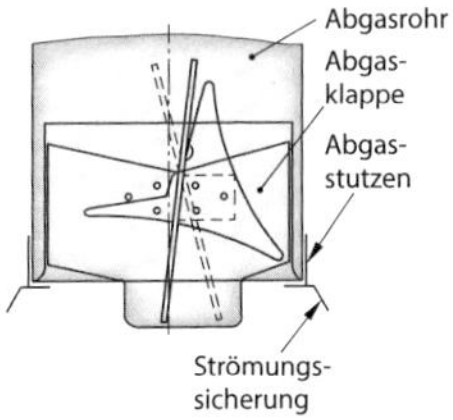

geöffnet

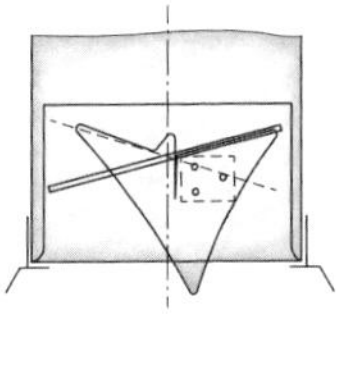

geschlossen

a) Thermisch gesteuerte Abgasklappe
b) Abgasklappen dieser Art sind nur für atmosphärische Gasbrenner (Gasbrenner ohne Gebläse) zugelassen.
c) Einbauvorschriften:
   - Bimetall in Richtung der Feuerstätte
   - spannungsfrei
   - nur mit Bauartzulassung und **nach der Strömungssicherung** in Abstimmung mit dem Bezirksschornsteinfegermeister; es wird nur Auskühlen des Raumes verhindert
d) Bei Erwärmung krümmt sich das Bimetall und gibt den Abgasweg frei.

33. a) Bezeichnen Sie die abgebildete Abgasklappe.
b) Für welche Brenner sind Abgasklappen dieser Art zugelassen?
c) Nennen Sie mögliche Einbauorte.
d) Erläutern Sie die Funktionsweise der Abgasklappe.

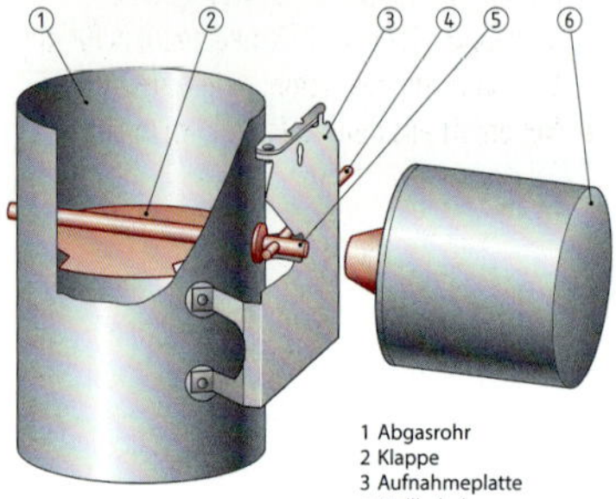

1 Abgasrohr
2 Klappe
3 Aufnahmeplatte
4 Stellhebel
5 Klappenwelle
6 Stellmotor

a) Motorisch gesteuerte Abgasklappe
b) Einsatz:
- Feuerstätten mit Gebläse für gasförmige und flüssige Brennstoffe
- Feuerstätten ohne Gebläse für gasförmige Brennstoffe
- offene Kamine

c) Vor und nach der Strömungssicherung
d) Fordert das Thermostat Wärme an, öffnet der Stellmotor die Abgasklappe. Erst dann öffnet das Magnetventil und gibt die Brennstoffzufuhr frei.

34. Wozu dienen Nebenluftvorrichtungen?

Nebenluftvorrichtungen durchlüften den Schornstein bei Brennerstillstand und schützen somit den Schornstein vor Durchfeuchtung (gilt nicht für feuchteunempfindliche Schornsteine), begrenzen bzw. halten den Schornsteinzug konstant und sorgen dadurch für stabile Verbrennungsbedingungen.

35. Unter welchen Bedingungen ist der Einbau einer Nebenluftvorrichtung zulässig?

Der Einbau einer Nebenluftvorrichtung ist zulässig, wenn:
- sie im Aufstellraum des Wärmeerzeugers mindestens 40 cm oberhalb der Schornsteinsohle angebracht wird
- die Abführung der Abgase nicht behindert wird
- die Brandsicherheit des Schornsteins nicht beeinträchtigt wird
- die Abgase bei Stau oder Rückstrom nicht in gefährlicher Menge austreten können

36. Welche Nebenluftvorrichtungen unterscheidet man bezüglich Funktion und Anwendung?

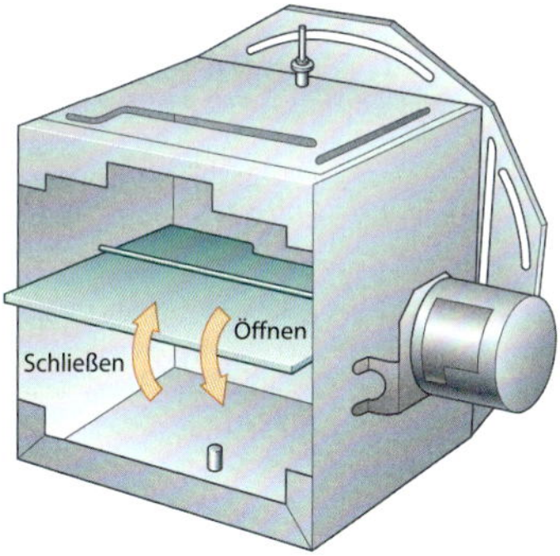

- selbsttätige Nebenluftvorrichtungen, auch Zugbegrenzer genannt, geben in Abhängigkeit vom Schornsteinzug eine Öffnung frei, durch die Nebenluft in den Schornstein gelangt und dadurch der Auftrieb begrenzt bzw. konstant gehalten wird
- zwangsgesteuerte Nebenluftvorrichtungen mit Motorantrieb sorgen während der Stillstandzeiten des Wärmeerzeugers für die Durchlüftung des Schornsteins, indem sie Nebenluft aus dem Aufstellraum in den Schornstein einströmen lassen
- kombinierte Nebenluftvorrichtungen sorgen für einen konstanten Auftrieb im Schornstein und für seine Durchlüftung

6 Abgasüberwachung

1. In welchen Verordnungen ist die Abgasüberwachung von kleinen und mittleren Feuerungsanlagen geregelt?

- Erste Verordnung zur Durchführung des Bundes-Immissionsschutzgesetzes (1. BImSchV)
- Kehr- und Überprüfungsordnung der Schornsteinfeger (KÜO)

2. Welchen Zweck hat die Abgasüberwachung von Feuerungsanlagen?

- Emissionsgrenzwerte werden nicht überschritten und damit die Umweltbelastungen gering gehalten und gesundheitliche Beeinträchtigungen für die Menschen vermieden
- Abgasverluste einer Feuerungsanlage werden eingehalten und damit die Brennstoffausnutzung optimiert

3. Welche zwei bzw. drei Arten von Messungen müssen nach der 1. BImschV vom Bezirksschornsteinfeger durchgeführt werden?

- Erstmessung (Emissionsmessung) innerhalb von vier Wochen nach Inbetriebnahme bei neuen oder wesentlich geänderten Feuerungsanlagen
- wiederkehrende Messung (Emissionsmessung); die Häufigkeit hängt ab vom Alter und der Art der Feuerungsanlage
- Wiederholungsmessung nach spätestens sechs Wochen bei Überschreitung von Grenzwerten

4. Welche Feuerungsanlagen für feste Brennstoffe müssen vom Bezirksschornsteinfeger gemessen werden?

- generell sind ab dem 23. März 2010 errichtete Feuerungsanlagen für feste Brennstoffe mit einer Nennwärmeleistung ≥ 4 kW messpflichtig
- Feuerungsanlagen für feste Brennstoffe, die vor dem 23. März 2010 errichtet worden sind, müssen nach bestimmten Übergangsfristen die aktuellen Grenzwerte einhalten; bis dahin gelten für bestehende Feuerungsanlagen für feste Brennstoffe mit einer Nennwärmeleistung ≥ 15 kW Übergangsgrenzwerte
- Feuerungsanlagen für feste Brennstoffe mit weniger als 15 kW, die vor dem 23. März 2010 errichtet wurden, sind bis zum Ablauf der jeweiligen Übergangsfristen nicht messpflichtig

5. Unter welchen Bedingungen dürfen ab dem 23. März 2010 errichtete Feuerungsanlagen für feste Brennstoffe ≥ 4 kW und Einzelraumfeuerungsanlagen für feste Brennstoffe betrieben werden?

- Feuerungsanlagen für feste Brennstoffe ab 4 kW Nennwärmeleistung, ausgenommen Einzelraumfeuerungsanlagen, die ab dem 23. März 2010 errichtet wurden, dürfen nur betrieben werden, wenn sie die vorgeschriebenen Emissionsgrenzwerte für Staub und Kohlenmonoxid nicht überschreiten
- Einzelraumfeuerungsanlagen für feste Brennstoffe, ausgenommen Kachelöfen (Grundöfen) und offene Kamine, die ab dem 23. März 2010 errichtet wurden, dürfen nur betrieben werden, wenn der Hersteller die Anforderungen an den Mindestwirkungsgrad und die Emissionsgrenzwerte für Staub und Kohlenmonoxid bescheinigt (Typprüfung); eine Emissionsmessung vor Ort ist nicht vorgesehen

6. Welche Grenzwerte sind in der 1. BImSchV für Staub und Kohlenmonoxid bei Feuerungsanlagen für Scheitholz, Hackgut, Späne und Pellets festgelegt?

Feuerungsanlagen ≥ 4 kW ≤ 500 kW, ab dem 23. März 2010 errichtet, für:
- Scheitholz, Hackgut, Späne: Staub $0{,}10\,\frac{g}{m^3}$; CO $1{,}0\,\frac{g}{m^3}$
- Pellets: Staub $0{,}06\,\frac{g}{m^3}$; CO $0{,}8\,\frac{g}{m^3}$

Feuerungsanlagen ≥ 4 kW, nach dem 31. Dezember 2014 errichtet, für:
- Scheitholz, Hackgut, Späne, Pellets: Staub $0{,}02\,\frac{g}{m^3}$; CO $0{,}4\,\frac{g}{m^3}$

7. a) Welchen Emissionsgrenzwert für Staub und Kohlenmonoxid (CO) müssen bestehende Einzelraumfeuerungsanlagen einhalten?
b) Wie sind die Emissionswerte nachzuweisen?
c) Welche Maßnahmen erfordert die Nichteinhaltung der Grenzwerte?

a) Bestehende Einzelraumfeuerungsanlagen müssen einen Emissionsgrenzwert für **Staub von 150** $\frac{mg}{m^3}$ und für **Kohlenmonoxid (CO) von 4** $\frac{g}{m^3}$ einhalten.

b) Als Nachweis dafür gelten:
- die Bescheinigung der Prüfstandsmessungen vom Hersteller
- Vor-Ort-Messung durch den Schornsteinfeger

c) Bei Nichteinhaltung der Grenzwerte ist die Einzelfeuerungsanlage:
- mit einer Filtereinrichtung nachzurüsten
- außer Betrieb zu setzen

8. **Welche Überwachungstätigkeiten müssen vom Bezirksschornsteinfeger bei Feuerungsanlagen mit festen Brennstoffen durchgeführt werden?**

- Prüfen von neuen oder wesentlich geänderten Feuerstätten vor Inbetriebnahme
- Feuerstättenschau bei Einzelraumfeuerungsanlagen alle 3,5 Jahre
- Beurteilung des Feuchtegehaltes des verwendeten Stückholzes (unter 25 %) und des technischen Zustandes der Feuerungsanlage im Rahmen der wiederkehrenden Messung bzw. der Feuerstättenschau
- Beratung des Betreibers einer handbeschickten Feuerungsanlage innerhalb eines Jahres nach Errichtung bzw. nach einem Betreiberwechsel hinsichtlich der sachgerechten Bedienung, der ordnungsgemäßen Brennstofflagerung und des Umgangs mit festen Brennstoffen
- Information des Anlagenbetreibers über Grenzwerte und Übergangsfristen

9. **Ab welcher Nennwärmeleistung sind Feuerungsanlagen für flüssige und gasförmige Brennstoffe messpflichtig?**

Feuerungsanlagen für flüssige und gasförmige Brennstoffe mit einer Nennwärmeleistung ≥ 4 kW sind messpflichtig.

10. **Geben Sie die Messintervalle für die wiederkehrende Messpflicht nach der 1. BImSchV für folgende Anlagenarten in Abhängigkeit vom Alter an:**
    a) **Ölfeuerstätten ≥ 4 kW**
    b) **Ölfeuerstätten ≥ 4 kW, mit schwefelarmem Heizöl, raumluftabhängig und raumluftunabhängig**
    c) **Ölbrennwertfeuerstätten ≥ 4 kW, mit schwefelarmem Heizöl, raumluftabhängig**
    d) **Gasfeuerstätten ≥ 4 kW, raumluftabhängig und raumluftunabhängig**
    e) **Gasbrennwertfeuerstätten ≥ 4 kW, raumluftabhängig**
    f) **Öl- und Gasfeuerstätten ≥ 4 kW mit selbstkalibrierender und kontinuierlicher Regelung der Verbrennungsluft (mit Verbrennungsluftregelung)**

Anlagentyp	Messpflicht nach der 1. BImSchV – Alter der Feuerungsanlage: bis 12 Jahre	älter als 12 Jahre
a	3 Jahre	2 Jahre
b	3 Jahre	2 Jahre
c	3 Jahre	2 Jahre
d	3 Jahre	2 Jahre
e	3 Jahre	2 Jahre
f	5 Jahre	5 Jahre

11. Wo ist die Messöffnung zur Abgasmessung anzubringen?

Die Messöffnung (ca. 10 mm Bohrungsdurchmesser) ist am Abgasrohr (= Verbindungsstück zwischen Kessel und Schornstein) anzubringen. Der Messlochabstand vom Abgasstutzen sollte etwa dem 2-fachen Durchmesser des Abgasrohres entsprechen.

12. Erläutern Sie die Messbedingungen der Abgasmessung.

Die Messung muss im Kern des Abgasstroms erfolgen (= Bereich höchster Abgastemperatur). Die Messung ist frühestens zwei Minuten nach dem Einschalten des Brenners oder bei Vorliegen einer Kesselwassertemperatur von mindestens 60 °C durchzuführen. Letztere Festlegung gilt nicht für Brennwertkessel und Niedertemperaturkessel mit gleitender Regelung.

13. Welche Messgrößen werden im Rahmen der Abgasmessung nach der 1. BImSchV bei Öl-/Gasfeuerungen erfasst?

- Abgastemperatur
- Verbrennungslufttemperatur
- Kesselwassertemperatur
- Sauerstoff- (O_2) bzw. Kohlendioxidgehalt (CO_2)
- Schornsteinzug (Förderdruck)
- Abgasverluste (berechneter Wert; nicht erforderlich bei Brennwertgeräten)
- Rußzahl (Öl)
- Ölderivate (Öl)
- Kohlenmonoxidgehalt (CO)
- Stickoxidgehalt (NO_x)

14. Von welchen Messgrößen hängen die Abgasverluste ab?

- CO_2-Gehalt bzw. O_2-Gehalt
- Abgastemperatur
- Verbrennungslufttemperatur

15. Geben Sie die nach der 1. BImSchV festgelegten Grenzwerte für die Abgasverluste bei Öl-/Gasfeuerungen an.

Nennwärmeleistung in kW	Grenzwerte für die Abgasverluste in Prozent
$\geq 4 \leq 25$	11
$> 25 \leq 50$	10
> 50	9

16. Bei der Abgasmessung mit einem elektronischen Messgerät wurden für einen Heizkessel mit Ölzerstäubungsbrenner (Heizöl EL) Abgasverluste von 6,4 % ermittelt.
a) Überprüfen Sie die ermittelten Abgasverluste $q_A = 6{,}4\,\%$ rechnerisch, wenn laut Messprotokoll die Abgastemperatur 150 °C, die Verbrennungslufttemperatur 18 °C und der CO_2-Gehalt 12 % betrugen.
b) Überprüfen Sie, ob die Feuerungsanlage noch weiterbetrieben werden darf, wenn die Kesselleistung 21 kW beträgt.

a) $q_A = \underline{\underline{6{,}4\,\%}}$

b) Die Feuerungsanlage darf weiterbetrieben werden.

Lösungsweg siehe II Lösungswege, Zu Lernübergreifende Inhalte, 6 Abgasüberwachung

17. Nennen Sie Messgeräte zur Bestimmung der Abgas-, Verbrennungsluft- und Kesselwassertemperatur.

Abgastemperatur: Elektronisches Messgerät, Thermoelektrisches Thermometer
Verbrennungslufttemperatur: Elektronisches Messgerät; Flüssigkeitsthermometer
Kesselwassertemperatur: am Kesselthermometer abzulesen

18. Wovon ist die Abgastemperatur abhängig?

Die Abgastemperatur hängt vom Verhältnis der Wärmeübertragerfläche zur zugeführten Brennstoffmenge ab:
- bei zu großer Brennstoffmenge kann die Wärme nicht schnell genug an das Heizwasser übertragen werden und die Abgastemperatur steigt
- durch verrußte Wärmeübertragerflächen (Nachschaltheizflächen) verschlechtert sich die Wärmeübertragung an das Heizwasser und die Abgastemperatur steigt

19. Nennen Sie mögliche Auswirkungen von zu niedriger Abgastemperatur.

- Taupunktkorrosion
- Versottung des Kamins
- schlechter Schornsteinzug

20. Nennen Sie mögliche Auswirkungen von zu hoher Abgastemperatur.

- hohe Abgasverluste
- unwirtschaftlich
- umweltschädlich

21. Nennen Sie Abhilfemaßnahmen bei zu hohen Abgastemperaturen.

- Kessel reinigen
- Öldruck verringern
- kleinere Öldüse einbauen

22. Welche Rußzahlen sind gemäß BImSchV vorgeschrieben?

Nach der BImSchV darf bei Neuanlagen die Rußzahl 1, bei Anlagen, die bis zum 1. Oktober 1988 (neue Bundesländer bis zum 3. Oktober 1990) errichtet worden sind, die Rußzahl 2 nicht überschritten werden.

23. Beschreiben Sie die Bestimmung der Rußzahl bei der Abgasmessung.

Die Rußzahl wird mit einer handbetätigten Rußpumpe bestimmt. Dabei muss der Pumpenkolben in mäßigem Tempo zehnmal zurückgezogen und ca. 2 bis 3 Sekunden in der Einstellung gehalten werden. Ein in die Pumpe eingelegtes Filterpapier zeigt den Rußanteil an. Die Färbung des Filterpapiers wird mit einer Vergleichsskala (nach Bacharach) verglichen und die **Rußzahl** bestimmt. Aus drei aufeinanderfolgenden Messungen wird der Mittelwert gebildet.

24. Nennen Sie mögliche Ursachen für einen zu hohen Rußgehalt und geben Sie Abhilfemaßnahmen an.

Ursachen für zu hohen Rußgehalt:
- Luftmangel
- Brennstoffüberschuss

Abhilfemaßnahmen:
- Luftüberschuss erhöhen
- Öldurchsatz verringern (Öldruck verringern, kleinere Öldüse)

25. Nennen Sie Messgeräte für die Messung des Schornsteinzugs (= Druckdifferenz zwischen Abgas und Umgebungsluft).

Die Messung des Schornsteinzugs (= Druckdifferenz zwischen Abgas und Umgebungsluft) kann mit dem **Differenzdruck-Sensor des elektronischen Messgerätes**, mit einem **Schrägrohrmanometer** oder einem **Zeigerzugmesser** erfolgen.

26. Geben Sie für folgende Probleme mögliche Ursachen und Abhilfemaßnahmen an:
a) Schornsteinzug zu hoch
b) Schornsteinzug zu niedrig.

	Ursachen	Abhilfemaßnahmen
a)	Schornstein zu hoch Schornsteinquerschnitt zu klein	Zugbegrenzer, Nebenluftvorrichtung
b)	Schornsteinquerschnitt zu groß Schornstein zu niedrig Schornstein undicht	Schornstein einziehen Schornsteinaufsatz, neuer Schornstein Schornstein abdichten

27. Wie ist gemäß BImSchV die Prüfung auf Ölderivate im Abgas durchzuführen?

Die bei der Bestimmung der Rußzahl verwendeten Filterpapiere sind visuell auf Gelbfärbung zu prüfen. Bei Ruß ist ein Acetontest durchzuführen. Dabei ist neben dem Rußfleck Aceton aufzutragen, das Ölderivate an den Rand zieht und durch Färbung anzeigt.

28. Geben Sie die Grenzwerte von CO und NO_x nach der 1. BImSchV und die entsprechenden Praxisrichtwerte an.

- bei Feuerung mit Heizöl EL $\Phi_{NL} \leq 120$ kW:
  Stickoxid (NO_2)-Wert $\leq 110 \frac{mg}{kWh}$ zugeführter Brennstoffenergie (BImSchV)
  Praxisrichtwert: < 100 ppm (parts per million)
  CO-Gehalt $\leq 1300 \frac{mg}{kWh}$ (BImSchV)
  Praxisrichtwert: < 80 ppm
- bei Feuerung mit Erdgas $\Phi_{NL} \leq 120$ kW:
  Stickoxid (NO_2)-Wert $60 \frac{mg}{kWh}$ zugeführter Brennstoffenergie (BImSchV)
  CO-Gehalt bezogen auf unverdünntes, trockenes Gas ≤ 1000 ppm (0,1 Vol. %)

29. Der gemessene CO- und NO_x-Gehalt in ppm muss auf das unverdünnte, luftfreie Abgas umgerechnet werden. Geben Sie die Umrechnungsformeln an.

$$\text{CO-Gehalt}_{\text{unverdünnt}} = \text{CO}_{\text{gemessen}} \cdot \lambda$$

$$\text{NO}_x\text{-Gehalt}_{\text{unverdünnt}} = \text{NO}_{x\,\text{gemessen}} \cdot \lambda$$

$$\lambda = \frac{\text{CO}_{2\,\text{max}}}{\text{CO}_{2\,\text{gemessen}}}$$

30. Bei einer Ölfeuerungsanlage wird ein CO-Gehalt von 60 ppm gemessen. Rechnen Sie den CO-Gehalt um auf das unverdünnte, luftfreie Abgas, wenn der Luftüberschuss 5 % beträgt.

$$\text{CO-Gehalt}_{\text{unverdünnt}} = \underline{\underline{63\ \text{ppm}}}$$

Lösungsweg siehe II Lösungswege, Zu Lernübergreifende Inhalte, 6 Abgasüberwachung

31. a) Beurteilen Sie die gemessenen Werte eines Blaubrenners (hoch, mittel, niedrig).
b) Geben Sie die Sollwerte bzw. Sollwertbereiche für einen Blaubrenner (20 kW) an.

```
Uhrzeit:  14:00
Datum:    17.10.2014

Heizoel: EL     15.4 %

T-Luft     20.8 Grd.C
T-Abg     156.5 Grd.C
T-Kes.     60.0 Grd.C
O2          1.1 %
CO2        14.6 %
Verl.       5.6 %
ETA        94.4 %
CO       > 500 ppm
           525 ppm/0%O2
           577 mg/kWh
           160 mg/MJ
NO          53 ppm
            51 14%CO2
NOx         55 ppm
NOx         57 ppm/0%O2
NOx        103 mg/kWh
Lambda      1.05
Zug:       -0.14 hPa
```

	Beurteilung	Sollwert/ Sollwertbereich
Abgastemperatur:	mittel	130 °C – 160 °C
O_2-Gehalt:	niedrig	2,6 % – 3,4 %
CO-Gehalt:	hoch	< 80 ppm Richtwert
NO_x-Gehalt:	niedrig	< 100 ppm Richtwert
CO_2-Gehalt:	hoch	13 % – 13,5 % (14 %)
Wirkungsgrad:	hoch	> 4 kW – 25 kW $\eta \geq 89\,\%$
Abgasverlust:	niedrig	> 4 kW – 25 kW $q_A \leq 11\,\%$
Luftüberschuss:	niedrig	1,14 – 1,18

32. Welche Wärmeerzeugungsanlagen unterliegen der Messpflicht nach KÜO?

- Feuerstätten
- Wärmepumpen
- Blockheizkraftwerke
- ortsfeste Verbrennungsmotoren für flüssige und gasförmige Brennstoffe

33. Bei welchen Anlagen entfällt die CO-Messung nach KÜO?

- gasbeheizte Wäschetrockner
- Feuerstätten mit Gasbrenner ohne Gebläse und Abgasabführung durch die Außenwand

34. Welchen Grenzwert schreibt die KÜO für den CO-Anteil bezogen auf unverdünntes, trockenes Abgas vor?

Maximal 1000 ppm bezogen auf unverdünntes, trockenes Abgas.

35. Worauf bezieht sich die Überprüfung nach KÜO?

- gesamte Abgasanlage
- Heizgasweg
- Verbrennungsluft- und Abluftanlage

36. Geben Sie die Intervalle für die wiederkehrende Messpflicht/Überprüfung nach der KÜO für folgende Anlagenarten an:

a) Ölfeuerstätten ≥ 4 kW

b) Ölfeuerstätten ≥ 4 kW, mit schwefelarmem Heizöl, raumluftabhängig und raumluftunabhängig

c) Ölbrennwertfeuerstätten ≥ 4 kW, mit schwefelarmem Heizöl, raumluftabhängig

d) Gasfeuerstätten ≥ 4 kW, raumluftabhängig

e) Gasfeuerstätten ≥ 4 kW, raumluftunabhängig

f) Gasbrennwertfeuerstätten ≥ 4 kW, raumluftabhängig

g) Öl- und Gasfeuerstätten ≥ 4 kW mit selbstkalibrierender und kontinuierlicher Regelung der Verbrennungsluft (mit Verbrennungsluftregelung)

h) BHKW, Verbrennungsmotoren, Brennstoffzellenheizgerät, Wärmepumpe – Flüssige Brennstoffe

i) BHKW, Verbrennungsmotoren, Brennstoffzellenheizgerät, Wärmepumpe – Gasförmige Brennstoffe

Anlagentyp	Messpflicht/Überprüfung nach der KÜO
a	1 Jahr
b	2 Jahre
c	2 Jahre
d	1 Jahr
e	2 Jahre
f	2 Jahre
g	3 Jahre
h	1 Jahr
i	2 Jahre

37. Was versteht man unter einer Ringspaltmessung?

Bei einer Ringspaltmessung wird bei raumluftunabhängigen Gasfeuerstätten die O_2-Konzentration (Sauerstoff) im Ringspalt der konzentrischen Abgasleitung gemessen. Eine Ringspaltmessung ermöglicht Rückschlüsse auf die Dichtheit zum abgasführenden Rohr. Ist der Sauerstoffanteil zu niedrig und sogar CO_2 messbar, ist die Anlage undicht.

7 Anbindung der Wärmeerzeuger

1. a) **Übernehmen Sie das folgende Rohrschema der geschlossenen Heizungsanlage mit Festbrennstoff- Heizkessel, Pufferspeicher und Speicher-Trinkwassererwärmer auf ein gesondertes Blatt und vervollständigen Sie es um alle erforderlichen Armaturen und Sicherheitseinrichtungen. Der Speicher-Trinkwassererwärmer ist heizungsseitig anzuschließen. Die Nennwärmeleistung des Heizkessels beträgt 20 kW die maximale Vorlauftemperatur 75 °C. Das Sicherheitsventil öffnet bei 3 bar.**

   b) **Berechnen Sie den minimalen Pufferspeicherinhalt, wenn die Abbrandzeit für die Füllung 3,5 h, die kleinste einstellbare Heizkesselleistung 15 kW und der Wärmebedarf (Heizlast des Gebäudes) 18 kW betragen.**

Lösungsweg siehe II Lösungswege, Zu Lernfeldübergreifende Inhalte , 7 Anbindung der Wärmeerzeuger

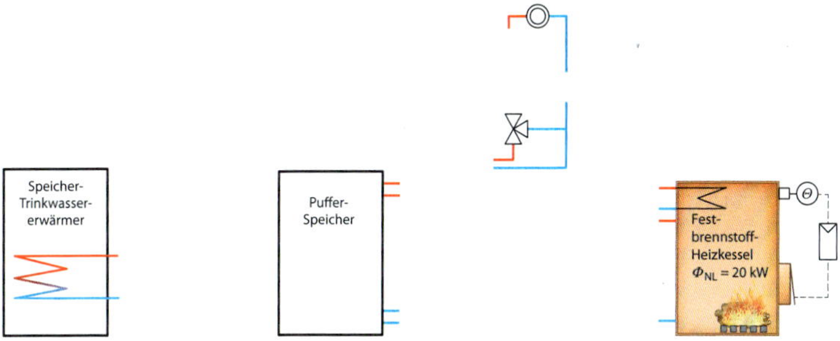

2. a) Übernehmen Sie das untenstehende Rohrschema auf ein gesondertes Blatt und vervollständigen Sie es. Schließen Sie den Heizkörper-Heizkreis und die beiden Fußbodenheizkreise mit allen erforderlichen Armaturen und Einrichtungen an den Verteiler so an, dass sie mit unterschiedlichem und von der Wassertemperatur des Wärmeerzeugers abweichendem Temperaturniveau betrieben werden können. Die Fußbodenheizkreise sind gegen zu hohe Temperaturen abzusichern.

b) Erläutern Sie die Bedeutung der hydraulischen Weiche.

c) Bezeichnen Sie das Symbol A und erläutern Sie die Aufgabe dieser Armatur.

a) Lösungsweg siehe II Lösungswege, Zu Lernfeldübergreifende Inhalte , 7 Anbindung der Wärmeerzeuger

b) Durch den Einbau einer hydraulischen Weiche werden Wärmeerzeuger und Wärmeverbraucher hydraulisch entkoppelt und damit wird eine Beeinflussung der wärmeerzeugerseitig (Wärmeerzeugerkreis) und verbraucherseitig (Heizkreis) fließenden Volumenströme vermieden.
Nach Herstellerempfehlung ist bei Anlagen mit mehreren Heizkreisen oder Fußbodenheizung der Anschluss des Wärmeerzeugers vorzugsweise über eine hydraulische Weiche vorzunehmen, um eine Versorgung der Wärmeübertragungsflächen (Heizkörper, Fußbodenheizung)in jeder Betriebsphase sicherzustellen.

c) Strangulier- und Absperrventil (Taco-Setter)
Zweck: Hydraulischer Abgleich, Begrenzung des Gesamtvolumenstroms über den Heizkessel.
Einstellung in Abhängigkeit von Kesselleistung und Temperaturspreizung

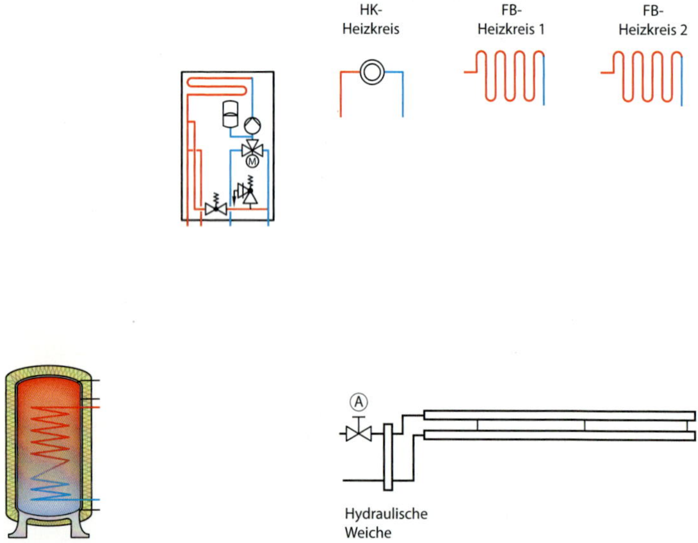

8 Jahrebrennstoffbedarf und -kosten

1. Für ein Einfamilienhaus in Passau wurde eine Norm-Heizlast $\Phi_{HL,Geb}$ von 18 kW ermittelt. Es soll mit einem Niedertemperaturkessel mit Ölzerstäubungsbrenner (Heizöl EL, Jahresvollbenutzungsstunden $b_v = 1400\,\frac{h}{a}$) beheizt werden. Berechnen Sie den voraussichtlichen Jahresbrennstoffbedarf in Liter, wenn der Jahresnutzungsgrad der Heizungsanlage 90 % beträgt.

$B_a = \underline{\underline{2800\,\frac{l}{a}}}$

Lösungsweg siehe II Lösungswege,
Zu Lernfeldübergreifende Inhalte,
8 Jahresbrennstoffbedarf und -kosten

2. Die Norm-Heizlast $\Phi_{HL,Geb}$ eines Zweifamilienhauses in Freiburg beträgt 24 kW. Es wird mit einem Niedertemperaturkessel mit Ölzerstäubungsbrenner (Heizöl EL, Jahresvollbenutzungsstunden $b_v = 1300\,\frac{h}{a}$) beheizt. Der Jahresnutzungsgrad der Heizungsanlage beträgt 89 %.

a) Ermitteln Sie den voraussichtlichen Jahresbrennstoffbedarf in Liter.

b) Berechnen Sie die Jahresbrennstoffkosten bei einem Heizölpreis von $0{,}94\,\frac{€}{l}$.

a) $B_a = \underline{\underline{3505{,}6\,\frac{l}{a}}}$

b) $K_a = \underline{\underline{3295{,}26\,\frac{€}{a}}}$

Lösungsweg siehe II Lösungswege,
Zu Lernfeldübergreifende Inhalte,
8 Jahresbrennstoffbedarf und -kosten

3. Ein freistehendes Einfamilienhaus mit Einliegerwohnung bei München (spezifische Heizlast $q = 70\,\frac{W}{m^2}$) wird mit Erdgas E ($H_{iB} = 9{,}6\,\frac{kWh}{m^3}$) beheizt. Die zu beheizende Wohnfläche beträgt 180 m², der Jahresnutzungsgrad der Heizungsanlage 86 %.

a) Ermitteln Sie die Heizlast des Einfamilienhauses überschlägig.

b) Ermitteln Sie den voraussichtlichen Jahresbrennstoffbedarf in Liter, wenn für die Jahresvollbenutzungsstunden $b_v = 1400\,\frac{h}{a}$ angesetzt werden.

c) Berechnen Sie die Jahresbrennstoffkosten bei einem Gaspreis von $0{,}62\,\frac{€}{m^3}$.

a) $\Phi_{HL,Geb} = \underline{\underline{12{,}6\,kW}}$

b) $B_a = \underline{\underline{2136{,}6\,\frac{m^3}{a}}}$

c) $K_a = \underline{\underline{1324{,}69\,\frac{€}{a}}}$

Lösungsweg siehe II Lösungswege, Zu Lernfeldübergreifende Inhalte, 8 Jahresbrennstoffbedarf und -kosten

4. Eine Etagenwohnung in Hamburg mit einer Heizlast von 10 kW wird mit einem Gas-Umlaufwasserheizer (Erdgas H, $H_{iB} = 9{,}6\,\frac{kWh}{m^3}$) beheizt. Berechnen Sie den Jahresnutzungsgrad der Anlage, wenn bei 1400 Jahresvollbenutzungsstunden 1700 m³ Erdgas in einem Jahr verbraucht werden.

$\eta_{aAnl} = 0{,}858 = \underline{\underline{85{,}8\,\%}}$

Lösungsweg siehe II Lösungswege, Zu Lernfeldübergreifende Inhalte, 8 Jahresbrennstoffbedarf und -kosten

9.1 Grundlagen der Trinkwassererwärmung

1. Welche Vorschriften sind bei der Planung und Ausführung von Trinkwassererwärmungsanlagen zu berücksichtigen?

- DIN EN 806 Technische Regeln für Trinkwasserinstallationen
- DIN EN 1717 Schutz des Trinkwassers vor Verunreinigungen in Trinkwasser-Installationen und allgemeine Anforderungen an Sicherheitseinrichtungen zur Verhütung von Trinkwasserverunreinigungen durch Rückfließen
- DIN 1988-200 Technische Regeln für Trinkwasserinstallationen (TRWI)
- DIN 4708 – Zentrale Wassererwärmungsanlagen
- DIN 4753 – Wassererwärmer und Wassererwärmungsanlagen für Trink- und Betriebswasser
- DVGW-Arbeitsblatt W 551 Trinkwassererwärmungs- und Trinkwasserleitungsanlagen; Technische Maßnahmen zur Verminderung des Legionellenwachstums
- DVGW-Arbeitsblatt W 553 Bemessung von Zirkulationssystemen in zentralen Trinkwasser-Erwärmungsanlagen
- VDI 2035 Steinbildung in Trinkwassererwärmungs- und Warmwasser-Heizungsanlagen
- VDI 6023 Hygiene in Trinkwasser-Installationen
- VDI 6024 Wassersparen in Trinkwasser-Installationen
- Verordnung über die verbrauchsabhängige Abrechnung der Heiz- und Warmwasserkosten
- Energieeinsparverordnung (EnEV)
- Verordnung über Kleinfeuerungsanlagen (1. BImSchV)

2. Nennen Sie fünf Sanitärobjekte, die üblicherweise in einem Wohngebäude mit Trinkwarmwasser (PWH) versorgt werden.

1. Waschtisch
2. Bade- und Duschwanne
3. Sitzwaschbecken (Bidet)
4. Küchenspüle
5. Ausgussbecken

3. Wie groß ist der Bedarf an Menge und Temperatur von erwärmtem Trinkwasser in Haushalten?

- Baden: 120 l … 150 l; 37 °C
- Duschen: 30 l … 50 l; 37 °C
- Körperwäsche: 10 l … 15 l; 37 °C
- Geschirrspülen: 10 l … 20 l; 50 °C
- Getränkebereitung: 1 l … 2 l; 100 °C

4. Welche Anforderungen werden an Trinkwassererwärmungsanlagen gestellt?

Bereitstellung von PWH:
- in ausreichender Menge
- mit der gewünschten Temperatur
- kostengünstig
- energiesparend
- ohne Verzögerung

Weitere Anforderungen an die Anlage:
- hygienisch einwandfrei
- betriebssicher
- leicht bedienbar
- ausgerüstet mit Einrichtungen zur Regelung der Anlagentemperatur
- den Sicherheitsbestimmungen entsprechend

5. Nennen Sie sieben Energieträger, die für die Trinkwassererwärmung verwendet werden.

1. gasförmige Brennstoffe, z. B. Gas
2. flüssige Brennstoffe, z. B. Heizöl
3. feste Brennstoffe, z. B. Holz (Pellets)
4. Elektrizität
5. Abwärme
6. Solarenergie
7. Warm- und Heißwasser sowie Dampf

6. Welche Arten der Trinkwassererwärmungsanlagen werden unterschieden?

- zentrale und dezentrale Versorgung
- Speicher- und Durchflusssystem
- direkte und indirekte Beheizung
- unterschiedliche Energieträger (s. Aufgabe 5)

7. Nennen Sie die Möglichkeiten, wie Trinkwassererwärmungsanlagen die Entnahmestellen für PWH versorgen können.

- dezentrale Versorgung durch:
  a) Einzelversorgung
  b) Gruppenversorgung
- zentrale Versorgung

8. Beschreiben Sie die Einzelversorgung.

Jede Entnahmestelle hat einen eigenen Trinkwassererwärmer.

9. Nennen Sie den Vor- und Nachteil einer Einzelversorgung.

Vorteil: geringer Installationsaufwand, da kaum PWH-Leitungen

Nachteil: hohe Anschaffungs- und Wartungskosten durch viele Einzelgeräte

10. Beschreiben Sie die Gruppenversorgung.

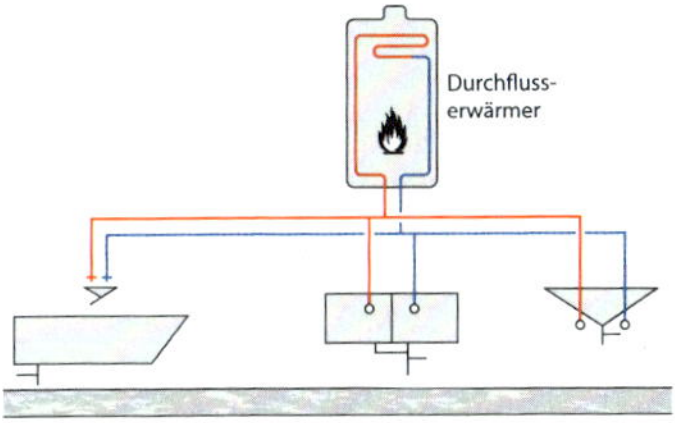

Mehrere Entnahmestellen, z. B. innerhalb eines Badezimmers, werden gemeinsam von einem Trinkwassererwärmer versorgt. Er wird in der Nähe der Entnahmestelle installiert, die das meiste erwärmte Trinkwasser liefert (z. B. Badewannen-Füllarmatur).

11. Nennen Sie den Vorteil einer Gruppenversorgung.

Installationsaufwand und Wärmeverluste sind wegen der kurzen Leitungswege gering.

12. Beschreiben Sie die zentrale Versorgung.

Alle Entnahmestellen eines Gebäudes werden von einem zentralen Trinkwassererwärmer – meist im Keller aufgestellt – versorgt.

13. Wie können Wärmeverluste bei einer zentralen Versorgung möglichst gering gehalten werden?

- Wärmedämmung der Rohrleitungen nach EnEV
- Temperaturhaltesysteme wie z. B. Zirkulationsleitungen oder elektrische Begleitheizungen bei größeren Anlagen

Speicher- und Durchfluss-Trinkwassererwärmer

1. Beschreiben Sie drei wesentliche Merkmale von Speicher-Trinkwassererwärmern.

- das Trinkwasser wird im Speicher vor der Entnahme erwärmt
- Speicher-TWE liefern große Volumenströme (Liter/Minute) mit hohen Temperaturen (z. B. 60 °C)
- das erwärmte Trinkwasser steht erst nach einer bestimmten Aufheizzeit zur Verfügung

2. Wovon hängt die Länge der Aufheizzeit von Speicher-TWE ab?

- Größe des Speichervolumens
- Größe der dem Speicher zugeführten Wärmeleistung
- Höhe der gewünschten Temperatur

3. Wie können Wärmeverluste von Speicher-TWE gering gehalten werden?

- durch eine gute Wärmedämmung
- durch niedrige Speichertemperaturen

4. Warum sollte die Auslauftemperatur eines Speicher-TWE auf 60 °C begrenzt werden?

- um Energieverluste zu verringern
- um die Verkalkung der Warmwasserbehälter gering zu halten

5. Welche Gefahr besteht, wenn die Speicherauslauftemperatur von 60 °C deutlich unterschritten wird?

Es besteht die Gefahr, dass sich das Legionellenwachstum verstärkt.

6. Welche Arten der Trinkwassererwärmungsanlagen werden unterschieden?

- zentrale und dezentrale Versorgung
- Speicher- und Durchflusssystem
- direkte und indirekte Beheizung
- unterschiedliche Energieträger (s. Aufgabe 5)

7. Nennen Sie die Möglichkeiten, wie Trinkwassererwärmungsanlagen die Entnahmestellen für PWH versorgen können.

- dezentrale Versorgung durch:
  a) Einzelversorgung
  b) Gruppenversorgung
- zentrale Versorgung

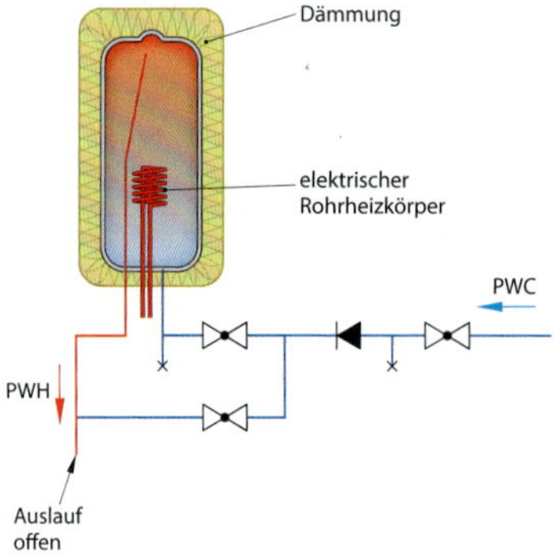

8. Welche beiden Gerätearten werden bei offenen (drucklosen) Speicher-TWE unterschieden?

- Ablaufgeräte (z. B. Kochendwassergerät)
- Überlaufgeräte (z. B. Boiler, Speicher)

9. Beschreiben Sie den Unterschied zwischen einem Ablauf- und einem Überlaufgerät.

Das Ablaufgerät hat am Boden des Warmwasserbehälters eine Öffnung, aus der das erwärmte Trinkwasser beim Öffnen des PWH-Ventils abfließt. Je nach Größe der abgeflossenen Warmwassermenge, muss kaltes Trinkwasser manuell wieder nachgefüllt werden. Der Heizkörper befindet sich am Boden des Warmwasserbehälters (Spirale).
Das Überlaufgerät hat ein Überlaufrohr, welches bis zum oberen Ende des Warmwasserbehälters reicht. Bei der PWH-Entnahme strömt kaltes Trinkwasser von unten in den Behälter und verdrängt das warme Trinkwasser in das Überlaufrohr. Von dort fließt dieses dann zur Entnahmearmatur. Der Warmwasserbehälter bleibt somit stets gefüllt und der stehende Heizkörper ragt ca. 2/3 der Behälterhöhe nach oben.

10. Für welche Versorgungsart werden offene Trinkwassererwärmer hauptsächlich eingesetzt?

Offene Trinkwassererwärmer werden hauptsächlich für die Versorgung von einer Entnahmestelle eingesetzt (Einzelversorgung).

11. Beschreiben Sie das Hauptmerkmal eines geschlossenen (druckfesten) Speicher-TWE.

Der Warmwasserbehälter eines geschlossenen Speicher-TWE steht ständig unter Netzdruck. Das bei der Erwärmung anfallende Ausdehnungswasser kann von einem für Trinkwasseranlagen zugelassenen Ausdehnungsgefäß (MAG-W) aufgenommen werden.

12. Welche Besonderheit müssen für Trinkwasseranlagen zugelassene Ausdehnungsgefäße (MAG-W) aufweisen?

MAG-W werden mit einer speziellen Armatur angeschlossen, die eine Gefäßdurchströmung sicherstellt. Dadurch wird verhindert, dass sich Stagnationswasser bildet.

13. Durch den Einbau welches zusätzlich geforderten Bauteils lässt sich gegebenenfalls ein Überdruck verhindern?

Ein Überdruck lässt sich durch den Einbau eines Sicherheitsventils verhindern.

14. Für welche Versorgungsart werden geschlossene Speicher-Trinkwassererwärmer hauptsächlich eingesetzt?

Druckspeicher eignen sich zur Versorgung mehrerer Entnahmestellen (Gruppenversorgung) sowie zur zentralen Versorgung aller Entnahmestellen eines Gebäudes.

15. Beschreiben Sie das Hauptmerkmal eines Durchfluss-Trinkwassererwärmers (DWE).

Während der Entnahme wird das kalte Trinkwasser beim Durchfließen des Wärmeübertragers (z. B. Rohrschlange) im DWE erwärmt, sodass im Gegensatz zu Speicher-Trinkwassererwärmern „unbegrenzt" erwärmtes Trinkwasser geliefert werden kann.

16. Wovon hängt die Temperatur des erwärmten Trinkwassers bei Durchfluss-Trinkwassererwärmern ab?

- vom Auslauf-Volumenstrom
- von der Wärmeleistung des Gerätes

17. Nennen Sie Vor- und Nachteile eines Durchfluss-Trinkwassererwärmers.

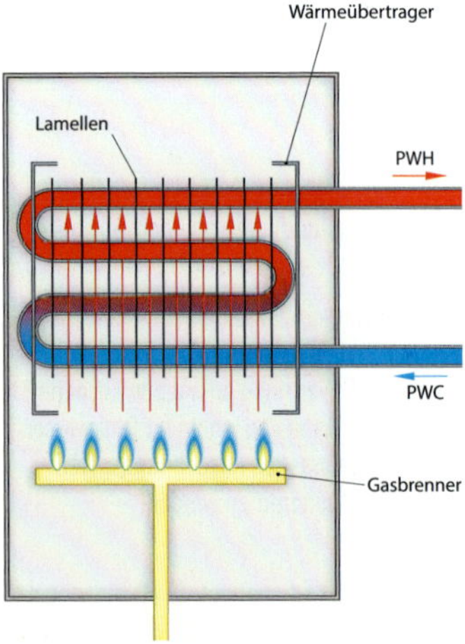

Vorteile:
- geringer Platzbedarf im Vergleich zu großen Wandspeichern
- keine Bereitschafts-Wärmeverluste
- immer „frisches" erwärmtes Trinkwasser

Nachteile:
- relativ geringer Auslauf-Volumenstrom (Liter pro Minute) im Vergleich zu Speicher-Trinkwassererwärmern
- große Gas- bzw. Elektro-Anschlusswerte (z. B. Drehstromanschluss) erforderlich

18. Welche zwei Beheizungsarten für Trinkwassererwärmer werden unterschieden?

- direkt (unmittelbar) beheizte TWE
- indirekt (mittelbar) beheizte TWE

19. Beschreiben Sie die direkte (unmittelbare) Beheizung von Trinkwassererwärmern.

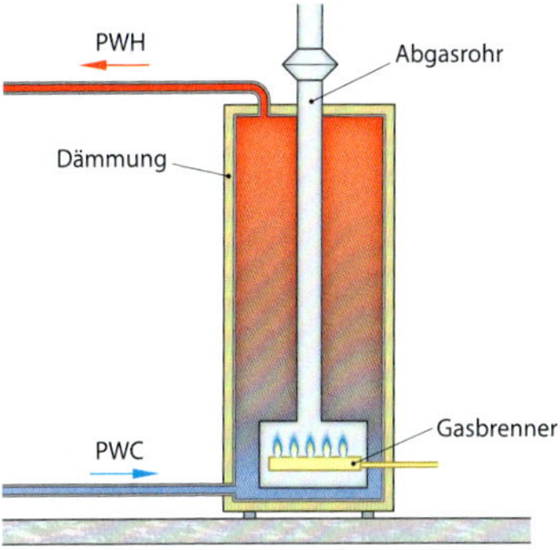

Die Energie wird direkt (unmittelbar) an das zu erwärmende Trinkwasser abgegeben, entweder:

- von einem Brennstoff in Form von Verbrennungsgasen und Strahlungswärme über die Behälterwandung oder
- bei elektrischem Strom als Energieträger über ein Rohrheizkörper- oder Blankdraht-Heizsystem

20. Beschreiben Sie die indirekte (mittelbare) Beheizung von Trinkwassererwärmern.

Die Wärmeenergie wird zunächst an ein Wärmeträgermedium wie z. B. Heizwasser oder Kältemittel einer Wärmepumpe abgegeben. Dieses Medium wiederum erwärmt das kalte Trinkwasser.

Behälter von Trinkwassererwärmern

1. Nennen Sie vier Werkstoffe für Behälter von Trinkwassererwärmern.

1. Edelstahl oder unlegierter Stahl (druckfest)
2. Kupfer (druckfest)
3. Polypropylen (PP) (nicht druckfest)
4. Glas (nicht druckfest)

2. Ab welchem Nutzvolumen müssen auch Behälter von offenen Speichern druckfest sein?

Ab $V \geq 15$ l, aufgrund der größeren Masse ihres Wasserinhalts.

3. Welche zwei Korrosionsschutzmaßnahmen werden für Behälter von Speicher-TWE angewendet?

- passive Korrosionsschutzbeschichtung
- aktiver (kathodischer) Korrosionsschutz

4. Nennen Sie vier passive Korrosionsschutzbeschichtungen.

1. Thermoglasur
2. Kunststoff
3. Emaille
4. Zink

5. Aus welchen beiden Gründen ist der aktive (kathodische) Korrosionsschutz für Behälter von Trinkwassererwärmern – auch bei vorhandener passiver Korrosionsschutzbeschichtung – vorgeschrieben?

- bei der Werkstoffpaarung unlegierter Stahl (Behälterwandung) und unlegierter Stahl (Wärmeübertrager) entsteht durch das sauerstoffreiche Wasser an schadhaften Stellen der passiven Korrosionsschutzbeschichtung ständig neuer Rost, sodass der Werkstoff zerstört wird
- bei der Werkstoffpaarung unlegierter Stahl (Behälterwandung) und Kupfer oder Edelstahl (Wärmeübertrager) wird aufgrund eines Potentialunterschiedes an den Fehlerstellen der Beschichtung der Behälterwerkstoff zerstört

6. Welche beiden aktiven Korrosionsschutzarten werden unterschieden?

- Magnesium-Opferanode (Antikorrosionsstab)
- wartungsfreie Fremdstromanode

7. Beschreiben Sie den Schutzvorgang durch die Magnesium-Opferanode.

Das Magnesium (Mg) geht in Lösung, da es in der elektrochemischen Spannungsreihe der Metalle das unedlere im Vergleich zum eisenhaltigen Stahl ist. Es entsteht ein galvanischer Schutzstrom durch den Elektronenüberschuss der ausgelösten Mg-Ionen (Mg^{++}).
Durch die elektrisch leitende Verbindung mit dem Behälter wird ein elektrisches Schutzpotenzial an der Fehlerstelle aufgebaut (e^-). Der unlegierte Stahl wird dadurch vor Korrosion geschützt.
Die Mg-Anode wird durch diesen Vorgang zunehmend zersetzt (verbraucht) und muss in bestimmten Intervallen erneuert werden.

8. Warum darf das Anschlussgewinde der Magnesium-Opferanode nicht mit Hanf oder Teflon-Dichtband umwickelt werden?

Die für den Schutzstrom notwendige elektrisch leitende Verbindung zwischen Anode und Warmwasserbehälter darf durch die isolierende Wirkung der Hanf- oder Teflondichtung nicht verhindert bzw. beeinträchtigt werden. Die Abdichtung erfolgt durch entsprechende Dichtringe bzw. -elemente.

9. Beschreiben Sie den Schutzvorgang durch die wartungsfreie Fremdstromanode und ihre Vorteile.

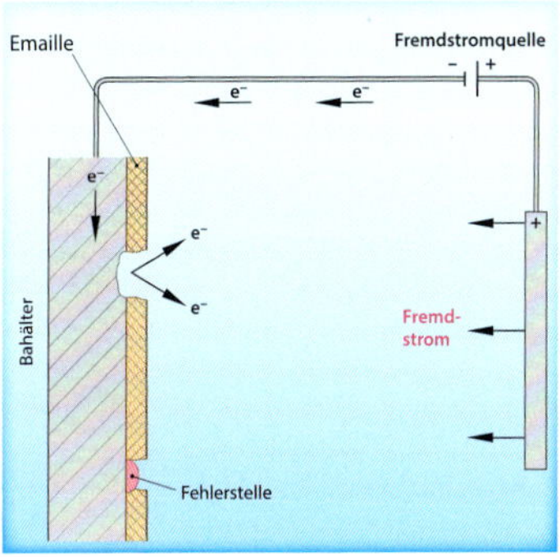

Eine externe Spannungsquelle erzeugt durch einen geringen Stromfluss den erforderlichen Elektronenüberschuss, d. h. an der Behälterwand wird ein elektrisches Schutzpotenzial aufgebaut. Die Stromstärke wird elektronisch geregelt, in Abhängigkeit von der Größe und Ausprägung der Fehlerstelle.
Vorteile: Ein Wechsel der wartungs- und verschleißfreien Anode ist nicht notwendig. Die einwandfreie Funktionskontrolle kann z. B. durch eine Kontrollleuchtenanzeige, bei einigen Modellen auch über das Display des Heizkessels oder über ein Internet-Kommunikations-System überprüft werden.

10. Welche Dämmbauart ist bei größeren Behältern von Trinkwassererwärmern üblich?	Abnehmbare Dämmschalen zur Erleichterung der Aufstellung.
11. Nennen Sie zwei Dämmwerkstoffe.	• Polyurethan-Hart- bzw. -Weichschaum • Polyester-Faservlies
12. Wodurch wird die Größe des Bereitschaftswärmeaufwands beeinflusst?	• Auswahl des Dämmmaterials • Dicke des Dämmmaterials • Nenninhalt des Behälters • Temperaturunterschied zwischen dem warmen Trinkwasser und der Umgebungstemperatur

9.2 Trinkwassererwärmung durch elektrisch betriebene Anlagen

Allgemeine Grundlagen

1. Nennen Sie vier Vorteile für den Einsatz von Strom zur Trinkwassererwärmung.

1. kaum Wärmeverluste durch gebrauchsnahe Trinkwassererwärmung
2. keine Zirkulationsleitungen notwendig
3. unabhängig von Schornstein und Luftzufuhr
4. keine Geräusche

2. In welchen Bereichen werden elektrische Trinkwassererwärmer vorzugsweise eingesetzt?

- in älteren Mietwohnungen, die von ehemals Ofenheizung auf Zentralheizung ohne Warmwasserversorgung umgestellt wurden
- bei entfernt liegenden oder wenig benutzten Entnahmestellen, deren Anbindung an die z. B. zentrale Warmwasserversorgung unwirtschaftlich wäre
- in betrieblichen Gebäuden wie z. B. Werkstätten ohne zentrale Warmwasserversorgung
- in Ferien- und Gartenhäusern

3. Welche Gerätearten werden unterschieden?

- offene (drucklose) Trinkwassererwärmer
- geschlossene (druckfeste) Trinkwassererwärmer
- Durchflussspeicher
- Durchflusswassererwärmer

Elektrische Grundlagen

1. Nennen Sie die beiden möglichen elektrischen Anschlüsse.

- dreiadriger elektrischer Steckeranschluss (1/N/PE ~ 230 V)
- fünfadriger elektrischer Festanschluss (3/N/PE ~ 400 V)

2. Ordnen Sie den folgenden Anschlussleistungen von elektrischen Warmwassergeräten den richtigen Leitungsquerschnitt für elektrische Anschlusskabel zu:
a) bis 3,5 kW
b) 3,5 kW bis 4,4 kW
c) 4,4 kW bis < 12 kW
d) 12 kW bis < 15 kW
e) 15 kW bis < 24 kW
f) 24 kW bis 27 kW.

a) 1,5 mm^2 (230 V)
b) 2,5 mm^2 (230 V)
c) 4,0 mm^2 (230 V)
d) 2,5 mm^2 (400 V)
e) 4,0 mm^2 (400 V)
f) 6,0 mm^2 (400 V)

3. Wovon ist die Größe der Überstromschutzeinrichtungen (Sicherungen) bei elektrischen Trinkwassererwärmungsanlagen abhängig?

Die Größe der Überstromschutzeinrichtungen ist abhängig von der Größe der Anschlussleitung des Gerätes.

4. Ordnen Sie den folgenden Anschlussleistungen von elektrischen Warmwassergeräten die richtige Überstromschutzeinrichtung zu, bei einer Spannungsversorgung von ~ 230 V:
a) 3,5 kW
b) 4,4 kW
c) 5,7 kW.
Bei einer Spannungsversorgung von ~ 400 V sind es z. B.:
a) 12 kW/13,2 kW
b) 15 kW
c) 18 kW/21 kW
d) 24 kW
e) 27 kW.

~ 230 V:
a) 16 A
b) 20 A
c) 25 A

~ 400 V:
a) 20 A
b) 25 A
c) 32 A
d) 35 A Sicherung bzw. 40 A bei LS-Schalter
e) 40 A

5. Nennen Sie drei Schutzarten für elektrische Trinkwassererwärmer und deren Bedeutung.

Schutzarten:
IP 24 D, IP 25 D, IP X2

IP	International Protection
2 (erste Kennziffer)	geschützt gegen Eindringen fester Körper bis ≤ Ø 12,5 mm
X (Platzhalter)	keine Festlegung
4 (zweite Kennziffer)	geschützt gegen Spritzwasser
5 (zweite Kennziffer)	geschützt gegen Strahlwasser
2 (zweite Kennziffer)	geschützt gegen Tropfen (15° Neigung)

6. Worüber entscheidet die von den Herstellern vorgegebene Schutzart?

Die vorgegebene Schutzart entscheidet über den zulässigen Aufstellort in Nassräumen hinsichtlich der unterschiedlichen Schutzbereiche.

7. Was ist eine Schutzklasse und mit welchem Symbol wird sie gekennzeichnet?

Alle elektrischen Trinkwassererwärmer müssen über einen Schutzleiteranschluss PE (gelbgrün) verfügen. Das entspricht der Schutzklasse I für elektrische Betriebsmittel und wird mit folgendem Zeichen dargestellt:

8. Nennen und beschreiben Sie weitere fünf Sicherheits- und Qualitätszeichen, deren Anforderungen elektrische Trinkwassererwärmer entsprechen müssen.

- **VDE-Zeichen:** VDE Verband der Elektrotechnik Elektronik Informationstechnik e. V.
- **GS-Zeichen:** Geprüfte Sicherheit Sicherheitszeichen zum Produktionssicherheitsgesetz
- **VDE-EMV-Zeichen** (VDE-EMC-Zeichen): Gesetz über die elektromagnetische Verträglichkeit von Betriebsmitteln
- **CE-Kennzeichnung:** Pflichtkennzeichnung des Herstellers bzw. Importeurs, dass die wesentlichen Schutzanforderungen der EU-Richtlinien erfüllt sind (Konformitätszeichen)
- **DIN AGI-Zeichen:** Qualitätszeichen des Deutschen Instituts für Normung e. V. für die geräuscharme Ausführung von elektrischen Warmwassergeräten gemäß DIN 44899-6

9. Welche elektrischen Heizkörperarten werden für welche Möglichkeiten der elektrischen Trinkwassererwärmung eingesetzt?

- Rohrheizkörper für alle Speicher-TWE und bestimmte DWE
- Blankdrahtheizkörper nur für bestimmte DWE

10. Beschreiben Sie das Heizprinzip eines Rohrheizkörpers.

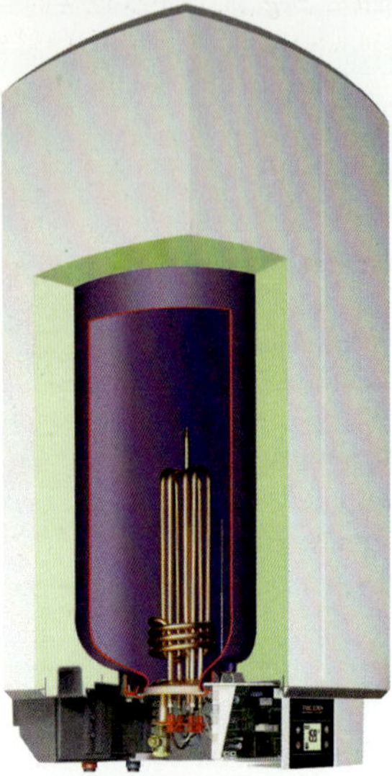

Rohrheizkörper sind dünnwandige Kupfer- oder Edelstahlrohre, in denen sich keramisch isolierte Heizdrahtwicklungen befinden. Die von der Heizdrahtwicklung erzeugte Wärme wird durch die Kupfer- oder Edelstahlrohre an das umgebende Trinkwasser übertragen.

11. Beschreiben Sie das Heizprinzip eines Blankdrahtheizkörpers.

Im Gegensatz zum Rohrheizkörper übertragen blanke (nicht isolierte) Heizdrahtwicklungen die erzeugte Wärme direkt an das vorbeiströmende Trinkwasser. Die Heizdrahtwicklungen befinden sich in einem vom Trinkwasser durchflossenen, keramischen Isolierblock.

12. Nennen Sie die beiden Stromkreis-Betriebsweisen bei Speicher- und Durchflussspeicher-Trinkwasser-erwärmern und beschreiben Sie die Unterschiede.

- Einkreisbetriebsweise (nutzt immer den Normaltarif)
- Zweikreisbetriebsweise:
  - langsames Aufheizen bei Nutzung des Niedrigtarifs (nachts)
  - schnelles Aufheizen bei Nutzung des Normaltarifs

13. Beschreiben Sie die beiden in Aufgabe 12 genannten Stromkreis-Betriebsweisen.

Einkreisbetriebsweise: Diese TWE-Anlagen arbeiten bei jeder Einschaltung des Temperatur-Wahlschalters mit der vollen elektrischen Heizleistung, je nach Geräteausführung zwischen 1 kW und 6 kW.
Zweikreisbetriebsweise: Der Zweikreis-Rohrheizkörper nutzt nachts über eine Grundheizstufe den Niedrigtarif (Sparschaltung). Die Ein- und Ausschaltung erfolgt automatisch durch das Elektro-Versorgungs-Unternehmen. Wird in dieser Zeit eine Schnellaufheizung gewünscht, kann der zweite Stromkreis zum Normaltarif zugeschaltet werden. Am Tag ist der Niedrigtarif-Stromkreis ausgeschaltet und für alle Rohrheizkörper steht ausschließlich der Stromkreis zum Normaltarif zur Verfügung. Eine manuelle Umschaltung auf dauerhaften Einkreisbetrieb ohne Nutzung der Niedrigtarifzeit ist jederzeit möglich.

Offene (drucklose) elektrische Trinkwassererwärmer

1. Mit welcher sicherheitstechnischen Ausrüstung müssen Behälter von offenen (drucklosen) Speicher-TWE versehen sein?

- Absperrventil bei einem Behälter-Nenninhalt von $V \leq 10$ l
- Absperrventil und Rückflussverhinderer bei einem Behälter-Nenninhalt von $V > 10$ l, damit kein erwärmtes Wasser zurückfließen kann

2. Welche Besonderheit haben die hauptsächlich nur noch als Austauschgerät produzierten Boiler gegenüber einem Speicher-TWE hinsichtlich der Temperaturregelung?

Nach Erreichen der gewünschten Temperatur schaltet der Temperaturbegrenzer die Heizung ab und nicht wieder ein (Boilerbetriebsweise).

3. Nennen Sie die beiden wesentlichen Unterscheidungsmerkmale des Behälters und Rohrheizkörpers eines Kochendwassergerätes zum offenen Speicher-TWE.

Kochendwassergeräte haben nicht gedämmte Behälter mit einem maximalen Nenninhalt von fünf Litern.
Der **Rohrheizkörper** befindet sich am Boden des Behälters (Ablaufgerät) und deshalb muss der Behälter nach jeder Entnahme wieder neu aufgefüllt werden.

4. Nennen Sie neun Merkmale eines Kochendwassergerätes.

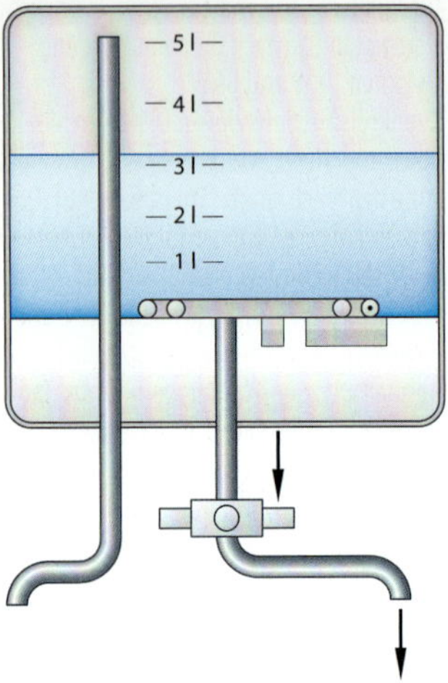

1. Wassererwärmungsmengen zwischen 0,25 l und 5 l
2. elektrische Leistung meist 2,0 kW
3. stufenlose Warmwasserbereitung zwischen 35 °C und 100 °C (Koch- bzw. Siedetemperatur) durch einen Temperaturwahlschalter
4. Abstellautomatik beim Erreichen der gewählten Temperatur
5. manuelles Einschalten
6. eingebauter Schutz-Temperaturbegrenzer
7. Aufheizanzeige durch Signallampe
8. Entkalkungsmöglichkeit durch ausreichend große Behälteröffnung
9. Kaltwasseranschluss der Füll- und Ablaufarmatur entweder als Unterputz- bzw. Aufputzinstallation oder mittels eines Waschmaschinen-Absperr-Ventils (WAS-Ventil)

5. Welche unterschiedlichen Betriebszustände können mit der Dreigriff- bzw. Zweigriff-Armatur mit Hebel eines Kochendwassergerätes gesteuert werden?

- Füllen des Behälters mit Kaltwasser durch Betätigung des linken Ventils (Dreigriff) oder mittleren Hebels (Zweigriff)
- Entnahme von Warmwasser durch Betätigung des mittleren (Dreigriff) oder linken (Zweigriff) Ventils
- Zapfen oder Zumischung von Kaltwasser durch Betätigung des rechten Ventils

6. Welche Vorteile hat ein Kochautomat gegenüber einem Kochendwassergerät?

- wärmegedämmter Behälter
- Bereitstellung von ständig kochendem Wasser (füllt nach Entnahme wieder auf), dadurch häufige Entnahme möglich
- Dauerbetrieb ohne Dampfaustritt
- elektromagnetische Kaltwasserbehandlung zur Kalkverringerung
- Absenkbetrieb bei längerer Nichtentnahme

7. Wo werden Kochautomaten hauptsächlich eingesetzt?

- Kantinen
- Gaststätten
- Hotels
- Fabriken (z. B. für Heißgetränke in kleinen Pausen)

8. Nennen Sie drei wesentliche Merkmale, die einen offenen Speicher-TWE vom Kochendwassergerät unterscheiden.

1. Wärmedämmung des Warmwasserbehälters
2. automatisch mit Wasser gefüllter Behälter (Überlaufgerät)
3. Temperaturhaltung individuell zwischen 35 °C und 85 °C durch ein Thermostat

9. In welchen Behältergrößen werden offene Speicher-TWE hauptsächlich eingebaut?

- Nenninhalte von 5 l, 10 l und 15 l (Kleinspeicher)
- Nenninhalt ≥ 60 l (Austauschgeräte für ältere Bade- bzw. Duschspeicher)

10. Welches sind die Hauptanwendungsgebiete von offenen Speicher-TWE?

- Handwaschbecken im Gäste-WC ohne Dusche, auch bei zentraler Warmwasserversorgung
- Küchenspüle
- Versorgung einer wenig benutzten und entfernt liegenden Entnahmestelle in einem Nebengebäude, wenn z. B. die Anbindung an die zentrale Warmwasserversorgung unwirtschaftlich wäre

11. Wie werden offene Speicher-TWE – je nach Einbaulage – auch bezeichnet?

- Untertischgerät
- Übertischgerät

12. Mit welcher elektrischen Leistung und Spannung werden offene Speicher-TWE betrieben?

- 1,0 kW … 3,3 kW elektrische Leistung
- 230 V Spannung (steckerfertig)

13. Wie wird ein offener Speicher-TWE vor unzulässiger Überhitzung (Trockengang ohne Wasserfüllung bei z. B. Inbetriebnahme) geschützt?

Der Schutz vor unzulässiger Überhitzung erfolgt durch einen Sicherheitstemperaturbegrenzer (STB).

14. Beschreiben Sie, wie ein offener Speicher-TWE nach Auslösen des STB wieder in Betrieb genommen werden kann.

Es muss ein STB-Reset durchgeführt werden. Dazu wird die Spannung unterbrochen, damit der Selbsthaltungs-Heizwiderstand abkühlen kann. Nach dem Einschalten der Spannung ist das Gerät dann wieder betriebsbereit.

15. Welche drei Armatur-Ausführungen werden für offene Speicher-TWE angeboten?

1. Temperierarmatur als Einlochausführung mit Ventiloberteilen für Untertischspeicher
2. Mischarmatur mit zwei Ventiloberteilen für Übertischspeicher
3. Einhebel-Mischarmatur als Einlochausführung für Untertischspeicher

16. Armaturen für offene Speicher-TWE haben immer drei Leitungsanschlüsse. Wofür werden sie benötigt?

1. PWC-Anschlussleitung (PWC-Entnahme)
2. PWC-Zulaufleitung **zum** Speicherbehälter
3. PWH-Ablaufleitung **vom** Speicherbehälter

17. Beschreiben Sie den Vorgang der Warmwasserentnahme bei einem offenen Speicher-TWE.

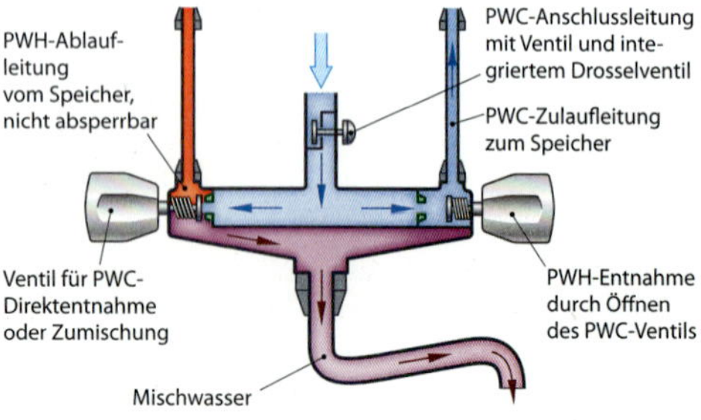

Die Warmwasserentnahme erfolgt nach dem Verdrängungsprinzip (Überlaufprinzip), d. h. beim Betätigen des PWH-Ventils öffnet sich der Kaltwasserzulauf zum Speicherbehälter und von unten fließt Trinkkaltwasser in den Speicherbehälter, wodurch das Trinkwarmwasser nach oben verdrängt wird, sodass es über das nicht absperrbare Überlaufrohr abläuft.

18. Wie groß ist der zulässige Betriebsdruck eines offenen Speicher-TWE und wie kann ein unzulässiges Überschreiten verhindert werden?

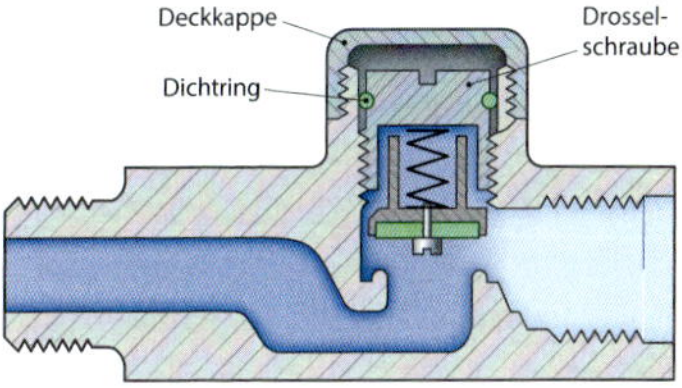

- der zulässige Betriebsdruck beträgt 1 bar
- die Armatur ist so konstruiert, dass die Unterbrechung des Warmwasserablaufs **vor** dem Speicherbehälter **im** Kaltwasserzulauf erfolgt; somit kann der PWC-Leitungsdruck nicht auf den Behälter wirken und ihn eventuell zerstören
- das beim Aufheizen im Standby-Betrieb entstehende Ausdehnungswasser entweicht über das nicht absperrbare PWC-Überlaufrohr
- die Kaltwasserzulaufmenge muss der Warmwasserauslaufmenge angepasst werden; dies geschieht durch ein Drosselventil, welches auch im Zulaufventil integriert sein kann

19. Warum tropft die Armatur eines offenen Speicher-TWE beim Aufheizen?

Das zeitweise Tropfen der Armatur eines offenen Speicher-TWE im Standby-Betrieb ist keine Störung, sondern ein normaler Vorgang zur Ableitung des Ausdehnungswassers beim Aufheizen.

20. Welche Bauteile sind bei offenen Speicher-TWE verboten, um unzulässige Betriebsdruckanstiege zu vermeiden?

- Perlatoren oder Wasserspar-Bauteile am Auslauf der Armatur
- Spülstopp-Vorrichtungen bei z. B. Küchenspülarmaturen

Bei noch vorhandenen älteren Geräten mit größerem Nenninhalt:

- Duschstopp-Vorrichtungen bei z. B. Duscharmaturen
- knickbare Dusch- bzw. Spülschläuche
- verstellbare Massageduschköpfe, weil die Austrittsöffnungen zu stark verkleinert werden

21. Nennen Sie zwei Vorschriften bei der Auswahl von Duschgarnituren für offene Speicher-TWE, um unzulässige Betriebsüberdrücke zu verhindern.

- Metallschläuche mit großem Durchmesser verwenden (geringerer Fließwiderstand)
- nur Duschköpfe mit zusätzlichen seitlichen Austrittsöffnungen verwenden, damit die Duschbrause nicht zugehalten werden kann

22. Welche Installationsregel ist beim Einbau eines offenen Speicher-TWE unbedingt zu beachten?

Die Verlängerung des Warmwasserauslaufrohres > 2 m seitlich und/oder > 1 m senkrecht ist ohne Einbau eines Belüftungsventils verboten, da es sonst zur Zerstörung des Speicherbehälters durch negativen Überdruck (Unterdruck) kommen kann.
Diese Gefahr besteht z. B. bei der Verwendung als Duschspeicher mit Anschluss eines Brauseschlauches von 1,20 m Länge.
Grundsätzlich wird **immer** der Einbau eines Belüftungsventils empfohlen (s. auch nächste Aufgabe).

23. Begründen Sie die in Aufgabe 22 aufgestellte Installationsregel.

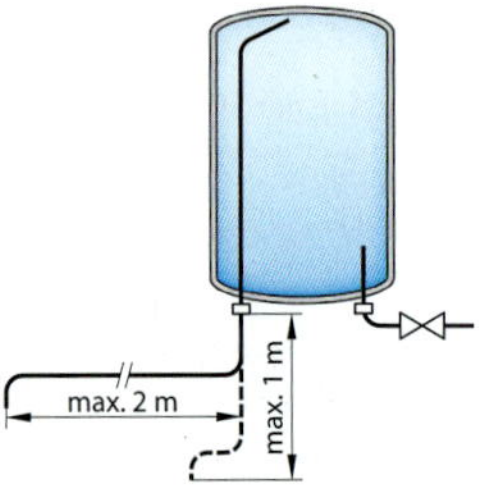

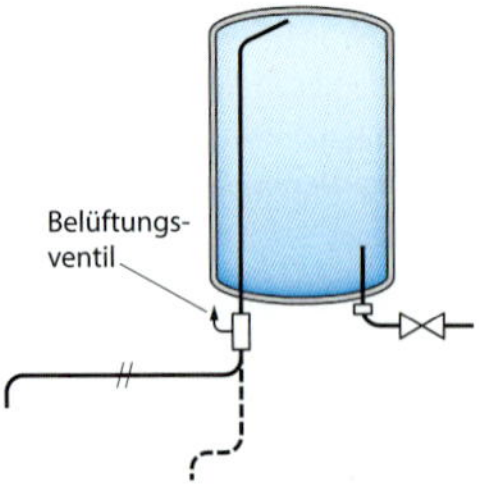

bei > 2 m seitlich oder
bei > 1 m senkrecht

Lang herabhängende Duschschläuche (z. B. ∅ 12 mm) erzeugen eine hohe Wassersäule. Beim plötzlichen Absperren mit z. B. einem Einhebelmischer fließt infolge der noch wirksamen Bewegungsenergie (kinetischen Energie) das Restwasser aus dem Leitungssystem und erzeugt einen negativen Überdruck (Unterdruck) im Speicherbehälter.
Eine weitere Gefahr der Unterdruckbildung besteht, wenn die PWC-Leitung im Haus abgesperrt ist und versucht wird, Trinkwarmwasser bei gleichzeitigem Öffnen des Kaltwasserventils zu zapfen. Dabei entleert sich der Speicher über den geöffneten PWC-Zulauf (s. auch Aufgabe 17), ohne dass nachströmende Luft oder nachströmendes Wasser einen Druckausgleich schaffen kann.
In beiden Fällen kann es im schlimmsten Fall zur Zerstörung des Speicher-Behälters kommen. Die Größe des Unterdrucks ist abhängig von der Fließgeschwindigkeit und Menge des aus der Leitung bzw. dem Speicherbehälter auslaufenden Wassers.

Geschlossene (druckfeste) elektrische Speicher-Trinkwassererwärmer und Durchflussspeicher

1. Nennen Sie drei Vorteile geschlossener Speicher-TWE.

1. höherer Volumenstrom ($\frac{l}{s}$) durch höheren Druck (bis 10 bar)
2. Versorgung mehrerer Entnahmestellen möglich
3. größere Vielfalt bei der Armaturenauswahl (keine Einschränkung im Vergleich zu den Armaturen offener Speicher)

2. Welche drei Arten von geschlossenen Speicher-TWE werden je nach Größe der Speicherbehälter unterschieden und für welche Versorgung werden sie jeweils eingesetzt?

1. Kleinspeicher (Untertisch- bzw. Übertischgeräte) mit $V = 5$ l bis 15 l (Einzelversorgung)
2. Wandspeicher mit $V = 30$ l bis 150 l (Gruppenversorgung)
3. Standspeicher mit $V > 150$ l bis 1000 l (zentrale Versorgung)

3. Nennen Sie die Einzelteile der Sicherheitsgruppe eines geschlossenen Kleinspeichers mit 15 l Nenninhalt.

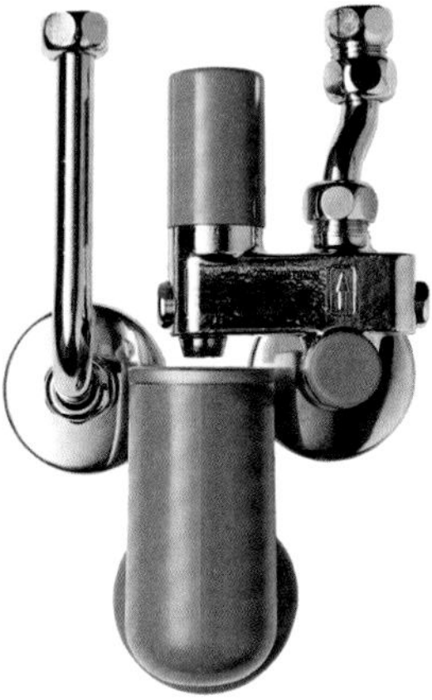

- Sicherheitsventil mit 7 bar Ansprechdruck
- Rückflussverhinderer
- Mengenregelventil mit Manometeranschluss G ¼
- Rohrbogen, 2 Wandrosetten und Siphontrichter mit verschiebbarer Rosette
- PWC-Anschluss G ½ (absperrbar)
- PWH-Anschluss G ½
- Siphontrichter G 1 (Kunststoff)

4. Wie groß darf der maximale Betriebsdruck eines geschlossenen Speicherbehälters nach DIN EN 806-4 sein, bei Verwendung eines 8 bar Sicherheitsventils (Angabe in % und in bar)?

- 75 % des Ansprechdrucks des Sicherheitsventils
- 6 bar

5. Nennen Sie acht Ausstattungsmerkmale von Wandspeichern mit einem Nenninhalt zwischen 30 l und 150 l.

1. auswechselbarer Kupfer-Rohrheizkörper
2. stufenlose Temperatureinstellung von 20 °C ... 85 °C
3. Bedienfeld mit LCD-Anzeige und einer Vielzahl von Funktionstasten
4. wartungsfreie Fremdstromanode für aktiven Korrosionsschutz
5. automatische Verkalkungsanzeige des Rohrheizkörpers
6. Betriebsweisenwahl über Schiebeschalter (Einkreis-, Zweikreis- und Boilerbetriebsweise)
7. Leistungseinstellung über Schiebeschalter
8. Schnellaufheizung bei Zweikreisbetrieb

6. Wie erfolgt die Störungssuche anhand einer Widerstandsmessung am Beispiel eines 10-Liter-Speichers?

- Unterbrechung der Spannungsversorgung
- Sichern gegen unbefugtes Wiedereinschalten
- Öffnen des Gerätes
- Lösen der internen Anschlüsse an der Netzanschlussklemme
- Meldeleuchte abklemmen, da ansonsten bei defektem Heizwiderstand deren Widerstand angezeigt wird (Parallelschaltung)
- Stellung des Temperaturreglers auf Höchststufe
- Anschluss eines Vielfachmessgerätes zur Prüfung eines Heizwiderstandes

7. Welche Ergebnisse können vorliegen, wenn durch eine Widerstandsmessung der Heizkörper und ein möglicher Körperschluss geprüft werden sollen?

- bei einem intakten Heizkörper wird als Ergebnis ein „endlicher" Widerstandswert von z. B. 25 Ω abgelesen
- liegt ein Defekt des Heizkörpers, z. B. in Form eines Leitungsbruches, vor (der Heizwiderstand im Heizkörper ist z. B. durchgebrannt), ergibt eine Widerstandsmessung den Wert ∞ (unendlich)
- liegt kein Körperschluss vor (intaktes Gerät), wird ein Widerstandswert im Megaohmbereich angezeigt
- bei einem Körperschluss wäre ein sehr kleiner Widerstand, der unter 1,5 Ω liegen muss, das richtige Messergebnis

8. Beschreiben Sie die drei Betriebsweisen eines Durchflussspeichers mit einer Nennwärmeleistung von 21 kW.

Zweikreisbetriebsweise bei Normaltarif:
- Aufheizung mit 3,5 kW bei geringer Entnahmemenge
- Aufheizung mit 21 kW bei hoher Entnahmemenge

Zweikreisbetriebsweise bei Niedrig- und Normaltarif:
- Aufheizung bei Niedrigtarif mit 3,5 kW
- Aufheizung bei Normaltarif mit 21 kW

Einkreisbetriebsweise bei Normaltarif:
- Aufheizung immer mit 21 kW

Durchfluss-Trinkwassererwärmer (DWE)
Einführung

1. Nennen Sie vier typische Eigenschaften von Durchfluss-Trinkwassererwärmern.

1. immer frisches Trinkwarmwasser vorhanden
2. hohe Heizleistung
3. großer Anschlusswert und damit großer Anschlusskabelquerschnitt
4. geringe Abmessungen (z. B. H × B × T = 370 mm × 220 mm × 141 mm)

2. Welche drei Faktoren beeinflussen hauptsächlich die PWH-Auslauftemperatur eines Durchfluss-Trinkwassererwärmers?

- die zeitliche Wasserdurchflussmenge (Volumenstrom) in $\frac{l}{min}$
- die Trinkkaltwasser-Zuflusstemperatur in °C
- die Geräte-Heizleistung in kW

3. Welche zwei Heizsysteme werden bei Durchfluss-Trinkwassererwärmern eingesetzt?

- Rohrheizkörper-Heizsystem
- Blankdraht-Heizsystem

4. Nennen und beschreiben Sie die zwei Möglichkeiten der Trinkwassererwärmung bei Durchfluss-Trinkwassererwärmern mit Rohrheizkörper-Heizsystemen.

Erwärmung des Trinkwassers in einem Behälter
Bei dieser Bauart ist der elektrische Rohrheizkörper in einem kleinen druckfesten Behälter integriert (Volumen ca. 3 l). Während des Zapfens fließt das Trinkkaltwasser durch diesen Behälter und wird von dem elektrischen Rohrheizkörper erwärmt (Tauchsiederprinzip).

Erwärmung des Trinkwassers in wasserführenden Rohren
Bei dieser Bauart sind die wasserführenden Kupferrohre parallel an die isolierten Kupferrohre mit Strom führenden Heizdrähten angelötet.

5. Beschreiben Sie das Blankdraht-Heizsystem.

Die meisten elektrischen Durchfluss-TWE sind mit einem Blankdraht-Heizsystem ausgestattet. Bei diesem Heizsystem fließt das Trinkkaltwasser durch die Bohrungen eines Keramik- bzw. Kunststoff-Isolierblocks (Heizblock), in denen sich auch die Strom führenden Blankdrähte befinden. Dadurch besteht ein direkter Kontakt zwischen den nicht isolierten Leitungen und dem Trinkkaltwasser, wodurch eine Wärmeübertragung ohne nennenswerte Verluste gewährleistet ist.

6. Das Blankdraht-Heizsystem ist das am häufigsten bei Durchfluss-Trinkwassererwärmern eingesetzte Heizsystem. Beschreiben Sie die Vor- und Nachteile eines Blankdraht-Heizsystems gegenüber den Rohrheizkörper-Heizsystemen.

Vorteile:
- geringe Wärmeübertragungsverluste durch den direkten Übergang der elektrischen Wärme an das Medium Wasser
- keine Verkalkung und damit Verringerung der Heizleistung, da mögliche Kalkablagerungen an den blanken Heizdrähten bei jedem Aufheizen durch die Längendehnung abplatzen und bei der Wasserentnahme ausgespült werden

Nachteile:
- es werden höhere Fließdrücke für die elektrischen Schaltvorgänge durch den Strömungsschalter benötigt, da durch den Blankdraht in den engen Röhren dem durchfließenden Wasser ein größerer Widerstand entgegengesetzt wird
- die Geräte sind beim Aufheizen sehr empfindlich gegen Luftblasen auf der Oberfläche des elektrischen Blankdrahtes, da dort dann die Wärme nicht schnell genug abgeführt wird, sodass der Draht „durchbrennen“ kann (Trockenganggefahr); deshalb muss vor dem Einschalten des elektrischen Stroms das Gerät luftblasenfrei mit Wasser gefüllt werden; Geräte mit „Lufterkennung“ schalten sofort ab

7. Wie wird bei einem Blankdraht-Heizsystem verhindert, dass der Benutzer durch das elektrisch leitende PWH-Wasser gefährdet werden könnte?

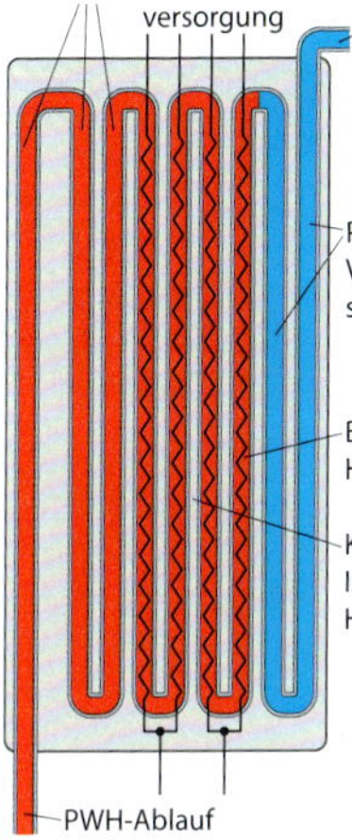

Jedes Blankdrahtgerät muss neben den Strecken für die Strom führenden Blankdrähte zusätzlich Vorlauf- und Nachlaufstrecken aufweisen. Durch den großen elektrischen Widerstand des Wassers ist deshalb normalerweise am PWC-Zu- und PWH-Auslauf keine elektrische Spannung mehr zu messen.
Trotzdem muss sich der Anlagenmechaniker-SHK vor dem Einbau eines solchen Gerätes bei dem zuständigen Wasserversorgungsunternehmen genau über die elektrische Leitfähigkeit bzw. den spezifischen Widerstand des Trinkkaltwassers informieren und mit den Herstellerangaben vergleichen.
Liegen die Werte des Trinkkaltwassers unter den für den Durchfluss-TWE mit Blankdraht-Heizsystem zulässigen, muss der Anlagenmechaniker ein Rohrheizkörper-Heizsystem wählen.

8. Durch welchen Vorgang wird bei beiden Heizsystemen der Heizkörper eingeschaltet?

Durch die Warmwasserentnahme der angeschlossenen Armatur wird der Strömungsschalter (Venturidüse) aktiviert und damit der elektrische Stromkreis über die Mechanik geschlossen (s. Aufgabe 9).

9. Beschreiben Sie die Arbeitsweise eines Strömungsschalters (Venturidüse).

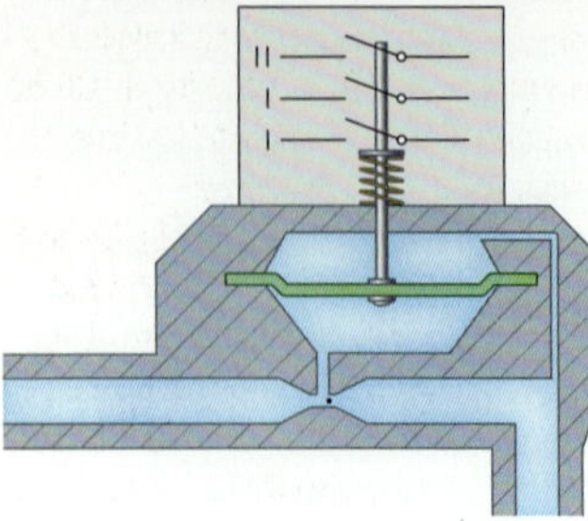

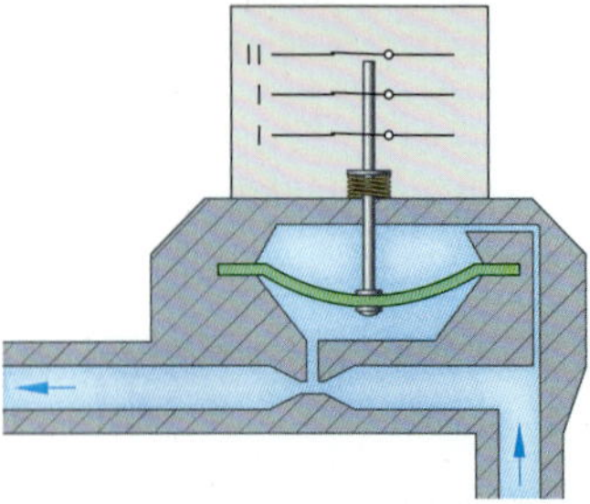

Das Prinzip der Venturidüse beruht auf einer Abnahme des statischen Fließdrucks in einem verengten Rohrabschnitt. Fließt kein Wasser, ist der statische Ruhedruck in allen wasserführenden Bereichen gleich, somit auch unterhalb und oberhalb einer Membrane. Beginnt der Zapfvorgang, verringert sich der statische Druckanteil in der Kammer unterhalb einer Membrane. In der oberen Kammer bleibt der Druck gleich und somit bewegt sich die Membrane durch die Druckdifferenz mit dem angeschlossenen Schaltwerk nach unten. Dadurch berühren sich die elektrischen Kontakte, sodass der Stromkreis geschlossen ist und das Heizsystem das durchfließende Trinkkaltwasser erwärmen kann.

10. Um die gewünschte Warmwassertemperatur zu erzielen, bieten die Hersteller je nach Gerätetyp drei unterschiedliche Ausführungen von Durchfluss-Trinkwassererwärmern an. Nennen Sie die verschiedenen Ausführungsarten.

1. hydraulisch gesteuerte DWE
2. elektronisch gesteuerte DWE
3. elektronisch geregelte DWE

Hydraulisch gesteuerte Durchfluss-Trinkwassererwärmer

1. Beschreiben Sie die Arbeitsweise eines hydraulisch gesteuerten DWE mit einer Heizleistung von 21 kW.

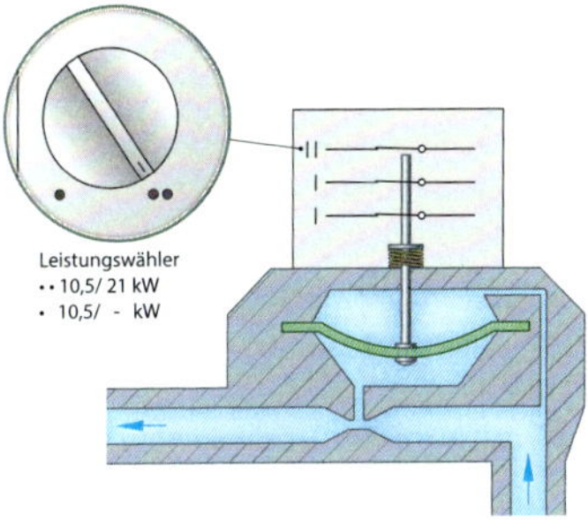

Schalterstellung Stufe 1 (manuell): Beim Öffnen der PWH-Armatur wird über den Strömungsschalter bei ausreichendem PWC-Druck eine elektrische Heizleistung von 10,5 kW geschaltet und eine PWC-Temperatur von ca. 38 °C erzielt.
Schalterstellung Stufe 2 (manuell): Bei kleinem Volumenstrom aber ausreichendem PWC-Druck wird zunächst wie vorher die Stufe 1 geschaltet. Erhöht sich der Volumenstrom, wird ab einer bestimmten Größe des Volumenstroms **automatisch** über den Strömungsschalter die Stufe 2 mit 21 kW und ca. 60 °C PWC-Temperatur geschaltet.

2. Welche Nachteile hat ein hydraulisch gesteuerter DWE, wenn es während des Betriebs zum Druckabfall in der PWC-Zuflussleitung kommt?

Bei Betrieb in der **Schalterstellung 1** kommt es im ungünstigsten Fall zum Ausschalten des Gerätes.
Bei Betrieb in der **Schalterstellung 2** kommt es zur automatischen Umschaltung auf Schalterstufe 1 (38 °C).

3. Nennen Sie zwei mögliche Ursachen für Druckschwankungen in der PWC-Zuflussleitung.

- Wasserrohrbruch im Versorgungsnetz
- zusätzliche Wasserentnahmen (z. B. Spüle, WC) bei älteren Wasserversorgungsanlagen

4. Welche Möglichkeit gibt es, um diese Druckschwankungen zumindest teilweise zu kompensieren?

Einige Hersteller bieten Geräte mit einem Steuerventil an.

5. Welche Möglichkeit gibt es, wenn bei zu hohen PWC-Volumenströmen die maximale PWH-Auslauftemperatur von ca. 60 °C wegen zu geringer Heizleistung nicht erreicht werden kann?

Die Hersteller bieten unterschiedliche PWC-Volumenstrombegrenzer an, die in die Kaltwasserzulaufleitung eingebaut werden können.

Elektronische Durchfluss-Trinkwassererwärmer

1. Nennen und beschreiben Sie die beiden Ausführungsarten der Heizleistungsanpassung bei elektronisch gesteuerten DWE.

Manuelle Temperaturvorwahl durch eine dreistufige Schalterstellung für z. B. 35 °C (Waschtisch), 45 °C (Duschanlage) und 55 °C (Küchenspüle).
Automatische Leistungsanpassung durch z. B. eine stufenlose Temperaturskala 1 bis 7 (30 °C bis 60 °C) mit automatischer elektrischer Leistungsanpassung in Abhängigkeit zum gezapften Volumenstrom.

2. Wie kann der Betreiber zusätzlich die PWH-Temperatur individuell beeinflussen?

Eine zusätzliche individuelle Beeinflussung der PWH-Temperatur kann durch die Zumischung von Trinkkaltwasser erfolgen.

3. Welche drei Messungen muss die Elektronik eines gesteuerten DWE vornehmen, um die gewünschte PWH-Temperatur zu halten?

1. Messung der Größe des PWC-Volumenstroms
2. Messung der Zulauftemperatur des Trinkkaltwassers
3. Messung von PWC-Druckschwankungen

4. Worin unterscheidet sich ein elektronisch geregelter DWE von einem elektronisch gesteuerten DWE?

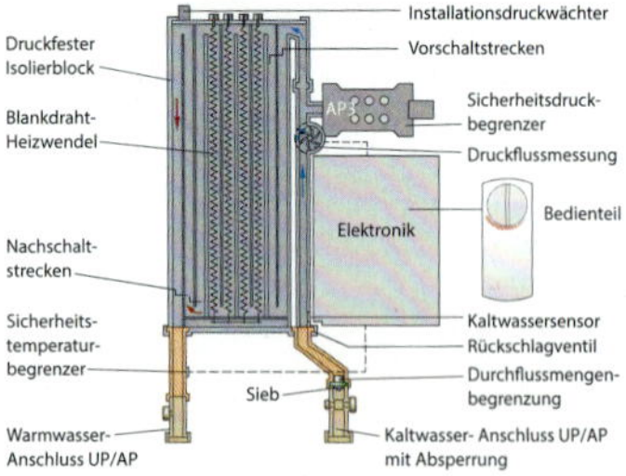

Elektronisch **geregelte** Durchfluss-TWE haben zur Leistungsanpassung zusätzlich einen Temperaturfühler am Warmwasserauslauf. Dadurch ist eine exakte Messung der Temperaturdifferenz zwischen Trinkkalt- und Trinkwarmwasser möglich. Die PWH-Isttemperatur wird ständig mit der eingestellten PWH-Solltemperatur verglichen und wenn nötig bis zur maximalen Leistungsgrenze angepasst. Auch Spannungsschwankungen werden erfasst.
Sollte die elektrische Leistung für die eingestellte PWH-Solltemperatur bei voll geöffneter Warmwasser-Entnahmearmatur nicht ausreichen, reduziert ein motorbetriebenes Volumenstrom-Begrenzungsventil die Kaltwasserzulaufmenge.

5. Nennen Sie Ausstattungsmerkmale eines elektronisch geregelten DWE.

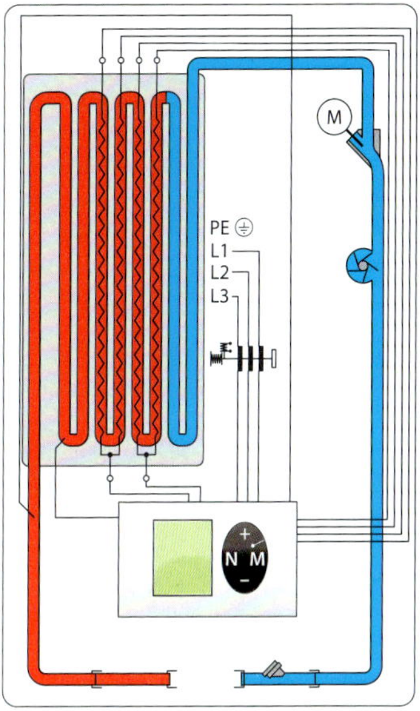

- einstellbarer Verbrühschutz mit einer Temperatur von 43 °C und Anzeige der Verbrühschutztemperatur
- stufenlose Temperaturwahl mit einer Anzeigengenauigkeit in 1 °C-Schritten
- stufenlose digitale Temperaturwahl von 20 °C bis 60 °C und Anzeigengenauigkeit in 0,5 °C-Schritten
- schnelle Temperaturwahl mit Speichertasten
- Multifunktionsdisplay
- wasserdichte Funkfernbedienung mit mehreren Speicherplätzen
- elektrische Leistungsanpassung an vorhandene Kabelquerschnitte und Absicherungen durch Leistungsreduzierung (z. B. Absenkung von 24 kW auf 21 kW)

6. Wie wird bei elektronischen DWE verhindert, dass durch Luftbläschen oder Trockengang die elektrischen Drähte der Blankdraht-Heizkörper zerstört werden?

Alle elektronischen Geräte verfügen über einen Temperatur- oder Druckwächter. Da sich Luft im Vergleich zu Wasser bei Erwärmung stark ausdehnt, führt z. B. beim Druckwächter der gemessene unzulässige Druckanstieg zum sofortigen Ausschalten des Gerätes. Nach einer Minute Wartezeit schaltet das Gerät automatisch wieder ein.
Befindet sich bei der Inbetriebnahme ausschließlich Luft im Gerät, wird der Heizkörper über eine zusätzliche Sicherheitselektronik ganz ausgeschaltet.

7. Beschreiben Sie den Einsatzort und die wesentlichen Ausstattungsmerkmale von Mini-Durchfluss-Trinkwasser-erwärmern.

Mini-Durchfluss-TWE eignen sich für die Warmwasserversorgung eines Handwaschbeckens. Es gibt sie als offene (drucklose) und geschlossene (druckfeste) Bauarten. Sie sind mit einem Blankdraht-Heizsystem ausgestattet und für kalkhaltiges Wasser geeignet. Sie können hydraulisch oder elektronisch gesteuert sein. Ihre elektrischen Leistungen liegen je nach Bauart zwischen 3,5 kW und 5,7 kW bei 230 V, ihre Warmwasservolumenströme bei einer Temperaturerhöhung um 25 °C (z. B. 15 °C auf 40 °C) zwischen ca. $2\frac{l}{min}$ und $3{,}3\frac{l}{min}$.

8. Beschreiben Sie die Installation von Geräten zur elektrischen Trinkwasser-erwärmung.

Alle Geräte zur elektrischen Trinkwassererwärmung eignen sich für die Unterputz-(UP) und Aufputz-(AP)-Installation. Der Montageort muss frostfrei und in der Nähe der Entnahmestellen sein. Es sind die Schutzbereiche und Schutzarten nach VDE 0100-701 zu beachten. Durchfluss-Trinkwassererwärmer werden mit einem festen elektrischen Anschluss installiert. Die vorgeschriebenen Kabelquerschnitte und Absicherungen sind einzuhalten.
Um die Montage bzw. den Austausch zu vereinfachen, sind bei einigen Herstellern die Wasseranschlüsse mit Steckkupplungen versehen. Weiterhin ist bei Neuinstallationen und Gerätetausch darauf zu achten, dass in das PWC-Anschlussventil ein Schmutzsieb eingesetzt wird.
Die Installation des Durchfluss-TWE erfolgt nach Herstellerangaben. Die Elektroinstallation muss immer nach der Wasserinstallation durchgeführt werden.

9. Wie erfolgt die Erstinbetriebnahme eines Durchfluss-TWE?

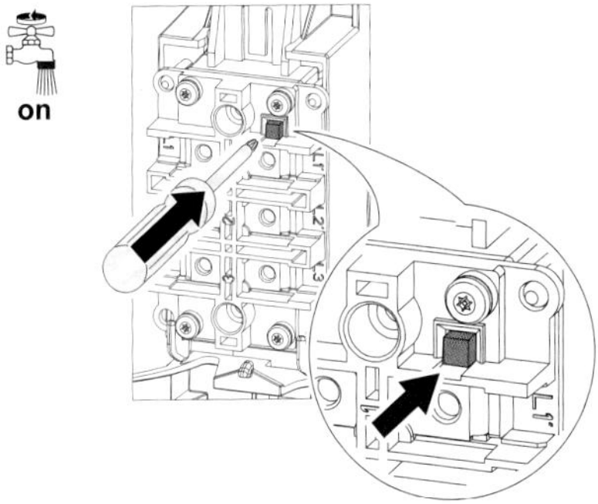

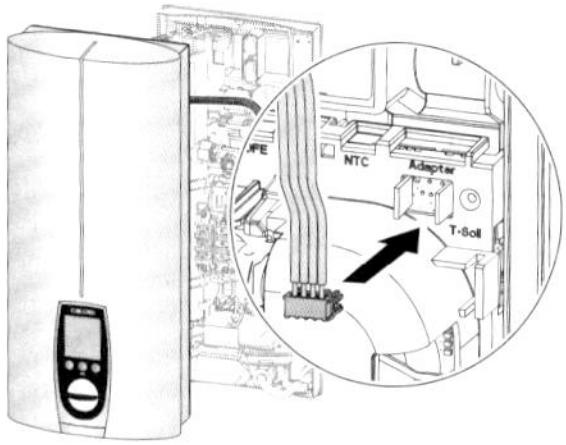

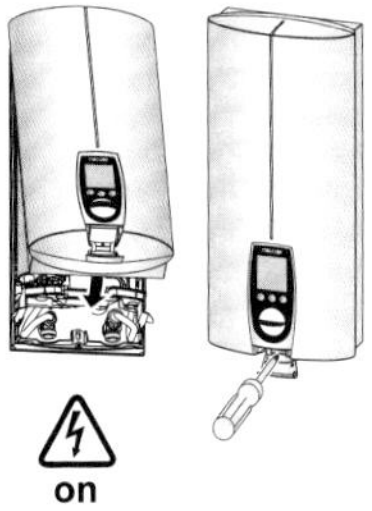

Die Erstinbetriebnahme darf nur durch den Anlagenmechaniker-SHK unter Beachtung aller Sicherheitsvorschriften erfolgen.
Auch wenn einige Geräte mit einem Sicherheits-Druckbegrenzer gegen Trockenganggefahr ausgerüstet sind, müssen die Geräte möglichst luftblasenfrei befüllt und, wenn nötig, vollständig entlüftet werden.
Durchfluss-Trinkwassererwärmer mit Lufterkennungssystem werden immer mit deaktiviertem Sicherheits-Druckbegrenzer vom Hersteller ausgeliefert.

Berechnungsübungen

1. **Ein Durchfluss-TWE hat eine elektrische Leistung von 27 kW. Die Betriebsdauer während eines Duschvorgangs beträgt zehn Minuten.
Berechnen Sie den Energieverbrauch in Kilowattstunden (kWh).**

$W = \underline{\underline{4{,}5\ \text{kWh}}}$

Lösungsweg siehe II Lösungswege, Zu 9.2 Trinkwassererwärmung durch elektrisch betriebene Anlagen – Berechnungsübungen

2. **Wie viele Liter Trinkwarmwasser mit einer Temperatur von 60 °C liefert ein Durchfluss-TWE mit 27 kW Leistung in acht Minuten, wenn die PWC-Einlauftemperatur 12 °C beträgt? Der Gerätewirkungsgrad beträgt 88 %.**

$m = \underline{\underline{56{,}9\ \text{l}}}$

Lösungsweg siehe II Lösungswege, Zu 9.2 Trinkwassererwärmung durch elektrisch betriebene Anlagen – Berechnungsübungen

3. **Der elektrische 65-Liter-Druckspeicher eines Badezimmers hat einen Anschlusswert von 4,5 kW und einen Wirkungsgrad von 85 %. Wie groß ist die Wartezeit zwischen zwei Füllungen, wenn das Gerät Wasser von 12 °C auf 55 °C erwärmt?**

$t = \underline{\underline{50{,}86\ \text{min}}}$

Lösungsweg siehe II Lösungswege, Zu 9.2 Trinkwassererwärmung durch elektrisch betriebene Anlagen – Berechnungsübungen

4. **Ein Durchfluss-TWE mit einer Leistung von 21 kW und einem Wirkungsgrad von 92 % erwärmt Trinkkaltwasser von 10 °C auf 48 °C.**
   a) **Wie viele Liter Trinkwarmwasser werden bei einem Duschvorgang von zehn Minuten verbraucht?**
   b) **Wie groß ist der Energieverbrauch in kWh?**
   c) **Wie hoch sind die Gesamtkosten bei einem Strompreis von 0,28 $\frac{€}{\text{kWh}}$ und einem Wasserpreis von 3,90 $\frac{€}{\text{m}^3}$?**

a) $m = \underline{\underline{74{,}51\ \text{l}}}$

b) $W = \underline{\underline{3{,}57\ \text{kWh}}}$

c) Gesamtkosten $= \underline{\underline{1{,}29\ €}}$

Lösungsweg siehe II Lösungswege, Zu 9.2 Trinkwassererwärmung durch elektrisch betriebene Anlagen – Berechnungsübungen

5. **Wie hoch sind die Kosten für ein Wannenbad bei folgenden Annahmen:**
   - **Trinkwarmwassermenge: 110 Liter**
   - **PWC-Temperatur: 10 °C**
   - **PWH-Temperatur: 38 °C**
   - **Gerätewirkungsgrad: 91 %**
   - **Strompreis: 0,265 $\frac{€}{\text{kWh}}$**
   - **Wasserpreis: 4,00 $\frac{€}{\text{m}^3}$?**

Gesamtkosten $= \underline{\underline{1{,}48\ €}}$

Lösungsweg siehe II Lösungswege, Zu 9.2 Trinkwassererwärmung durch elektrisch betriebene Anlagen – Berechnungsübungen

9.3 Trinkwassererwärmung durch Gasgeräte – direkt beheizt

Speicher-Trinkwassererwärmer bzw. nach TRGI Vorratswasserheizer (VWH)

1. Nennen Sie Bereiche, in denen Vorratswasserheizer hauptsächlich eingesetzt werden.

- Sportheime
- Gaststätten
- Hotels
- Wohnungsbau

2. Nennen Sie die Besonderheit, die bei der Aufstellung eines Vorratswasserheizers zu beachten ist und welche Konsequenzen sich für die Wahl des Aufstellungsortes ergeben.

Der Gas-Speicher-TWE ist ein raumluftabhängiges Gasgerät (Art B). Aufgrund der eingebauten Strömungssicherung muss neben dem Schutzziel 2 auch das Schutzziel 1 erfüllt sein (Raum-Leistungsverhältnis RLV 1 $\frac{m^3}{kW}$ Gesamtnennwärmeleistung).
Bei der Wahl des Aufstellortes ist darauf zu achten, dass die Verbrennungsluft frei von chemischen Stoffen ist, da diese im ungünstigen Fall zu Korrosion führen können.

3. Welchen Nachteil hat die Strömungssicherung bei Vorratswasserheizern?

Der Bereitschaftswärmeaufwand (q_{BS}) bei Vorratswasserheizern ist hoch, weil sie über die Strömungssicherung im Stillstand auskühlen.

4. Welche Vor- und Nachteile hat ein direkt beheizter VWH gegenüber einem indirekt beheizten Speicher-TWE?

Vorteile:
- unabhängig von der Heizungsanlage
- Abschaltung des Heizkessels in den Sommermonaten möglich
- kein Stromanschluss notwendig
- Einsatz auch bei gering dimensionierten Gasleitungen möglich

Nachteile:
- relativ geringe Gas-Anschlusswerte dieser Geräte zwischen 6 kW und 9 kW, je nach Speichergröße
- somit relativ lange Aufheizzeiten

5. Beschreiben Sie die Wärmeübertragung an das Trinkkaltwasser eines direkt beheizten VWH.

Die Wärmeübertragung an das PWC-Wasser erfolgt über die Brennkammer und das Abgasführungsrohr. Durch Verwirbelung der Abgase in der Abgaswendel wird eine gleichmäßigere Wärmeabgabe an die Oberfläche des Abgasrohres und eine bessere Wärmeübertragung an das Trinkwasser erreicht.

6. **Beschreiben Sie die Inbetriebnahme und Beheizung des Vorratswasserheizers.**

Durch das Drücken bzw. Drehen des Bedienungsknopfes und die Betätigung des Piezozünders wird das Zündgas entzündet und das Gerät in Betrieb genommen.
Die Beheizung erfolgt durch einen atmosphärischen Gasbrenner. Das Gas wird über die Gasregelarmatur dem Ring- oder Tauchkanalbrenner zugeführt.

7. **Erläutern Sie den Vorgang zum Erreichen der eingestellten PWH-Solltemperatur, wenn diese z. B. durch Trinkwasserentnahme unterschritten wird.**

Der Temperaturregler öffnet das Hauptgasventil und das dem Brenner zugeführte Gas wird durch die Zündflamme gezündet. Nach dem Erreichen der eingestellten Trinkwarmwassertemperatur (max. 70 °C) schließt der Temperaturregler das Hauptgasventil. Bei Ausfall des Temperaturreglers unterbricht der eingebaute Temperaturbegrenzer die Beheizung bei max. 90 °C.

8. **Nennen und erläutern Sie weitere (neuere) Gas-Vorratswasserheizer, die neben den herkömmlichen mittlerweile von den Herstellern angeboten werden.**

- Gas-Vorratswasserheizer mit Brennwerttechnik
- Ausführungen in Kombination mit Solarsystemen

Diese gasbeheizten Speicher-Trinkwassererwärmer sind raumluftunabhängig und weisen ein automatisches Gas-/Luft-Vollvormischbrennersystem auf. Der modulierende Gasgebläsebrenner befindet sich im oberen Bereich des Speichers.

Durchfluss-Trinkwassererwärmer bzw. nach TRGI Durchlaufwasserheizer (DWH)

1. **Durchlaufwasserheizer sind direkt beheizte Gasgeräte der Art B und C. Sie können sowohl für die dezentrale als auch zentrale Trinkwarmwasserversorgung verwendet werden. Nennen Sie je nach Verwendung die beiden üblichen Praxisbezeichnungen.**

- Direktzapfer
- Fernzapfer

2. Beschreiben Sie die Funktionsweise von mit Gas betriebenen:
a) DWH älterer Bauweise
b) DWH neuerer Bauweise.

a) Dies sind temperaturgesteuerte oder in aufwändigerer Bauweise temperaturgeregelte Geräte. Sie arbeiten mechanisch, kommen ohne Fremdstrom aus und haben eine während der Betriebsbereitschaft ständig brennende Zündflamme, die thermoelektrisch überwacht wird.

b) Die Zündflamme erlischt kurz nach der Zündung des Hauptbrenners und damit ist dieses Gerät ökonomischer als die alten Bauarten. Die Zündung erfolgt elektronisch mittels einer Hochspannung, die entweder von Batterien gespeist oder von einem Hydrogenerator erzeugt wird.

3. Das Funktionsprinzip des Wasserschalters eines Gas-Durchlaufwasserheizers (Art B) ist das Gleiche wie der Strömungsschalter beim elektrischen Durchflusserwärmer. Beide haben eine Venturidüse und arbeiten mit Differenzdrücken.
Beschreiben Sie seine Arbeitsweise bis zum Öffnen des Hauptgasventils.

Bei einem Zapfvorgang muss eine Mindestdurchflussmenge die Venturidüse durchströmen, um einen Differenzdruck zwischen der linken und der rechten Membrankammer zu schaffen. Dadurch verschieben sich die Membrane und der Membranteller und öffnen über einen Stößel das Hauptgasventil. Ein am Verbindungskanal positioniertes Langsamzündventil sorgt mittels einer Kugel und zwei unterschiedlich großen Öffnungen im Kugelgehäuse für ein langsames Öffnen des Hauptgasventils.

4. Wodurch ist beim Gas-DWH gewährleistet, dass es beim Schließvorgang des Zapfventils nicht zum „Nachsieden" des Wassers durch zu langsames Schließen des Hauptgasventils kommt?

Beim Schließvorgang des Zapfventils kommt es durch die Lageänderung der Kugel im Langsamzündventil zur Freigabe der größeren Öffnung, sodass ein schneller Druckausgleich hergestellt wird, um das wassergesteuerte Hauptgasventil schnell zu schließen. Dadurch erlischt die Flamme unverzüglich.

5. Wie wird beim temperaturgeregelten DHW für eine konstante PWH-Temperatur gesorgt?

Ein elektronisch angesteuerter Gasmengenregler variiert die Geräteleistung je nach Wärmeabnahme von 7,0 kW bis 23,7 kW.

6. Durch welche Messungen wird die Leistungsanpassung vorgenommen?

- Wasserdurchflusssensor im Wasserweg
- Temperaturfühler im Kaltwasserzulauf
- Temperaturfühler im Warmwasserablauf

7. Wie wird bei erhöhter Wasseranforderung die PWH-Temperatur eingehalten?

Ein motorisch gesteuertes Ventil (automatischer Wassermengenregler) drosselt die Wasserdurchflussmenge.

9.4 Trinkwassererwärmung durch eine zentrale Heizungsanlage

Speicher- und Durchfluss-Trinkwassererwärmer – indirekt beheizt

1. Welche Anforderungen sollte ein indirekt beheizter Speicher-Trinkwassererwärmer einer zentralen Heizungsanlage erfüllen?

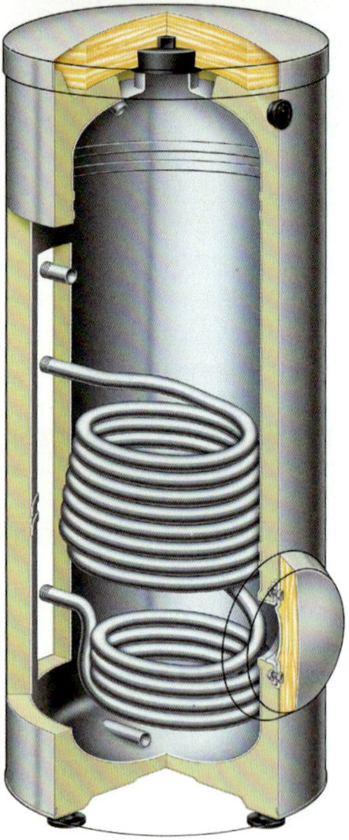

- ausreichendes Speichervolumen
- schnelle Aufheizung durch große Heizflächen, besonders wichtig bei den Niedertemperaturkesseln, um die niedrig gehaltene Kesselwassertemperatur zu kompensieren
- gleichmäßige Wärmeverteilung, d. h. Vermeidung von Kaltzonen, z. B. durch bis auf den Speicherboden geführte Wärmeübertrager
- geringe Abstrahlverluste (Betriebsbereitschaftsverluste) durch hochwertige, FCKW-freie Wärmedämmung und Begrenzung der Speichertemperatur auf maximal 60 °C
- lange Nutzungsdauer
- einwandfreie hygienische Qualität des erwärmten Trinkwassers
- Behälter aus korrosionsbeständigem Edelstahl oder z. B. kunststoffbeschichtetem Stahl und zusätzlicher Schutzanode
- Entkeimungsmöglichkeit (thermische Desinfektion), z. B. durch kurzzeitige, in bestimmten Zeitabständen wiederkehrende automatische Aufheizung des gesamten Speicherinhalts auf über 70 °C zur Vermeidung der Legionellenbildung

2. Beschreiben Sie:
a) einen einwandigen Speicher-TWE mit Rohrheizfläche
b) einen doppelwandigen Speicher-TWE.

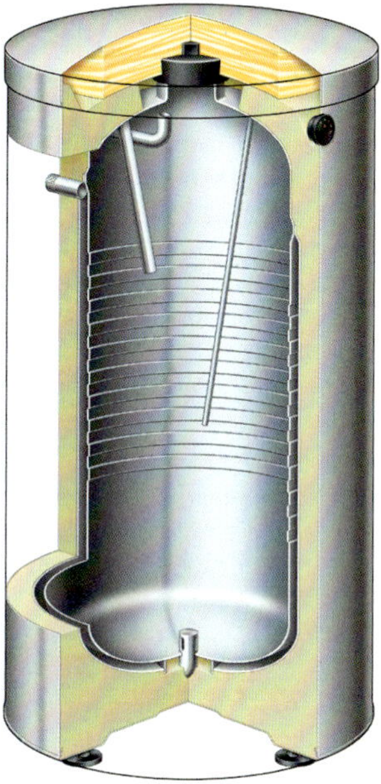

a) Die Rohrwendel bzw. Rohrschlange befindet sich im Speicher und gibt dort die Wärme an das Trinkwasser ab. Die Anordnung im unteren Teil des Speichers bewirkt eine ständige Zirkulation des Wassers im Speicher und damit eine gleichmäßige Wärmeverteilung.

b) Das Heizwasser befindet sich im Zwischenraum zwischen den beiden Wandungen (Doppelmantel). Da nur die dem Speicherinhalt zugewandte Seite als Heizfläche dient, ist die Wärmeübertragung ungünstiger und die Aufheizgeschwindigkeit niedriger als bei Rohrheizflächen. Um einer Temperaturschichtung vorzubeugen, sollen der Heizwasservorlauf unten und der Heizwasserrücklauf oben angeschlossen werden.

3. Beschreiben Sie die Unterschiede von aufgesetzten, tiefliegenden und nebenstehenden kombinierten Heizkessel-Speicher-Trinkwasser-erwärmern.

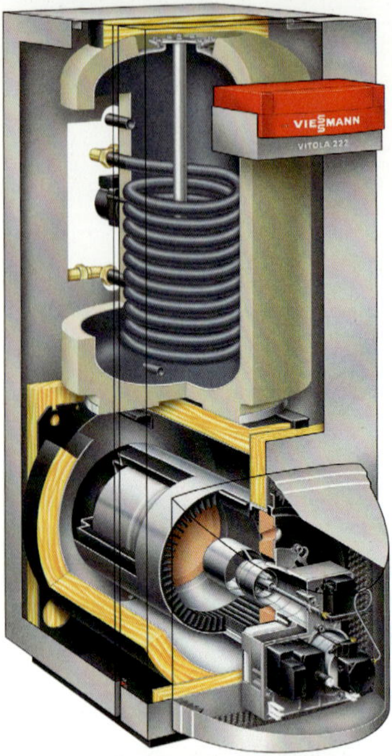

Aufgesetzte und tiefliegende Speicher-TWE erfordern im Vergleich zu nebenstehenden Speicher-TWE einen geringeren Platzbedarf, kürzere Verbindungsleitungen zwischen Heizkessel und Trinkwassererwärmer sowie einen geringeren Montageaufwand.
Das Speichervolumen von **aufgesetzten** Speicher-TWE ist in Abhängigkeit von der Kesselgröße begrenzt.
Bei **tiefliegenden** Speicher-TWE kann ein zusätzlicher Kesselsockel entfallen, da der Heizkessel direkt auf dem Speicher-TWE steht. Aufgrund der angenehmen Arbeitshöhe werden Wartungsarbeiten am Brenner und Kessel erleichtert.
Nebenstehende Speicher-Trinkwassererwärmer in liegender oder stehender Ausführung kommen bei großem Bedarf an erwärmtem Trinkwasser zum Einsatz. Sie sind unabhängig von der Art des Wärmeerzeugers. Entscheidend für ihre Auslegung ist, dass der Kessel den Speicher in einer angemessenen Zeit aufheizen kann.
Er kann mit weiteren Wärmequellen, z. B. Wärmepumpe, Solaranlage und Elektro-Heizeinsatz, kombiniert werden.
Zur Vergrößerung des Speichervolumens können mehrere Speicher zu Speicherbatterien zusammengeschlossen werden.

4. Wie wird eine Schwerkraftzirkulation bei ausgeschalteter Speicherladepumpe verhindert?

Die Schwerkraftzirkulation wird durch eine Schwerkraftbremse verhindert.

5. Warum ist bei zentralen Heizungsanlagen mit gleitender Kesseltemperaturregelung in Abhängigkeit von der Außen- oder Raumtemperatur (Niedertemperaturbetrieb) eine Speichervorrangschaltung erforderlich?

Eine ausreichende Erwärmung des Trinkwassers wäre sonst wegen zu niedriger Heizwassertemperaturen nicht möglich oder würde sehr lange dauern.

6. Erläutern Sie das Funktionsprinzip der Speichervorrangschaltung.

Während der Trinkwassererwärmung wird der Heizbetrieb unterbrochen, indem die Vorrangschaltung die Heizungsumwälzpumpe(n) abschaltet und eventuell vorhandene Mischer schließt. Dadurch steht die gesamte Heizkesselleistung für die Trinkwassererwärmung zur Verfügung.
Das Heizwasser im Kessel wird auf eine höhere Temperatur, z. B. 75 °C, aufgeheizt. Bei Erreichen der eingestellten Temperaturdifferenz, z. B. 10 K zwischen Kesselwasser und Trinkwarmwasser im Speicher, wird die Speicherladepumpe eingeschaltet. Diese bleibt so lange in Betrieb, bis die eingestellte Speichertemperatur erreicht ist.

7. In welchen Bereichen werden Durchfluss-Trinkwassererwärmer indirekt beheizt (mit Wärmeübertrager) eingesetzt?

- bei der Fernwärmeversorgung
- wenn Dampf oder Heißwasser zur Verfügung steht, z. B. Kliniken, Betriebe
- bei großem Bedarf an erwärmtem Trinkwasser und wenig Platz für einen Speicher

8. Nennen und erläutern Sie die beiden Bauarten von Durchfluss-Trinkwassererwärmern indirekt beheizt (mit Wärmeübertrager).

Rohrwendelwärmeübertrager:
Die Rohrwendel ist z. B. von zwei zylindrischen Mänteln umschlossen, sodass die dazwischen liegenden Hohlräume ihrerseits einen geschlossenen wendelförmigen Kanal bilden. Das Heizmedium und das zu erwärmende Trinkwasser strömen im Gegenstrom. Speziell verformte und zwei- oder dreilagig umwickelte oder mit Lamellen (Rippen) versehene Rohrwendeln verbessern die Wärmeübertragung.
Plattenwärmeübertrager:
Sie bestehen aus dünnen, profilierten Edelstahlplatten, die durch Hartlöten, Schweißen oder Verschrauben so miteinander verbunden sind, dass das gesamte Plattenpaket in zwei getrennte Kanalsysteme unterteilt wird. Das Heizmedium und das zu erwärmende Trinkwasser strömen jeweils zwischen zwei Platten im Gegenstrom aneinander vorbei.

9.5 Trinkwassererwärmung durch solarthermische Anlagen

Allgemeine Grundlagen

1. Wann und aus welchen Gründen wurde begonnen, die Sonnenenergie zu nutzen?

- in den Siebzigerjahren des letzten Jahrhunderts
- die fossilen Energieressourcen (Kohle, Erdöl, Erdgas) sind nicht unendlich und in absehbarer Zeit aufgebraucht; viele Fachleute sind der Meinung, dass die Hälfte der fossilen Erdöl- und Erdgasressourcen heute schon verbraucht ist

2. Welche weiteren Gründe kommen hinzu, regenerative Energiequellen wie die Sonne zu nutzen?

- die aus der Verbrennung fossiler Brennstoffe entstehenden Abgase tragen durch den Treibhauseffekt erheblich zur Erderwärmung bei und führen zu Umweltschäden durch z. B. sauren Regen
- stark ansteigende Brennstoffpreise
- die Sonnenenergie ist unerschöpflich

3. Wie groß ist der Anteil der benötigten Wärmeenergie am Gesamtenergieverbrauch in Deutschland?

ca. 40 %

4. Beantworten Sie folgende Fragen:

a) Wie groß ist der Sonnendurchmesser im Vergleich zur Erde?

b) Wie groß ist der Abstand der Sonne zur Erde?

c) Mit welcher Geschwindigkeit strahlt das Sonnenlicht zur Erde und wie lange braucht es, um die in b) genannte Entfernung zurückzulegen?

d) Wie hoch ist die Temperatur im Sonneninneren und an der Oberfläche?

e) Wie viele $\frac{kWh}{m^2}$ werden täglich von der Sonne abgestrahlt und wie viele Liter Heizöl würden für diesen Energieinhalt benötigt?

a) 109 mal größer als die Erde

b) 50 Millionen Kilometer

c) Ca. 300 000 $\frac{km}{s}$ (Lichtgeschwindigkeit); dafür braucht das Sonnenlicht ca. 9 Minuten.

d) 5 Millionen Grad Celsius im Inneren, ca. 5500 °C an der Sonnenoberfläche

e) 1 512 000 kWh, das entspricht etwa dem Energieinhalt von 150 000 Liter Heizöl.

5. Was ist eine Solarkonstante und wie groß ist sie?

Die Solarkonstante ist die mittlere Strahlungsleistung der Sonne am äußersten Rand der Erdatmosphäre. Sie beträgt 1367 $\frac{W}{m^2}$ und schwankt um ± 3,5 %, je nach Abstand der Erde zur Sonne (elliptische Umlaufbahn der Erde).

6. Auf welchen Wert reduziert sich die Strahlungsleistung der Sonne bis zum Auftreffen auf die Erdoberfläche?

Die Strahlungsleistung reduziert sich auf ca. 1000 $\frac{W}{m^2}$.

7. Durch welche Einflüsse wird die Strahlungsleistung reduziert?

Ein Teil der Strahlung wird:

- **reflektiert**, durch den in Wolken enthaltenen Wasserdampf (hauptsächlich)
- **absorbiert**, durch in der Atmosphäre enthaltenes Ozon (O_3), Kohlendioxid (CO_2), Spurengase und Wasserdampf
- zu **diffuser Strahlung** durch Streuung feinster fester und flüssiger Partikel (Aerosole) in der Atmosphäre oder durch Wasserdampf in den Wolken **direkt**, d. h. ohne Richtungsänderung auf die Erdoberfläche **gestrahlt** und absorbiert, indem sie die Erdoberfläche erwärmt
- von der Erdoberfläche reflektiert und dadurch auch zu diffuser Strahlung

Die Sonnenstrahlen auf dem Weg zur Erde

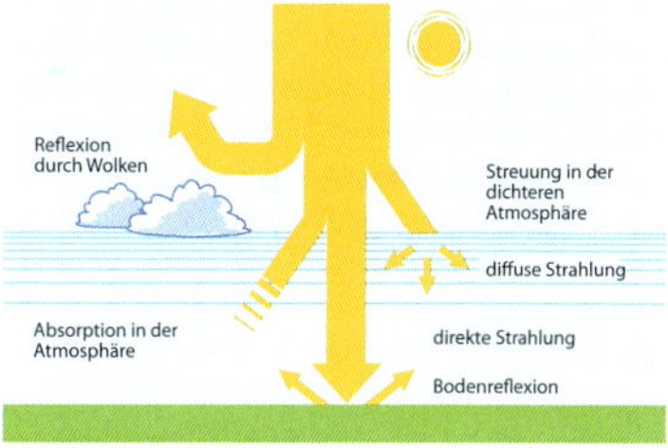

8. Woraus ergibt sich die Globalstrahlung?	Die Globalstrahlung ergibt sich aus der Summe der direkten und diffusen Strahlung.
9. Wie groß ist der Anteil der diffusen Strahlung an der Globalstrahlung und warum ist ihr Anteil im Winter höher, aber der Energiegehalt der Globalstrahlung geringer?	• im Jahresmittel beträgt der Anteil der diffusen Strahlung an der Globalstrahlung in Deutschland etwa 50 % • im Winter ist der Anteil der diffusen Strahlung bedingt durch mehr Wolken und trüberes Wetter erheblich höher, die Direktstrahlung mit dem größeren Energiegehalt von beiden jedoch geringer
10. Von welchen Faktoren hängen die Strahlungsleistung und Sonnenscheindauer und damit auch der Strahlungswinkel der Sonne ab?	• vom Tagesverlauf (z. B. morgens oder nachmittags) • vom Wechsel der Jahreszeiten (z. B. Sommer oder Winter) • von den Tageslängen (z. B. Breitengrad des Standortes)
11. Welche Werte sind notwendig, um die Größe der benötigten Kollektorfläche zu berechnen?	Zur Flächenberechnung ist die Kenntnis der Ausbeute an solarthermischer Energie pro Quadratmeter notwendig.
12. Wenn man die Strahlungsleistung auf eine horizontale Fläche von 1 m^2 bezieht, wird sie Bestrahlungsstärke genannt. Wie wird die Ausbeute an solarthermischer Energie pro Quadratmeter berechnet?	Produkt aus Bestrahlungsstärke und der Dauer der Sonneneinstrahlung: $\frac{Wh}{m^2} = \frac{W}{m^2} \cdot h$
13. Woher können die mittleren Tages-, Monats- oder Jahressummen (a) solarthermischer Energie pro horizontalem Quadratmeter bezogen werden und wie groß ist die Ausbeute z. B. in: a) der norddeutschen Tiefebene? b) Ostdeutschland? c) Bayern?	Vom Deutschen Wetterdienst (DWD): a) $950 \frac{kWh}{m^2 \cdot a}$ b) $1050 \frac{kWh}{m^2 \cdot a}$ c) $1200 \frac{kWh}{m^2 \cdot a}$
14. Wie kann die Ausbeute solarthermischer Energie durch die Bestrahlungsfläche (Kollektorfläche) beeinflusst werden?	• durch Neigung • durch Ausrichtung auf eine bestimmte Himmelsrichtung

15. Wann ist die Ausbeute an solarthermischer Energie am größten?

Die Ausbeute ist am größten, wenn die Strahlung im rechten Winkel auf die horizontale Bestrahlungsfläche trifft (in unseren Breitengraden nicht möglich).

16. In welchen Neigungs- und Himmelsrichtungsgrenzen ist die Ausbeute an solarthermischer Energie in Deutschland am größten?

- Neigungswinkel zwischen 25° und 70°
- Himmelsrichtung zwischen Südwest und Südost

17. Welche Maßnahme muss getroffen werden, wenn die in Aufgabe 16 genannte Ausrichtung nicht möglich ist, aber die gleiche solarthermische Ausbeute erzielt werden soll?

Die Bestrahlungsfläche (Kollektorfläche) muss entsprechend vergrößert werden.

Aufbau, Wirkungsweise und Betriebsweise einer Solaranlage

1. Nennen Sie die wesentlichen Teile (Aufbau) einer Solaranlage.

- Sonnenkollektoren (Bestrahlungsfläche)
- Solarkreis (Armaturen und Einrichtungen)
- Trinkwarmwasserspeicher
- Regelung

2. Beschreiben Sie die Wirkungsweise der Trinkwarmwasserversorgung durch solartechnische Anlagen.

Sonnenstrahlen werden im Sonnenkollektor in Wärme umgewandelt. Die Wärme wird an eine Wärmeträgerflüssigkeit übertragen, die mittels einer Pumpe über Rohrleitungen zum Trinkwarmwasserspeicher gelangt. Dort gibt ein Wärmeübertrager die Wärme an das Trinkwasser ab.

3. Wie wird sichergestellt, dass auch bei zu geringer Sonneneinstrahlung oder hohem Trinkwarmwasserverbrauch die Versorgungssicherheit gewährleistet ist?

Fast alle solarthermischen Anlagen haben zur Versorgungssicherheit einen zweiten Wärmeübertrager im Trinkwarmwasserspeicher, der durch die z. B. mit Erdgas betriebene Heizungsanlage beheizt wird (bivalente oder zweiwertige Anlage).

4. Welche drei Betriebsweisen werden bei solarthermischen Anlagen unterschieden?

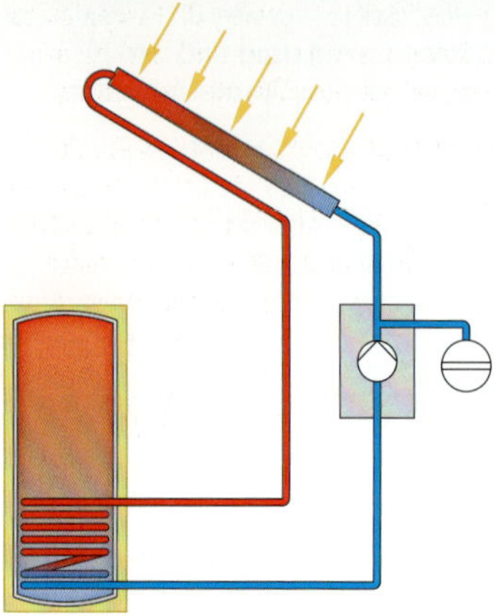

1. Unter Druck stehende Anlagen mit Wärmeträgerflüssigkeit mit Frostschutzmittel.
2. Unter Druck stehende Anlagen mit Wärmeträgerflüssigkeit ohne Frostschutzmittel.
3. Drainback-Systeme (Rücklauf-Systeme), bei denen bei Stillstand der Anlage die Wärmeträgerflüssigkeit aus dem Kollektor herausläuft.

5. Welche Betriebsweise wird in ca. 95 % aller solarthermischen Anlagen in Europa verwendet?

Unter Druck stehende Anlagen mit Wärmeträgerflüssigkeit mit Frostschutzmittel.

6. a) Beschreiben Sie die Betriebsweise der in Aufgabe 5 genannten Anlage ausführlich.

b) Nennen und begründen Sie den Einbau von zwei unverzichtbaren Sicherheitsbauteilen.

a) Die Wärmeträgerflüssigkeit von unter Druck stehenden Anlagen ist ein Gemisch aus Wasser und Frostschutzmittel (meist Glykol), damit das System im Winter vor dem Einfrieren geschützt ist. Die Flüssigkeit verbleibt das ganze Jahr über im System. Die Wärmeträgerflüssigkeiten sind zum Korrosionsschutz mit Inhibitoren versetzt.

b) Ausdehnungsgefäß mit Sicherheitsventil: Das Ausdehnungsvolumen der sich stark erwärmenden und unter Druck stehenden Wärmeträgerflüssigkeit und das Volumen von eventuell verdampfender Wärmeträgerflüssigkeit muss aufgenommen bzw. abgeleitet werden können.

7. **Worauf muss geachtet werden, wenn eine Anlage ohne Frostschutzmittel betrieben wird?**

In den Kollektoren muss der Wärmeträgerflüssigkeit im Winter warmes Wasser aus dem Heizkreis zugeführt werden, damit die Wärmeträgerflüssigkeit nicht gefriert. Die Energie, die zur Beheizung der Kollektoren im Winter benötigt wird, reduziert den Gesamtenergiegewinn.

8. **Erläutern Sie die Betriebsweise von Drainback-Systemen und nennen Sie ihre Vorteile gegenüber dem in Aufgabe 6 beschriebenen System.**

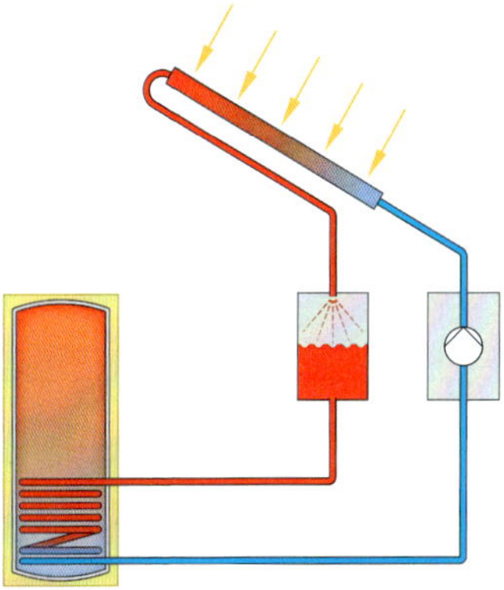

Bei Drainback-Systemen entleeren sich die Kollektoren beim Stillstand der Anlage in einen Vorratsbehälter. Deswegen können sie bei Frost auch nicht einfrieren. Alle wasserführenden Teile müssen mit Gefälle ausgeführt sein, damit sie leerlaufen können. Sobald die Anlage wieder in Betrieb geht, wird die Wärmeträgerflüssigkeit mittels einer Pumpe in die Kollektoren zurückgepumpt.

Vorteile:
- ca. 20 % höhere Wärmekapazität bei Anlagen ohne Frostschutzmittel
- geringere Hilfsenergie zum Füllen der Kollektoren bei Betriebsbeginn notwendig als bei unter Druck stehenden Anlagen
- weder Ausdehnungsgefäß noch Sicherheitsventil notwendig, da die Anlage nicht unter Druck steht

Kollektoren

1. **Welche Aufgabe haben Kollektoren?**

Kollektoren haben die Aufgabe Sonnenstrahlung (Sonnenlicht) in Wärmeenergie umzuwandeln.

2. **Welche drei Kollektorbauarten werden grundsätzlich unterschieden?**

- Flachkollektoren
- Vakuumröhrenkollektoren
- unverglaste Kollektoren (Absorber)

3. **Welchen Beitrag leisten solarthermische Anlagen momentan zur Einsparung von Heizöl und Erdgas und zur Reduzierung des CO_2-Ausstoßes?**

- 500 Millionen Liter Einsparung von Heizöl
- 550 Millionen Kubikmeter Einsparung von Erdgas
- mehr als eine Million Tonnen weniger CO_2-Ausstoß

4. Welche Kollektoren werden in Deutschland hauptsächlich installiert?

In Deutschland werden hauptsächlich Flachkollektoren (ca. 90 %) und Vakuumröhrenkollektoren installiert.

5. Beschreiben Sie das Funktionsprinzip der in Aufgabe 4 genannten Kollektoren.

Bei beiden Kollektorarten gelangt die Sonnenstrahlung durch eine transparente Abdeckung aus Solarglas auf beschichtete Absorberbleche. Diese erhitzen sich stark und wandeln die kurzwellige Sonnenstrahlung in Wärmeenergie um.
Rohre mit Wärmeträgerflüssigkeit (meist ein Wasser-Glykol-Gemisch) sind mit dem Absorber verbunden und leiten die Wärme zum Trinkwarmwasserspeicher.

6. a) Wozu dienen die Flächenbezeichnungen von Kollektoren?
b) Welche drei Flächenbezeichnungen werden unterschieden?

a) Flächenbezeichnungen dienen als Bezugsgrößen für Leistungs- und Ertragsangaben und den Vergleich von Kollektoren.

b)

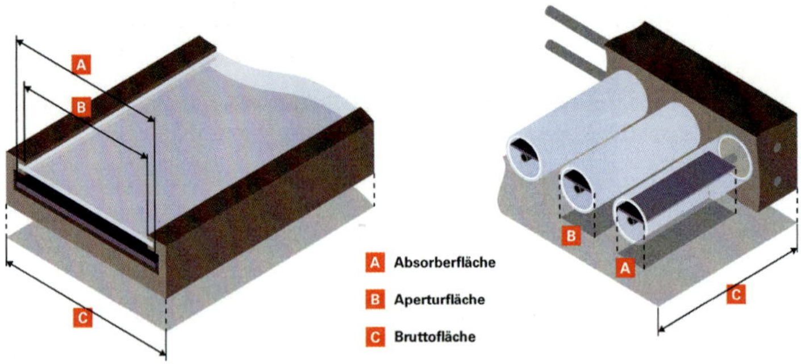

7. Nennen Sie die wesentlichen Bestandteile (Merkmale) von Standard-Flachkollektoren.

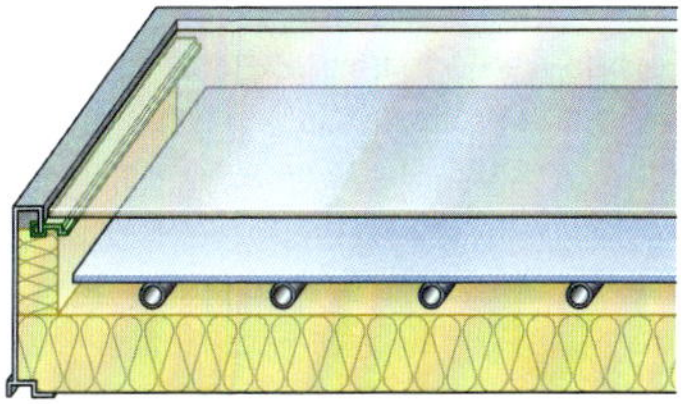

- Rahmen mit Rückwand oder einer Wanne aus z. B. Aluminium, rostfreiem Stahl, glasfaserverstärktem Kunststoff oder beschichtetem Stahlblech und Dichtungen
- Absorber aus Metall mit daran angebrachten Rohren
- transparente Abdeckung aus z. B. Solarsicherheitsglas
- Wärmedämmung des Gehäuses
- zwei oder vier Rohranschlüsse für den Zu- und Ablauf der Wärmeträgerflüssigkeit
- rechteckige Form bei einer Flächengröße von etwa 2 m^2 bis 2,5 m^2

8. Welche Aufgabe hat der Absorber?

Im Absorber wird die Sonnenstrahlung in Wärmeenergie umgewandelt und an die Wärmeträgerflüssigkeit abgegeben.

9. Nennen Sie fünf wichtige Merkmale, die neuere Absorber aufweisen.

1. korrosions- und temperaturbeständig
2. gut Wärme leitend
3. dunkle und selektive Beschichtung
4. mit Rohrleitungen
5. mäanderförmige (serpentinenförmige) Rohre oder in Form einer Harfe

10. Welchen großen Vorteil hat die selektive Beschichtung von Absorbern?

Die eintreffende Sonnenstrahlung wird fast vollständig in Wärmeenergie umgewandelt und nur sehr wenig Energie geht durch Abstrahlung verloren.

11. Welchen Vorteil haben Kollektoren mit vier Rohranschlüssen?

Sie können leichter zu größeren Einheiten verbunden werden.

12. Welche wichtigen Merkmale muss die transparente Abdeckung eines Kollektors aufweisen?

Die transparente Abdeckung des Kollektors muss:

- die gesamte Sonnenstrahlung hindurchlassen
- die vom Absorber emittierte Wärmestrahlung zurückhalten
- temperatur- und UV-beständig sein
- den Absorber und die Wärmedämmung vor Schneelasten, Regen, Hagel, Luftfeuchte und evt. herabfallenden Ästen schützen
- aus Solarsicherheitsglas bestehen, das im Fall einer Zerstörung wie eine Sicherheitsglasscheibe in viele kleine Glasscherben zerspringt
- zusätzlich mit einer Antireflex-Beschichtung versehen oder durch ein Ätzverfahren behandelt sein; dadurch ergibt sich ein um 5 % höherer Kollektorertrag

13. a) Wie werden Flachkollektoren gegen Wärmeverluste geschützt?
b) Welche Materialien werden für die Dämmung verwendet?

a) durch Wärmedämmung an der Unterseite und an den Seiten
b) Mineralfaserdämmstoffe wie z. B. Glas- und Steinwolle

14. Nennen Sie mindestens fünf Eigenschaften, die ein Gehäuse von Flachkollektoren aufweisen muss.

- temperaturbeständig
- stabil, verwindungssteif, schlagfest
- witterungsbeständig
- wasserdicht
- dauerhafte und leicht herzustellende Verbindung der Abdeckung, der Dämmung und des Absorbers mit dem Gehäuse
- wärmebrückenfreie Verbindung mit dem Dach
- Abdichtung der Rohrleitungsanschlüsse und der transparenten Abdeckung

15. Welche sind die wichtigen Unterscheidungsmerkmale der Vakuumflachkollektoren von anderen Flachkollektoren und welche Vor- und Nachteile haben sie?

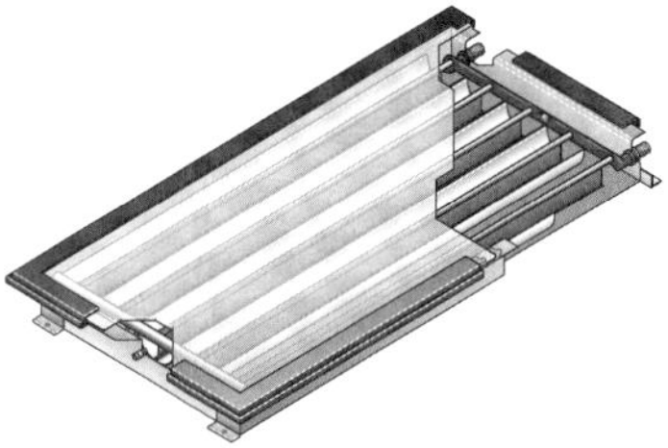

Unterscheidungsmerkmale:
- anstelle einer Dämmung wird das Innere des Kollektors evakuiert
- durch das Vakuum wirken von außen große Druckkräfte auf den Kollektor; die Abdeckung muss deshalb durch Stützelemente oder z. B. durch eine besondere Konstruktion der Absorberstreifen entlastet werden

Vorteile:
- durch das Vakuum entstehen kaum Wärmeverluste durch Konvektion und Wärmeleitung
- Staub und Feuchtigkeit können nicht in den Kollektor gelangen
- durch ihren höheren Energieertrag kann die Kollektorfläche kleiner ausfallen

Nachteile:
- aufwendiger herzustellen und deshalb auch teurer
- das Vakuum konnte in der Vergangenheit nicht immer zufriedenstellend über einen langen Zeitraum aufrechterhalten werden

16. Worin unterscheiden sich die Vakuumröhrenkollektoren in ihrem Aufbau von den Vakuumflachkollektoren?

- der Absorber befindet sich in einer evakuierten Glasröhre, die gleichzeitig als transparente Abdeckung dient
- von außen wirkende Druckkräfte können wegen der Röhrenform besonders gut aufgenommen werden
- die verwendeten Glassorten müssen eine hohe thermische und mechanische Stabilität aufweisen
- mehrere nebeneinanderliegende, auf einen Rahmen montierte Röhren (5–30) werden in einem Sammelkasten hydraulisch miteinander verbunden und bilden ein Kollektormodul

17. Welche Röhren werden für Vakuumröhrenkollektoren verwendet?

- direkt durchströmte Röhren
- Heatpipe-Röhren
- Sydney-Röhren

18. Beschreiben Sie:
a) die Art der Wärmeübertragung
b) die besonderen Merkmale
von direkt durchströmten Vakuumröhren.

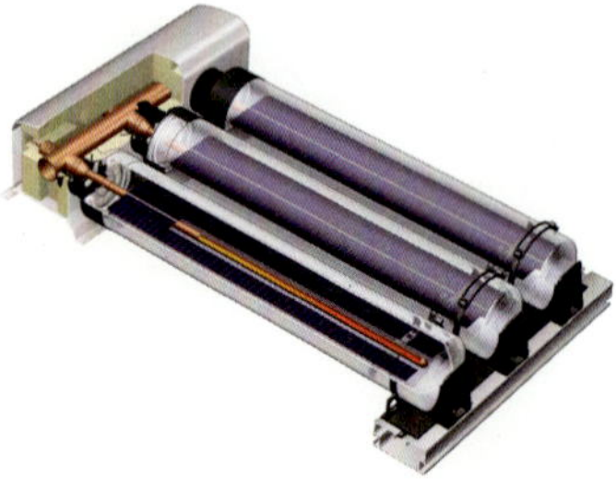

a) In den Vakuumröhren befinden sich selektiv beschichtete Absorberstreifen. Durch die inneren Rohre der anliegenden Doppelrohre (Rohr im Rohr) fließt die Wärmeträgerflüssigkeit vom kälteren Vorlauf bis zum Ende des Absorbers. Dabei wird die Wärme vom Absorber aufgenommen und die Wärmeträgerflüssigkeit fließt über das äußere Rohr zurück zum Rücklauf.

b) Jede der einzelnen Glasröhren kann gedreht und somit der Absorber zur Sonne ausgerichtet werden. Die Aufstellung der Kollektoren ist in jeder Position möglich (horizontal, senkrecht oder geneigt).

19. Beschreiben Sie:
a) die Art der Wärmeübertragung
b) die besonderen Merkmale
von Heatpipe-Vakuumröhren.

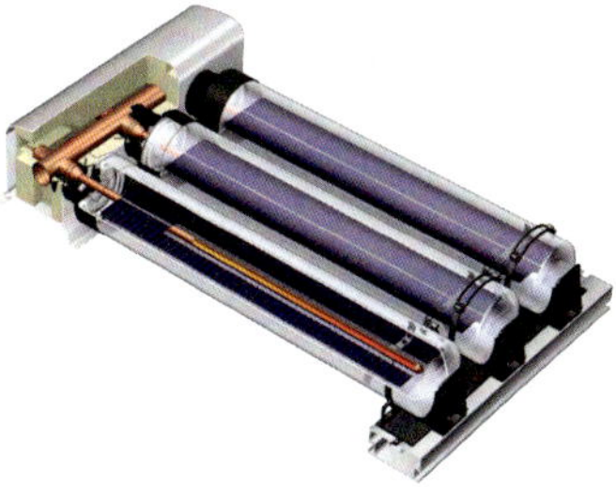

a) Ein geschlossenes, metallisches Wärmerohr (Heatpipe) ist an der Unterseite mit dem selektiv beschichteten Absorber verbunden. Das Wärmerohr ist mit einer leicht verdampfenden Flüssigkeit (Wasser oder Alkohol) mit geringem Druck gefüllt. Bereits bei geringer Sonneneinstrahlung verdampft die Flüssigkeit, steigt nach oben und gelangt in einen außerhalb der Glasröhre gelegenen Kondensator.
Dieser wird entweder bei der **nassen Anbindung** direkt von der Wärmeträgerflüssigkeit umflossen oder ist bei der **trockenen Anbindung** mit einem von der Wärmeträgerflüssigkeit durchströmten Sammelrohr verbunden. Im Kondensator gibt der Dampf seine Energie an die kühlere Wärmeträgerflüssigkeit ab, kondensiert dadurch und fließt wieder zurück nach unten.

b) Um den in a) beschriebenen Vorgang zu gewährleisten, müssen Heatpipe-Vakuumröhren mit einer Mindestneigung von etwa 20° montiert werden. Weitere Vorteile sind der Austausch einzelner Röhren, ohne den Kollektorkreislauf entleeren zu müssen und dass sie gedreht werden können, um sie zur Sonne auszurichten.

20. Beschreiben Sie die besonderen Merkmale von Sydney-Vakuumröhren.

Sydney-Röhren sind nach dem Thermoskannenprinzip aufgebaut (doppelwandig, zwischen dem inneren und äußeren Rohr evakuiert). Das an der Außenseite selektiv beschichtete innere Rohr dient als Absorber, in das ein kreisförmig gebogenes Wärmeleitblech eingeschoben ist. Verbunden ist das Wärmeleitblech mit einem U-Rohr oder einer Heatpipe, welche von Wärmeträgerflüssigkeit durchflossen werden.

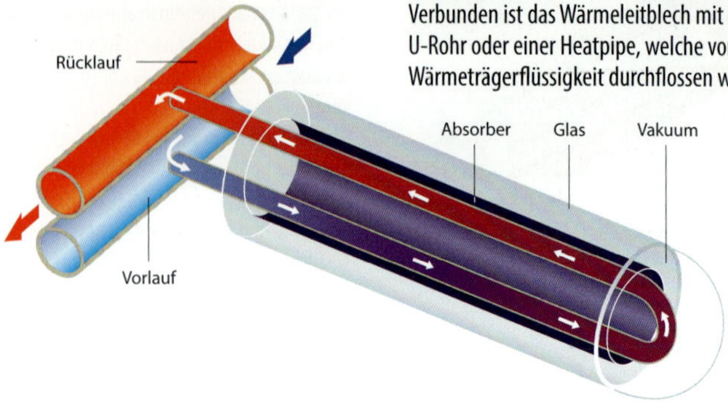

21. Nennen Sie die wesentlichen Vor- und Nachteile von Vakuumröhrenkollektoren gegenüber Flachkollektoren.

Vorteile

- höherer Wirkungsgrad bei hohen Temperaturdifferenzen zwischen Absorber und Umgebung
- höherer Wirkungsgrad im Winter bei geringer Sonnenstrahlung
- lageunabhängige Montage von direkt durchströmten Vakuumröhrenkollektoren
- geringeres Gewicht, dadurch leichterer Transport und einfachere Montage

Nachteile

- höherer Preis
- Indachmontage ist nicht möglich
- Heatpipe-Vakuumröhrenkollektoren können nicht horizontal montiert werden

22. Für welche Einsatzzwecke sind unverglaste Kollektoren besonders geeignet?

Unverglaste Kollektoren sind zur Beheizung des Wassers von privaten und öffentlichen Bädern im Freien besonders geeignet.

23. Welche besonderen Eigenschaften weisen unverglaste Kollektoren auf?

- sie bestehen nur aus dem Absorber (ohne Abdeckung und Dämmung)
- sie eignen sich nicht für Anwendungen mit höheren Temperaturen (zu große Wärmeverluste)
- sie arbeiten mit gutem Wirkungsgrad in einem Temperaturbereich von 0 K bis 20 K oberhalb der Umgebungstemperatur
- die Aufstellung kann sowohl ebenerdig als auch auf wenig geneigten Flachdächern erfolgen; optimal ist im Sommer ein Neigungswinkel von 20° bis 35° und eine südorientierte Ausrichtung; ein guter Windschutz erhöht den Wirkungsgrad
- Schwimmbad-Kollektoren werden aus UV- und witterungsbeständigen Kunststoffen gefertigt, meist Polypropylen (PP), Polyethylen (PE) oder Kunstkautschuk (EPDM, Ethylen-Propylen-Dien-Kautschuk)
- die Wärmeträgerflüssigkeit ist meist das chlorhaltige Schwimmbadwasser
- Absorber und Rohrleitungen müssen beständig gegen chlorhaltiges Wasser sein
- die Kollektoren sind begehbar und müssen im Winter nicht entleert werden, da sie auch gefüllt frostsicher sind

24. Wovon ist die Auswahl geeigneter Kollektoren entscheidend abhängig?

Die Auswahl ist abhängig von der Temperaturdifferenz $\Delta\theta$ zwischen mittlerer Kollektortemperatur und der Außenluft.

25. Woraus ergibt sich die mittlere Kollektortemperatur und welchen Einfluss hat sie?

- sie ergibt sich meist aus dem Jahresmittel von Vor- und Rücklauftemperatur (abhängig von der Anwendung)
- sie beeinflusst den Wirkungsgrad und damit auch die Leistung des Kollektors wesentlich

26. Wann ist ein Vakuumröhrenkollektor vorzuziehen?

Ein Vakuumröhrenkollektor ist vorzuziehen, wenn die Temperaturdifferenz zwischen Absorber und Umgebungstemperatur groß ist.

27. Welche Kollektoren liefern bei der Trinkwassererwärmung im Verhältnis zum Anschaffungspreis besonders gute Erträge?

Flachkollektoren

28. Nennen Sie fünf Montagemöglichkeiten für Kollektoren.

1. auf einem Schrägdach
2. integriert in ein Schrägdach
3. auf einem Flachdach
4. an der Fassade oder an Balkonen
5. freistehend

29. Welche Anforderungen ergeben sich an Kollektoren aufgrund der Außenmontage?

Sie müssen folgenden Anforderungen genügen:
- korrosionsbeständig
- stabil in der Befestigung
- durch Blitzschutz gesichert
- ästhetisch ansprechend angebracht

30. Welchen Nachteil haben Kollektoren auf Schrägdächern gegenüber denen auf Flachdächern hinsichtlich ihrer Ausrichtung?

Die Neigung der Kollektoren ist durch die Dachschräge vorgegeben. Bei Flachdächern können sie exakt ausgerichtet werden.

31. Kollektoren sind für einen Zeitraum von 20–30 Jahren ausgelegt. Vor welchem Hintergrund muss die Dachposition vorausschauend ausgewählt werden?

Vor dem Hintergrund der Beschattungssituation. Über diesen langen Zeitraum ist besonders das Wachstum von Bäumen zu beachten, die zum Zeitpunkt der Kollektormontage noch klein sind.

32. Welche Größe sollte der Verschattungswinkel zum Horizont nicht überschreiten?

Verschattungswinkel ≤ 20°

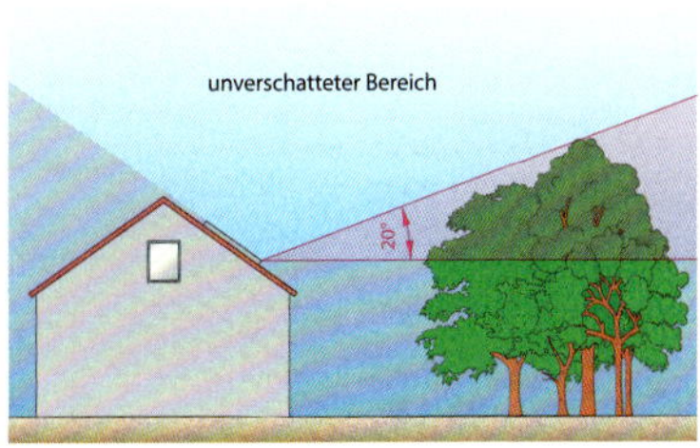

33. Welche zwei Schrägdachmontagen werden unterschieden?

- Aufdachmontage
- Indachmontage

34. Wie erfolgt die Aufdachmontage von Kollektoren beim Schrägdach und welchen Nachteil hat diese Montage?

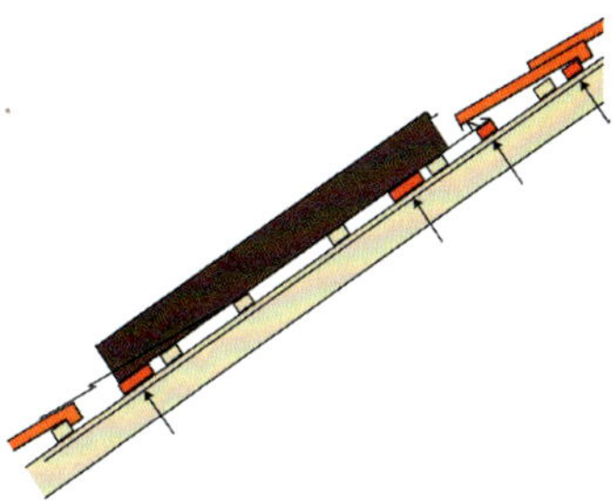

Montage:
Die Kollektoren werden mit z. B. Dachklammern oder Dachhaken einige Zentimeter über der Dacheindeckung fest mit den Dachsparren verbunden.

Nachteile:
Die Rohrleitungen werden zum Teil über das Dach geführt; die Konstruktion ist daher optisch nicht so ansprechend wie die Indachmontage.

35. Wie erfolgt die Indachmontage von Kollektoren beim Schrägdach und welche Vor- und Nachteile hat diese Montage?

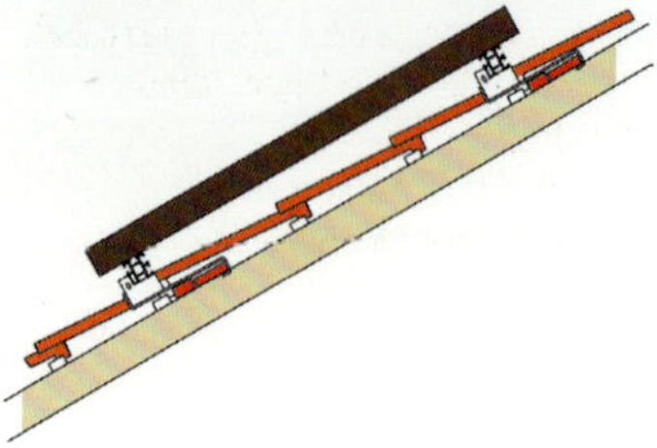

Montage:
Die Kollektoren werden anstelle der Dachdeckung direkt auf den Dachlatten und Dachsparren montiert. Um die Konstruktionen regendicht zu machen, werden die Übergänge zum Dach überlappend ausgeführt.

Nachteile:
- der Montageaufwand ist wesentlich höher
- die Kollektoren müssen mit einer Mindestdachneigung montiert werden

Vorteile:
- die Rohrleitungen verlaufen unterhalb der Dacheindeckung, sodass die Konstruktion optisch besser aussieht
- Dachpfannen und damit auch Gewicht können eingespart werden

36. Wie erfolgt die Flachdachmontage von Kollektoren und welchen besonderen Vorteil hat diese Montage?

Montage:
Durch die Montage mit Neigung ist eine Selbstreinigung der Kollektoroberfläche durch Regen möglich und die Be- und Entlüftung wird begünstigt. Direkt durchströmte Vakuumröhrenkollektoren können auch liegend montiert werden.
Durch verstellbare Ständerkonstruktionen werden die Kollektoren entweder auf einer fest montierten Unterkonstruktion befestigt oder frei aufgestellt. Da sie bei der Freiaufstellung mit Gewichten beschwert werden, muss das Dach auf seine Tragfähigkeit hin untersucht werden.

Besonderer Vorteil:
Die Kollektoren können nach Süden mit einem optimalen Aufstellwinkel ausgerichtet werden.

37. Worauf muss besonders geachtet werden, wenn Kollektoren hintereinander auf einem Flachdach montiert werden?

Es muss ein bestimmter Abstand (z) eingehalten werden, damit sie sich besonders im Winter (tiefstehende Sonne) nicht gegenseitig beschatten.

38. Welche Werte werden benötigt, damit nach VDI 6002 Blatt 1 der richtige Abstand (z) von hintereinander montierten Kollektoren berechnet werden kann?

- der Sonnenstandswinkel (β) am Aufstellort, mittags am kürzesten Tag des Jahres (21. Dezember)
- die Höhe (h) des Kollektors
- der Neigungswinkel (α) des Kollektors

39. Wie lautet die Formel zum Berechnen der Kollektorabstände?

$$\frac{z}{h} = \frac{\sin[180° - (\alpha + \beta)]}{\sin\beta}$$

40. Berechnen Sie den Abstand z für einen Kollektor mit folgenden Vorgaben:
geg.: $h = 1{,}20$ m
$\alpha = 42°$
$\beta = 18°$

$z = \underline{\underline{3{,}36\,\text{m}}}$

Lösungsweg siehe II Lösungswege, Zu 9.5 Trinkwassererwärmung durch solarthermische Anlagen – Kollektoren

41. Warum wird immer häufiger eine Fassadenmontage von Kollektoren angewendet?

Aus gestalterischen Gründen.

42. Was muss bei einer Fassadenmontage von Kollektoren besonders beachtet werden?

Bei der Fassadenmontage sind besonders die baurechtlichen Anforderungen hinsichtlich des Schutzes vor herabfallenden Glasteilen zu beachten.

Solarkreislauf

1. Aus welchen Teilen besteht ein Solarkreislauf?

- Solarkollektoren
- Rohrleitungen einschließlich Dämmung
- Wärmeträgerflüssigkeit
- Solarpumpe
- Solarkreiswärmeübertrager
- Armaturen und Einbauten zum Befüllen, Entleeren und Entlüften
- Sicherheitsventil mit Membran-Ausdehnungsgefäß bzw. Anschluss dafür
- Anzeigeinstrumente wie Thermometer, Manometer und Durchflussmessgerät
- Regelung
- Solarspeicher
- Montagevorrichtungen

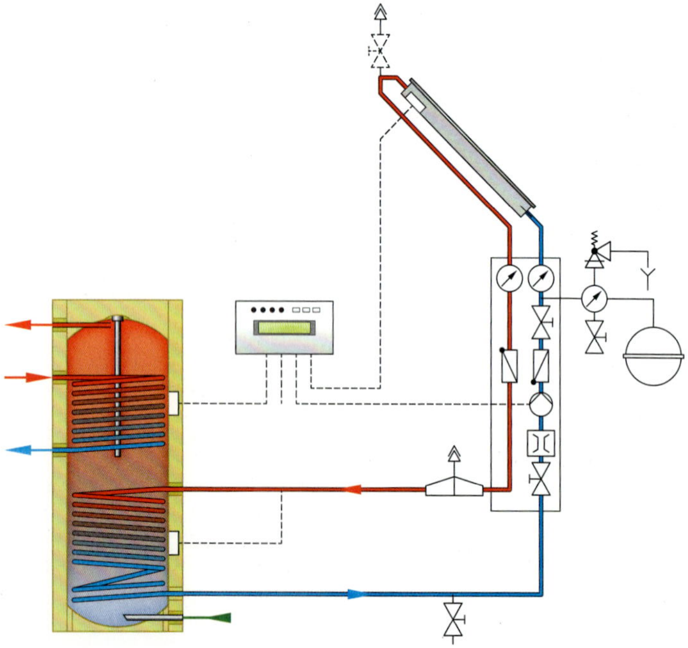

2. Was sind Solarstationen?

Solarstationen sind kompakte, vormontierte und gedämmte, standardisierte Solaranlagen, in denen Solarpumpe, Armaturen und Einbauten zum Befüllen, Entleeren und Entlüften, Schwerkraftbremsen, Thermometer, Manometer, Durchflussmessgerät, Sicherheitsventil und Regelung integriert sind.

3. Nennen Sie drei Rohrwerkstoffe, die für Standardsolaranlagen eingesetzt werden.

1. Kupferrohre nach DIN EN 1057 (am häufigsten)
2. Edelstahl-Wellrohre und nicht rostende Stahlrohre nach DIN EN ISO 1127
3. Stahlrohre nach DIN EN 10220 (für größere Anlagen)

4. Wodurch kann bei der Installation von Solarvor- und -rücklaufleitungen die Montagezeit bei Standardsolaranlagen verkürzt und damit Kosten gesenkt werden?

Durch die Verwendung vorgefertigter Kompaktrohrleitungen von der Rolle aus Kupfer oder in Edelstahl-Wellrohrausführung, einschließlich Sensorkabel und Wärmedämmung, kann die Montagezeit und damit Kosten gesenkt werden. Kompaktrohrleitungen benötigen aufgrund ihrer Bauweise zudem weniger Platz.

5.	**Wovon ist der Rohrdurchmesser der Leitungen für Solaranlagen abhängig?**	Der Rohrdurchmesser ist vom Druckverlust in den Rohrleitungen, einschließlich der Formstücke und Armaturen, abhängig. Er darf bei kleineren Solaranlagen 100 mbar nicht überschreiten und beträgt je nach Hersteller zwischen 10 × 1 bis 28 × 1,5.
6.	**Wie groß darf die Fließgeschwindigkeit der Wärmeträgerflüssigkeit sein, um Geräuschbelästigungen zu vermeiden?**	• $\leq 1 \frac{m}{s}$ • empfohlen werden $0{,}4 \frac{m}{s}$ bis $0{,}7 \frac{m}{s}$
7.	**Beschreiben und erläutern Sie vier Ausführungsarten einer optimalen Leitungsführung.**	• möglichst kurze Wege zwischen Kollektor und Speicher • das System muss sich vollständig entleeren lassen • es dürfen keine Luftsäcke entstehen • es müssen genügend Ausdehnungsmöglichkeiten, z. B. über Kompensatoren, vorgesehen werden, da bei den hohen möglichen Temperaturen im Solarkreis (über 200 °C) die Leitungen sich entsprechend ausdehnen
8.	**Wie müssen die Rohrverbindungen ausgebildet sein?**	• druck-, temperatur- und glykolbeständig • zugelassene metallisch dichtende Verbindungen und Anschlüsse mit O-Ringen wie z. B. bei Pressverbindungen (haben sich als gut geeignet für Solaranlagen herausgestellt) • Kupferleitungen hartgelötet (Weichlötverbindungen können sich bei Temperaturen über 200 °C möglicherweise lösen)
9.	**Wonach richten sich die Dämmschichtdicken von Leitungen des Solarkreislaufs und wo sind sie festgelegt?**	Die Leitungen des Solarkreislaufs müssen wie Heizkreis- und PWH-Leitungen nach der Energieeinsparverordnung (EnEV) zu 100 % gedämmt werden.
10.	**Welchen besonderen Anforderungen müssen die Dämmmaterialien des Solarkreises standhalten?**	• temperaturbeständig bis über 200 °C Wenn im Freien verlegt: • UV- und witterungsbeständig • wasserdicht • Schutz gegen Tierverbiss
11.	**Nennen Sie drei infrage kommende Dämmmaterialien.**	• Steinwolle • Elastomere • EPDM

12. Zum Transport der Wärme vom Kollektor zum Speicher werden Wärmeträgerflüssigkeiten verwendet. Nennen Sie die tiefste und die höchste Temperatur, für die die Flüssigkeiten geeignet sein müssen.

ca. –20 °C bis +350 °C

13. a) Wie wird der notwendige Frostschutz der Wärmeträgerflüssigkeit erreicht?
b) Bis zu welcher Temperaturgrenze schützt er die Anlage?
c) Welches Mischungsverhältnis wird verwendet?
d) Wie verändert sich der Siedepunkt der Flüssigkeit?

a) durch den Zusatz eines Frostschutzmittels, z. B. Propylenglykol
b) bis –23 °C
c) 60 % Wasser, 40 % Propylenglykol (aus Gewährleistungsgründen Herstellerangaben beachten)
d) abhängig vom Druck bis ca. 188 °C

14. Nennen Sie wichtige Merkmale, die das Frostschutzmittel der Wärmeträgerflüssigkeiten aufweisen muss.

- schwer entflammbar
- ungiftig
- biologisch abbaubar

15. Warum muss eine jährliche Überprüfung der Wärmeträgerflüssigkeit stattfinden?

Durch lange Stagnationszeiten und Temperaturen über 170 °C kann die Wärmeträgerflüssigkeit Schaden nehmen und es können sich feste Ablagerungen bilden.

16. Wodurch zeichnen sich die speziellen Umwälzpumpen für solarthermische Anlagen aus?

- guter Wirkungsgrad bei geringen Volumenströmen und hohen Drücken
- drehzahlgeregelt
- temperaturbeständig
- für Wasser/Glykol-Gemische geeignet
- hocheffizient mit geringem Stromverbrauch

17. Welche beiden Sicherheitseinrichtungen sind bei Solaranlagen vorgeschrieben, um die temperaturbedingten Volumenänderungen der Trägerflüssigkeit auszugleichen?

- Membran-Ausdehnungsgefäß, nicht absperrbar mit dem Kollektorkreislauf verbunden
- Sicherheitsventil nach DIN EN 12976-1

18. Welchen besonderen Anforderungen muss die Membrane eines Membran-Ausdehnungsgefäßes standhalten?

Die Membrane muss glykol- und temperaturbeständig sein.
In manchen Anlagen (z. B. Vakuumröhrenkollektoren und Dachheizzentralen mit kurzen Leitungswegen) sind Vorschaltgeräte integriert, damit die Membrane nicht zu hohen Temperaturen ausgesetzt ist.

19. Beschreiben Sie:
a) die Aufgabe
b) alle wesentlichen Merkmale eines Sicherheitsventils.

a) Ein Sicherheitsventil hat die Aufgabe, Wärmeträgerflüssigkeit abzulassen, wenn der maximale Druck der Anlage überschritten wird.

b)
- Auslegung für max. 6 bar und 120 °C
- Kennbuchstabe S (für Solar)
- nicht absperrbare Verbindung zum Kollektor
- am Installationsort keine Temperaturen über 120 °C

20. Wie muss eventuell abgelassene Wärmeträgerflüssigkeit behandelt werden?

Die Wärmeträgerflüssigkeit muss in einem Auffangbehälter gesammelt werden, damit sie nicht ins Abwasser gelangt und wiederverwendet werden kann.

21. Warum wird im Solarkreislauf eine Schwerkraftbremse (Rückflussverhinderer) eingebaut?

Die Schwerkraftbremse verhindert, dass bei Pumpenstillstand, warmem Speicher und kaltem Kollektor (z. B. nachts) die Wärmeträgerflüssigkeit entgegengesetzt zirkuliert und der Speicher auskühlt.

22. Nennen Sie die Gründe für die notwendige Entlüftung von Solaranlagen.

- Luft im Solarkreis verursacht Geräusche
- die Pumpe kann durch Heißlaufen zerstört werden
- die Wärmeträgerflüssigkeit altert durch Oxidation schneller

23. Warum kommen in modernen Anlagen möglichst keine Entlüfter mehr zum Einsatz?

Früher wurden Entlüfter mit Absperrhahn oft an der höchsten Stelle der Anlage direkt am Ausgang des Kollektors installiert. Das hat aber wegen der hohen Stagnationstemperaturen oft zu Schäden am Entlüfter geführt.

24. Beschreiben Sie, wie in modernen Solaranlagen trotz fehlenden Entlüfters eine ausreichende Entlüftung sichergestellt wird.

Der Solarkreis wird mit einer starken Pumpe unter hohem Druck mit einem großen Volumenstrom gespült und befüllt. Vor dem Wärmeübertrager im Speicher sollte außerdem ein zentraler Luftabscheider eingebaut werden.

25. Welche Eigenschaften muss ein z. B. Ganzmetallentlüfter aufweisen, wenn auf ihn nicht verzichtet werden kann?

- Einbau an höchster Stelle
- glykol-, korrosions- und temperaturbeständig
- bis 150 °C temperaturbeständig, bis 10 bar druckbeständig
- langlebig

26. Welche beiden Solarkreiswärmeübertrager werden in Speichern von Solaranlagen vorwiegend eingebaut?

- Glattrohrwärmeübertrager
- Rippenrohrwärmeübertrager

27. Nennen und begründen Sie die Einbaulage der Wärmeübertrager.

Die Wärmeübertrager werden grundsätzlich senkrecht eingebaut, um so die Wärmeschichtung im Speicher besser zu unterstützen.

28. Worin liegen die Probleme der Speicherung von Trinkwarmwasser aus solarthermischen Anlagen?

- das Angebot an solarer Wärme ist nicht kontinuierlich gleich verteilt
- die Hauptabnahme von Trinkwarmwasser (morgens und abends) stimmt meist nicht mit dem Spitzenenergieangebot der Sonne (Mittagszeit) überein

29. Warum ist die ideale Langzeitspeicherung der solaren Wärmeenergie derzeit noch wenig verbreitet?

Aus Platzbedarfs- und Kostengründen.

30. Nennen Sie zwei übliche Speicherarten für eine Kurzzeitspeicherung der solaren Wärmeenergie.

- bivalenter Speicher-Trinkwassererwärmer
- Thermosiphonspeicher

31. Erläutern Sie die wesentlichen Merkmale von bivalenten Speicher-Trinkwassererwärmern für solarthermische Anlagen.

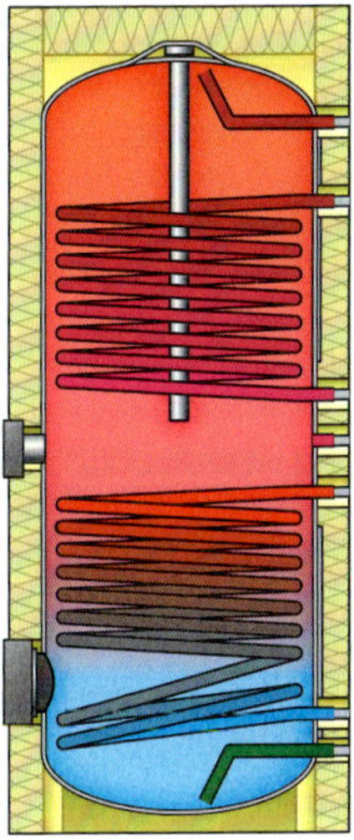

- sie sind an die öffentliche Trinkwasserversorgung angeschlossen und stehen unter dem gleichen Druck wie das Trinkwassernetz (meist 6 bar bis 8 bar)
- sie müssen korrosions- und druckbeständig bis 10 bar sein und bestehen deshalb meist aus rostfreiem oder emailliertem Stahl; eine Opfer- oder Fremdstromanode als zusätzlicher Korrosionsschutz ist erforderlich
- sie sind mit zwei Wärmeübertragern ausgestattet; der untere wird an den Solarkreis angeschlossen, der obere an einen Heizkreis
- Nachwärmung, z. B. mittels eines Heizkessels, wenn an trüben Tagen nicht genügend Solarenergie zur Verfügung steht

32. Wie kann an Tagen mit nicht ausreichender Solarenergie, der Trinkwarmwasserbedarf von beispielsweise Ein- und Zweifamilienhäusern kurzfristig gedeckt werden?

Es werden meist Speicher mit einem Nenninhalt von 300 l bis 500 l eingebaut. Bei einem 4-Personenhaushalt mit durchschnittlichem Wasserverbrauch von 50 l pro Person und Tag entspricht dieser Inhalt dem 1,5-fachen bis 2,5-fachen des täglichen Trinkwarmwasserverbrauchs.

33. Warum haben Speicher für die solarthermische Trinkwassererwärmung meist eine schlanke Bauart?

Durch die dadurch hervorgerufene ausgeprägte Temperaturschichtung wird die Effizienz des Speichers erhöht. Je schlanker und höher der Speicher ist, desto ausgeprägter ist die Temperaturschichtung.

34. Beschreiben Sie die Vorteile der Temperaturschichtung.

Trotz nachströmendem kalten Trinkwassers bei der Entnahme lässt sich die unerwünschte Durchmischung des Speicherinhaltes weitgehend vermeiden, sodass im oberen Speicherbereich sich eine Schicht mit genügend warmem Trinkwasser erhält und nicht sofort nachgeheizt werden muss.

35. Durch welche beiden Konstruktionsmerkmale im Speicher kann die unerwünschte Durchmischung zusätzlich erschwert werden?

- durch eine besondere Rohrführung des Trinkkaltwassers zum Speicherboden
- durch die Umlenkung des Trinkkaltwassers zum Speicherboden mittels einer Prallplatte

36. Wie kann erreicht werden, dass nicht der gesamte Speicherinhalt aufgewärmt werden muss und somit warmes Trinkwasser schnell zur Verfügung steht?

Durch den oberen Heizkreisanschluss; der untere Anschluss des Solarkreises kann auch bei geringer Sonneneinstrahlung noch Energie an das Trinkwasser abgegeben, da sich bedingt durch die Temperaturschichtung nur kühles Wasser (ca. 15 °C) im unteren Teil des Speichers befindet.

37. Warum werden mit Thermosiphonspeichern (Speicherladesysteme) höhere Leistungen erzielt als mit bivalenten Standardspeichern?

Mit Speicherladesystemen wird der Speicherinhalt Schicht für Schicht von oben nach unten erwärmt und nicht wie bei bivalenten Standardspeichern der gesamte Speicherinhalt.

38. Beschreiben Sie die Arbeitsweise der speziell auf die Einbindung von Solarwärme angepassten Thermosiphonspeicher.

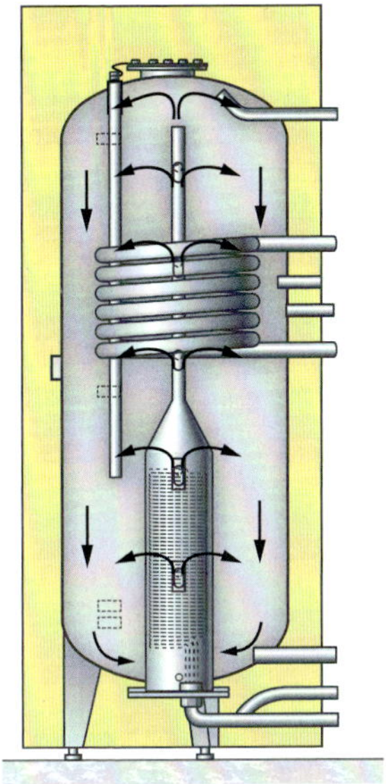

Bei normaler und hoher Sonneneinstrahlung wird nur ein kleiner Kaltwasserteil über den Solarwärmeübertrager relativ schnell auf fast Solarvorlauftemperatur aufgeheizt.
Dieses erwärmte Trinkwasser steigt direkt in den oberen Speicherbereich auf und erreicht bis zum oberen Warmwasseraustritt schnell seine Solltemperatur.
Bei niedriger Sonneneinstrahlung steigt das erwärmte Trinkwasser im Wärmeleitrohr nur bis zur Schicht gleicher Wassertemperatur (z. B. 30 °C) und fließt dort durch die geöffneten auftriebsgesteuerten Schwerkraftklappen in den Speicher. Dadurch kann kälteres Trinkwasser wieder zum Solarwärmeübertrager nachströmen und aufgeheizt werden. Somit wird sichergestellt, dass das erwärmte Trinkwasser im Wärmeleitrohr sich nicht mit Wasser aus wärmeren Schichten vermischt.

39. Welche Merkmale sollte die Dämmung eines Solarspeichers aufweisen?

- Wärmeverluste $\leq 2{,}5\,\frac{W}{K}$
- obere Wärmedämmung 15 cm (Temperatur am höchsten), Seitendämmung 10 cm dick, Speicherboden miteinbeziehen
- die Dämmung sollte gut am Speicher anliegen, damit keine Verluste durch Konvektion entstehen
- Rohranschlüsse besonders sorgfältig dämmen
- Werkstoffe: z. B. PU-Weichschäume oder Mineralfaserdämmstoffe mit PE-Mantel

40. Wie kann die Zuschaltung der Solarpumpe am einfachsten geregelt werden, um die im Kollektor erzeugte Wärmeenergie mittels Wärmeträgermedium in den Speicher zu transportieren?

Die Zuschaltung der Solarpumpe kann am einfachsten durch eine Temperatur-Differenzregelung geregelt werden.

41. Beschreiben Sie den Vorgang wie die Solarpumpe mittels der Temperatur-Differenzregelung ein- bzw. ausgeschaltet wird.

Fühler messen die Temperatur des Wärmeträgermediums an der heißesten Stelle des Kollektors und etwa auf mittlerer Höhe des Solarwärmeübertragers im Speicher.
Von der Elektronik des Reglers werden diese Werte verglichen. Sobald die Temperaturdifferenz einen voreingestellten Wert überschreitet (ca. 8 K), wird die Solarpumpe eingeschaltet.
Die Solarpumpe schaltet wieder ab, wenn diese Temperaturdifferenz, z. B. um 4 K, unterschritten wird.

42. Wie wird eine eventuell erforderliche Nachheizung geregelt?

Im oberen Speicherbereich in mittlerer Höhe des Heizwärmeübertragers wird die Speicherwassertemperatur gemessen.
Wenn eine bestimmte Temperatur von z. B. 45 °C unterschritten wird, schaltet der Regler die Nachheizung ein.

43. Welche zwei Merkmale müssen die Temperaturfühler aufweisen?

Die Temperaturfühler müssen besonders temperaturbeständig und möglichst in einer Tauchhülse positioniert sein.

44. Über welche weiteren Funktionen verfügen die meisten Solarregler?

- Temperaturanzeige
- Fernanzeige
- Drehzahlregelung der Solarpumpe
- Speichertemperaturbegrenzung
- Anzeige der Wärmemenge
- Anzeige der Betriebsstunden

45. Nennen Sie alle Einflussfaktoren, von denen die genaue Berechnung einer Trinkwassererwärmung mit Solaranlage für z. B. ein Einfamilienhaus abhängig ist.

- Kollektorbauart
- Kollektorausrichtung und -neigung
- Globalstrahlung
- solare Deckungsrate (Deckungsgrad)
- Wind
- Temperaturverlauf
- Speichergröße
- Wärmedämmung
- Rohrlänge

46. Für die Auslegung der Solaranlage von Ein- und Zweifamilienhäusern reicht meist eine überschlägige Berechnung. Nennen Sie die notwendigen Einflussfaktoren mit Formelzeichen und Einheit.

- G: Globalstrahlung in $\frac{\text{kWh}}{\text{m}^2 \cdot \text{d}}$
- K: Korrekturfaktor für die Kollektorausrichtung und -neigung
- SF: solare Deckungsrate in %
- Φ: Wärmebedarf des Solarspeichers in $\frac{\text{Wh}}{\text{d}}$

47. Wie groß ist der mittlere Warmwasserbedarf in einem Einfamilienhaus, das von vier Personen bewohnt wird?

Der mittlere Warmwasserbedarf beträgt ca. 40 l pro Tag und Person, was einem Tagesbedarf von ca. 160 l entspricht.

48. In welchen Monaten sollte der Trinkwarmwasserbedarf eines Einfamilienhauses zu ca. 100 % durch eine Solaranlage mit z. B. selektiv beschichteten Flachkollektoren abgedeckt sein?

In den Monaten Mai bis August.

49. Welcher ungefähren solaren Jahresdeckungsrate entspricht der in Aufgabe 48 genannte Prozentwert?

ca. 55 %

50. Berechnen Sie:
a) die Größe der erforderlichen Kollektorfläche
b) die Anzahl der Kollektoren
eines 5-Personen-Haushaltes in einem Einfamilienhaus in der Nähe von Hamburg auf der Grundlage folgender Angaben:
geg.:
$G = \frac{2{,}68\ \text{kWh}}{\text{m}^2 \cdot \text{d}}$ **(Hamburg)**
$K = 1{,}13$
(70° SSW Kollektorneigung bzw. -ausrichtung
$SF = 52\,\%$ **(solare Deckungsrate)**
PWC-Temperatur: 12 °C
PWH-Temperatur: 58 °C
Trinkwarmwasserbedarf: 45 $\frac{\text{l}}{\text{Person}}$
Wirksame Kollektoroberfläche: 1,8 m²

a) Erforderliche Wärmemenge für den täglichen Bedarf Φ:

$\Phi = 12\,006\ \frac{\text{Wh}}{\text{d}} = \underline{\underline{12{,}006\ \frac{\text{kWh}}{\text{d}}}}$

Erforderliche Kollektorfläche A_{erf}:

$A_{erf} = \underline{\underline{6{,}51\ \text{m}^2}}$

b) Erforderliche Anzahl der Kollektoren n:

$n = \underline{\underline{3{,}62}}$

<u>Gewählt werden vier Kollektoren.</u>

Lösungsweg siehe II Lösungswege, Zu 9.5 Trinkwassererwärmung durch solarthermische Anlagen – Solarkreislauf

9.6 Trinkwasseranschluss von geschlossenen Trinkwassererwärmern

1. Nennen Sie acht Armaturen, die nach DIN 1988-200 in den Trinkkaltwasseranschluss geschlossener Trinkwassererwärmer mit mehr als 10 Liter Nenninhalt in Reihenfolge der Fließrichtung einzubauen sind.

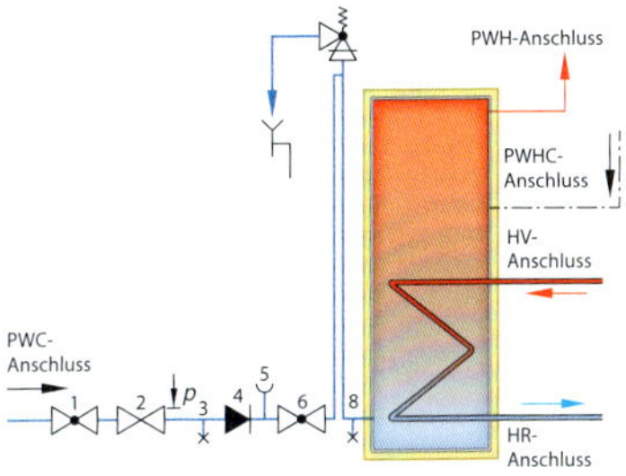

1. Absperrventil
2. Druckminderer, wenn der Ruhedruck 80 % des Ansprechdrucks des Sicherheitsventils übersteigt
3. Prüf- und Entleerungsventil (am Rückflussverhinderer oder am Absperrventil)
4. Rückflussverhinderer
5. Manometer-Anschlussstutzen, bei Behälterinhalt ≥ 1000 l muss ein Manometer eingebaut werden
6. Absperrventil bei Behälterinhalt >150 l
7. Membran-Sicherheitsventil, federbelastet
8. Entleerung

2. Welche Aufgabe hat das Membran-Sicherheitsventil?

Das Membran-Sicherheitsventil schützt den Trinkwassererwärmer vor zu hohem Druck.

3. Nennen Sie drei wichtige Installationsverbote für den Leitungsbereich zwischen Sicherheitsventil und Trinkwassererwärmer, um die Schutzfunktion zu gewährleisten.

1. Absperrventile
2. Schmutzfänger
3. Verengungen

4. Welche Bauart von Sicherheitsventilen ist nach DIN 4753-1 für Trinkwassererwärmer bis 5000 l Nenninhalt zulässig?

Federbelastete und bauteilgeprüfte Membran-Sicherheitsventile.

5. Wovon hängt die Nennweite eines Sicherheitsventils ab?

Die Nennweite eines Sicherheitsventils ist abhängig vom Nenninhalt und der Beheizungsleistung des Trinkwassererwärmers.

6. Ordnen Sie folgenden Mindestnennweiten von federbelasteten Membransicherheits-Ventilen den Nenninhalt und die Beheizungsleistung zu: DN 15; DN 20; DN 25.

- DN 15: ≤ 200 l und ≤ 75 kW
- DN 20: > 200 l bis 1000 l und ≤ 150 kW
- DN 25: > 1000 l bis 5000 l und ≤ 250 kW

7. Beschreiben Sie die Arbeitsweise eines federbelasteten Membransicherheits-Ventils.

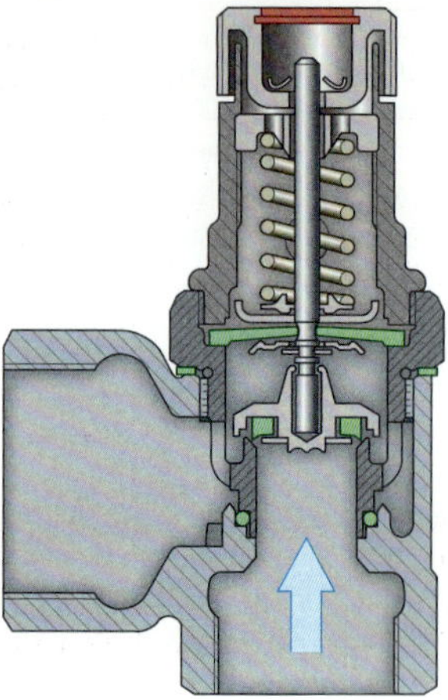

Sicherheitsventile müssen spätestens beim zulässigen Betriebsüberdruck des Trinkwassererwärmers ansprechen. Überschreitet der unter dem Ventilkegel wirkende Druck den vom Hersteller festgelegten und gesicherten Einstellwert, hebt das Wasser den Ventilkegel gegen die Federkraft vom Ventilsitz an. Das Ausdehnungswasser strömt über die Abblasleitung ab, der Druck verringert sich und das Sicherheitsventil schließt wieder.

8. Welche drei wichtigen Installationsregeln müssen beim Einbau von federbelasteten Membransicherheits-Ventilen beachtet werden?

- Einbau in die Kaltwasserleitung oberhalb des Trinkwassererwärmers, damit das Sicherheitsventil ohne Entleerung des Speicher-TWE ausgewechselt werden kann
- die Zuführungsleitung zum Membran-Sicherheitsventil muss durchgeschleift werden, um Stagnationswasser und somit vermehrte Legionellenbildung zu vermeiden
- die Trinkkaltwasserleitung zwischen dem Membran-Sicherheitsventil und dem PWH-Speicher darf nicht absperrbar sein

9. Welche Installationsregeln gelten für die Abblasleitung?

- sie muss mindestens in der Nennweite des Sicherheitsventilaustritts ausgeführt werden
- sie darf höchstens 2 m lang sein und maximal zwei Bögen haben
- bei mehr als zwei Bögen bzw. mehr als 2 m Länge ist sie eine Nennweite größer zu dimensionieren
- Längen über 4 m und mehr als drei Bögen sind unzulässig
- sie muss mit Gefälle verlegt werden und sichtbar über einem Ablauftrichter münden
- es ist ein Schild anzubringen, mit der Aufschrift:
  „Während der Beheizung kann aus Sicherheitsgründen Wasser aus der Abblasleitung austreten! Nicht verschließen!"

10. Wie erfolgt die Vorprüfung eines federbelasteten Membran-Sicherheitsventils?

- Kappe nach links drehen, dabei entspannt sich die Ventilfeder, das Ventil hebt sich kurzzeitig vom Sitz und Wasser läuft über die Abblasleitung ab
- Kappe loslassen, die Feder drückt das Ventil auf den Sitz und es kann kein weiteres Wasser auslaufen
- läuft Wasser aus, ist der Ventilsitz verschmutzt oder das SV defekt

11. Wie erfolgt die Hauptprüfung eines federbelasteten Membran-Sicherheitsventils?

- Hauptprüfung mit Manometer
- alle Auslaufventile an den Entnahmestellen schließen
- erstes Absperrventil schließen
- Speicherwasser aufheizen
- Anzeige des Manometers beobachten, SV muss spätestens beim 1,1-fachen Nennüberdruck des Speicherbehälters (z. B. 6,6 bar) öffnen

12. Warum darf ein federbelastetes Membran-Sicherheitsventil nicht auf dem Kopf installiert werden?

Die Funktionsfähigkeit des Sicherheitsventils könnte durch Schmutzablagerungen (z. B. gelöste Kalkteilchen) auf dem Ventilsitz beeinträchtigt werden.

13. Zur Absicherung geschlossener Trinkwassererwärmer werden auch Sicherheitsgruppen im Handel angeboten. Diese beinhalten alle zur Absicherung notwendigen Armaturen und ersparen somit Montagezeit. Benennen Sie die Einzelteile der abgebildeten Kompaktarmatur.

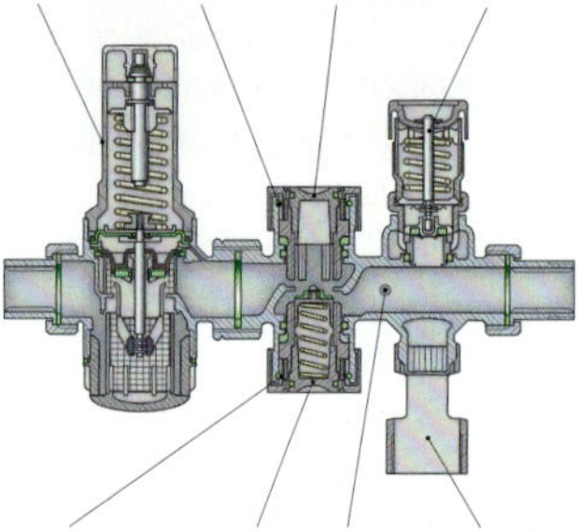

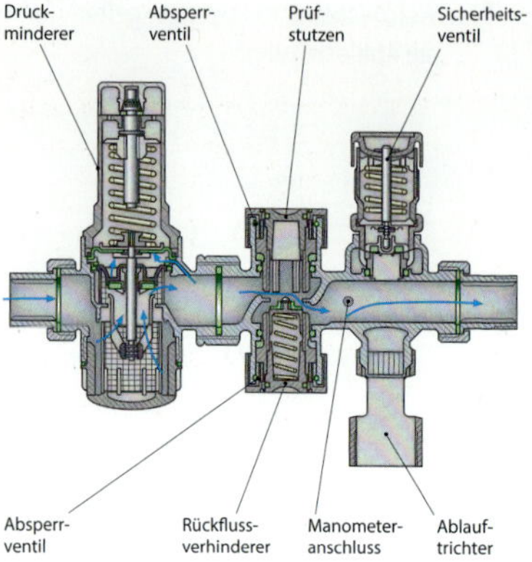

14. Welche Aufgabe hat ein Membran-Ausdehnungsgefäß (MAG-W) in einer Trinkwasserleitung?

Das Membran-Ausdehnungsgefäß soll Wasserverluste durch Ausdehnungswasser verhindern.

15. Wodurch kann die einwandfreie Prüfung des Gasdrucks eines MAG-W sichergestellt werden?

Die einwandfreie Prüfung kann durch eine gegen unbeabsichtigtes Schließen gesicherte Absperrarmatur mit Entleerungsichergestellt werden.

16. Auf welche zwei Arten kann das Nennvolumen eines Membran-Ausdehnungsgefäßes für Trinkwasser (MAG-W) bestimmt werden?

- mit Hilfe von Tabellen
- rechnerisch

17. Berechnen Sie das erforderliche Nennvolumen eines MAG-W nach folgenden Vorgaben:

- **Speicherinhalt** $V_{Sp} = 350\,l$
- **Ansprechdruck des SV** $p_{SV} = 7{,}5\,bar$
- **Anfangsdruck** $p_a = 4{,}2\,bar$
- **Anlagenenddruck** $p_e = 5{,}0\,bar$
- **Gasvordruck im MAG-W** $p_0 = 4{,}0\,bar$

$V_n = \underline{\underline{45{,}31\,l}}$

Lösungsweg siehe II Lösungswege, Zu 9.6 Trinkwasseranschluss von geschlossenen Trinkwassererwärmern

9.7 Trinkwarmwasser-Verteilungssysteme in zentralen TWE-Anlagen

1. Welche PWH-Austrittstemperatur muss grundsätzlich an einem Trinkwassererwärmer vorliegen?	≥ 60 °C
2. Bei welchen Installationen von Trinkwassererwärmern darf eine PWH-Austrittstemperatur niedriger vorliegen als in Aufgabe 1 angegeben?	• bei dezentralen Speicher-TWE zur Einzelversorgung • bei Durchfluss-TWE mit einem Leitungsvolumen von $V \leq 3$ l bis zur entferntesten Entnahmestelle
3. Welche Warmwasser-Auslauftemperatur soll nach DIN 1988-200 an der entferntesten Entnahmestelle vorliegen?	≥ 55 °C nach 30 Sekunden vollständigem Öffnen der PWH-Entnahmearmatur.
4. a) Nennen Sie TWE-Anlagen, deren Betriebs- bzw. Austrittstemperaturen niedriger vorliegen dürfen als in Aufgabe 3 angegeben. b) Welche Temperatur muss dort vorliegen?	a) • TWE-Anlagen mit hohem Wasseraustausch, d. h. Verbrauch des PWH-Speicherinhalts innerhalb von drei Tagen (Speicher-, Durchfluss- und kombinierte Systeme) • Speicher-TWE für dezentrale Gruppenversorgung b) ≥ 50 °C
5. Aus welchen Gründen sollen die vorgeschriebenen Warmwassertemperaturen unbedingt eingehalten werden?	• Einsparung von Wasser • Einsparung von Energie • Einhaltung von Hygienevorschriften
6. Warum ist eine normgerechte Rohrdämmung nicht ausreichend, um die vorgeschriebene Warmwassertemperatur zu halten?	Die normgerechte Rohrdämmung kann die Auskühlung nur verzögern, jedoch nicht vollkommen verhindern.
7. Wann sind nach DIN 1988-200 Temperaturhaltesysteme für Trinkwarmwasserleitungen zwingend vorgeschrieben?	Temperaturhaltesysteme sind ab einem Warmwasserleitungsinhalt von $V \geq 3$ l zwischen TWE-Austritt und entferntester Entnahmestelle zwingend vorgeschrieben.
8. Berechnen Sie die zulässige maximale Leitungslänge einer PWH-Kupferleitung DN 20 mit 3 l Wasserinhalt ohne Temperaturhaltesystem.	$l = 95{,}54\ \text{dm} = \underline{\underline{9{,}554\ \text{m}}}$ Lösungsweg siehe II Lösungswege, Zu 9.7 Trinkwasser-Verteilungssysteme in zentralen TWE-Anlagen

9. Nennen Sie die beiden möglichen Ausführungsarten von Temperaturhaltesystemen für Trinkwarmwasseranlagen.

- Zirkulationsleitungssystem (PWH-C)
- elektrische Rohrbegleitheizung

10. Beschreiben Sie das Grundprinzip des Zirkulationsleitungssystems für Trinkwarmwasseranlagen.

Es wird ein PWH-Kreislauf zwischen dem Speicher-TWE und der Entnahmestelle hergestellt. Dazu muss eine zweite Warmwasserleitung – die Zirkulationsleitung – installiert werden, die in der Nähe der Entnahmestelle mit dem Anschluss an die PWH-Leitung beginnt und mit dem Anschluss an den Speicher-TWE endet. Sie funktioniert wie eine Rücklaufleitung.

11. Welche zwei Bauformen werden beim Zirkulationsleitungssystem unterschieden?

- separate Zirkulationsleitung, parallel zur PWH-Leitung verlegt
- innen liegende (Rohr in Rohr) Zirkulationsleitung (Inliner-System)

12. Wie wird die separate Zirkulationsleitung an den Trinkwassererwärmer angeschlossen und über welche zwei Bauteile muss sie verfügen, um die gewünschte Zirkulation sicherzustellen?

Handelsübliche Warmwasserspeicher verfügen über einen Anschluss für die Zirkulationsleitung. Kurz vor dem Anschluss an den Speicher-TWE erfolgt der Einbau der Zirkulationspumpe und eines Rückflussverhinderers.

13. Welche Vorschriften gelten hinsichtlich der Betriebsbereitschaft der Zirkulationspumpe in hygienisch einwandfreien Kleinanlagen wie z. B. für Ein- und Zweifamilienhäuser?

Die Betriebsbereitschaft kann auf 16 Stunden reduziert werden. Innerhalb dieser Zeit darf zur Vermeidung unzulässig starker Legionellenbildung durch zu lange Stagnationszeiten eine Unterbrechung des Pumpenförderstroms nicht länger als 8 Stunden andauern.

14. Wie groß darf der Temperaturabfall $\Delta\theta_{TE}$ des Trinkwarmwassers zwischen dem Austritt der PWH-Leitung und dem Eintritt der PWH-C-Leitung am Speicher-TWE maximal sein?

$\Delta\theta_{TE} = 5$ Kelvin

15. Welche Vorschriften müssen eingehalten werden, damit der maximal zulässige Temperaturabfall zwischen dem Austritt der PWH-Leitung und dem Eintritt der PWH-C-Leitung am Speicher-TWE nicht überschritten wird?

- Einhaltung der Mindestdämmschichtdicken nach EnEV
- Bemessung der Zirkulationssysteme nach DVGW-Arbeitsblatt W 553 und DIN 1988-300
- Einregulierung des Zirkulationssystems (hydraulischer Abgleich) nach DVGW-Arbeitsblatt W 553 und DIN 1988-300

16. Nennen Sie die drei Bemessungsverfahren nach DIN 1988-300 für Zirkulationssysteme und ihre Anwendungsbereiche.

- **Kurzverfahren** für kleine Anlagen (z. B. Ein- und Zweifamilienhäuser ohne Berechnungsaufwand)
- **vereinfachtes Berechnungsverfahren** für alle Anlagengrößen (liefert ohne großen Berechnungsaufwand praxisgerechte Ergebnisse für die Ausführung)
- **differenziertes Berechnungsverfahren** für alle Anlagengrößen (liefert eine bessere Annäherung an die wirklichen Betriebsverhältnisse bei relativ großem Berechnungsaufwand)

17. Welche Bedingungen muss eine Speicher-TWE-Anlage erfüllen, damit für die Bemessung des Zirkulationssystems die Berechnung entfallen kann (Kurzverfahren)?

- maximale Länge von 30 m aller von der Zirkulation betroffenen PWH-Leitungen (ohne PWH-C-Leitungen)
- maximale Länge von 20 m für die PWH-C-Leitung mit dem längsten Fließweg
- maximaler Druckverlust von 30 mbar des Rückflussverhinderers
- Einzelsicherung der Trinkwasser-Installation

18. Wie werden die PWH-C-Leitungen und die Zirkulationspumpe dimensioniert, wenn die Speicher-TWE-Anlage alle Kriterien zur Anwendung des Kurzverfahrens für die Bemessung des Zirkulationssystems erfüllt?

- PWH-C-Einzel- und Sammelleitungen mit mindestens 10 mm Innendurchmesser
- Zirkulationspumpe DN 15 mit einem Mindestförderstrom von 200 $\frac{l}{h}$ und maximalem Druckverlust von 100 mbar

19. Welche sieben Schritte müssen für die Bemessung und den hydraulischen Abgleich von Zirkulationssystemen nach dem vereinfachten Verfahren nach DIN 1988-300 durchgeführt werden?

1. Berechnung der Wärmeverluste
2. Bestimmung des Förderstroms der PWH-C-Pumpe
3. Berechnung der Volumenströme der PWH-Teilstrecken
4. Bestimmung des Durchmessers der PWH-C-Leitung
5. Bestimmung der Druckverluste
6. Bestimmung der Pumpenkennwerte
7. Einregulierung der PWH-Anlage (hydraulischer Abgleich)

20. Welche Verlegebedingungen müssen vorliegen, damit das vereinfachte Berechnungsverfahren für das Zirkulationssystem nach DIN 1988-300 angewendet werden darf?

- Rohrdämmung nach der Mindestvorgabe der EnEV
- PWH- und PWH-C-Temperaturen von 60 °C
- Lufttemperatur von 10 °C im Aufstellraum (z. B. Keller) des Trinkwassererwärmers
- Lufttemperatur von 25 °C im im PWH-Leitungsschacht

21. Wie sind die spezifischen Wärmeverluste nach DVGW-Arbeitsblatt W 553 festgelegt, wenn die in Aufgabe 20 vorgeschriebenen Verlegebedingungen eingehalten werden?

Unabhängig vom Durchmesser und Werkstoff der PWH-Leitungen betragen die spezifischen Wärmeverluste für:

- frei verlegte Leitungen z. B. im Keller 11 $\frac{W}{m}$
- im Schacht verlegte Leitungen 7 $\frac{W}{m}$

22. Welche Folgen hätte die Inbetriebnahme von PWH-Anlagen mit Zirkulation ohne hydraulischen Abgleich (Einregulierung)?

In manchen Zirkulationskreisen würden zu große und in anderen zu kleine PWH-Volumenströme als zur Temperaturhaltung erforderlich sind fließen.

23. Beschreiben Sie das Prinzip der innen liegenden Zirkulationsleitungen (Inliner-System).

Das Inliner-System arbeitet nach dem Rohr-im-Rohr-Prinzip. Die am höchsten Punkt offene Zirkulationsleitung ist in die PWH-Leitung integriert. Mittels einer Pumpe wird zwischen beiden Leitungen und dem Speicher-TWE ein PWH-Kreislauf aufrechterhalten.

24. Welche Nennweiten und welcher Werkstoff werden beim Inliner-System für die PWH-Steigleitung und für die integrierte Zirkulationsleitung verwendet?

Die Nennweite der Kupfer-Steigleitung beträgt DN 25 oder DN 32 in Verbindung mit einer Zirkulationsleitung DN 10 aus PE-Xc.

25. In welchen Bereichen kommt das Inliner-System hauptsächlich zur Anwendung?

- Mehrgeschossbauten
- Hochbauten
- bei Sanierungen großer Wohneinheiten in Altbauten

26. Welche Vorteile hat das Rohr-im Rohr-Prinzip?

- geringerer Platzbedarf als bei parallel verlegten Zirkulationsleitungen
- weniger Kosten durch reduzierten Montageaufwand, da keine separaten PWH-C-Leitungen verlegt werden müssen
- weniger Kosten für Kernbohrungen, Rohrdämmung und Brandschutz
- geringere Wärmeverluste
- exakte Temperaturhaltung
- kleinere Installationsschächte

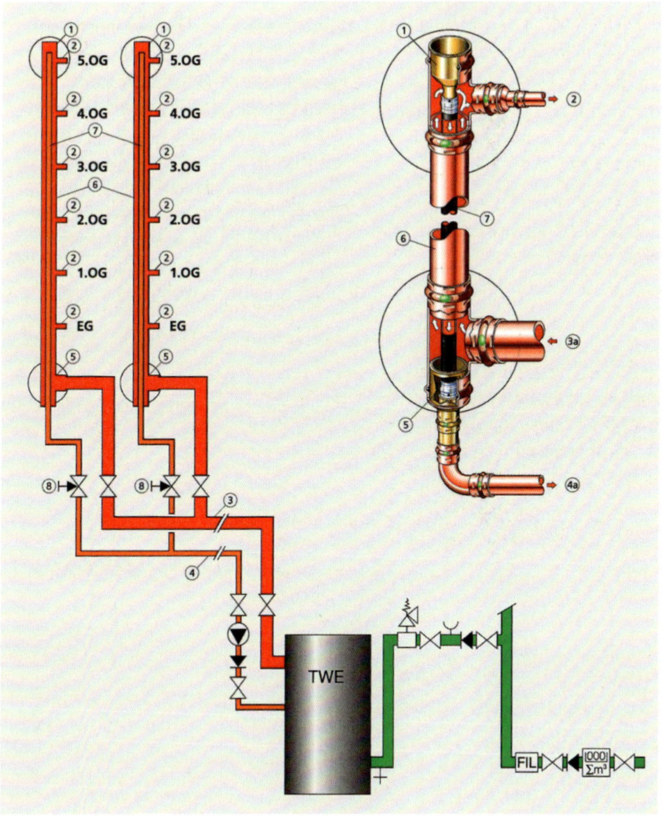

27. Beschreiben Sie die Selbstregulierung des Heizbandes einer elektrischen Begleitheizung.

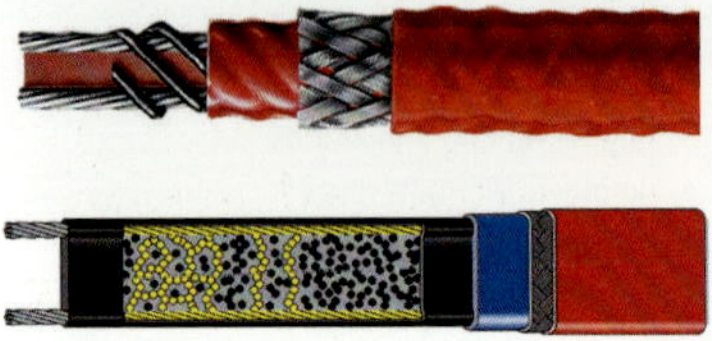

Die elektrische Begleitheizung besteht aus einem flexiblen Heizband mit Heizelement, das an das PWH-Rohr angelegt wird.
Die Selbstregulierung des Heizbandes erfolgt durch das Kunststoff-Heizelement mit eingebetteten Strom leitenden Kohlenstoffteilchen. Das Heizelement verbindet die beiden verzinnten Kupferleiter miteinander. Bei angelegter Spannung an die verzinnten Kupferleiter entsteht durch den Stromfluss Wärme.
Durch Ausdehnen und Zusammenziehen des Kunststoffs bei Temperaturänderungen verändern sich die Abstände der Strom leitenden Kohlenstoffpartikel und damit die Anzahl der Strompfade.
Bei hohen Temperaturen bis z. B. 60 °C sind die Abstände so groß, dass die Strompfade unterbrochen sind und die Heizleistung gegen Null sinkt. Bei Abkühlung kehrt sich dieser Prozess um, indem sich die Strompfade wieder schließen und die Heizleistung zunimmt.

9.8 Trinkwasserhygiene

1. Nennen Sie die Anforderungen, die an das Lebensmittel Trinkwasser nach der Trinkwasserverordnung 2011 gestellt sind.

Trinkwasser muss die hygienischen, biologischen und chemischen Anforderungen erfüllen. Es muss z. B.:
- farblos, kühl und keimarm sein
- geruchlich und geschmacklich einwandfrei sein

Jeder Betreiber (Eigentümer) von Trinkwasser-Installationen in Gebäuden ist dafür verantwortlich, dass keine Krankheitserreger in schädigenden Konzentrationen durch das Trinkwasser verteilt werden.

2. Geben Sie drei Beispiele von Trinkwassererwärmungsanlagen, die dem zuständigen Gesundheitsamt angezeigt werden müssen.

Große, zentrale TWE-Anlagen in öffentlich oder gewerblich genutzten Immobilien wie z. B.:
- Schwimmbäder
- Sporthallen
- Mehrfamilienhäuser

3. Welche TWE-Anlagen müssen regelmäßig auf Legionellen überprüft werden?

Alle Speicher-TWE mit einem:
- Nenninhalt > 400 l und/oder
- TWE-Anlagen mit einem PWH-Leitungsinhalt von $V \geq 3$ l zwischen TWE-Austritt und entferntester Entnahmestelle

4. Durch welche Fehler kann schon bei der Installationsplanung und -durchführung der Trinkwasseranlage (kalt/warm) eine Kontaminierung mit Keimen erfolgen?

- Auswahl ungeeigneter Werkstoffe für die Leitungsanlage und Armaturen
- ungünstige Wahl des Rohrleitungsverlaufs
- falsche Auslegung der Rohrnennweiten und Wärmedämmung
- nicht erfolgte Reinigung verschmutzter Bauteile und Rohre auf der Baustelle vor der Endmontage
- lange Stichleitungen und somit nicht ausreichend durchströmte Leitungsabschnitte durch eine ungünstige Anordnung der Entnahmestellen
- nicht durchgeführte vorgeschriebene Spülung der Rohrleitungsinstallation vor der Inbetriebnahme

5. Durch welche Fehler kann beim Betrieb einer Trinkwasseranlage (kalt/warm) eine Kontaminierung mit Keimen erfolgen?

- zu lange Stagnationszeiten
- Einschwemmungen von Verunreinigungen aus der öffentlichen Trinkwasserversorgung
- unzulässige Auslauftemperaturen

6. Welche Trinkwasserauslauftemperaturen (kalt/warm) sind unzulässig, weil sonst mit einer Erhöhung der Keimbildung zu rechnen ist? Nennen Sie auch die Ausnahmen von dieser Regelung.

Unzulässige Trinkwasserauslauftemperaturen nach
30 Sekunden, bei vollständigem Öffnen der Entnahmearmatur:
- Trinkkaltwasser
  > 25 °C,
- Trinkwarmwasser
  ≤ 55 °C

Ausnahmen:
- TWE-Anlagen mit Speicherwasseraustausch innerhalb von drei Tagen
  < 50 °C
- TWE-Anlagen für die Einzel- und Gruppenversorgung mit nachgeschaltetem Leitungsvolumen ≤ 3 l ohne Einschränkungen

7. Unter welchen Voraussetzungen besteht die Gefahr einer:
a) unkontrollierten Vermehrung der Bakterienart Legionella pneumophila (Legionellen)?
b) Infektion?

a) unkontrollierte Vermehrung in den Temperaturgrenzen zwischen 25 °C und 40 °C
b) Einatmen in Form von Wasseraerosolen (Sprühnebel) in z. B.:
- Duschanlagen von Schwimmbädern und Sportstätten
- Whirlpools
- Dampfduschen
- Räumen mit Klimaanlagen und Luftbefeuchtung

8. **Welche zwei Krankheitsformen durch die Bakterienart Legionella pneumophila werden unterschieden?**

- das Pontiac-Fieber (Sommergrippe)
- die Legionellose

9. **Nennen Sie die unterschiedlichen Symptome der beiden Krankheitsformen.**

Pontiac-Fieber (Sommergrippe):
- erhöhte Temperatur mit Schüttelfrost
- allgemeines Unwohlsein
- Kopf- und Gliederschmerzen
- leichte Benommenheit
- trockener Husten

Legionellose:
- Fieber bis über 40 °C
- extrem starke Kopfschmerzen
- Seh-, Hör- und Gleichgewichtsstörungen
- Orientierungslosigkeit, Appetitlosigkeit, Durchfall möglich
- delierienhafte Anfälle, Atemschmerzen, Atemnot, Husten mit blutigem Auswurf, Herzbeschwerden
- Komplikationen: Schock, akute Niereninsuffizienz bis zum dialysepflichtigen Nierenversagen, Atemlähmung (Tod)

9.9 Berechnungen bei Trinkwasser-Erwärmungsanlagen

Wärmeleistung, Aufheizzeit und Massenstrom

1. **In einem Speicher-TWE werden 180 Liter Trinkkaltwasser in 18 Minuten von 12 °C auf 50 °C erwärmt. Berechnen Sie die dafür erforderliche Wärmeleistung in kW.**

$\Phi_L = \underline{\underline{26{,}516\ \text{kW}}}$

Lösungsweg siehe II Lösungswege, Zu 9.9 Berechnungen bei Trinkwasser-Erwärmungsanlagen – Wärmeleistung, Aufheizzeit und Massenstrom

2. **Durch die Rohrwendel eines Speicher-T-WE strömen stündlich 960 kg Heizwasser. Berechnen Sie die Wärmeleistung der Rohrwendel in kW, wenn die Temperaturdifferenz zwischen Vor- und Rücklauf 12 °C beträgt.**

$\Phi_L = \underline{\underline{13{,}398\ \text{kW}}}$

Lösungsweg siehe II Lösungswege, Zu 9.9 Berechnungen bei Trinkwasser-Erwärmungsanlagen – Wärmeleistung, Aufheizzeit und Massenstrom

3. Das Trinkwasser in einem 160-Liter-Speicher wird vom Heizwasser mit Hilfe einer Rohrwendel in 22 Minuten von 12 °C auf 55 °C erwärmt.
a) Berechnen Sie die erforderliche Wärmeleistung in kW.
b) Wie viele Liter Heizwasser müssen stündlich durch die Rohrwendel gepumpt werden, wenn die Vorlauftemperatur 72 °C und die Rücklauftemperatur 58 °C betragen?

a) $\Phi_L = \underline{\underline{21{,}802\ \text{kW}}}$

b) $m = 1339{,}02\,\frac{\text{kg}}{\text{h}} = \underline{\underline{13{,}39\,\frac{\text{l}}{\text{h}}}}$

Lösungsweg siehe II Lösungswege, Zu 9.9 Berechnungen bei Trinkwasser-Erwärmungsanlagen – Wärmeleistung, Aufheizzeit und Massenstrom

4. Ein 160-Liter-Speicher wird vom Heizkessel mit Hilfe einer Rohrwendel von 12 °C auf 56 °C erwärmt. Die Kesselleistung beträgt 24 kW. Berechnen Sie die Aufheizzeit in Minuten, wenn die gesamte Wärmeleistung des Heizkessels für die Trinkwassererwärmung genutzt wird.

$t = \underline{\underline{20{,}4\ \text{min}}}$

Lösungsweg siehe II Lösungswege, Zu 9.9 Berechnungen bei Trinkwasser-Erwärmungsanlagen – Wärmeleistung, Aufheizzeit und Massenstrom

5. In einem Gas-Vorratswasserheizer (VWH) werden 220 Liter Trinkwasser von 10 °C auf 58 °C erwärmt. Berechnen Sie die Aufheizzeit in Minuten, wenn die Wärmebelastung 12,4 kW beträgt und für den Wirkungsgrad 80 % angegeben werden.

$t = \underline{\underline{47{,}5\ \text{min}}}$

Lösungsweg siehe II Lösungswege, Zu 9.9 Berechnungen bei Trinkwasser-Erwärmungsanlagen – Wärmeleistung, Aufheizzeit und Massenstrom

6. Ein Gas-Vorratswasserheizer (VWH) mit 140 Liter Inhalt hat eine Wärmeleistung von 7,8 kW. Berechnen Sie die Temperatur des Trinkwarmwassers nach 54 Minuten, wenn das Trinkkaltwasser mit einer Temperatur von 12 °C zufließt.

$\theta_2 = \underline{\underline{55{,}12\ °\text{C}}}$

Lösungsweg siehe II Lösungswege, Zu 9.9 Berechnungen bei Trinkwasser-Erwärmungsanlagen – Wärmeleistung, Aufheizzeit und Massenstrom

7. Welche Temperatur erreicht das Trinkkaltwasser nach 50 Minuten in einem Gas-Vorratswasserheizer (VWH) mit 160 Liter Inhalt, wenn das Gerät eine Wärmebelastung Φ_B von 9,5 kW aufweist, der Wirkungsgrad 82 % beträgt und das Trinkkaltwasser mit 12 °C einströmt?

$\theta_2 = \underline{\underline{46{,}75\ °\text{C}}}$

Lösungsweg siehe II Lösungswege, Zu 9.9 Berechnungen bei Trinkwasser-Erwärmungsanlagen – Wärmeleistung, Aufheizzeit und Massenstrom

8. **Wie viele Liter Trinkwarmwasser von 56 °C liefert ein Durchfluss-Trinkwassererwärmer mit 21 kW Wärmeleistung pro Minute, wenn die Temperatur des Trinkwassers 10 °C beträgt?**

$\dot{m} = 392{,}54\,\frac{l}{h} = \underline{\underline{6{,}54\,\frac{l}{min}}}$

Lösungsweg siehe II Lösungswege, Zu 9.9 Berechnungen bei Trinkwasser-Erwärmungsanlagen – Wärmeleistung, Aufheizzeit und Massenstrom

9. **Der Auslauf-Volumenstrom eines Durchfluss-Trinkwassererwärmers mit 18 kW Wärmeleistung beträgt 9 $\frac{l}{min}$. Das Trinkkaltwasser strömt mit einer Temperatur von 10 °C zu. Berechnen Sie die Temperatur des Trinkwarmwassers.**

$\theta_2 = \underline{\underline{38{,}7\,°C}}$

Lösungsweg siehe II Lösungswege, Zu 9.9 Berechnungen bei Trinkwasser-Erwärmungsanlagen – Wärmeleistung, Aufheizzeit und Massenstrom

10. **Eine Badewanne wird mit 150 Liter Trinkwarmwasser von 37 °C aus einem Durchfluss-Trinkwassererwärmer gefüllt. Wie lange dauert es, die Badewanne zu füllen, wenn die Wärmebelastung 21 kW und der Wirkungsgrad 82 % betragen und das Trinkkaltwasser eine Temperatur von 12 °C hat?**

$t = 0{,}17\,h = \underline{\underline{10{,}2\,min}}$

Lösungsweg siehe II Lösungswege, Zu 9.9 Berechnungen bei Trinkwasser-Erwärmungsanlagen – Wärmeleistung, Aufheizzeit und Massenstrom

Wärmeübertragung

1. **Ein Speicher-Trinkwassererwärmer mit 1,4 m^2 Rohrheizfläche wird von 12 °C auf 58 °C erwärmt. Der Wärmedurchgangskoeffizient wird mit 680 $\frac{W}{m^2 \cdot K}$ angegeben.
Die Eintrittstemperatur des Heizwassers in die Rohrwendel beträgt 72 °C, die Austrittstemperatur 63 °C. Berechnen Sie die Wärmeleistung der Rohrwendel in kW.**

$\Phi_L = 30\,940\,W = \underline{\underline{30{,}94\,kW}}$

Lösungsweg siehe II Lösungswege, Zu 9.9 Berechnungen bei Trinkwasser-Erwärmungsanlagen – Wärmeübertragung

2. **Die Heizwendel aus Kupferrohr 22 × 1 eines Speicher-Trinkwassererwärmers wird mit Heizwasser von 72/53 °C beheizt. Das Trinkkaltwasser wird von 12 °C auf 58 °C erwärmt. Der Wärmedurchgangskoeffizient beträgt 620 $\frac{W}{m^2 \cdot K}$. Welche Länge in m muss die Heizwendel haben, um eine Wärmeleistung von 21 kW zu übertragen?**

$l = \underline{\underline{17{,}83\,m}}$

Lösungsweg siehe II Lösungswege, Zu 9.9 Berechnungen bei Trinkwasser-Erwärmungsanlagen – Wärmeübertragung

3. Das Trinkkaltwasser in einem 550-Liter-Speicher soll vom Heizkessel mittels einer Rohrwendel in 70 Minuten von 12 °C auf 55 °C erwärmt werden.

a) Berechnen Sie die erforderliche Wärmeleistung in kW.

b) Berechnen Sie die erforderliche Heizfläche der Rohrwendel, wenn sie mit Wasser von 72/54 °C beheizt wird und der Wärmedurchgangskoeffizient 580 $\frac{W}{m^2 \cdot K}$ beträgt.

a) $\Phi_L = \underline{\underline{23{,}509\ kW}}$

b) $A = \underline{\underline{0{,}643\ m^2}}$

Lösungsweg siehe II Lösungswege, Zu 9.9 Berechnungen bei Trinkwasser-Erwärmungsanlagen – Wärmeübertragung

Größenbestimmung und Auswahl von Speicher-Trinkwassererwärmern

1. Für ein Einfamilienhaus wurde die Bedarfskennzahl $N = 1{,}8$ (Anzahl der Einheitswohnungen eines Wohngebäudes) ermittelt. Das Trinkkaltwasser soll mit einem Gas-Vorratswasserheizer erwärmt werden.

a) Bestimmen Sie den erforderlichen Speicherinhalt in Liter.

b) Geben Sie die Nennwärmeleistung und Nennwärmebelastung des Gas-Vorratswasserheizers an.

c) Berechnen Sie den Wirkungsgrad des Gas-Vorratswasserheizers.

d) Ermitteln Sie die Aufheizzeit in min bei $\Delta\theta = 50\ K$.

a) $V = \underline{\underline{190\ l}}$

b) $\Phi_L = \underline{\underline{8{,}2\ kW}}$

$\Phi_B = \underline{\underline{9{,}0\ kW}}$

c) $\eta = 0{,}91 = \underline{\underline{91\ \%}}$

d) $t = \underline{\underline{77\ min}}$

Lösungsweg siehe II Lösungswege, Zu 9.9 Berechnungen bei Trinkwasser-Erwärmungsanlagen – Größenbestimmung und Auswahl von Speicher-Trinkwassererwärmern

2. Für ein Zweifamilienhaus mit jeweils 6 Räumen soll über die Bedarfskennzahl *N* der Trinkwassererwärmer ausgelegt werden. Jede der beiden Wohnungen hat folgende sanitäre Ausstattungen:

Badezimmer:	**1 Badewanne 1,7 m × 0,7 m, 1 Waschtisch, 1 Bidet**
Küche:	**1 Küchenspüle**
Gäste-WC:	**1 Handwaschbecken**

Der indirekt beheizte Speicher-Trinkwassererwärmer wird von einem 24-kW-Niedertemperaturheizkessel beheizt. Die Speichertemperatur beträgt 60 °C.

a) Ermitteln Sie die Bedarfskennzahl *N*.

b) Bestimmen Sie die erforderliche Größe eines Speicher-Trinkwassererwärmers.

a) $N = \underline{\underline{3{,}4}}$

b) $V = \underline{\underline{200\,\mathrm{l}}}$

Lösungsweg siehe II Lösungswege, Zu 9.9 Berechnungen bei Trinkwasser-Erwärmungsanlagen – Größenbestimmung und Auswahl von Speicher-Trinkwassererwärmern

Bestimmung der Mischwassertemperatur

1. Ein Speicher-Trinkwassererwärmer liefert 140 Liter Trinkwarmwasser von 58 °C. Diesem werden 65 Liter Trinkkaltwasser von 10 °C beigemischt. Berechnen Sie die Mischwassertemperatur.

$\vartheta_m = \underline{\underline{42{,}78\,°C}}$

Lösungsweg siehe II Lösungswege, Zu 9.9 Berechnungen bei Trinkwasser-Erwärmungsanlagen – Bestimmung der Mischwassertemperatur

2. Eine Badewannenfüllung mit 135 Liter Wasser ist auf 30 °C abgekühlt. Es werden 35 Liter Trinkwarmwasser beigemischt. Dadurch steigt die Temperatur des Badewassers auf 37 °C an. Berechnen Sie die Temperatur des Trinkwarmwassers.

$\vartheta_w = \underline{\underline{64\,°C}}$

Lösungsweg siehe II Lösungswege, Zu 9.9 Berechnungen bei Trinkwasser-Erwärmungsanlagen – Bestimmung der Mischwassertemperatur

3. Wie viele Liter Trinkkaltwasser von 12 °C müssen dem Trinkwarmwasser von 58 °C beigemischt werden, um 165 Liter Badewasser von 37 °C zu erhalten?

$m_k = 75{,}33\ \text{kg} = \underline{\underline{75{,}33\ \text{l}}}$

Lösungsweg siehe II Lösungswege, Zu 9.9 Berechnungen bei Trinkwasser-Erwärmungsanlagen – Bestimmung der Mischwassertemperatur

4. Es werden 45 Liter Trinkkaltwasser von 14 °C mit Trinkwarmwasser von 58 °C gemischt. Dabei stellt sich eine Mischwassertemperatur von 41 °C ein. Berechnen Sie die Masse des Mischwassers.

$m_m = 116{,}47\ \text{kg} = \underline{\underline{116{,}47\ \text{l}}}$

Lösungsweg siehe II Lösungswege, Zu 9.9 Berechnungen bei Trinkwasser-Erwärmungsanlagen – Bestimmung der Mischwassertemperatur

5. Eine Brauseanlage muss stündlich mit 1200 kg warmem Wasser von 38 °C versorgt werden. Dazu steht Trinkkaltwasser von 12 °C zur Verfügung. Berechnen Sie das erforderliche Volumen eines Speicher-Trinkwassererwärmers, wenn das Trinkkaltwasser in 35 Minuten auf 58 °C erwärmt werden soll.

Speichervolumen TWE = $\underline{\underline{304{,}17\ \text{l}}}$

Lösungsweg siehe II Lösungswege, Zu 9.9 Berechnungen bei Trinkwasser-Erwärmungsanlagen – Bestimmung der Mischwassertemperatur

10.1 Gasförmige Brennstoffe

1. Aus welchen Bestandteilen bestehen Brenngase?

Brenngase bestehen aus brennbaren und unbrennbaren Anteilen.

2. Nennen Sie drei brennbare Bestandteile von Brenngasen.

Kohlenwasserstoff (z. B. Methan CH_4), Wasserstoff H_2 und geringere Mengen Kohlenmonoxid CO.

3. Nennen Sie vier unbrennbare Bestandteile von Brenngasen.

Kohlendioxid CO_2, Sauerstoff O_2, Stickstoff N_2 und Wasserdampf H_2O.

4. Geben Sie die Gasfamilien mit dem jeweiligen Kurzzeichen an und geben Sie für jede Gasfamilie mindestens ein Beispiel für ein Brenngas an.

1. Gasfamilie, Kurzzeichen S, wasserstoffreiche Gase, z. B. Stadtgas und Ferngas
2. Gasfamilie, Kurzzeichen N (Naturgase), methanreiche Gase, z. B. Erdgas E und Erdgas LL
3. Gasfamilie, Kurzzeichen F, Flüssiggase, z. B. Propan, Butan

5. Was versteht man unter der relativen Dichte *d*?

Die relative Dichte *d* ist das Verhältnis der Dichte eines Gases zur Dichte der Luft. Sie ist eine Zahl ohne Einheit.

6. Wodurch ist der Normzustand eines Gases gekennzeichnet?

Der Normzustand eines Gases ist gekennzeichnet durch den Normalluftdruck von 1013 mbar und eine Temperatur von 0 °C.

7. Worüber gibt der Wobbe-Index Auskunft?

Der Wobbe-Index ist eine wesentliche Größe zur Beurteilung der Austauschbarkeit von Gasen. Gase mit gleichem Wobbe-Index ergeben die gleiche Wärmebelastung eines Gasgerätes, wenn sich Zustand (Druck, Temperatur) und Gasdüsen nicht verändern.

8. Welche Einheit hat der Wobbe-Index?

Der Wobbe-Index hat die gleiche Einheit wie der Brenn- und Heizwert und wird in der Regel für das Normvolumen angegeben: $\frac{\frac{\text{kWh}}{\text{m}_n^3}}{\sqrt{1}} = \frac{\text{kWh}}{\text{m}_n^3}$

9. Welches Unternehmen gibt den Wobbe-Index bekannt?

Gasversorgungsunternehmen (GVU)

10. Nennen Sie zwei Merkmale von Flüssiggasen.

- sie sind schwerer als Luft (rel. Dichte > 1, sinken ab)
- sie werden bei höheren Drücken bzw. abnehmender Temperatur flüssig

11. Welche Vorteile haben Brenngase gegenüber festen und flüssigen Brennstoffen?

- Es müssen keine brennbaren Bestandteile von flüssigen und festen Brennstoffen erst in den gasförmigen Zustand gebracht werden, damit sie brennen.
- Es entsteht keine Asche.
- Die CO_2-Emissionen sind gering und es gibt keine schwefeligen Bestandteile, d. h. SO_2-Emissionen.

10.2 Gasbrenner

1. Was versteht man unter einem atmosphärischen Gasbrenner?

Bei atmosphärischen Brennern wird die Verbrennungsluft nicht über ein Gebläse zugeführt, sondern durch das ausströmende Brenngas und über den thermischen Auftrieb der brennenden Flamme angesaugt. Falls – wie bei der Brennwerttechnik – der Auftrieb der Abgase durch das Herabsetzen der Abgastemperatur vermindert wird, können die Abgase mit einem zusätzlichen Ventilator abtransportiert werden.

2. Benennen Sie die nummerierten Bauteile des abgebildeten atmosphärischen Gasbrenners.

Atmosphärischer Edelstahl-Vollvormisch-Stabbrenner

1 Austrittsöffnungen
2 Hauptbrenner
3 Brennerplatte
4 Brennrohrstab einschließlich Venturirohr
5 Gasregelarmatur
6 Injektor

3. Nennen Sie die vier wesentlichen Aufgaben eines Gasbrenners

- Zuführung von Brenngas und Luft
- Mischung von Brenngas und Luft
- Zündung des Brenngas-Luft-Gemisches
- Schadstoffarme Verbrennung

4. Wodurch unterscheiden sich Teilvormischbrenner von Vollvormischbrennern?

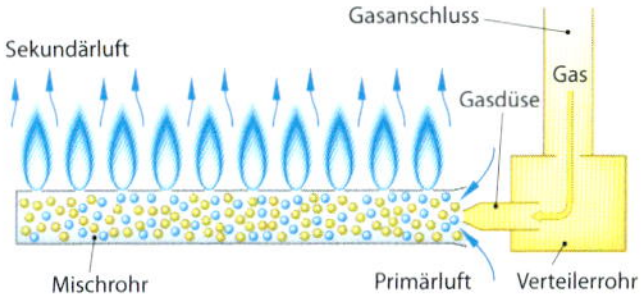

Teilvormischbrenner

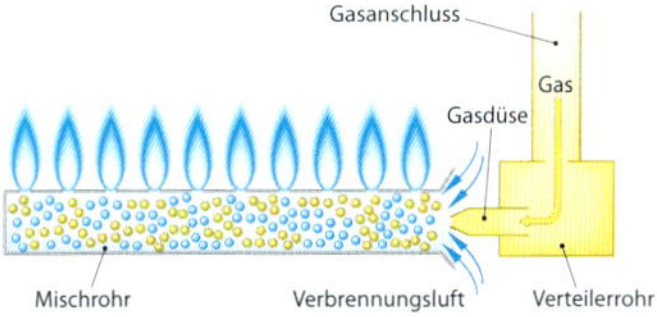

Vollvormischbrenner

Bei den **Teilvormischbrennern** wird nur ein Teil der benötigten Verbrennungsluft (= Primärluft, Erstluft) dem Gas vor der Verbrennung zugemischt. Das Brenngas strömt aus einer Düse in ein Injektorrohr. Durch die Injektorwirkung wird Verbrennungsluft (= Primärluft) angesaugt und mit dem Brenngas vermischt. Das Gas-Luft-Gemisch brennt nach der Zündung mit einer nicht leuchtenden Blauflamme.
Der noch benötigte Restluftbedarf (= Sekundärluft, Zweitluft) wird durch die Flamme angesaugt.
Bei **Vollvormischbrennern** wird die gesamte Verbrennungsluft dem Brenngas vor der Verbrennung zugemischt.

5. Was ist eine halbautomatische Zündeinrichtung?

Halbautomatische Zündeinrichtungen benötigen einen Zündbrenner. Bei Inbetriebnahme wird von Hand durch den Piezozünder die Zündflamme gezündet, die wiederum den Hauptbrenner zündet.

6. Beschreiben Sie die Funktionsweise der automatischen Zündeinrichtung.	Automatische Zündeinrichtungen müssen an das elektrische Stromnetz angeschlossen werden. Ein Zündtransformator erzeugt eine Zündspannung von ca. 10 000 V, zwischen den Zündelektroden entsteht ein Zündfunke oder Lichtbogen. Bei Wärmeanforderung wird die Hauptflamme entweder direkt oder über eine Zündflamme gezündet.
7. Womit kann bei atmosphärischen Gasbrennern ein schadstoffärmeres Anfahren erreicht werden?	Ein schadstoffärmeres Anfahren kann durch den Einsatz von Glühzündern erreicht werden.
8. Welchen besonderen Vorteil haben automatische Zündeinrichtungen gegenüber halbautomatischen?	Der wesentliche Vorteil der automatischen Zündeinrichtung ist, dass sie bei Brennerstillstand kein Gas verbraucht.
9. Nennen Sie Flammenüberwachungseinrichtungen für: **a) Zündflammen** **b) Hauptflammen bei atmosphärischen Brennern.**	a) • thermoelektrische Zündsicherung • Ionisationsflammenüberwachung b) • Ionisationsflammenüberwachung • UV-Flammenüberwachung
10. Welche Gasbrenner werden durch eine thermoelektrische Zündsicherung überwacht?	Alle halbautomatischen Gasbrenner mit Zündflamme werden durch eine thermoelektrische Zündsicherung überwacht.

11. Erklären Sie die Funktionsweise der thermoelektrischen Zündsicherung.

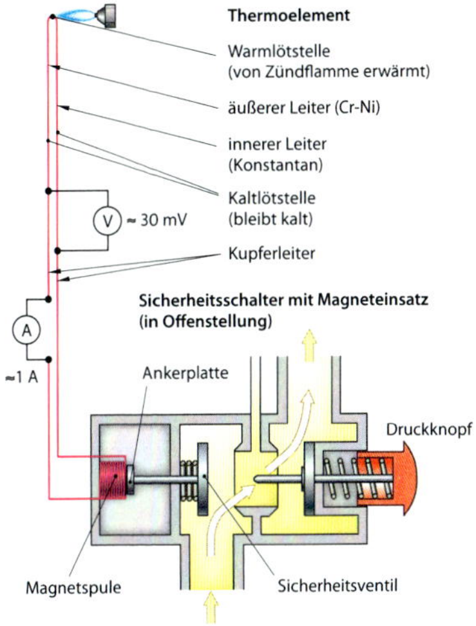

Bei der thermoelektrischen Zündsicherung wird an der Verbindungsstelle zweier verschiedener Metalle (z. B. Chrom-Nickel/Konstantan) mit unterschiedlichen Temperaturen eine elektrische Spannung von ca. 30 mV … 35 mV erzeugt. An der Warmlötstelle sind beide Metalle verlötet und ragen als Thermofühler in die Zündgasflamme. Die jeweils andere Seite der beiden Metalle ist außerhalb der Zündflamme im kalten Bereich über die Kaltlötstelle mit Kupferleitungen an eine Magnetspule angeschlossen.

Die Ankerplatte ist über einen Stift mit dem Sicherheitsventil verbunden. Bei fehlendem Thermostrom betätigt die zwischen Sicherheitsventil und Ankerplatte gelegene Feder das Sicherheitsventil und schließt die Gaszufuhr.

12. Beschreiben Sie die Inbetriebnahme eines Gasbrenners mit thermoelektrischer Zündsicherung.

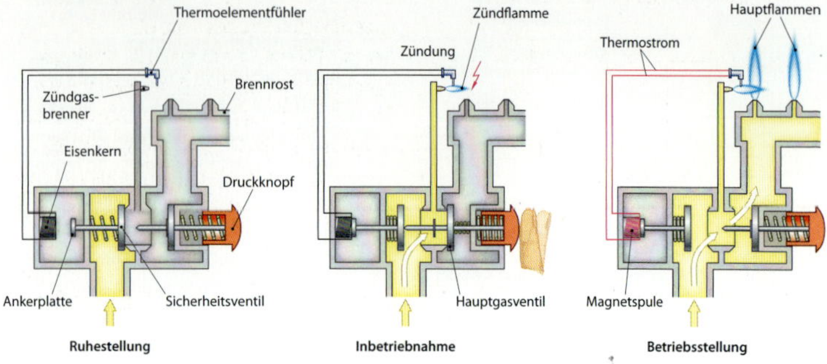

Betriebsstellungen einer thermoelektrischen Zündsicherung

Zur Inbetriebnahme muss der Druckknopf betätigt werden. Dieser drückt die Ankerplatte gegen die Federkraft an die Magnetspule. Der Zündgasweg wird freigegeben und die Zündflamme kann gezündet werden.
Der Druckknopf muss so lange gehalten werden, bis an der Warmlötstelle die erforderliche Spannung entstanden ist und ein Thermostrom fließt, der in der Magnetspule ein ausreichendes Magnetfeld erzeugt, um die Ankerplatte gegen die Federkraft anzuziehen.
Nach Loslassen des Druckknopfes bleibt das Sicherheitsventil geöffnet und das Hauptgasventil wird geöffnet.

13. Erklären Sie die Funktionsweise der Ionisationsflammenüberwachung.

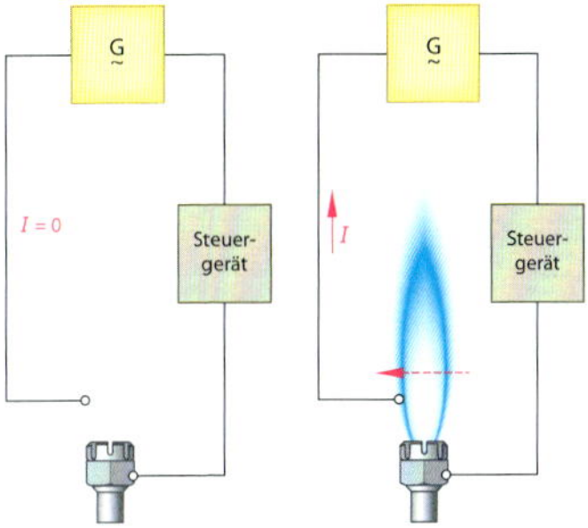

Das Funktionsprinzip beruht darauf, dass entzündetes Brenngas im Gegensatz zum ungezündeten Strom leitend ist.
Der eine Pol einer elektrischen Wechselspannungsquelle ist mit dem Brenner verbunden, der zweite Pol ragt als Überwachungselektrode in den Bereich der Flamme. Bei brennender Flamme werden die Gasmoleküle zwischen den beiden Elektroden elektrisch leitend (ionisiert) und es fließt ein kleiner elektrischer Strom. Aufgrund des Gleichrichtereffekts der Flamme fließt allerdings kein Wechselstrom, sondern ein pulsierender Gleichstrom.

14. Welcher Vorteil ergibt sich durch den Gleichrichtereffekt der Flamme?

Ein durch Kurzschluss hervorgerufener Wechselstrom kann keine Flamme vortäuschen. Erlischt die Flamme, wird der Stromkreis sofort unterbrochen und das Steuergerät schließt das Gasventil.

15. Beschreiben Sie die Funktionsweise der UV-Flammenüberwachung.

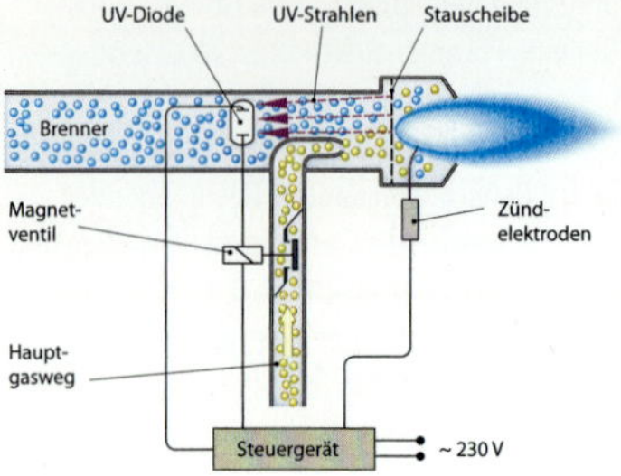

Das von Gasflammen erzeugte ultraviolette Licht wird durch eine UV-Diode überwacht. Dies ist ein mit Gas gefüllter UV-durchlässiger Glaskolben, in den zwei Elektroden, die an eine Wechselspannungsquelle angeschlossen sind, hineinragen. Bei entzündeter Flamme fällt UV-Licht auf die UV-Diode; das darin befindliche Gas wird ionisiert, der dadurch fließende Strom betätigt das Flammenwächterrelais, das mit Hilfe des Magnetventils den Hauptgasweg öffnet. Erlischt die Flamme, wird der Stromkreis sofort unterbrochen; das Flammenwächterrelais fällt ab und der Hauptgasweg wird gesperrt.

16. Nennen Sie Vor- und Nachteile der UV-Diode.

Vorteile:
- reagiert nicht auf glühende Kesselwände
- kurze Ansprechzeit

Nachteile:
- relativ hoher Preis
- beschränkte Lebensdauer von ca. 1000 Stunden

17. Benennen Sie die nummerierten Symbole der Armaturen und Einrichtungen, mit denen atmosphärische Gasbrenner einschließlich Gasregelstrecke nach DIN 4788-1 ausgerüstet sein müssen.

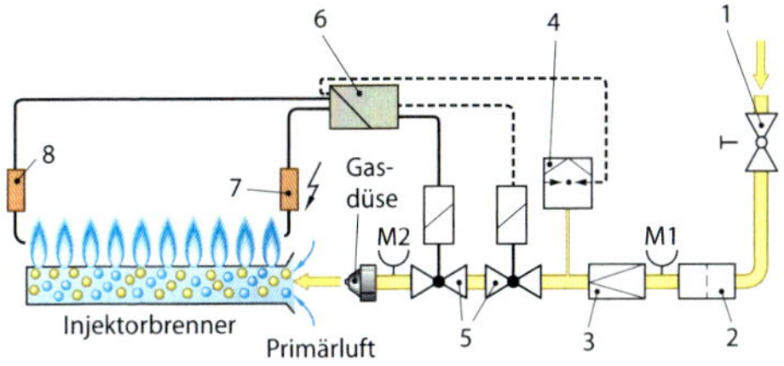

Gasregelstrecke – Gasbrenner ohne Gebläse

1 Gasabsperrhahn (z. B. Kugelhahn) mit thermisch auslösender Absperr-Einrichtung (T auch TAE genannt)
2 Gasfilter bzw. Schmutzfänger
M1 Messstelle für den Anschlussdruck
3 Gasdruckregler
4 Gasdruckwächter
5 Doppelmagnetventil
M2 Messstelle für den Brennergasdruck (Düsendruck)
6 Steuergerät
7 Zündelektrode
8 Flammenüberwachungselektrode

18. Welche Aufgabe(n) erfüllt:
a) der Gasdruckregler?
b) der Gasdruckwächter?
c) der Gasfeuerungsautomat?

a) Der Gasdruckregler gleicht Druckschwankungen aus und hält den Gasdruck konstant auf dem eingestellten Wert.
b) Der Gasdruckwächter verhindert die Inbetriebnahme des Brenners bei Unterschreiten eines Mindestdrucks.
c) Der Gasfeuerungsautomat überwacht und steuert die einzelnen Schaltvorgänge (Prozess- und zeitgeführte Ablaufsteuerung) bei vollautomatisch gezündeten Gasbrennern.

19. a) Benennen Sie die nummerierten Armaturen.
b) Zeichnen Sie die Gasregelstrecke (Gasstraße) für den atmosphärischen Gasbrenner mit allen erforderlichen Armaturen und Einrichtungen ein.

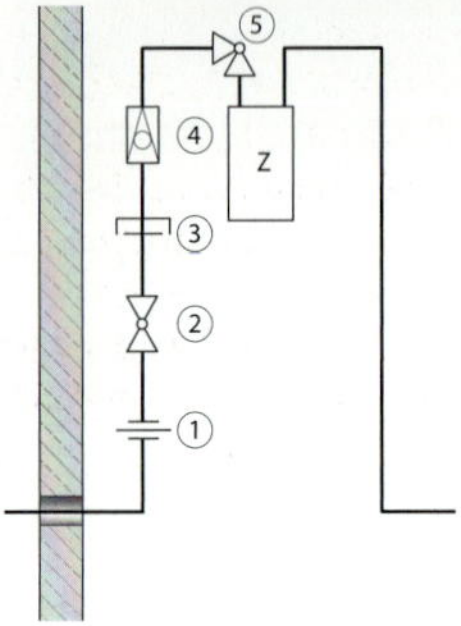

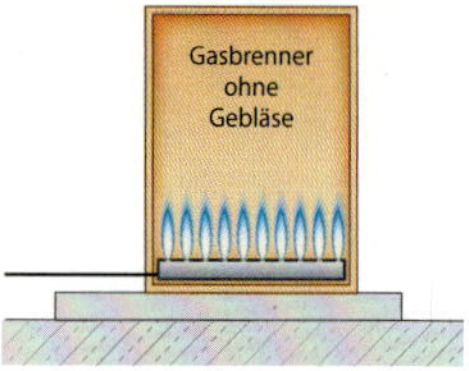

Schemazeichnung

a) 1 Isolierstück (elektrische Trennung)
2 Hauptabsperreinrichtung (HAE)
3 lösbare Verbindung
4 Hausdruckregler mit integriertem Gas-Strömungswächter
5 Gaszähleranschlusshahn

b) Lösungsweg siehe II Lösungswege, Zu 10.2 Gasbrenner

20. Nennen Sie Maßnahmen zur Verringerung von Stickoxiden und Kohlenmonoxiden bei atmosphärischen Gasbrennern.

- Flammenkühlung durch Kühlstäbe aus hitzebeständigen Metalllegierungen oder Keramik bei teilvormischenden atmosphärischen Brennern
- vollständige Vormischung der Verbrennungsluft und Einzelflammenoptimierung
- vollvormischende Matrix-Strahlungsbrenner

21. Was bewirkt die Kühlung der Brennoberfläche durch Wasser führende Edelstahlrohrschlangen?

Die Stabilität der Flamme kann verbessert werden. Außerdem kann mit dem wassergekühlten Vollvormischbrenner der Wirkungsgrad über den gesamten Leistungsbereich konstant gehalten werden.

22. Erläutern Sie die Besonderheiten eines Matrix-Strahlungsbrenners.

Der wesentliche Teil eines Matrix-Strahlungsbrenners ist ein halbkugelförmiges Edelstahlgewebe, an dessen Oberfläche das Gas-Luft-Gemisch beinahe flammenlos verbrennt. Das Gewebe wird zum Glühen gebracht und gibt einen großen Teil der Wärme durch Strahlung an die Brennraumwandung ab. Die Flammentemperatur (Verbrennungstemperatur) ist dadurch erheblich niedriger als bei herkömmlichen Brennern mit Diffusionsflamme. Das dichte Edelstahlgewebe verhindert das Zurückschlagen der Flamme und die Halbkugelform ermöglicht ein spannungsfreies Ausdehnen bei Erwärmung.

23. Nennen Sie Vor- und Nachteile von Gasbrennern ohne Gebläse.

Vorteile:
- geräuscharmer Betrieb
- wenig bewegte Teile
- robust
- geringer Energieverbrauch und niedrige Anschaffungskosten

Nachteile:
- vom Schornsteinzug abhängig
- geringerer feuerungstechnischer Wirkungsgrad als Gebläsebrenner

24. Benennen Sie die nummerierten Bauteile des abgebildeten Gasgebläsebrenners.

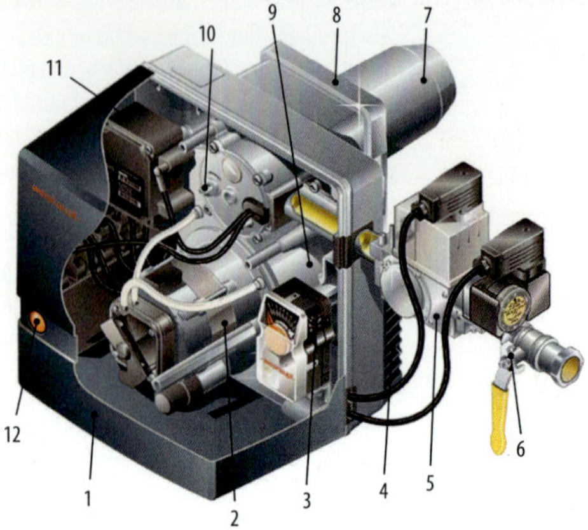

Gasgebläsebrenner

1 Abdeckhaube
2 Brennermotor
3 Luftregelgehäuse mit Luftklappe
4 Ansauggehäuse
5 Mehrfachstellgerät
6 Kugelhahn
7 Flammkopf mit Mischeinrichtung
8 Brennerflansch
9 Gebläserad
10 Einstellschraube für Stauscheibe
11 elektrisches Zündgerät
12 Entstörtaste mit Signallampe

25. Warum benötigen Gasgebläsebrenner einen Luftdruckwächter?

Da die Luftzufuhr eines Gasgebläsebrenners unabhängig von der Gaszufuhr arbeitet, muss ein Luftdruckwächter eingebaut werden, der bei Luftmangel die Gaszufuhr unterbricht.

26. Welche Aufgaben hat die Verbrennungsluftklappe bei Gasgebläsebrennern?

- sie verschließt die Luftansaugöffnung bei Anlagenstillstand und verhindert damit ein Auskühlen des Brennraumes, wodurch wiederum die Stillstandsverluste verringert werden
- sie ermöglicht das Einstellen der Verbrennungsluftmenge

27. Nennen Sie übliche Einrichtungen bei Gasgebläsebrennern zur Vermischung von Brenngas und Verbrennungsluft und beschreiben Sie deren Wirkprinzip.

- Kreuzstrom – Luft und Gas werden in einem bestimmten Winkel miteinander vermischt
- Parallelstrom – Luft und Gas strömen parallel
- Stauscheibe – Stauscheibe mit verschiedenartig geformten Öffnungen versetzt Gas-Luft-Gemisch in Drallbewegung

28. Welche Flammenüberwachungssysteme finden bei Gasgebläsebrennern Anwendung?

- UV-Dioden
- Ionisationsstrom-Überwachungseinrichtung
- Infrarot-Flammenfreqenzüberwachung

29. Benennen Sie die nummerierten Symbole der Armaturen und Einrichtungen, mit denen Gasgebläsebrenner einschließlich Gasregelstrecke nach DIN EN 676 ausgerüstet sein müssen.

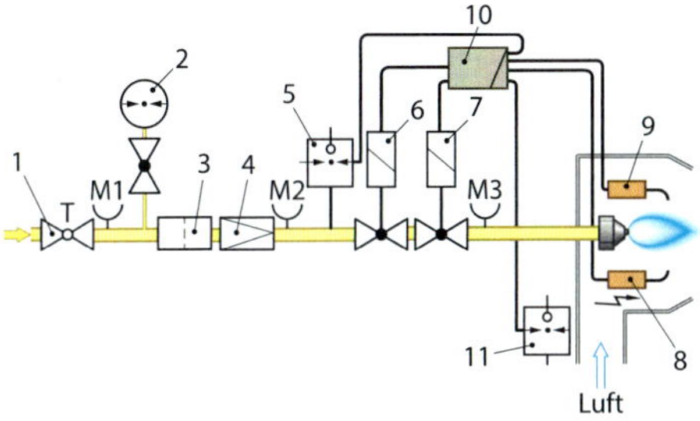

Gasregelstrecke – Gasgebläsebrenner

1 Gasabsperrhahn mit thermisch auslösender Absperreinrichtung
M1 Messstelle für den Anschlussdruck
2 Gasdruckmesseinrichtung
3 Gasfilter oder Sieb
4 Gasdruckregler
M2 Messstelle für den Einstelldruck
5 Gasdruckwächter
6 Sicherheitsmagnetventil 1
7 Sicherheitsmagnetventil 2
M3 Messstelle für den Brennergasdruck (Düsendruck)
8 Zündelektrode
9 Flammenüberwachungselektrode
10 Steuergerät
11 Luftdruckwächter

30. Welche Einrichtungen muss der Feuerungsautomat mindestens enthalten?

Der Feuerungsautomat besteht mindestens aus einem Steuergerät und einer Flammenüberwachungseinrichtung.

31. Benennen Sie die nummerierten Armaturen und Einrichtungen der Gasregelstrecke eines Gasgebläsebrenners.

1 Gasabsperrhahn
2 Gasfilter
3 Gasdruckmesser – Anschlussdruck
4 Gasdruckregler
5 Gasdruckmesser – Einstelldruck
6 Kompensator
7 Gasdruckwächter
8 Doppelmagnetventil

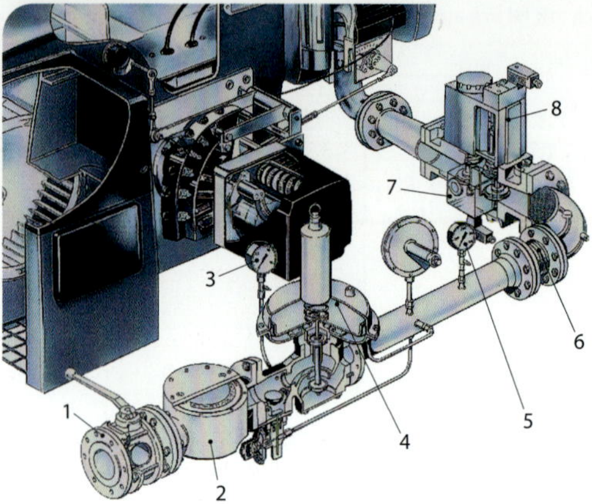

Gasregelstrecke eines Gasgebläsebrenners

32. Zeichnen Sie die Gasregelstrecke (Gasstraße) für den Gasgebläsebrenner mit allen erforderlichen Armaturen und Einrichtungen ein.

Lösungsweg siehe II Lösungswege, Zu 10.2 Gasbrenner

Schemazeichnung

33. Beschreiben Sie den Programmablauf eines einstufigen Gasgebläsebrenners.

- bei Wärmeanforderung durch den Kesseltemperaturregler werden Gasdruck (Gasdruckwächter) und Flammenüberwachung überprüft
- Gebläse erhält Spannung und durchspült Brennraum (vorausgesetzt der Luftdruckwächter meldet ordnungsgemäße Funktion)
- nach Ablauf der Vorspülzeit (mindestens 20 s) werden die Zündung und das Startventil zugeschaltet
- Zündung schaltet bei Flammenbildung sofort ab
- meldet die Flammenüberwachung innerhalb der Sicherheitszeit von 5 s keine Flamme, erfolgt Störverriegelung
- bei Flammenausfall während des Betriebs wird das Gasventil innerhalb 1 s abgeschaltet
- bei Regel- und Störabschaltung spült das Gebläse 15 s nach

34. Nennen und erläutern Sie Maßnahmen zur Schadstoffreduzierung bei Gasgebläsebrennern.

- Abgasrezirkulation
  Durch die Beimischung von Abgas in die Brennerflamme wird die Flammentemperatur herabgesetzt, was zu einer NO_x-Reduzierung führt.
- stufenweise Verbrennung des Brenngases
  In der 1. Verbrennungsstufe wird über die mittlere Gasdüse ein Teil des Brenngases mit der gesamten Verbrennungsluft gemischt und dann gezündet. Kurz darauf wird in der 2. Verbrennungsstufe durch die äußeren Gasdüsen der verbleibende Rest des Brenngases beigemischt und vollständig verbrannt. Der hohe Verbrennungsluftanteil in der 1. Verbrennungsstufe senkt die Flammentemperatur erheblich.

35. Wodurch unterscheiden sich Strahlungsflächenbrenner von herkömmlichen Gasgebläsebrennern?

Im Vergleich zu den herkömmlichen Gasgebläsebrennern arbeiten Strahlungsflächenbrenner mit wesentlich niedrigeren Strömungsgeschwindigkeiten und dadurch nahezu geräuschlos. Das Gas-Luft-Gemisch wird gleichmäßig über die gesamte Brenneroberfläche verteilt. Es bildet sich ein Flammenteppich aus sehr vielen kleinen Flammen, der den Brenner sehr stark erwärmt und zum Glühen bringt. Da die Wärmeenergie überwiegend durch Strahlung an einen Wärmeübertrager abgegeben wird, kann die Flammentemperatur gesenkt und dadurch sehr niedrige NO_X- und CO-Werte erreicht werden.

36. Erklären Sie das Funktionsprinzip eines katalytischen Gasbrenners.

An katalytisch beschichteten Oberflächen (z. B. Platin, Palladium) findet eine flammenlose Verbrennung (Oxidation) statt, ohne dass sich der Katalysator dabei verbraucht. Bei katalytisch unterstützten Gasbrennern wird nur ein Teil des Gas-Luft-Gemisches ohne Flamme verbrannt (oxidiert) und der Rest mit Flamme. Rein katalytisch arbeitende Gasbrenner brennen völlig ohne Flamme.

37. Nennen Sie Vor- und Nachteile von Gasgebläsebrennern.

Vorteile:
- vom Schornsteinzug nur wenig abhängig
- hoher Wirkungsgrad

Nachteile:
- Geräuschentwicklung des Gebläses
- stetiger Stromverbrauch
- höhere Störanfälligkeit
- teurer in der Anschaffung

38. Begründen Sie, weshalb Gasbrenner nur von qualifiziertem Fachpersonal in Betrieb genommen werden dürfen.

Die Einstellung und Inbetriebnahme von Gasbrennern darf nur von qualifiziertem Fachpersonal erfolgen, da Fehler Menschenleben gefährden und große Sachschäden verursachen können. Die Bedienungsanlagen der Hersteller und die Vorschriften des Gasversorgungsunternehmens (GVU) sind zu beachten.

39. Was versteht man unter Wärmebelastung, Wärmeleistung, Nennwärmebelastung und Nennwärmeleistung?

Die **Wärmebelastung Φ_B** ist der dem Wärmeerzeuger im Brennstoff zugeführte Wärmestrom.
Die **Wärmeleistung Φ_L** ist der vom Wärmeerzeuger für den Gebrauchszweck nutzbar abgegebene Wärmestrom.
Die **Nennwärmebelastung Φ_{NB}** ist der auf dem Typenschild vom Hersteller angegebene maximale Wärmestrom, der dem Wärmeerzeuger zugeführt werden darf. Ist auf dem Typenschild ein Nennwärmebelastungsbereich angegeben, wird mit Nennwärmebelastung Φ_{NB} die fest eingestellte Wärmebelastung des Wärmeerzeugers zwischen der maximal und der minimal möglichen Wärmebelastung bezeichnet.
Die **Nennwärmeleistung Φ_{NL}** ist der auf dem Typenschild vom Hersteller angegebene maximale Wärmestrom, der vom Wärmeerzeuger für den Gebrauchszweck nutzbar abgegeben werden kann. Beinhaltet das Typenschild einen Nennwärmeleistungsbereich, so ist die Nennwärmeleistung die in den Grenzen des Nennwärmeleistungsbereichs fest eingestellte nutzbare Wärmeleistung.
Die Nennwärmeleistung Φ_{NL} ist die bei Nennwärmebelastung Φ_{NB} vom Wärmeerzeuger abgegebene Wärmeleistung.

40. Ermitteln Sie die Anschlussdrücke von Erdgas und Flüssiggas für den Haushaltsbereich.

- Erdgas: 17 mbar ... 25 mbar
- Flüssiggas: 42,5 mbar ... 57,5 mbar

41. Bei welchen Anschlussdrücken darf ein Gasgerät nicht in Betrieb genommen werden?

Bei Anschlussdrücken < 17 mbar und > 25 mbar darf das Gasgerät nicht in Betrieb genommen werden.

42. Bei welchen Gasbrennern ist ein kurzfristiger Notbetrieb mit 85 % der Nennwärmebelastung möglich?

Bei Altgeräten vor dem Baujahr 1997 ist im Bereich von 15 mbar bis zu dem vom Hersteller zulässigen Anschlussdruck von meist 20 mbar ein Notbetrieb mit 85 % der Nennlast kurzzeitig möglich.

43. Was versteht man unter:
a) Anschlussdruck?
b) Düsendruck?

a) **Anschlussdruck** = Fließdruck am Gasanschluss des Brenners (Eingang der Kompaktarmatur); er richtet sich nach der jeweiligen Gasfamilie.
b) **Düsendruck** = Fließdruck unmittelbar vor den Injektordüsen; je kleiner der Düsendruck, desto geringer ist der Gasdurchsatz.

44. Erklären Sie die Begriffe:
a) Einstellwert
b) Anschlusswert

a) Der Einstellwert $\dot{V}_E$ ist der zugeführte Gasvolumenstrom gemessen in $\frac{l}{min}$.
b) Der Anschlusswert $\dot{V}_A$ gibt den zugeführten Gasvolumenstrom in $\frac{m^3}{h}$ an.

45. In welchen Fällen ist eine Einstellung eines Gasbrenners vorzunehmen?

- bei der Erstinbetriebnahme
- bei Gasfamilienumstellung
- wenn bei Wartungsarbeiten Abweichungen vom Sollwert festgestellt werden

46. Erläutern Sie die Unterschiede zwischen der Einstellung von atmosphärischen Gasbrennern und Gasgebläsebrennern.

Bei der Einstellung der Gasbrenner ohne Gebläse muss nur die Gasmenge eingestellt werden; die Verbrennungsluftmenge kann nicht verändert werden. Bei Gasgebläsebrennern ist neben der Brennstoffmenge auch die Verbrennungsluftmenge einzustellen.

47. Nennen Sie vier unterschiedliche Methoden, nach denen die Einstellung eines Gasgerätes durchgeführt werden kann.

- volumetrische Methode
- Düsendruckmethode
- CO_2-Methode
- SRG(**S**ommers-**R**uhr**g**as)-Methode)

48. Beschreiben Sie die Einstellung eines Gasbrenners nach der Düsendruckmethode.

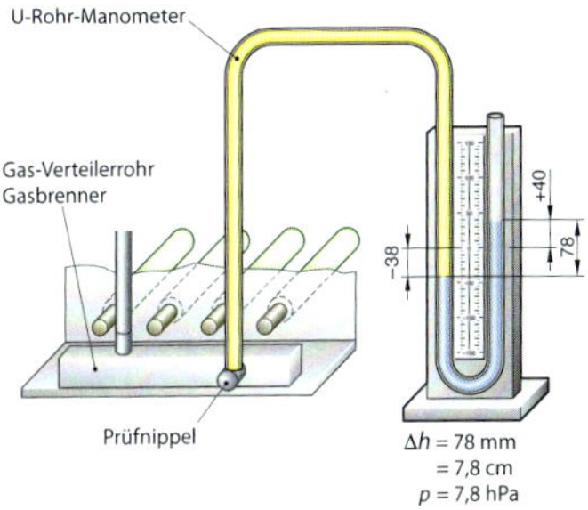

Bei der Einstellung mit Hilfe des Düsendrucks wird nicht der Betriebsheizwert sondern der Wobbe-Index herangezogen.
Der für eine bestimmte Wärmebelastung erforderliche Düsendruck wird entsprechend dem Wobbe-Index aus der Düsendrucktabelle des jeweiligen Herstellers entnommen. Zur Messung und Einregulierung des Düsendrucks wird ein U-Rohr-Manometer an den Prüfstutzen für den Düsendruck angeschlossen und der Brenner in Betrieb genommen. Bei Volllastbetrieb ist der Düsendruck an der Gaseinstellschraube so zu regulieren, dass er dem Wert aus der Einstelltabelle (Düsendrucktabelle) entspricht.

49. Was sollte vor der Einstellung nach der Düsendruckmethode stets überprüft werden?

Vor der Einstellung nach der Düsendruckmethode sollte immer überprüft werden, ob die richtige Düse eingebaut ist.

50. Beschreiben Sie die Einstellung eines Gasbrenners nach der volumetrischen Methode.

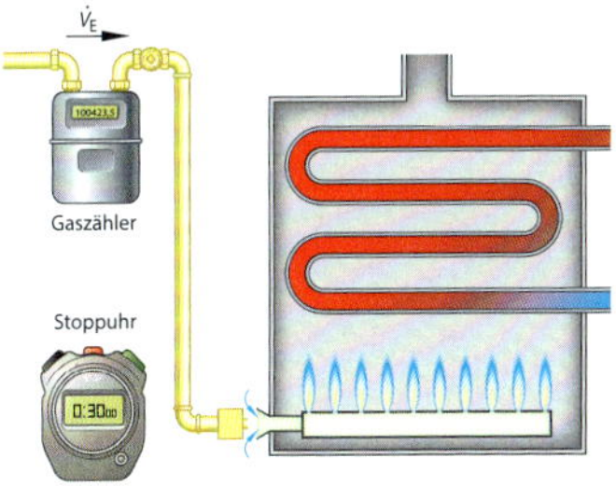

Bei der volumetrischen Methode ist der benötigte Einstellwert über die Werte Nennwärmebelastung und Betriebsheizwert aus der Einstelltabelle des Gasgerätes zu entnehmen oder zu berechnen.
Am Gaszähler wird bei Volllastbetrieb des Gasgerätes der Gasverbrauch nach einer Minute (Stoppuhr) abgelesen und so der Volumenstrom in $\frac{l}{min}$ bestimmt. An der Gaseinstellschraube wird der Einstellwert einreguliert.

51. Vergleichen und beurteilen Sie die beiden beschriebenen Einstellmethoden.

Düsendruckmethode: Wesentlich schnelleres Einstellverfahren; nur brauchbar, wenn sichergestellt ist, dass die richtige Düse eingebaut ist.
Volumetrische Methode: Mindesteinstellzeit von 1 min ist einzuhalten; bei geringen Gasdurchsätzen ergeben längere Ablesezeiten genauere Ergebnisse; vorzuziehen, wenn Messergebnisse der beiden Methoden Abweichungen zeigen.

52. Erläutern Sie die Einstellung der Verbrennungsluftmenge bei einem Gasgebläsebrenner.

Die Luftklappe eines Gasgebläsebrenners dient zur Vorregulierung der Verbrennungsluftmenge, die Feinregulierung erfolgt über die Verschiebung der Stauscheibe im sich konisch verengenden Brennrohr.

53. Warum wird die Funktionsprüfung raumluftabhängiger Gasfeuerstätten mit Strömungssicherung immer wichtiger?

Der Grund ist, dass Fenster und Türen immer dichter werden.

54. Wann sollte eine Funktionsprüfung durchgeführt werden?

Nach Einstellung und Inbetriebnahme (ca. 5 min) der Gasfeuerstätte.
Während der Funktionsprüfung müssen alle Fenster und Türen geschlossen sein und die Gasfeuerstätte muss mit Volllast betrieben werden.

55. Erklären die Funktionsweise eines Taupunktspiegels.

Tritt Abgas aus, kondensiert der im Abgas enthaltene Wasserdampf auf dem Taupunktspiegel und der Taupunktspiegel beschlägt.

56. Ein Gasheizkessel für ein Einfamilienhaus soll auf eine Nennwärmebelastung von 18 kW eingestellt werden. Laut GVU steht Erdgas mit einem Betriebsheizwert H_{iB} von 9,8 $\frac{kWh}{m^3}$ zur Verfügung.

a) Überprüfen Sie, ob das Gerät laut Typenschild auf diese Nennwärmebelastung ausgelegt ist.

b) Erklären Sie die Bedeutung folgender Kürzel auf dem Typenschild: DE, II, 2ELL, 3B/P.

c) Berechnen Sie den erforderlichen Einstellwert $\dot{V}_E$.

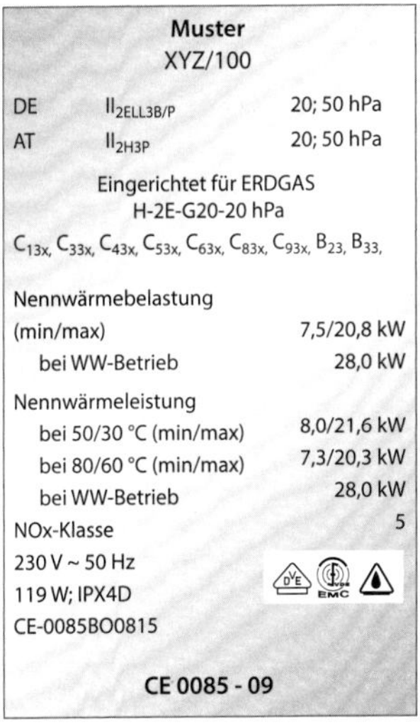

a) Nennwärmebelastungsbereich des Gerätes laut Typenschild: 7,5 kW – 20,8 kW ⟹ Das Gerät ist auf eine Nennwärmebelastung $\Phi_{NB} = 18$ kW ausgelegt.

b) DE: Bestimmungsland Deutschland
II: Gerätekategorie II, für zwei Gasfamilien
2ELL: 2. Gasfamilie Erdgas E und Erdgas LL
3B/P: 3. Gasfamilie Flüssiggase Butan und Propan

c) $\dot{V}_E = \underline{\underline{30{,}6\,\frac{l}{min}}}$

Lösungsweg siehe
II Lösungswege, Zu 10.2 Gasbrenner

57. Bezeichnen Sie die nummerierten Mess- und Einstellungsmöglichkeiten der abgebildeten Gasbrennerarmatur

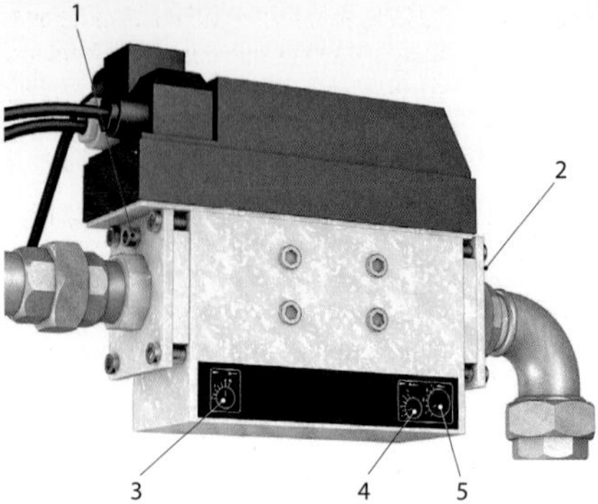

1 Messnippel Gasanschlussdruck
2 Messnippel Gasdüsendruck
3 Einstellung Gasdruckwächter
4 Einstellung Startgasdruck
5 Einstellung Gasdüsendruck

58. Ein Gas-Heizkessel mit Brenner ohne Gebläse ist auf eine Nennwärmebelastung von 21 kW einzustellen, der Betriebsheizwert des verwendeten Gases beträgt $9{,}6\,\frac{\text{kWh}}{\text{m}^3}$.
a) Berechnen Sie den Einstellwert in $\frac{\text{l}}{\text{min}}$.
b) Bestimmen Sie die Nennwärmeleistung, wenn der Wirkungsgrad 90 % beträgt.

a) $\dot{V}_E = \underline{\underline{36{,}46\,\frac{\text{l}}{\text{min}}}}$

b) $\Phi_{NL} = \underline{\underline{18{,}90\text{ kW}}}$

Lösungsweg siehe II Lösungswege, Zu 10.2 Gasbrenner

59. Bei der Überprüfung des Einstellwertes eines Gas-Heizkessels wird am Gaszähler ein Gasdurchsatz von $34\,\frac{\text{l}}{\text{min}}$ gemessen. Der Betriebsheizwert des verwendeten Gases beträgt $9{,}4\,\frac{\text{kWh}}{\text{m}^3}$.
a) Berechnen Sie die Nennwärmebelastung des Gas-Heizkessels in kW.
b) Berechnen Sie die Nennwärmeleistung des Gas-Heizkessels in kW, wenn der Wirkungsgrad 92 % beträgt.

a) $\Phi_{NB} = \underline{\underline{19{,}18\text{ kW}}}$

b) $\Phi_{NL} = \underline{\underline{17{,}64\text{ kW}}}$

Lösungsweg siehe II Lösungswege, Zu 10.2 Gasbrenner

60. Ein Gas-Umlaufwasserheizer ist auf einen Gasdurchsatz von $38\,\frac{\text{l}}{\text{min}}$ eingestellt. Der Betriebsheizwert des Gases beträgt $9{,}2\,\frac{\text{kWh}}{\text{m}^3}$.
a) Bestimmen Sie die Nennwärmebelastung in kW.
b) Berechnen Sie den erforderlichen Einstellwert, um bei einem Wirkungsgrad von 89 % eine Nennwärmeleistung von 25 kW zu erreichen.

a) $\Phi_{NB} = \underline{\underline{20{,}98\text{ kW}}}$

b) $\dot{V}_E = \underline{\underline{50{,}89\,\frac{\text{l}}{\text{min}}}}$

Lösungsweg siehe II Lösungswege, Zu 10.2 Gasbrenner

10.3 Gaswärmeerzeuger

1. Was versteht man unter einem Heizkessel mit Gasbrenner ohne Gebläse (Atmosphärischen Gasheizkessel, Gasspezialheizkessel)?

Heizkessel mit Gasbrenner ohne Gebläse sind Gasspezialkessel mit einer Leistung bis ca. 700 kW, die mit einer Strömungssicherung ausgestattet sind und nur mit Gas betrieben werden können. Die Strömungssicherung ist Bestandteil des Kessels und darf nicht verändert werden.

2. Warum haben Gaskessel mit teilvormischendem Gasbrenner eine offene Brennkammer?

Teilvormischende Gasbrenner benötigen Sekundärluft.

3. Weshalb werden bei Gaskesseln mit teilvormischendem Gasbrenner meist senkrechte Abgaszüge verwendet?

Da zum Ansaugen der Sekundärluft nur der thermische Auftrieb von der Brennkammer bis zur Strömungssicherung zur Verfügung steht.

4. Bennen Sie die nummerierten Teile des abgebildeten atmosphärischen Gasheizkessels mit Vollvormischbrenner.

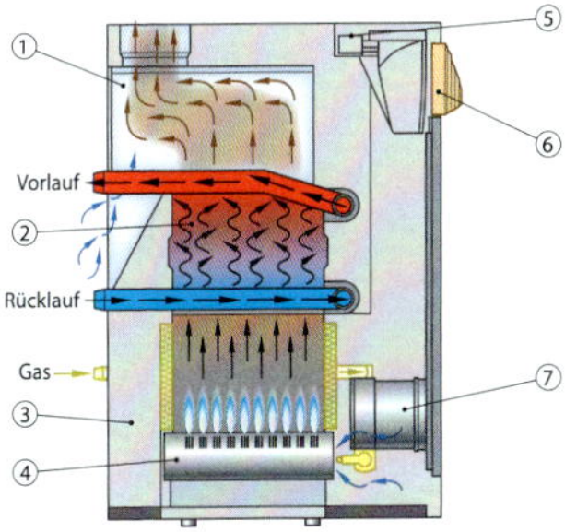

1 Abgassammler mit Strömungssicherung und Abgasstutzen
2 Wärmeübertrager aus Spezialgrauguss
3 Wärmedämmung aus Mineralfaserwolle
4 Atmosphärischer Volllvormischbrenner aus Edelstahl
5 Unverwechselbare Steckverbindungen
6 Schaltfeld
7 Gasregel- und Sicherheitsarmatur

5. Welche Werkstoffe werden zur Herstellung von atmosphärischen Gasheizkesseln hauptsächlich verwendet?

Grauguss
Stahl (Edelstahl)
Aluminiumlegierungen

6. Welche Vorteile haben atmosphärische Gasheizkessel im Vergleich zu Gasheizkesseln mit Gebläsebrennern?

- geräuscharm
- einfach aufgebaut
- preisgünstig

7. Warum benötigen atmosphärische Gas-Brennwertheizkessel einen Abgasventilator?

Da die Abgase auf ca. 35...40 °C heruntergekühlt werden, müssen die Abgase mit einem Abgasventilator abgeführt werden.

8. Beschreiben Sie die Brennwertnutzung bei Gas-Brennwertheizkesseln.

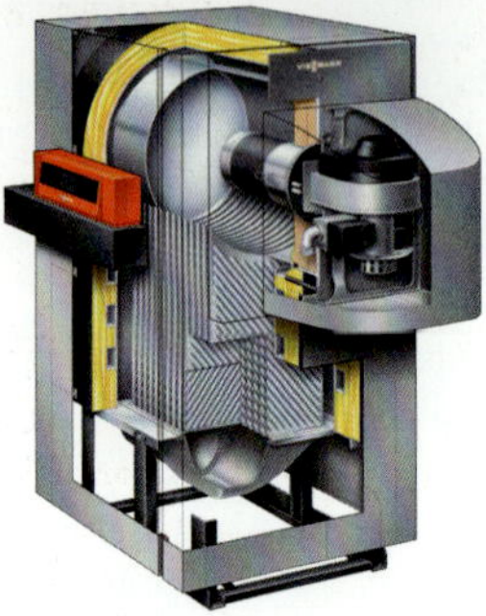

Bodenstehender Gasbrennwertkessel

Brennwertkessel nutzen auch die Wärme, die im Wasserdampf der heißen Abgase noch enthalten ist, indem der Wasserdampf kondensiert wird.
Bei einem Gasbrennwertkessel werden die Abgase z. B. über einen großflächig dimensionierten von Wasser umspülten Abgaswärmeübertrager aus Edelstahl oder einer korrosionsbeständigen Al-Si-Gusslegierung geleitet und ständig unter den Taupunkt des Wasserdampfes abgekühlt.

9. Die Abbildung zeigt den Aufbau eines wandhängenden Gas-Brennwertkessels. Bezeichnen Sie die Bauteile 14, 15, 16, 19, 24, 25, 27, 28, 29, 30, 32, 33, 34, 37, 38, 39, 41, 42, 44 und 45.

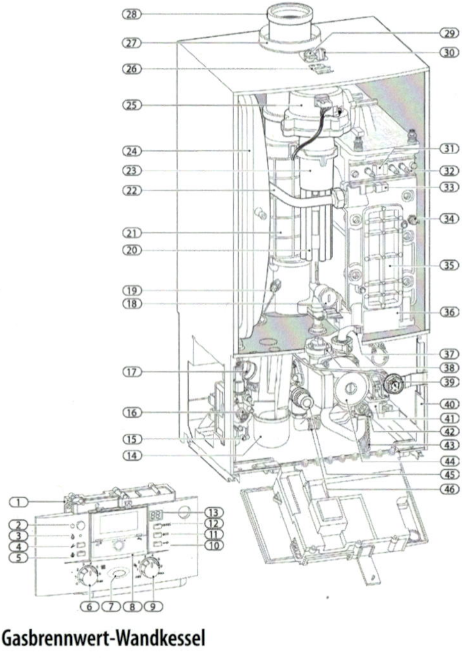

Gasbrennwert-Wandkessel

14 Kondensatsiphon
15 Messstutzen für Gas-Anschlussfließdruck
16 Einstellschraube minimale Gasmenge
19 Abgastemperaturbegrenzer
24 Ausdehnungsgefäß
25 Gebläse
27 Verbrennungsluftansaugung
28 Abgasrohr
29 Abgasmessstutzen
30 Verbrennungsluft-Messstutzen
32 Elektrodenset
33 Vorlauftemperaturfühler
34 Wärmeblock-Temperaturbegrenzer
37 Rücklauftemperaturfühler
38 Automatischer Entlüfter
39 Manometer
41 Drei-Wege-Ventil
42 Entleerhahn
44 Heizungspumpe
45 Sicherheitsventil

10. Bezeichnen Sie die Bauteile 15, 18, 20, 30, 32, 33, 36, 43, 47, 52, 226, 234, 234.1 und 358 des Gas-Brennwert-Wandkessels.

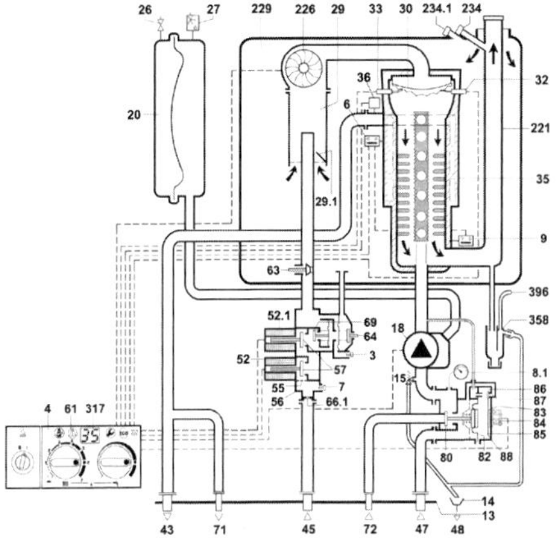

Gasbrennwertgerät Cerapur ZWBR

15 Sicherheitsventil
18 Umwälzpumpe
20 Membranausdehnungsgefäß
30 Brenner
32 Überwachungselektrode
33 Zündelektrode
36 Temperaturfühler im Vorlauf (NTC)
43 Heizungsvorlauf
47 Heizungsrücklauf
52 Magnetventil
226 Ventilator (Gebläse)
234 Messstutzen für Abgas
234.1 Messstutzen für Verbrennungsluft
358 Kondenswassersiphon

11. Nennen Sie bevorzugte Einsatzbereiche des Gasumlaufwasserheizers (Gas-Heizkessels).

Gasumlaufwasserheizer werden bevorzugt bei Ein- und Zweifamilienhäusern, Etagenwohnungen und bei der Altbausanierung eingesetzt.

12. Nennen Sie wesentliche Merkmale eines Gasumlaufwasserheizers (Gas-Heizkessels).

- Heizwasser wird beim Durchfließen erwärmt
- sehr geringer Wasserinhalt (max. 10 l)
- kompakte, anschlussfertige Geräte enthalten alle notwendigen Einrichtungen wie Brenner, Umwälzpumpe, Ausdehnungsgefäß, Regel- und Sicherheitseinrichtungen
- geringer Platzbedarf (wandhängend) ⇒ Aufstellung in Flur, Bad, Küche

13. Warum wird bei Gasumlaufwasserheizern (Gas-Heizkesseln) die Umwälzpumpe im Rücklauf eingebaut?

Die Umwälzpumpe wird im Rücklauf eingebaut, damit im Wärmeübertrager immer ein positiver Überdruck herrscht. Andernfalls könnte es zu einem negativen Überdruck kommen, was zu einer Herabsetzung der Siedetemperatur und damit zur Entstehung von Siedegeräuschen und Dampfschlägen führen könnte.

14. Was sind Gas-Kombiwasserheizer?

Gas-Kombiwasserheizer dienen der Heiz- und Trinkwassererwärmung. Das Trinkwasser wird in einem Wärmeübertrager im Durchlaufprinzip erwärmt. Bei Warmwasserentnahme wird der Heizungsbetrieb durch eine Speichervorrangschaltung unterbrochen und die gesamte zur Verfügung stehende Leistung wird zur Trinkwassererwärmung genutzt. Die meisten Geräte schalten während der Trinkwassererwärmung auf eine höhere Wärmeleistung um.

15. Geben Sie die Bedeutung der Buchstabenkombinationen an und benennen Sie die nummerierten Teile des Gas-Kombiwasserheizers.

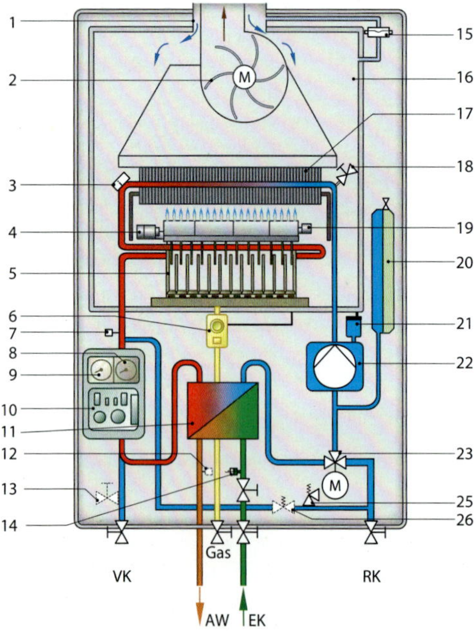

Gas-Kombiwasserheizer – Raumluftunabhängige Betriebsweise

AW Warmwasseraustritt
EK Kaltwassereintritt
VK Kesselvorlauf
RK Kesselrücklauf
1 Luft-Abgas-Anschluss
2 Abgasgebläse
3 Sicherheitstemperaturbegrenzer
4 Glühzündelektrode
5 Gasbrenner
6 Gasarmatur
7 Vorlauftemperaturfühler
8 Vorlaufmanometer
9 Vorlaufthermometer
10 Brennerautomat
11 Plattenwärmeübertrager
12 Warmwasseraustritts-Temperaturfühler
13 Kessel-Füll- und Entleerungshahn
14 Wasserschalter
15 Differenzdruckschalter
16 geschlossener Verbrennungsraum
17 Wärmeübertrager
18 Handentlüfter
19 Ionisationselektrode
20 Membranausdehnungsgefäß
21 automatischer Entlüfter
22 Umwälzpumpe
23 Drei-Wege-Ventil
24 Durchflussmengenbegrenzer
25 Sicherheitsventil
26 Überströmventil

16. Wozu werden Gas-Raumheizer hauptsächlich verwendet?

Gas-Raumheizer dienen hauptsächlich zur Beheizung von zeitweise genutzten Räumen, z. B. Versammlungsräume, Ferienwohnungen

17. Wie geben Gas-Raumheizer ihre Wärme an den Raum ab?

Gas-Raumheizer geben ihre Wärme über einen Abgas-Luft-Wärmeübertrager hauptsächlich durch Konvektion an den Raum ab.

10.4 Aufstellung von Wärmeerzeugern – Verbrennungsluftversorgung

1. **Welche Vorschriften und Verordnungen sind bei der Aufstellung von Feuerstätten zu beachten?**

Bei der Aufstellung von Feuerstätten sind die Bauordnungen der einzelnen Bundesländer, insbesondere die Musterfeuerungsverordnung (MFeuVO), die TRGI 2018, die TRF 2012 und die Einbauanleitungen der Hersteller zu beachten.

2. **Welcher grundlegende Unterschied besteht zwischen Aufstellräumen und Heizräumen?**

An Aufstellräume werden keine besonderen Brandschutzanforderungen gestellt. Heizräume dagegen müssen qualifizierten Brandschutzanforderungen genügen.

3. **Nennen Sie grundsätzliche Anforderungen an Aufstellräume von Feuerstätten.**

- Aufstellräume müssen so beschaffen sein, dass durch ihre Größe, Lage, bauliche Beschaffenheit und Nutzungsart keine Gefahren entstehen können
- Aufstellräume müssen genügend Platz für die Montage, Bedienung und Wartung der Feuerstätte bieten
- Aufstellraumgröße sowie verbrennungslufttechnische Anforderungen richten sich nach der Art und der Gesamtwärmeleistung der im Raum aufgestellten Feuerstätten

4. **Welchen Abstand müssen Feuerstätten von den Oberflächen benachbarter brennbarer Möbel oder Bauteile haben?**

Feuerstätten müssen so aufgestellt werden, dass sich bei Nennwärmeleistung Φ_{NL} die Oberflächen benachbarter brennbarer Möbel oder Bauteile nicht über 85 °C erwärmen können. Sind aus den Einbauanweisungen der Hersteller die erforderlichen Abstände nicht ersichtlich, muss ein Mindestabstand von 40 cm eingehalten werden.

5. **Womit müssen raumluftabhängige Gasfeuerstätten mit Strömungssicherung (Art B_1 und B_4) ausgerüstet sein, damit sie in Wohnungen oder ähnlichen Nutzungseinheiten aufgestellt werden dürfen?**

Raumluftabhängige Gasfeuerstätten mit Strömungssicherung (Art B_1 und B_4) dürfen in Wohnungen oder ähnlichen Nutzungseinheiten nur aufgestellt werden, wenn sie eine Abgasüberwachungseinrichtung (AÜE; nach europäischer Norm mit „BS" gekennzeichnet) besitzen.

6. Wonach richten sich Größe und verbrennungslufttechnische Anforderungen an einen Aufstellraum?

Die Größe des Aufstellraumes sowie die verbrennungslufttechnischen Anforderungen richten sich nach der Gesamtwärmeleistung der aufgestellten Feuerstätten.

7. Wo dürfen Feuerstätten nicht aufgestellt werden?

- in Treppenräumen
  Ausnahme: Wohngebäude mit max. zwei Wohnungen und einer Höhe bis 7 m
- in notwendigen Fluren, die als Rettungswege dienen
- in Räumen, in denen leicht entzündliche oder explosionsfähige Stoffe lagern oder entstehen können
  Ausnahme: raumluftunabhängige Gasfeuerstätten der Art C, wenn ihre Oberflächentemperatur bei Nennleistung $\leq 300\,°C$ ist

8. Nennen Sie drei Beispiele für Gasgeräte der Art A ohne Abgasanlage.

- Gas-Haushalts-Kochgeräte
- Gas-Durchlaufwasserheizer
- Gas-Raumheizer

9. Unter welchen Bedingungen dürfen Gasgeräte der Art A ohne Abgasanlage aufgestellt werden?

Gasgeräte der Art A ohne Abgasanlage entnehmen die Verbrennungsluft dem Aufstellraum und leiten die Abgase an die Raumluft ab. Sie dürfen nur aufgestellt werden, wenn durch einen genügend großen Luftwechsel im Aufstellraum sichergestellt ist, dass die Abgase ohne Belästigung und Gefährdung der Bewohner ins Freie geführt werden. Im Einzelnen müssen folgende Bedingungen erfüllt sein:

- es muss sichergestellt sein, dass während des Betriebes des Gasgeräts ein Luftvolumenstrom von $30\,\frac{m^3}{h}$ je kW Gesamtnennwärmeleistung durch eine maschinelle Lüftungsanlage ins Freie abgeführt wird, oder eine Sicherheitsvorrichtung verhindert, dass der Kohlenstoffmonoxid-Gehalt im Aufstellraum über einen Wert von 30 ppm ansteigen kann
- bei Gas-Kochgeräten mit einer Nennwärmebelastung bis 11 kW muss der Aufstellraum einen Rauminhalt von $> 15\ m^3$ aufweisen (laut FeuVO in einigen Bundesländern $> 20\ m^3$) und mindestens eine Tür ins Freie oder entsprechende Zuluftöffnungen (z. B. gekipptes Fenster) haben, die geöffnet werden können
- bei Gas-Kochgeräten mit einer Nennwärmebelastung von mehr als 12 kW bis maximal 18 kW muss der Aufstellraum einen Rauminhalt von $2\,\frac{m^3}{kW}$ aufweisen und mindestens eine Tür ins Freie oder ein Fenster haben, das geöffnet werden kann und der gleichzeitige Betrieb einer Dunstabzugshaube oder einer kontrollierten Wohnraumlüftung ohne Umluftbetrieb mit einem Mindestfördervolumen von $15\,\frac{m^3}{h}$ je kW Gesamtnennwärmebelastung sichergestellt sein

10. Unter welchen Bedingungen dürfen raumluftabhängige Feuerstätten der Art B mit Abgasanlage aufgestellt werden?

Raumluftabhängige Feuerstätten der Art B mit Abgasanlage dürfen in Räumen mit oder ohne Tür ins Freie oder Fenster, das geöffnet werden kann, unabhängig vom Raumvolumen aufgestellt werden, wenn eine ausreichende Verbrennungsluftversorgung und eine ordnungsgemäße Abgasführung sichergestellt ist.

11. In welchen Räumen dürfen raumluftabhängige Feuerstätten der Art B mit Abgasanlage nicht aufgestellt werden?

- in Räumen, die über Einzelschachtanlagen entlüftet werden, außer ihre Abgase werden über Einzel-schachtanlagen abgeführt
- in Bädern und WCs ohne Außenfenster, die über Schächte ohne Ventilator entlüftet werden
- in Räumen mit offenen Kaminen ohne eigene Verbrennungsluftversorgung
- in Räumen (außer Aufstellräumen mit Öffnungen ins Freie), aus denen Ventilatoren Luft absaugen (z. B. Dunstabzugshauben und Wäschetrockner mit Fortluft), außer, wenn ein gleichzeitiger Betrieb der Feuerstätte und des Ventilators verhindert wird, d. h. Brenner und Ventilator gegeneinander verriegelt sind, die Abgase in Lüftungsanlagen eingeleitet werden, der Ventilator die Verbrennungsluftversorgung und die Abgasabführung nicht beeinflusst und die Abgasführung durch besondere Sicherheitseinrichtungen (Fensterkontaktschalter, Differenzdruck-überwachung) kontrolliert wird

12. Für welche Feuerstätten gilt Schutzziel 1 und welchen Zweck erfüllt dieses?

Schutzziel 1 dient dem sicheren Betriebsverhalten von raumluftabhängigen Gasfeuerstätten (Art B1 und B4) mit Strömungssicherung. Bei diesen Geräten können im Anfahrzustand, z. B. durch noch ungenügenden Auftrieb (kalter Schornstein), die Abgase kurzzeitig in den Aufstellraum entweichen.

13. Nennen Sie die Forderungen von Schutzziel 1.

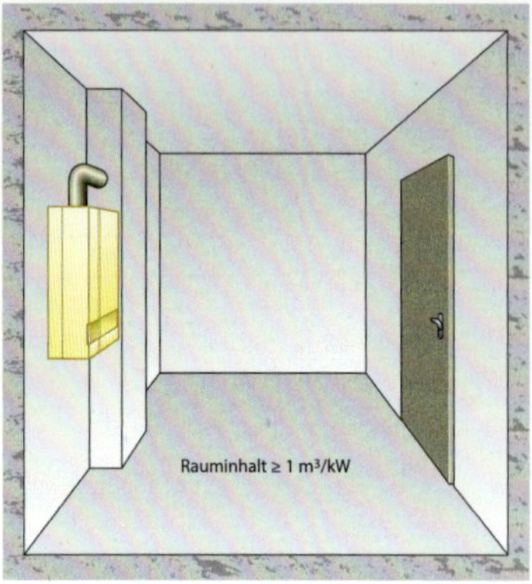

- der Aufstellraum muss ein Raum-Leistungs-Verhältnis (RLV) $\geq 1 \frac{m^3}{kW}$ haben, um sicherzustellen, dass die Abgaskonzentration unbedenklich bleibt (RLV $= \frac{V_R}{\Sigma \Phi_{NL}}$; V_R = Raumvolumen in m^3; $\Sigma \Phi_{NL}$ = Gesamtnennwärmeleistung)
- bei einem Raum-Leistungs-Verhältnis (RLV) $< 1 \frac{m^3}{kW}$ ist ein Verbrennungsluftverbund mit einem oder mehreren unmittelbar benachbarten Räumen durch zwei Öffnungen von jeweils mindestens 150 cm^2 freiem Querschnitt herzustellen
- Aufstellraum und Verbrennungsluftraum bzw. -räume müssen keine Außentür oder Außenfenster haben

14. Für welche Feuerstätten gilt Schutzziel 2 und welchen Zweck erfüllt dieses?

Schutzziel 2 gewährleistet eine sichere Verbrennungsluftversorgung für alle raumluftabhängigen Feuerstätten einer Wohnung für feste, flüssige und gasförmige Brennstoffe (Gasgeräte Art B)..

15. Nennen Sie die Forderung von Schutzziel 2.

Um den einwandfreien Betrieb raumluftabhängiger Feuerstätten sicherzustellen, muss hinsichtlich der Verbrennungsluftversorgung ein Volumenstrom von 1,6 $\frac{m^3}{h}$ je 1 kW Nennwärmeleistung Φ_{NL} bei einem Unterdruck (negativer Überdruck) von 4 Pa im Aufstellungsraum gegenüber dem Freien zur Verfügung stehen. Grundsätzlich gilt, dass ein ausreichender Verbrennungsluftvolumenstrom aus dem **Freien** notwendig ist und der ermittelte anrechenbare Verbrennungsluftvolumenstrom **gleich** oder **größer** sein muss als der Verbrennungsluftbedarf.

$q_{VL.anr} \geq q_{Bed}$

$q_{VL.anr}$: anrechenbarer Verbrennungsluftvolumenstrom in $\frac{m^3}{h}$

q_{Bed}: Verbrennungsluftbedarf in $\frac{m^3}{h}$

16. Bestimmen Sie den Verbrennungsluftbedarf in $\frac{m^3}{h}$ für einen Aufstellraum gemäß Schutzziel 2, wenn die Nennwärmeleistung der im Raum installierten raumluftabhängigen Feuerstätte 20 kW beträgt.

Geg.: $\Sigma\Phi_N = 20$ kW; Ges.: q_{Bed} in $\frac{m^3}{h}$

Lösung:

$$q_{Bed} = \Sigma\Phi_{NL} \cdot 1{,}6 \frac{m^3}{h \cdot kW}$$

$$q_{Bed} = 20\ kW \cdot 1{,}6 \frac{m^3}{h \cdot kW}$$

$$q_{Bed} = 32 \frac{m^3}{h}$$

17. Nennen Sie vier Möglichkeiten, eine ausreichende Verbrennungsluftversorgung für eine raumluftabhängige Feuerstätte aus dem Freien sicherzustellen.

Eine ausreichende Verbrennungsluftversorgung kann sichergestellt werden durch:

- Undichtigkeiten (Infiltration) in den Außenwänden (Außenfugen) des Aufstellraums,
- Undichtigkeiten in allen Räumen im Verbrennungsluftverbund mit Türen und Fenstern ins Freie,
- Undichtigkeiten in den Außenwänden zusammen mit Außenluftdurchlässen,
- Öffnungen ins Freie und technische Anlagen (z. B. Ventilatoren).

18. Welche Räume dürfen beim Schutzziel 2 im Unterschied zum Schutzziel 1 für die Verbrennungsluftversorgung nur berücksichtigt werden?

Im Gegensatz zu Schutzziel 1 müssen Räume, die für den Verbrennungsluftverbund berücksichtigt werden, eine Tür ins Freie oder ein zu öffnendes Fenster haben. Eine Tür ins Treppenhaus ist keine Tür ins Freie.

19. Geben Sie die Formel zur Berechnung des Infiltrationsvolumenstroms nach der TRGI 2018 an.

Berechnungsformel des Infiltrationsvolumenstroms nach TRGI 2018:

$q_{v.inf} = V_R \cdot f_{wirk.komp} \cdot n_{50} \cdot 0{,}1857$

$q_{v.inf} = V_R \cdot n$

Die errechnete Luftwechselrate ergibt sich aus

$n = f_{wirk.komp} \cdot n_{50} \cdot 0{,}1857$

$q_{v.inf}$: Infiltrationsvolumenstrom für einen Raum mit Fenster oder Tür ins Freie

V_R: Raumvolumen in $\frac{m^3}{h}$

$f_{wirk.komp}$: Korrekturfaktor für den wirksamen Infiltrationsanteil (Wert ist den Tabellen der TRGI zu entnehmen)

n_{50}: Messwert des Luftwechsels bei 50 Pa in $\frac{1}{h}$; liegt kein Messwert für n_{50} vor, kann der Auslegungswert Tabellen der TRGI entnommen werden

n: Errechnete Luftwechselrate in 1/h

20. Berechnen Sie den Infiltrationsvolumenstrom nach TRGI 2018 für einen Raum mit Fenster einer eingeschossigen Wohnung in einem nach 2002 errichteten Mehrfamilienhaus, wenn das Raumvolumen 32 m³ beträgt. Entnehmen Sie die erforderlichen Werte der nachfolgenden Tabelle.

$q_{v.inf} = \underline{\underline{6{,}24\ \frac{m^3}{h}}}$

Lösungsweg siehe II Lösungswege, Zu 10.4 Aufstellung von Wärmeerzeugern – Verbrennungsluftversorgung

Bemerkungen/Kriterien für Zuordnungen	Auslegungswert n_{50}	Wohnung/Nutzungseinheit[1] eingeschossig		Wohnung/Nutzungseinheit[1] mehrgeschossig	
		Korrekturfaktor $f_{wirk.komp}$ 0,7	Errechnete Luftwechselrate n in 1/h	Korrekturfaktor $f_{wirk.komp}$ 0,8	Errechnete Luftwechselrate n in 1/h
Ventilatorgestützte Lüftung[2] in ab 2002 errichteten Ein- und Mehrfamilienhäusern	1,0	Haustyp 1	0,13	Haustyp 2	0,15
Freie Lüftung[3] in ab 2002[4] errichteten Ein- und Mehrfamilienhäusern	1,5	Haustyp 3	0,19	Haustyp 4	0,22
Freie Lüftung in vor 2002 errichteten Mehrfamilienhäusern mit wesentlichen Änderungen[5] der Luftdurchlässigkeit der Gebäudehülle					
Freie Lüftung in vor 2002 errichteten Einfamilienhäusern mit wesentlichen Änderungen der Luftdurchlässigkeit der Gebäudehülle[4]	2,0	Haustyp 5	0,26	Haustyp 6	0,3
Freie Lüftung in vor 2002 errichteten Ein- und Mehrfamilienhäusern ohne wesentlichen Änderungen[5] der Luftdurchlässigkeit der Gebäudehülle	3	Haustyp 7	0,4[6]	Haustyp 7	0,4[6]

[1] Einschossig/mehrschossig ist die Geschosszahl innerhalb der Wohnung/Nutzungseinheit, z. B. Wohnung in einer Etage eines Mehrfamilienhauses = eingeschossig; Wohnung über 2 Etagen eines Mehrfamilienhauses = mehrgeschossig
[2] Z. B. kontrollierte Be- und Entlüftung mittels eines oder mehrerer Ventilatoren
[3] Lüftung über Undichtheiten in der Gebäudehülle, z. B. Fensterfugen
[4] D. h. nach EnEV 2002 und folgende errichtete Gebäude
[5] Eine wesentliche Änderung der Luftdurchlässigkeit der Gebäudehülle liegt z. B. vor, wenn
– in einer Nutzungseinheit mehr als 1/3 der vorhandenen Fenster ausgetauscht wurden oder
– in einem Einfamilienhaus mehr als 1/3 der vorhandenen Fenster ausgetauscht oder mehr als 1/3 der Dachfläche abgedichtet wurde.
[6] Entspricht den bisherigen 4 m³/kW Regel.

1 Auslegungswert für n_{50}, wenn kein gemessener n_{50}-Wert vorliegt und Zuordnung zu einem Haustyp unter Berücksichtigung des Korrekturfaktors $f_{wirk.komp}$, vorherige Seite sowie errechneter Luftwechselrate (TRGI 2018)

21. Was versteht man unter Verbrennungsluftverbund?

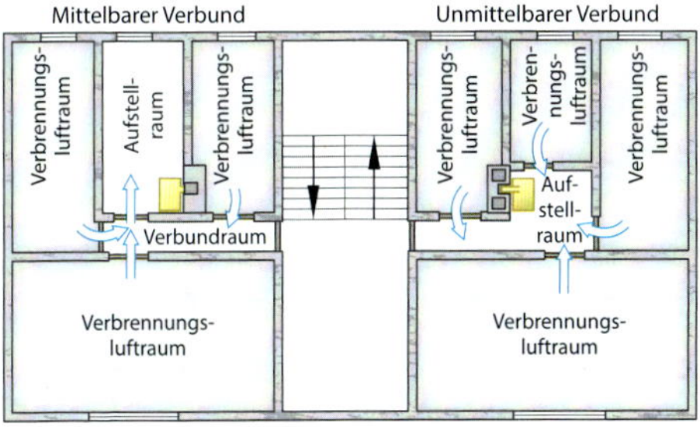

Von Verbrennungsluftverbund spricht man, wenn der Aufstellraum mit einem oder mehreren Räumen lufttechnisch über Öffnungen bzw. Türfugen verbunden ist. Die Räume eines Verbrennungsluftverbundes müssen zu derselben Nutzungseinheit (Wohnung) gehören.

22. Was versteht man unter unmittelbarem Verbrennungsluftverbund?

Beim unmittelbaren Verbrennungsluftverbund liegen der Aufstellraum und Verbrennungsluftraum direkt nebeneinander (sind Nachbarräume).
Es können ein oder mehrere unmittelbar benachbarte Räume zur Luftversorgung hinzugezogen werden.
Der Verbrennungsluftverbund kann durch Öffnungen von 150 cm^2, Innentüren mit und ohne umlaufende Dichtung, ungekürzte und gekürzte Türblätter hergestellt werden.

23. Was versteht man unter mittelbarem Verbrennungsluftverbund?

Beim mittelbaren Verbrennungsluftverbund ist der Aufstellraum über einen oder mehrere Verbundräume (= Raum ohne Fenster oder Tür ins Freie) mit dem Verbrennungsluftraum bzw. den Verbrennungslufträumen verbunden. Aufstellräume und Verbundräume sowie Verbundräume untereinander sind durch je eine Verbrennungsluftöffnung von mindestens 150 cm^2 freien Querschnitts zu verbinden. Die Verbindung zwischen Verbrennungsluftraum und Verbundraum ist wie beim unmittelbaren Verbrennungsluftverbund herzustellen.

24. Welche Anforderungen werden an die Verbrennungsluftversorgung der Aufstellräume für raumluftabhängige Feuerstätten bis 50 kW Gesamtnennwärmeleistung gestellt?

- Aufstellräume von raumluftabhängigen Feuerstätten bis 50 kW Gesamtnennwärmeleistung müssen eine Öffnung von mindestens 150 cm^2 oder zwei Öffnungen von mindestens je 75 cm^2 freien Querschnitts ins Freie oder eine Leitung mit entsprechendem Querschnitt aus einem Nachbarraum mit Öffnung ins Freie haben
- Sind die Öffnungen verschließbar, muss sichergestellt sein, dass die Feuerstätte nur bei geöffnetem Außenluftdurchlass betrieben werden kann
- Bleibt der erforderliche Querschnitt erhalten, können die Öffnungen mit einem Gitter oder Drahtnetz versehen werden, wenn die Maschenweite des Gitters 10 mm und die Drahtdicke 0,5 mm nicht unterschreiten

25. Welche Anforderungen werden an die Verbrennungsluftversorgung der Aufstellräume für raumluftabhängige Feuerstätten mit über 50 kW Gesamtnennwärmeleistung gestellt?

- Die Verbrennungsluftversorgung der Aufstellräume für raumluftabhängige Feuerstätten mit über 50 kW Gesamtnennwärmeleistung muss durch eine Öffnung oder eine Leitung ins Freie sichergestellt werden
- Für jedes über 50 kW Gesamtnennwärmeleistung hinausgehende Kilowatt müssen zusätzlich 2 cm^2 zu den 150 cm^2 Mindestquerschnitt dazugerechnet werden
- Der erforderliche Querschnitt darf auf höchstens zwei Öffnungen oder Leitungen aufgeteilt werden

26. Welche Anforderungen werden an Aufstellräume für raumluftunabhängige Gasfeuerstätten der Art C gestellt?

An Aufstellräume für Gasgeräte der Art C mit Kennzeichnung „X", bei denen Abgase nicht in gefährlicher Menge austreten können, werden keine besonderen Anforderungen hinsichtlich Rauminhalt und Lüftung gestellt.
Bei Aufstellung von Gasgeräten der Art C ohne Kennzeichnung „X", welche die erhöhten Dichtheitsanforderungen nicht erfüllen, muss der Aufstellraum eine Öffnung mit einem freien Querschnitt von 150 cm^2 oder zwei Öffnungen mit je 75 cm^2 ins Freie haben.

27. Welche besonderen Anforderungen werden an Aufstellräume von Feuerstätten für flüssige und gasförmige Brennstoffe mit einer Gesamtnennwärmeleistung $\Phi_{NL} > 100$ kW gestellt?

Aufstellräume von Feuerstätten für flüssige und gasförmige Brennstoffe mit einer Gesamtnennwärmeleistung $\Phi_{NL} > 100$ kW

- dürfen nicht anderweitig genutzt werden, außer zur Lagerung von Brennstoffen, Aufstellung von Wärmepumpen, Blockheizkraftwerken und ortsfesten Verbrennungsmotoren.
- dürfen gegenüber anderen Räumen außer Türen keine Öffnungen haben.
- müssen dichte und selbstschließende Türen haben.
- müssen gelüftet werden können.
- müssen zwei unmittelbar ins Freie führende, oben und unten angeordnete Öffnungen von mindestens 150 cm^2 aufweisen zuzüglich 1 cm^2 für jedes über 100 KW hinausgehende kW.

- müssen einen außerhalb des Aufstellraumes angeordneten Notschalter aufweisen, durch den Brenner und Brennstofffördereinrichtungen jederzeit abgeschaltet werden können; neben dem Notschalter ist ein Schild mit der Aufschrift „NOTSCHALTER-FEUERUNG" anzubringen.

Wird im Aufstellraum Heizöl gelagert oder ist der Öllagerraum nur über den Aufstellraum zugänglich, muss die Ölzufuhr von der Seite des Notschalters aus durch eine entsprechend gekennzeichnete Absperreinrichtung (Reißleine) unterbrochen werden können.

28. In einem Kellerraum mit Außentür eines vor 2002 errichteten Einfamilienhauses soll ein Heizkessel mit Gebläsebrenner aufgestellt werden. In dem Haus sind keine Änderungen der Luftdurchlässigkeit der Gebäudehülle vorgenommen worden. Der Aufstellraum hat eine Länge von 6 m, eine Breite von 4 m und eine Höhe von 2,5 m. Der Hausbesitzer wünscht keine Verbrennungsluftöffnungen ins Freie. Ein Verbrennungsluftverbund ist nicht möglich.
Welche Nennwärmeleistung in kW darf der Heizkessel höchstens haben, damit eine ausreichende Verbrennungsluftversorgung gewährleistet ist?
Verwenden Sie zur Lösung der Aufgabe die Tabelle, Auslegungswerte für n_{50}, Zuordnung zu einem Haustyp sowie errechnete Luftwechselrate (TRGI 2018), siehe Aufgabe 20.

$\Phi_{NL,max} = \underline{\underline{15\ kW}}$

Lösungsweg siehe II Lösungswege, Zu 10.4 Aufstellung von Wärmeerzeugern – Verbrennungsluftversorgung

29. In einem Badezimmer mit zu öffnendem Außenfenster soll ein Gas-Kombiwasserheizer Art B11BS mit 24 kW Nennwärmeleistung aufgestellt werden. Welche Grundfläche (in m^2) muss der Raum mindestens haben, damit Schutzziel 1 ohne Verbrennungsluftverbund erreicht wird, wenn die Raumhöhe 2,5 m beträgt.

$A = \underline{\underline{9{,}6\ m^2}}$

Lösungsweg siehe II Lösungswege, Zu 10.4 Aufstellung von Wärmeerzeugern – Verbrennungsluftversorgung

30. In einem Raum mit Fenster und 26 m³ Raumvolumen soll ein raumluftabhängiges Gasgerät (Art B) mit Strömungssicherung aufgestellt werden. Die Nennwärmeleistung Φ_{NL} beträgt 16 kW. Die errechnete Luftwechselrate für das nach 2002 errichtete Haus beträgt 0,22 $\frac{1}{h}$.

a) Welche Schutzziele hinsichtlich der Aufstellung müssen erfüllt sein.

b) Prüfen Sie, ob die Schutzziele erfüllt werden.

c) Führen Sie den Nachweis über das Erreichen von Schutzziel 2, wenn der angrenzende Raum mit Fenster ins Freie ein Volumen von 95 m³ hat und mit dem Aufstellraum durch eine Öffnung von 150 cm² freiem Querschnitt verbunden wird.

a) Schutzziel 1 und Schutzziel 2

b) Schutzziel 1

$V_R = 26\ m^3 \geq V_{R,erf.} = 16\ m^3$

→ Schutzziel 1 erfüllt

Schutzziel 2

$q_{VL,anr} = 5{,}7\ \frac{m^3}{h} \leq q_{Bed} = 25{,}6\ \frac{m^3}{h}$

→ Schutzziel 2 nicht erfüllt

c) $q_{VL,anr} = 26{,}6\ \frac{m^3}{h}$ (Aufstellraum + angrenzender Raum)

$\geq q_{Bed} = 25{,}6\ \frac{m^3}{h}$

→ Schutzziel 2 erfüllt

Lösungsweg siehe II Lösungswege, Zu 10.4 Aufstellung von Wärmeerzeugern – Verbrennungsluftversorgung

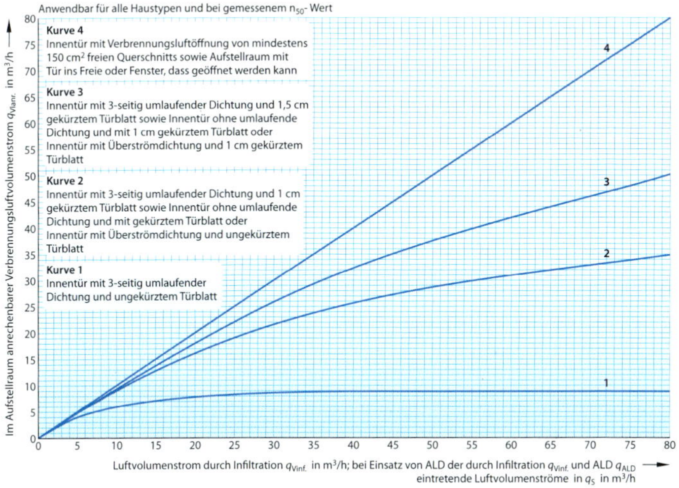

31. In der dargestellten Wohnung soll ein Gas- Kombiwasserheizer (KWH) Art B11BS mit $\Phi_{NL} = 18{,}0$ kW unter folgenden Bedingungen installiert werden:

- **Mehrfamilienhaus vor 2002 errichtet,**
- **neue Fenster,**
- **alle Innentüren sind mit 3-seitig umlaufender Dichtung versehen,**
- **der Wohnungseigentümer wünscht keine Verbrennungsluftöffnung ins Freie oder durch Innenwände.**

a) Führen Sie den Nachweis über das Erreichen der Schutzziele 1 und 2 mittels Formblatt zur Ermittlung der ausreichenden Verbrennungsluftversorgung von raumluftabhängigen Feuerstätten bis 50 kW Nennwärmeleistung im Verbrennungsluftverbund unter Anwendung der nachfolgenden Tabelle (Anrechenbarer Verbrennungsluftvolumenstrom in Abhängigkeit vom Haustyp)

b) Geben Sie die zu ergreifenden Maßnahmen an.

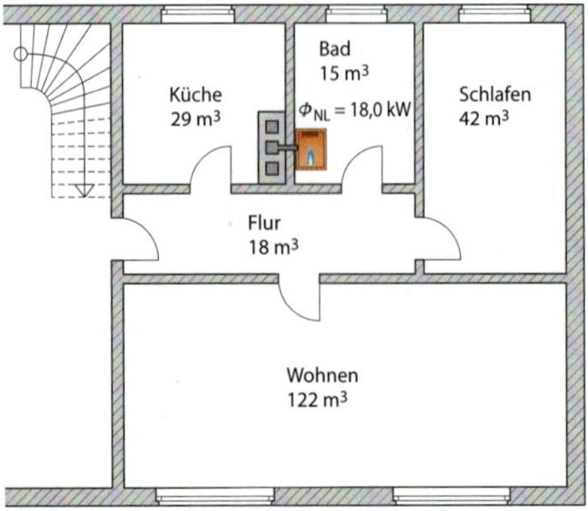

Grundriss

Lösung:

a.) $RLV = 1{,}8\ \frac{m^3}{kW} > 1\ \frac{m^3}{kW}$

Schutzziel 1 erfüllt

$q_{VL,anr} = 32{,}1\ \frac{m^3}{h} \geq q_{Bed} = 28{,}8\ \frac{m^3}{h}$

Schutzziel 2 erfüllt

b.) Maßnahmen

- Zwei Öffnungen in der Tür zum Bad von jeweils mindestens 150 cm² freiem Querschnitt
- Überströmdichtungen in Schlaf- und Wohnzimmer

Lösungsweg siehe II Lösungswege,
Zu 10.4 Aufstellung von Wärmeerzeugern – Verbrennungsluftversorgung

Eingeschossige Wohnung / Nutzungseinheit			Anrechenbarer Verbrennungsvolumenstrom $q_{VL,anr}$ [m³/h]						
Ventilatorgestützte Lüftung in ab 2002 errichteten EFH/MFH	freie Lüftung in vor 2002 errichteten EFH/MFH oder – in vor 2002 errichteten MFH mit wesentlicher Änderung der Luftdurchlässigkeit	freie Lüftung in vor 2002 errichteten EFH mit wesentlicher Änderung der Luftdurchlässigkeit	Aufstellraum mit Tür ins Freie oder Fenster, das geöffnet werden kann sowie Innentür mit Verbrennungsluftöffnung von mind. 150 cm² freien Querschnittes	Innentür ohne umlaufende Dichtung oder mit Überströmdichtung		Innentür mit 3-seitig umlaufender Dichtung		
$n_{50} = 1{,}0$	$n_{50} = 1{,}5$	$n_{50} = 2{,}0$	Verbrennungs-Luftvolumenstrom durch Infiltration					
$f_{wirk.komp.} = 0{,}7$								
$n = 0{,}13\ h^{-1}$	$n = 0{,}19\ h^{-1}$	$n = 0{,}26\ h^{-1}$	Kurve 4	Kurve 2	Kurve 3	Kurve 1	Kurve 2	Kurve 3
Haustyp 1 Raumvolumen [m³]	Haustyp 3 Raumvolumen [m³]	Haustyp 5 Raumvolumen [m³]	[m³/h]	Türblatt ungekürzt	Türblatt 1,0 cm gekürzt	Türblatt ungekürzt	Türblatt 1,0 cm gekürzt	Türblatt 1,5 cm gekürzt
6	4	3	0,8	0,8	0,8	0,8	0,8	0,8
12	8	6	1,6	1,4	1,4	1,4	1,4	1,4
18	13	9	2,4	2,2	2,2	2,2	2,2	2,2
25	17	12	3,2	3,0	3,0	2,7	3,0	3,0
31	21	15	4	3,8	3,8	3,4	3,8	3,8
37	25	18	4,8	4,5	4,6	3,7	4,5	4,6
43	29	22	5,6	5,1	5,3	4,2	5,1	5,3
49	34	25	6,4	5,9	6,1	4,5	5,9	6,1
55	38	28	7,2	6,6	6,9	5,0	6,6	6,9
62	42	31	8	7,4	7,5	5,3	7,4	7,5
68	46	34	8,8	8,0	8,3	5,6	8,0	8,3
74	51	37	9,6	8,6	9,1	5,8	8,6	9,1
80	55	40	10,4	9,3	9,8	6,1	9,3	9,8
86	59	43	11,2	9,9	10,6	6,2	9,9	10,6
92	63	46	12	10,6	11,4	6,6	10,6	11,4
98	67	49	12,8	11,2	12,0	6,7	11,2	12,0
105	72	52	13,6	11,7	12,6	6,9	11,7	12,6
111	76	55	14,4	12,3	13,4	7,0	12,3	13,4
117	80	58	15,2	13,0	14,1	7,0	13,0	14,1
123	84	62	16	13,6	14,9	7,2	13,6	14,9
129	88	65	16,8	14,1	15,5	7,4	14,1	15,5
135	93	68	17,6	14,6	16,2	7,5	14,6	16,2
142	97	71	18,4	15,0	17,0	7,5	15,0	17,0
148	101	74	19,2	15,7	17,6	7,7	15,7	17,6
154	105	77	20	16,2	18,2	7,7	16,2	18,2
160	109	80	20,8	16,6	18,9	7,8	16,6	18,9
166	114	83	21,6	17,1	19,5	7,8	17,1	19,5
172	118	86	22,4	17,6	20,0	8,0	17,6	20,0
178	122	89	23,2	18,1	20,8	8,0	18,1	20,8
185	126	92	24	18,6	21,4	8,2	18,6	21,4
191	131	95	24,8	19,0	22,1	8,2	19,0	22,1
197	135	98	25,6	19,4	22,7	8,2	19,4	22,7
203	139	102	26,4	19,8	23,4	8,2	19,8	23,4
209	143	105	27,2	20,3	23,8	8,3	20,3	23,8
215	147	108	28	20,6	24,5	8,3	20,6	24,5

Zu Aufgabe 31
Tabelle: Anrechenbarer Verbrennungsluftvolumenstrom in Abhängigkeit vom Haustyp (TRGI 2018)

Objekt:								Messwert (wenn vorhanden)			Kennwerte der Nutzungseinheit (TRGI 2018)									
Datum:								n_{50}-Wert gemessen			$F_{wirk.komp}$		n_{50}-Auslegungswert			Haustyp		errechneter Luftwechsel in 1/h		
Ist-Zustand									Schutzziel 1			Schutzziel 2								
Raum			Verbrennungslufträume (VLR)[1]			Feuerstätte(n)			min. 1 m^3 je kW			Werte aus Diagramm Bild 1, S. 208 oder Tabelle Bild 1, S. 209		Änderung	Werte aus Diagramm Bild 1, S. 208 oder Tabelle Bild 1, S. 209		Vom Hersteller angegebener Luftvolumenstrom bei 4 Pa in m^3/h			
Spalte	1	2	3	4	5	6	7	8	9	10	11	12	13	14	15	16	17	18	19	20
Nr. des Raumes laut Skizze	Nutzung	Raumvolumen (VR)	bei Berechnung der Infiltration[2]	Angenommenes Raumvolumen bei Nutzung Tabelle XX[3]	Luftvolumenstrom durch Infiltration	Verwendungszweck/Art	Nennleistung bzw. fiktive Leistung	Verbrennungsluftbedarf	RLV[4] nur Aufstellraum	Raumvolumen Aufstellraum und Nebenraum	RVL[4] für Aufstellraum und Nebenraum	Kurve nach TRGI	Anrechenbarer Verbrennungsluftvolumenstrom bei Kurve aus Spalte 12	Maßnahme an der Tür des Raumes zur Verbesserung des Luftdurchlasses	Neue Kurve nach Maßnahme aus Spalte 14	Anrechenbarer Verbrennungsluftvolumenstrom bei Kurve aus Spalte 15	Anzahl ALD	Luftvolumenstrom ALD	Summe Luftvolumenstrom Spalte 5 + Spalte 18	Anrechenbarer Verbrennungsluftvolumenstrom bei Kurve aus Spalte 15[5]
Maßeinheit		m^3	m^3	m^3	m^3/h		kW	m^3/h		m^3			m^3/h			m^3/h		m^3/h	m^3/h	m^3/h
I																				
II																				
III																				
IV																				
V																				
VI																				
VII																				
Σ	x					x			x			x		x	x					

[1] VLR sind Räume mit Tür oder Fenster ins Freie das geöffnet werden kann; [2] gleiches Volumen wie Spalte 2; [3] ist das Raumvolumen des zu berechnenden Raumes in Bild 1, nächste Seite für den betrachteten Haustyp nicht enthalten, wird der Wert für das nächst kleinere Raumvolumen verwendet – dieses Raumvolumen ist in Spalte 4 einzutragen; [4] Raum-Leistungs-Verhältnis (RVL) = Raumvolumen durch Leistung; [5] steht in Spalte 15 keine Kurve (wurde also an der vorhandenen Tür dieses Raumes keine Änderung vorgenommen) gilt die Kurve aus Spalte 12

Zu Aufgabe 31
Formblatt zur Ermittlung der anrechenbaren Verbrennungsluftversorgung von raumluftabhängigen Feuerstätten bis 50 kW Nennwärmeleis-tung im Verbrennungsluftverbund

10.5 Verbrennungsluftzuführung und Abgasableitung

1. Was versteht man gemäß TRGI 2018 unter dem Begriff Gasgerät?

Nach TRGI 2018 ist der Begriff Gasgerät die Sammelbezeichnung für Gasgeräte ohne Abgasanlage und Gasfeuerstätten, deren Abgase über eine Abgasanlage abgeführt werden.

2. Was sind Gasgeräte der Art B?

Gasfeuerstätten mit offener Verbrennungskammer mit und ohne Strömungssicherung und raumluftabhängiger Betriebsweise.

3. Was sind Gasgeräte der Art C?

Gasfeuerstätten mit geschlossener Verbrennungskammer und raumluftunabhängiger Betriebsweise.

4. Wo müssen grundsätzlich alle Gasfeuerstätten an einen Schornstein oder an eine Abgasleitung angeschlossen werden?

Gasfeuerstätten müssen grundsätzlich innerhalb des Geschosses, in dem sie aufgestellt sind, an einen Schornstein oder eine Abgasanlage angeschlossen werden.

5. Erläutern Sie den Unterschied zwischen raumluftabhängigen und raumluftunabhängigen Gasfeuerstätten.

Raumluftabhängige Gasfeuerstätten haben eine offene Verbrennungskammer und entnehmen ihre Verbrennungsluft dem Aufstellraum; sie führen ihre Abgase z. B. über Schornsteine oder Abgasleitungen ab.
Bei raumluftunabhängigen Gasfeuerstätten ist die Verbrennungskammer gegenüber dem Aufstellraum luftdicht abgeschlossen. Die Verbrennungsluft wird unmittelbar von außen zugeführt und die Abgase werden direkt ins Freie geleitet.

6. Nennen Sie mindestens vier Vorteile von raumluftunabhängigen Gasfeuerstätten gegenüber raumluftabhängigen Gasfeuerstätten.

- Raumluftunabhängige Gasfeuerstätten können unabhängig von der Größe und der Dichtheit des Raumes aufgestellt werden.
- Einrichtungen, die der Wohnung Luft entziehen wie z. B Dunstabzugshauben, Wäschetrockner oder offene Kamine, können ohne besondere Maßnahmen gleichzeitig mit der Gasfeuerstatte betrieben werden.
- Es sind keine Öffnungen in Türen erforderlich, damit ausreichend Luft aus Nebenräumen nachströmen kann.
- Verunreinigungen z. B. durch Kochdünste haben keinen Einfluss auf die Verbrennung.

7. Begründen Sie, warum es sinnvoll ist, bei Gasfeuerstätten mit Strömungssicherung eine Abgasklappe einzubauen.

Durch den Einbau einer Abgasklappe wird das Auskühlen des Raumes verhindert.

8. Für welche Gasfeuerstätten sind Strömungssicherungen vorgeschrieben?

Strömungssicherungen sind für raumluftabhängige Gasfeuerstätten mit Gasbrennern ohne Gebläse vorgeschrieben und sind ein fester Bestandteil der Feuerstatte. Sie werden vom Gerätehersteller mitgeliefert und dürfen nicht verändert werden.

9. Welche zwei Arten von Strömungssicherungen werden unterschieden?

Es werden aufgesetzte und integrierte Strömungssicherungen unterschieden.

10. Erklären Sie die Funktion einer Strömungssicherung.

Die Strömungssicherung stellt eine Verbindung zwischen Abgas und Raumluft her. Hierdurch wird eine einwandfreie Verbrennung unabhängig von zu starkem Zug, Stau oder Rückstrom im Schornstein gewährleistet.
Bei zu starkem Zug wird zusätzlich Raumluft angesaugt, die aber nicht durch den Verbrennungsraum strömt und ihn deshalb auch nicht auskühlt. Bei Stau oder Rückstrom können die Abgase in den Raum austreten, ohne dass der Verbrennungsprozess gestört wird. Der Rückstrom von Abgasen in den Raum ist nur kurzzeitig zulässig.

11. Welche Gasfeuerstätten müssen mit einer Abgasüberwachungseinrichtung ausgestattet werden?

Gasfeuerstätten B1 und B4 mit Strömungssicherung in Wohnungen, ähnlichen Räumen oder vergleichbaren Nutzungseinrichtungen müssen mit einer Abgasüberwachungseinrichtung ausgestattet werden.

12. Wozu dient die Abgasüberwachungseinrichtung?

Die Abgasüberwachungseinrichtung sitzt an der Unterseite der Strömungssicherung und schaltet mit Hilfe einer Steuerelektronik bei Stau oder Rückstrom den Brenner nach ca. 2 min ab.
Der Brenner wird jedoch nicht verriegelt und nach ca. 20 min wieder eingeschaltet.
Bei Halbautomaten erfolgt allerdings keine selbsttätige Wiedereinschaltung. Sie müssen manuell geschaltet werden.

13. Die Abgasanlage raumluftabhängiger Gasgeräte mit Strömungssicherung ist einer Funktionsprüfung zu unterziehen.
a) Erläutern Sie die Durchführung dieser Funktionsprüfung.
b) Wann liegt eine Funktionsstörung vor?

a) Die Funktionsprüfung erfolgt 5 min … 10 min nach Inbetriebnahme des Gerätes mit Hilfe einer mit Flüssigkeit gefüllten Taupunktplatte bzw. eines Taupunktspiegels. Dieser darf nicht beschlagen. Während der Prüfung müssen alle Fenster und Türen geschlossen sein und das Gerät muss mit Volllast betrieben werden.
b) Treten nach Ablauf dieser Zeit Abgase aus der Strömungssicherung aus, liegt eine Funktionsstörung vor. Das Gasgerät muss dann außer Betrieb genommen werden, bis die Ursache der Funktionsstörung ermittelt ist.

10.6 Bereitstellung von gasförmigen Brennstoffen

Erdgas
Bereitstellung

1. Wer ist berechtigt, Erdgasanlagen nach TRGI 2018 zu installieren, in Betrieb zu nehmen, instand zu halten und zu ändern?

- Netzbetreiber (NB)
- Gasversorgungsunternehmen (GVU)
- von ihnen zugelassene Vertragsinstallationsunternehmen (VIU)

2. Deutschland importiert etwa vier Fünftel seines Erdgasbedarfs aus dem Ausland.
a) Nennen Sie drei wichtige Importländer.
b) Beschreiben Sie den Transport aus diesen Ländern.

a)
- Niederlande
- Norwegen
- Russland

b) Der Transport erfolgt durch Pipelines mit einem überwiegenden Durchmesser von etwa 1,5 m und mit Drücken bis zu 13 MPa. Um den nötigen Transportdruck für die teilweise mehrere tausend Kilometer langen Pipelines sicherzustellen, werden ca. alle 130 km … 160 km Verdichteranlagen entlang der Pipelines installiert.

3. Wie wird das Erdgas in Deutschland verteilt?

Erdgas wird in überregionale Netze und Leitungen der Netzbetreiber/Gasversorgungsunternehmen eingespeist und an die Kunden abgegeben.

4. Mit welchen Leitungsdrücken wird das Erdgas zum Endverbraucher transportiert?

Die Endverbraucher der NB/GVU werden über Niederdrucknetze (≤ 100 hPa) und Mitteldrucknetze (> 100 hPa bis 1000 hPa) beliefert.

5. Welche Werkstoffe werden für die Rohre der Leitungsnetze verwendet?

- Stahl
- Guss
- Kunststoff

6. Wie werden die starken Schwankungen des Erdgasverbrauchs ausgeglichen:
a) Tagesschwankungen (Tag/Nacht)?
b) jahreszeitliche Schwankungen (Sommer/Winter)?

a) Schwankungen im Tagesverbrauch (24 Stunden Zeitraum) werden meist durch oberirdische Kugelgasbehälter ausgeglichen. Dort wird das Gas unter einem Druck von etwa 0,5 MPa ... 2 MPa gespeichert. Zusätzlich können auch die weitverzweigten Verteilungsnetze der NB/GVU Tagesverbrauchsschwankungen ausgleichen.

b) Jahreszeitliche Schwankungen werden durch größere Speicher ausgeglichen. Rund 28,3 Milliarden m^3 Gas wurden hierfür im Jahr 2015 in Deutschland in 219 Untertagespeichern in Tiefen bis zu 2500 m gelagert.

7. Nennen Sie drei unterschiedliche Untertagespeicher für Erdgas und beschreiben Sie jeweils die Speicherung.

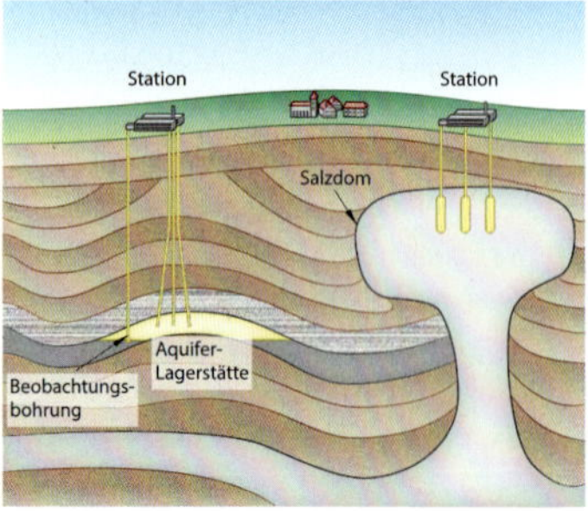

- **Porenspeicher**: Das Erdgas wird in eine poröse Gesteinsschicht gepresst, die nach oben von einer gasundurchlässigen Gesteinsschicht überlagert wird. Hierfür eignen sich ausgeförderte Erdgasfelder oder andere Gesteinsschichten, bei denen das ursprünglich enthaltene Wasser durch das eingepresste Erdgas verdrängt wird (Aquiferspeicher).
- **Kavernenspeicher**: Dieses sind in Salzstöcke gespülte zylinderförmige Hohlräume mit Durchmessern bis zu 80 m und Höhen von 50 m ... 400 m.
- **Speicher in aufgelassenen Grubenräumen**: Dies sind z. B. geologisch gasdichte, stillgelegte Salzbergwerke.

8. Beschreiben Sie die Möglichkeit, große Mengen Erdgas durch Verflüssigung zu transportieren und zu speichern.

Erdgas kann durch Abkühlung und Druckänderung verflüssigt werden. Da 1 m^3 verflüssigtes Erdgas (auch bekannt als LNG – **L**iquified **N**atural **G**as) etwa 580 m^3 Erdgas bei normalem Luftdruck entspricht, ist es möglich, Gas in großen Tankschiffen wirtschaftlich zu transportieren und auch in einem Gefrierspeicher im flüssigen Zustand zu lagern.

Hausanschluss

1. a) Benennen Sie die nummerierten Teile der abgebildeten Hauseinführung

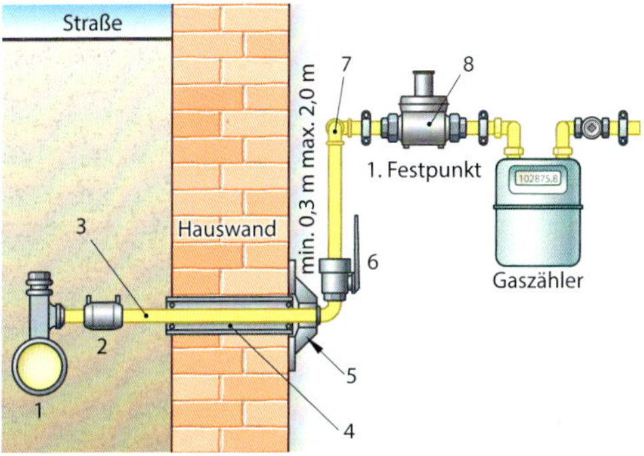

a)

1 Versorgungsleitung
2 Strömungswächter
3 Hausanschlussleitung
4 Hauseinführungskombination
5 Ausziehsicherung
6 Hauptabsperrsicherung mit Isolierstück
7 zwei Winkel für axiale Beweglichkeit
8 Hausdruckregler mit integriertem Strömungswächter

b) Zeichnen Sie die Hauseinführung von der Hauseinführungskombination (Wanddurchführung) bis zum Gaszähler mit allen erforderlichen Armaturen und Einrichtungen unter Verwendung der entsprechenden Symbole.

b)

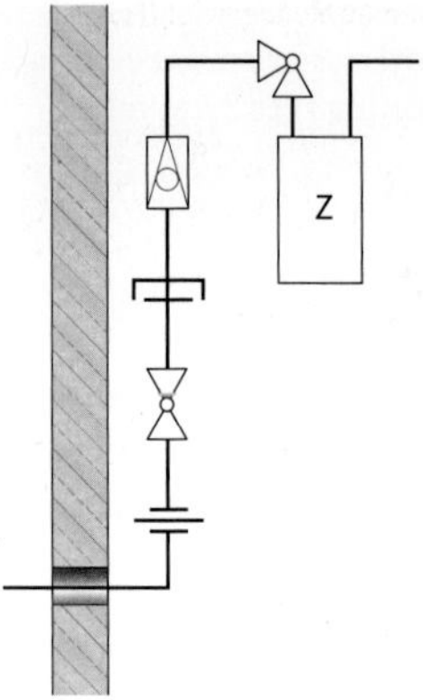

2. Nennen Sie drei Maßnahmen, wodurch Hauseinführungskombinationen älterer Bauart die Innengasleitung vor Zerstörung durch z. B. Baggerarbeiten schützen.

- die Gasleitung hat in ihrer Schutzhülse eine maximale Beweglichkeit von ca. 1 cm (sie hat keinen Festpunkt)
- hinter der HAE befindet sich als Axialausgleich ein gerades Rohrstück von z. B. mindestens 30 cm bis maximal 2 m und zwei Winkel für axiale Beweglichkeit bis zum ersten Festpunkt
- eine Ausziehsicherung in Form einer „Kralle", die an der Mauer befestigt wird

3. Beschreiben Sie die Ausführung einer Hauseinführungskombination neuerer Art und nennen Sie einen ihrer Vorteile.

Mauerhülse und Gasleitung sind eine geschlossene Rohrkapsel, in der der Übergang von z. B. PE auf Stahl stattfindet. Die einzusetzende Vergussmasse gewährleistet eine kraftschlüssige Verbindung zwischen Wand und Schutzrohr.
Vorteil: Die Hausanschlussleitung kann ohne besondere Maßnahmen mit der Innenleitung verbunden werden.

4. Warum kann bei Hauseinführungskombination neuerer Art auf eine Ausziehsicherung („Kralle") und auch auf einen Axialausgleich verzichtet werden?

Der Festpunkt ist die Gebäudewand, d. h. bevor die Gasleitung reißt, wird die Gebäudewand beschädigt.

5. **Was ist eine Mehrspartenhauseinführung?**

Die Mehrspartenhauseinführung ist eine einzige Hauseinführung mit mehreren fertigen Durchführungen für z. B. Strom, Gas, Wasser und Telekommunikation.

6. **Welche Vorteile bietet eine Mehrspartenhauseinführung?**

- es ist nur eine Kernbohrung nötig
- preisgünstigere Tiefbauarbeiten, da nur ein Rohrgraben benötigt wird
- geringerer Platzbedarf für Installationen im Anschlussraum

Gasinstallationen in Gebäuden

1. **Welche Unterscheidung der Anlagenteile trifft die TRGI 2018 bei einer Gasinstallation im Gebäude?**

- Leitungsanlagen (einschließlich Armaturen und Gaszähler) nach der Hauptabsperreinrichtung (HAE)
- Gasgeräte
- Einrichtungen zur Verbrennungsluftversorgung
- Abgasanlagen

2. **Was ist ein Isolierstück und welche Aufgabe hat es?**

Ein Isolierstück ist eine elektrische Trennstelle. Sie unterbricht die metallische Verbindung in Armaturen oder Leitungen aus Metall und verhindert so, dass ein Fehlerstrom aus dem Gebäude auf das Versorgungsnetz und umgekehrt übertragen wird.

3. **An welcher Stelle einer Gasinstallation muss ein Isolierstück installiert werden?**

Das Isolierstück wird dicht vor oder nach der HAE, möglichst nahe der Gebäudeeinführung eingebaut. Armaturen mit integriertem Isolierstück vereinfachen den Einbau.

4. **Wann kann auf den Einbau eines Isolierstücks verzichtet werden?**

Bei einer Hausanschlussleitung aus PE-HD-Rohr mit Werkstoffwechsel auf Metallrohr innerhalb der Mauerhülse kann auf den Einbau eines Isolierstücks verzichtet werden.

5. Die TRGI 2018 stellt an die Beschaffenheit und Installation der Gasanlage hohe Anforderungen, um den Austritt von unverbranntem Gas nach der HAE zu vermeiden. Nennen Sie wichtige Anforderungen, um dieses zu erreichen.

1. HTB-Qualität (**h**öher **t**hermisch **b**elastbar) aller Bauteile.
2. Einbau von selbstauslösenden Absperreinrichtungen wie z. B.:
   - thermisch auslösende Absperreinrichtungen (TAE)
   - Gasmangelsicherungen
   - Gasströmungswächter (GS).

6. Warum schreibt die TRGI 2018 den Einbau von Gasströmungswächtern vor?

Der Einbau von Gasströmungswächtern ist eine **aktive** Sicherungsmaßnahme, um bei Manipulationen an der Gasleitungsanlage oder ungewolltem Leitungsabriss das Ausströmen größerer Gasmengen zu verhindern und gefährliche Explosionen zu vermeiden.

7. Wie verhalten sich Gasströmungswächter:
a) im Normalbetrieb?
b) beim Ausströmen zu großer Gasmengen?

a) Im Normalbetrieb halten sie den Gasweg offen.
b) Beim Ausströmen zu großer Gasmengen verschließen sie den Gasweg.

8. Beschreiben Sie den Vorgang, wie der Gasströmungswächter nach dem Schließen wegen eines Störfalls den Gasweg wieder eigenständig öffnet (Reset).

Nach dem Schließen lässt das Ventil eine geringe Menge Gas überströmen, sodass sich nach dem Herstellen der regulären Betriebsbedingungen ein definierter Druck p wieder aufbaut, bis der Ventilteller sich durch die Federkraft öffnet und sich der Betriebsvolumenstrom V_N wieder einstellt.

9. An welchen Stellen einer Erdgasanlage (ausgehend vom Beginn der Hausanschlussleitung) können Gasströmungswächter grundsätzlich eingebaut werden?

- am Beginn der Hausanschlussleitung (Einbau vom Netzbetreiber, ab 100 mbar Netzdruck)
- vor, hinter oder integriert im Hausdruckregelgerät
- bei mehreren Gaszählern direkt vor dem Gaszähler

10. Wovon sind die Anzahl und die Einbauposition von Gasströmungswächtern abhängig?

- vom Versorgungsdruck p_e
- von der Anzahl der Gaszähler im Gebäude
- vom Material der Gasleitung (Metall/Kunststoff)

11. Welche beiden Gasströmungswächter werden nach TRGI 2018 (für Erdgas) und DVFG-TRF (für Flüssiggas) unterschieden?

- **GS Typ M**, ausschließlich zum Schutz gegen Manipulationen an Leitungen aus Metall
- **GS Typ K**, Sicherheitselement sowohl in Leitungen aus Metall **und** in Kunststoffleitungen, vor allem gegen Gasaustritt bei Brand und mechanischer Beschädigung

12. Was ist zu beachten, wenn der Gasströmungswächter GS Typ K für eine Gasinstallation aus Kunststoffleitungen oder Mehrschichtverbundrohren eingesetzt wird?

Vor dem Gasströmungswächter muss immer eine thermisch auslösende Absperreinrichtung (TAE) installiert werden, damit die gleichen Sicherheitsanforderungen wie bei metallenen Gasleitungen erfüllt sind.

13. In einem Einfamilienhaus mit drei Gasgeräten (siehe Abbildung), sollen Sie einen Gasströmungswächter installieren. Vervollständigen Sie die Leitungsinstallation und positionieren Sie den Gasströmungswächter an einer nach TRGI 2018 zugelassenen Stelle.

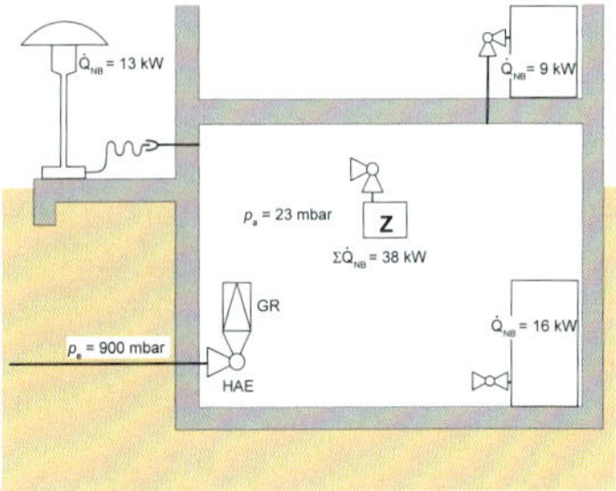

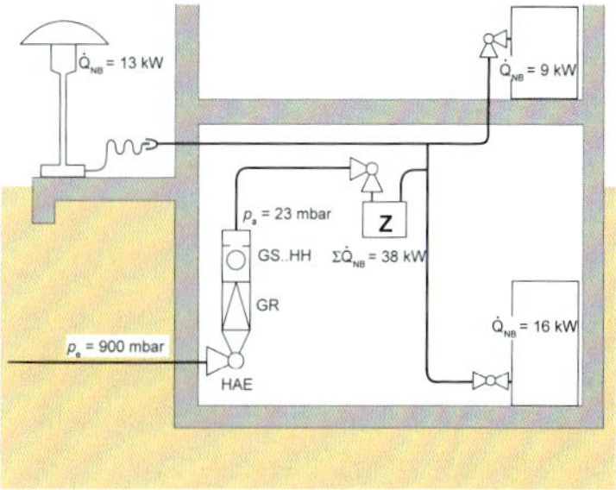

14. In einem Zweifamilienhaus mit zwei Gaszählern sollen Sie Gasströmungswächter installieren. Kennzeichnen Sie die nach TRGI 2018 zulässigen Einbaupositionen.

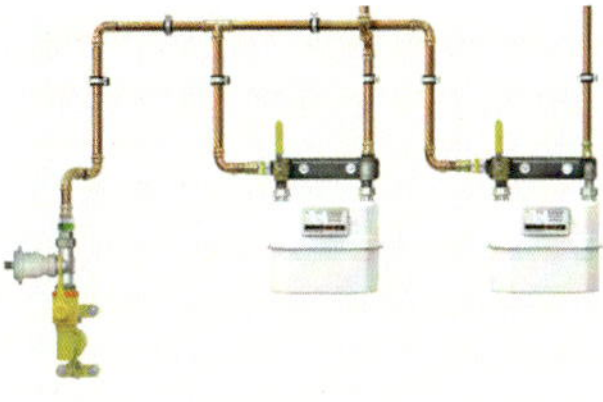

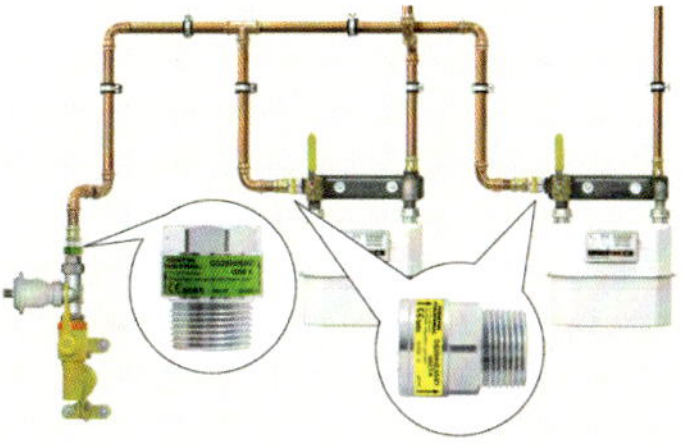

15. a) Nach welchen Kriterien werden Gasströmungswächter nach TRGI 2018 ausgelegt?
b) Nennen Sie zwei Ausnahmen von diesen Kriterien.

a) Gasströmungswächter werden nach der auf dem Typenschild angegebenen Nennbelastung (Streckenbelastung) der installierten Gasgeräte ausgelegt. Gasströmungswächter für Anlagen mit Einzelgeräten werden nur mit 80 % ihres Nennwertes belastet. Bei mehreren Gasgeräten wird die Summe der Nennbelastungen der einzelnen Geräte zur Auslegung herangezogen und die GS werden bis zum Nennwert belastet.

b)
- Gas-Haushalts-Kochgeräte an Gassteckdosen, die mit $Q_{NB} = 9$ kW ausgelegt werden
- Gassteckdosen mit unbekannter Nennbelastung, die auch mit $Q_{NB} = 9$ kW oder $Q_{NB} = 13$ kW (nur bei Außen- oder Sonderanwendungen) ausgelegt werden; die Gassteckdosen müssen mit „frei" gekennzeichnet sein

16. Warum ist es wichtig, die Vorgaben des Herstellers hinsichtlich der Einbaulage des Gasströmungswächters unbedingt zu beachten?

Die Einbaulage des GS (waagerecht, senkrecht nach oben oder unten) hat Einfluss auf die Größe des Schließfaktors des Gasströmungswächters.

17. Welchen Einfluss hat der Schließfaktor auf die Funktion des Gasströmungswächters?

Wird der Nennvolumenstrom $\dot{V}_N$ um die Größe des Schließfaktors überschritten, schließt der Gasströmungswächter automatisch und bleibt geschlossen, bis die Störung behoben ist.

18. Nennen Sie mindestens acht Auslegungsparameter für Gasströmungswächter, die bei mit Erdgas betriebenen Anlagen beachtet werden müssen.

- maximaler Anschlusswert (Nennbelastung) bei Einzelgeräten ≤ 110 kW (= 80 % von 138 kW) und bei mehreren Gasgeräten ≤ 138 kW
- innerhalb eines Fließweges dürfen nicht mehrere GS gleichen Nennwertes und gleichen Typs eingesetzt werden
- Betriebsdruckbereich 15 hPa … 100 hPa
- Haustyp: Ein-, Zwei- oder Mehrfamilienhaus
- Einbauort: vor der HAE; vor oder hinter dem Gasdruckregler (GDR); am Gaszähler
- Gaszählertyp, der vom NB vorgeschrieben ist
- Druckverlust: GS ≤ 0,5 hPa
- Überströmmenge: $< 30\,\frac{l}{h}$ Luft bei 100 hPa
- geeignete Gasarten

19. Warum ist die Auswahl des Gasströmungswächters ein Bestandteil der Rohrdimensionierung?

Die Gasrohrleitungen werden so dimensioniert, dass im Störfall der Gasströmungswächter auslöst.

20. Ergänzen Sie die folgende Tabelle aus der TRGI 2018 hinsichtlich des auszuwählenden Sentry-Gasströmungswächters und der zugeordneten Farbe des Typschildes für metallene Leitungen.

Summe der Nennbelastung $\Sigma\dot{Q}_{NB}$ (in kW)		Auszuwählender SENTRY GS und Farbe des Typschildes
Einzelzuleitung/ Abzweigleitung	Verbrauchs- u. Verteilungs-leitung	
≤ 17	≤ 21	
18 bis 27	22 bis 34	
28 bis 41	35 bis 51	
42 bis 68	52 bis 86	
69 bis 110	87 bis 138	

Auszug aus TRGI 2018

Metallene Leitungen

Summe der Nennbelastung $\Sigma\dot{Q}_{NB}$ (in kW)		Auszuwählender SENTRY GS und Farbe des Typschildes
Einzelzuleitung/ Abzweigleitung	Verbrauchs- u. Verteilungs-leitung	
≤ 17	≤ 21	GS..2,5
18 bis 27	22 bis 34	GS..4
28 bis 41	35 bis 51	GS..6
42 bis 68	52 bis 86	GS..10
69 bis 110	87 bis 138	GS..16

21. Wann ist der Einbau von Gasströmungswächtern nach TRGI 2018 nicht notwendig?

- bei Einzelgeräten mit einem Anschlusswert > 110 kW (= 80 % von 138 kW)
- bei mehreren Gasgeräten mit einem Anschlusswert in den Verteilungsleitungen von > 138 kW

22. Nennen Sie mindestens vier passive Maßnahmen, um Manipulationen an Gasinstallationen zu erschweren und gefährliche Explosionen zu vermeiden.

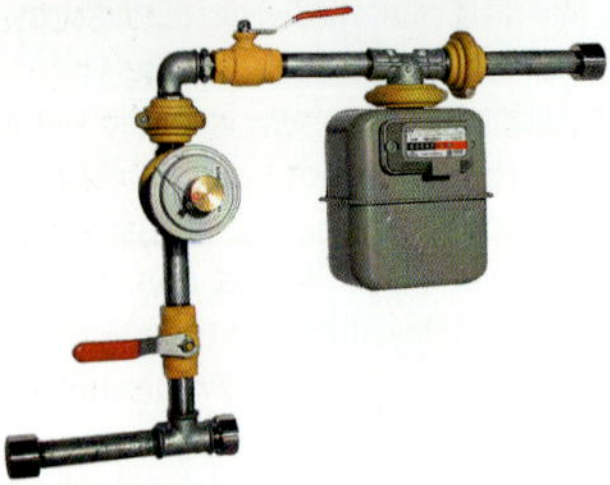

- Vermeidung von Leitungsenden, die mit Stopfen oder Kappen verschlossen sind
- Verwendung von Sicherheitsstopfen, Sicherheitskappen und Ringverschraubungssicherungen, die nicht mit herkömmlichen Werk-
  zeugen zu öffnen sind
- Einsatz von Schrumpfmanschetten
- Verkleben der Gewinde von Kappen oder Stopfen mit Spezialkleber
- Hausanschlussarmaturen und Gaszähler nur in verschließbaren Räumen installieren

23. Warum sind in Ein- oder Zweifamilienhäusern passive Maßnahmen gegen Manipulationen an Gasinstallationen nicht erforderlich?

Es gibt in Ein- oder Zweifamilienhäusern keine allgemein zugänglichen Räume mit Gasinstallationen, wo z. B. fremde Personen Manipulationen ausführen könnten.

24. In welchem Fall muss ein Hausdruckregler eingebaut werden?

Ein Hausdruckregler ist notwendig, wenn der Versorgungsdruck größer ist als der zum Erreichen des Anschlussdrucks erforderliche Druck.

25. Welche zwei Arten von Hausdruckreglern werden bei der Niederdruckversorgung (45 hPa … 100 hPa) meist eingesetzt?

- eine Kombination aus Gasdruckregler mit integriertem Gasströmungswächter
- Gasdruckregler mit integrierter Gasmangelsicherung

26. Benennen Sie die einzelnen Bauteile des abgebildeten Hausdruckreglers mit Gasmangelsicherung für den Niederdruckbereich.

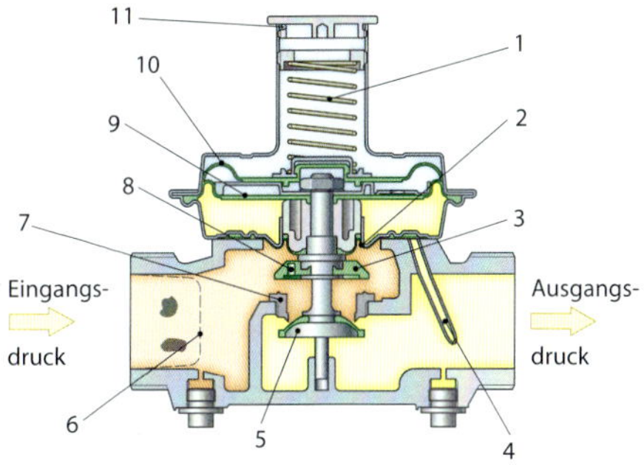

1 Sollwerteinsteller
2 Ausgleichsmembrane
3 Gasmangelsicherung (Sperrventilteller)
4 Verbindungskanal
5 Stellglied (Regelventilteller)
6 Sieb
7 Ventilsitz
8 Überströmbohrung
9 Arbeitsmembrane
10 Sicherheitsmembrane
11 Atemdüse

27. Wann und wie unterbricht eine im Hausdruckregelgerät integrierte Gasmangelsicherung die Gasversorgung?

Wenn sich der eingeregelte Ausgangsdruck um ca. 50 % verringert, schließt die Gasmangelsicherung das Ventil über dem oberen Ventilteller (Ziffer 3 in der Abbildung Aufgabe 26).

28. Welche Voraussetzungen müssen erfüllt sein, damit die Gasmangelsicherung wieder den Betriebsdruck (in Betriebsstellung gehen) aufbauen kann?

- Undichtigkeiten müssen beseitigt sein
- hinter dem Regelgerät liegende Verbraucher müssen geschlossen sein

29. Beschreiben Sie den Vorgang, wie die Gasmangelsicherung wieder in Betriebsstellung (Erreichen des Betriebsdrucks) gehen kann.

Der unten angeordnete Regelventilteller bzw. -kegel (Ziffer 5 in der Abbildung Aufgabe 26) steht auch bei Unterbrechung der Gaszufuhr in Offen-Position. Über eine Überströmbohrung (Ziffer 8 in der Abbildung Aufgabe 26) gelangt ein geringer Gasvolumenstrom in den Bereich der Ausgangsdruckkammer. Nach Erreichen des Betriebsdrucks geht die Gasmangelsicherung wieder in die Betriebsstellung zurück und öffnet den Gasweg.

30. Worin unterscheidet sich der Hausdruckregler im Mitteldruckbereich (> 100 hPa … 1000 hPa) von dem im Niederdruckbereich (≤ 45 hPa ... 100 hPa)?

Da hier eine erhöhte Sicherheit gefordert wird, befindet sich bei Hausdruckreglern für den Mitteldruckbereich auf der Eingangsseite des Gehäuses ein zusätzliches Sicherheitsabsperrventil (SAV).

31. Welche zwei Ausführungsarten von Gaszählern werden angeboten und wie unterscheiden sich diese?

Gaszähler werden in Einstutzen- und Zweistutzenausführung angeboten. Einstutzenzähler haben einen doppelwandigen Anschlussstutzen, durch den das Gas zu- und abgeführt wird. Zweistutzenzähler sind mit gesonderten Zu- und Abgängen ausgerüstet.

32. a) Welche Gaszählerbauart wird überwiegend in Ein- und Zweifamilienhäusern verwendet?
b) Wie erfolgt die Messung des verbrauchten Gasvolumens?
c) Was muss der Netzbetreiber bei der Auswahl des Gaszählers berücksichtigen?

a) Balgengaszähler (Verdrängungszähler) nach DIN 1359.

b) Die verbrauchte Gasmenge im Betriebszustand wird durch das auf ein Zählwerk übertragene Füllen und Entleeren zweier Messkammern ermittelt.

c)
- die Bauart
- die Größe
- den Aufstellungsort

33. Wo dürfen überall Gaszähler aufgestellt werden?

- in allgemein zugänglichen Fluren, auch wenn diese als Rettungsweg dienen und die Gaszähler kein Hindernis für Rettungseinsätze darstellen
- innerhalb und außerhalb von Wohnungen

34. Nennen Sie sechs Eigenschaften, die installierte Gaszähler aufweisen müssen.

- erhöht thermisch belastbar
- leicht ablesbar
- gut zugänglich
- auswechselbar
- geschützt gegen mechanische Beschädigungen
- spannungsfrei installiert, in trockener Umgebung

35. Beschreiben Sie die Leitungsführung folgender Gasleitungsabschnitte:
- **Verteilungsleitung**
- **Steigleitung**
- **Verbrauchsleitung**
- **Abzweigleitung**
- **Einzelzuleitung**
- **Geräteanschlussleitung.**

Innenleitungen und Außenleitungen können bestehen aus:	
Verteilungsleitung	Leitung zu mehreren Gaszählern
Steigleitung	Leitung, die senkrecht von Geschoss zu Geschoss führt
Verbrauchsleitung	Leitung ab Abzweig von Verteilungsleitung oder ab Ende Verteilungsleitung bzw. ab HAE bis zu Abzweigleitungen
Abzweigleitung	Leitung von der Verbrauchsleitung bis zur Geräteanschlussarmatur; ausschließlich zur Versorgung eines Gasgerätes
Einzelzuleitung	Leitung bei nur einem Gasgerät von HAE bis bis zur Geräteanschlussarmatur
Geräteanschlussleitung	Leitung von Geräteanschlussarmatur bis Anschluss am Gasgerät

36. Bezeichnen Sie die gekennzeichneten Leitungsabschnitte und Gasarmaturen.

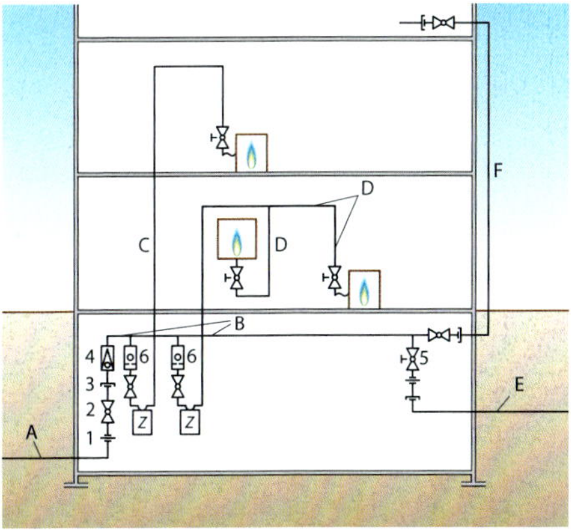

Leitungsabschnitte
- A Hausanschlussleitung
- B Verteilungsleitung
- C Verbrauchsleitung (Steigleitung)
- D Abzweigleitung
- E erdverlegte Außenleitung
- F frei verlegte Außenleitung

Armaturen
1. Isolierstück
2. Hauptabsperreinrichtung
3. lösbare Verbindung
4. Hausdruckregler mit integriertem Gasströmungswächter
5. Absperreinrichtung mit Isolierstück und lösbarer Verbindung
6. Gasströmungswächter

37. Wann kann die Verteilungsleitung entfallen, sodass die Verbrauchsleitung direkt hinter der Hauptabsperreinrichtung beginnt?

Die Verteilungsleitung kann entfallen, wenn nur ein Gaszähler vorhanden ist.

38. Welche Rohre sowie Form- und Verbindungsteile dürfen für eine Gasinnenanlage verwendet werden?

- Stahlrohre nach DIN EN 10255
- nahtlose Stahlrohre nach DIN EN 10216-1 geschweißte Stahlrohre nach DIN EN 10217-1
- Präzisionsstahlrohre nach DIN EN 10305-1, -2 und -3
- Kupferrohre nach DIN EN 1057
- Wellrohrleitungen aus nicht rostendem Stahl nach DIN EN 15266 für Betriebsdrücke bis 100 hPa
- biegsame Anschlussleitungen (Metallschläuche) nach DIN 3383 und DIN 3384
- Mehrschichtverbundrohre nach DVGW G 5628 (P)
- Gasschlauchleitungen nach DIN 16617

39. a) Nennen Sie drei lösbare Verbindungsarten für Gasleitungen.
b) Welche Einschränkungen gelten bei der Verwendung von lösbaren Verbindungen bei Gasrohrleitungen?

a)
- Klemmverbindungen
- Flansche
- Verschraubungen

b) Die lösbaren Verbindungen bei Gasrohrleitungen dürfen nicht als fortlaufende Verbindungen verwendet werden.

40. Nennen Sie vier verschiedene unlösbare Verbindungstechniken und ordnen Sie ihnen Rohrwerkstoffe zu.

1. Gewindeverbindung nach DIN EN 10226-1 für Stahlrohre nach DIN EN 10255
2. Schweißverbindungen nach DVGW-Arbeitsblatt GW 350/DIN EN 12732 für
   - Stahlrohre nach DIN EN 10255
   - nahtlose Stahlrohre nach DIN EN 10255 geschweißte Stahlrohre nach DIN EN 10217-1
   - nahtlose und geschweißte Präzisionsstahlrohre nach DIN EN 10305-1, -2 und -3
   - Kupferrohre nach DVGW GW 392 (A) und DIN EN 1057
3. Hartlötverbindungen für Kupferrohre nach DVGW GW 392 (A) und DIN EN 1057
4. Pressrohrverbindungen für Mehrschichtverbundrohre nach DVGW G 5628 (P)

41. Welche Einschränkungen gelten für Gewindeverbindungen von Stahlrohren?

- es dürfen nur vom DVGW zugelassene, nicht aushärtende Dichtmittel verwendet werden
- Gewindeverbindungen sind nur noch bis DN 50 zulässig

42. Warum ist das Weichlöten von Kupferrohrverbindungen für Gasleitungen verboten?

Weichgelötete Verbindungen können undicht werden, da die Schmelztemperatur des Weichlotes (ca. 300 °C), weit unter der Zündtemperatur von Erdgas (ca. 640 °C) liegt und somit unverbranntes Gas ausströmen kann, wenn bei einem Brandfall das Weichlot schmilzt.

43. Nennen Sie acht allgemeine Regeln für Rohrverlegungsarbeiten auf der Grundlage der TRGI 2018 für den Niederdruckbereich ($p_e \leq 100$ hPa) und den Mitteldruckbereich ($p_e > 100$ hPa … 1000 hPa) – ausgenommen Brandschutzregeln.

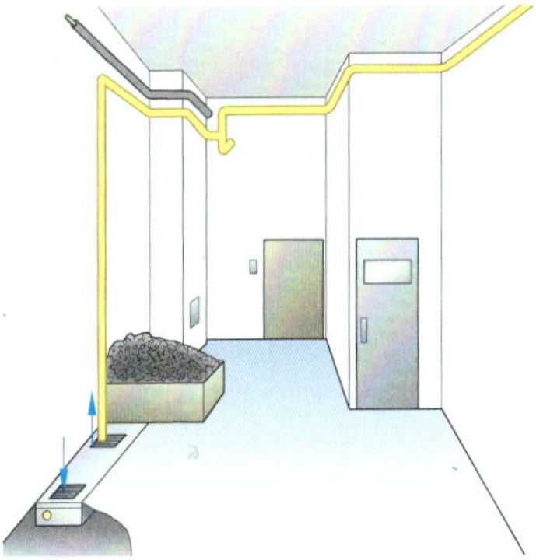

- möglichst gleiche Abstände zu Wänden und Decken mit wenigen Umlenkungen
- Bögen statt Winkel, um Druckverluste gering zu halten
- lösbare Verbindungen (z. B. Verschraubungen) und Leitungsenden möglichst nicht in allgemein zugänglichen Räumen
- Gasleitungen dürfen keiner mechanischen Belastung ausgesetzt werden, die zu Schäden führen könnten
- Gasleitungen dürfen nicht als Erder oder Schutzleiter genutzt werden
- Kunststoffleitungen sind vor aggressiven und korrosionsauslösenden Stoffen wie Farbanstriche, Fette, Öle, Reinigungsmittel usw. zu schützen; Korrosionsschutz für metallene Verbinder
- werkstoffgerechte Lagerung und Transport, insbesondere der Kunststoffrohre
- die frei liegende Verlegung von Gasrohrleitungen ist zu bevorzugen

44. Welche grundsätzlichen Brandschutzbestimmungen müssen bei der Installation von Gasrohrleitungen aus Metall bis 1000 hPa Leitungsdruck beachtet werden?

- es sind immer die bauaufsichtlichen Brandschutzbestimmungen zu beachten
- ist die mechanische Längskraftschlüssigkeit der Gasleitungen im Brandfall nicht gewährleistet (z. B. Hartlötverbindungen oder Klemmverbindungen mit nichtmetallischer Dichtung), müssen zur Befestigung stets nicht brennbare Rohrschellen und Metalldübel verwendet werden
- bei Verlegung **durch** Hohlräume, Decken und Wände sind nach beiden Seiten offene Mantelrohre zu verwenden, die deutlich sichtbar überstehen müssen
- bei Verlegung **in** Hohlräumen wie Schächten, Kanälen u. Ä. sind diese mit etwa 10 cm^2 großen, unverschließbaren Öffnungen zum Be- und Entlüften zu versehen
- bei Gasleitungen hinter abgehängten Decken, vorgesetzten Wänden oder Ständerwänden müssen zwei diagonale Lüftungsöffnungen vorhanden sein
- Gas führende Leitungen durch Schächte müssen je nach Brandschutzanforderungen die Feuerwiderstandsanforderungen F30 bis F90 aufweisen
- bei Wand- und Deckendurchführungen F30 oder F90 müssen die Gasrohrleitungen durch Abschottungen mindestens der gleichen Feuerwiderstandsklasse führen

45. Welche besondere Brandschutzbestimmung muss bei Gebäuden mittlerer Höhe (mehr als 7 m Höhe von OKFF Erdgeschoss bis OKFF höchstes bewohntes Geschoss) und mehr als zwei Nutzungseinheiten bei der Installation von metallenen Gasrohrleitungen zusätzlich beachtet werden?

Die Verlegung in notwendigen Treppenräumen und ihren Ausgängen ins Freie sowie in allgemein zugänglichen Fluren (Rettungswege) darf nur mit besonderen Maßnahmen wie z. B. unter Putz mit mindestens 15 mm Überdeckung ohne Hohlraum ausgeführt werden; Putzträger dürfen nicht brennbar sein.

46. Welche zusätzlichen Brandschutzbestimmungen gelten für Gasleitungen aus Kunststoff und Mehrschichtverbundrohren bis 100 hPa Leitungsdruck?

- die Verlegung in notwendigen Treppenräumen und ihren Ausgängen ins Freie sowie in allgemein zugänglichen Fluren (Rettungswege) bei Gebäuden mittlerer Höhe ist verboten
- die Rohre und die entsprechenden Verbinder müssen als System für Gas geeignet (Kennzeichnung G100), geprüft und zertifiziert sein
- Wand- und Deckendurchführungen sind wie bei metallenen Leitungen auszuführen; Abschottungen müssen zusätzlich mit allgemeiner bauaufsichtlicher Zulassung bzw. Prüfzeugnis versehen sein
- aktives Sicherheitselement durch GS Typ K mit TAE

47. Welche zusätzlichen Regeln sind für Rohrverlegungsarbeiten verdeckter Gasleitungen auf der Grundlage der TRGI 2018 für den Niederdruckbereich ($p_e \leq 100$ hPa) und den Mitteldruckbereich ($p_e > 100$ hPa … 1000 hPa) zu beachten?

- bei Leitungen in Hohlräumen ohne Verbindungen (durchgehendes Rohr) kann auf die Lüftungsöffnungen verzichtet werden
- die Leitungsführung verdeckt verlegter Leitungen (z. B. unter Putz) muss dokumentiert werden
- unter Putz verlegte Leitungen (zulässig nur im Niederdruckbereich) müssen mit Umhüllungen aus Kunststoff als Korrosionsschutz vor gipshaltigen Industrieputzen versehen sein (keine Filzbinden)
- die Verlegung von Gasleitungen im Rohfußboden und in der Ausgleichsschicht/Trittschalldämmung ist gestattet

48. In welchen Bereichen ist die Verlegung von Gasleitungen verboten?

- im Estrich
- in Müllschächten
- in Aufzugs- und Lüftungsschächten
- durch Schornsteine und Schornsteinwangen
- Unterputzverlegung, wenn der Betriebsdruck in einer Leitung über 100 hPa liegt (Mitteldruckbereich)

49. Welche Maßnahmen sind zu ergreifen, um Gasleitungen gegen Korrosion durch möglicherweise auftretende Feuchtigkeit zu schützen?

- verlegen verzinkter Stahlrohre
- Kunststoffumhüllungen oder Kunststoffbeschichtungen
- Korrosionsschutzbinden und Schrumpfmaterialien
- Gasleitungen oberhalb von Wasserleitungen verlegen, um zu verhindern, dass Tropf- oder Schwitzwasser auf die Gasleitungen gelangen kann, oder Wasserleitung wärmedämmen

50. Nennen Sie die Richtwerte für Befestigungsabstände horizontal verlegter metallener Gasleitungen und Kunststoffgasleitungen von DN 15 bis DN 50.

metallene Gasleitungen		Kunststoffgasleitungen	
Nennweite DN	Abstand in m	Nennweite DN	Abstand in m
15	1,50	16	1,00
20	2,00	20	1,25
25	2,25	25	1,50
32	2,75	32	1,75
40	3,00	40	2,00
50	3,50	50	2,00

Verwahren und Prüfung von Gasleitungsanlagen

1. Welche Öffnungen von Gasleitungen müssen verschlossen werden?

Alle Leitungsöffnungen von stillgelegten oder außer Betrieb gesetzten Innenleitungen und von fertiggestellten aber noch nicht angeschlossenen Innenleitungen müssen verschlossen werden.

2. Weshalb dürfen keine Arbeiten an Gasleitungen ausgeführt werden, wenn diese in Betrieb sind?

Arbeiten an Gasleitung, die in Betrieb sind, dürfen nicht ausgeführt werden, da unverbranntes Gas ausströmen könnte.

3. Welche Arbeiten sind an Gasleitungen zulässig, auch wenn sie in Betrieb sind?

Arbeiten, die zur äußeren Instandhaltung dienen (z. B. Farbanstriche), sind an Gasleitungen zulässig, auch wenn sie in Betrieb sind.

4. Welche beiden Prüfungsarten werden für Gasleitungen unterschieden?

- Belastungsprüfung
- Dichtheitsprüfung

5. Zu welchem Zeitpunkt müssen die beiden Prüfungsarten durchgeführt werden (mit Begründung)?

Bevor die Gasleitungen unter Putz gelegt, verdeckt, umhüllt oder beschichtet werden, müssen die Prüfungsarten durchgeführt werden. Dadurch wird vermieden, dass Leitungen durch Beschichtungen oder Umhüllungen eventuell nachträglich abgedichtet werden.

6. Womit werden die Leitungsöffnungen bei der Belastungsprüfung dicht verschlossen?

Leitungsöffnungen werden mit Steckscheiben, Blindflanschen, Stopfen oder Kappen verschlossen.

7. Was muss bei der Prüfung von bereits bestehenden Gas führenden Leitungsteilen und neuen Leitungsanlagenteilen beachtet werden?

Neue Leitungsanlagenteile müssen während der Prüfung von bestehenden Gas führenden Leitungsteilen getrennt sein. Bei in Betrieb befindlichen Gasleitungen wird lediglich eine Gebrauchsfähigkeitsprüfung durchgeführt.

8. Auf welche Gasanlagenteile erstreckt sich die Belastungsprüfung?

Die Belastungsprüfung erstreckt sich auf neu verlegte Leitungen oder Leitungsanlagenteile ohne Armaturen, Gasdruckregelgeräte, Gaszähler und Gasgeräte, einschließlich Regel- und Sicherheitseinrichtungen.

9. Wann dürfen Armaturen mitgeprüft werden?

Armaturen dürfen mitgeprüft werden, wenn die Nenndruckstufe der Armaturen mindestens dem Prüfdruck entspricht.

10. Mit welchen Medien darf die Belastungsprobe durchgeführt werden?

Die Belastungsprobe darf mit Luft oder inerten Gasen (z. B. Stickstoff) – jedoch nicht mit Sauerstoff – durchgeführt werden.

11. Nennen Sie die Prüfbedingungen für eine Belastungsprüfung von Gasrohrleitungen bis 100 hPa.

- Prüfdruck maximal 1000 hPa (0,1 MPa)
- Prüfdauer 10 Minuten
- kein Druckabfall zulässig
- Messgerät für Druckabfallanzeige von 0,01 MPa
- die Prüfung muss protokolliert werden

12. Wann wird die Dichtheitsprüfung durchgeführt?

Die Dichtheitsprüfung wird nach der Belastungsprüfung durchgeführt.

13. Auf welche Gasanlagenteile erstreckt sich die Dichtheitsprüfung?

Die Dichtheitsprüfung erstreckt sich auf die Leitungsanlage mit Armaturen.

14. Wann dürfen Gasdruckregler und Gaszähler bei der Dichtheitsprüfung mitgeprüft werden?

Gasdruckregler und Gaszähler dürfen mitgeprüft werden, wenn sie für den Prüfdruck ausgelegt sind.

15. Welche Anlagenteile dürfen bei der Dichtheitsprüfung nicht mitgeprüft werden?

Regel- und Sicherheitseinrichtungen

16. Mit welchen Medien darf die Dichtheitsprobe durchgeführt werden?

Die Dichtheitsprobe darf mit Luft oder einem inerten Gas (z. B. Kohlendioxid) – jedoch nicht mit Sauerstoff – durchgeführt werden.

17. Nennen Sie die Prüfbedingungen für eine Dichtheitsprüfung von Gasrohrleitungen bis 100 hPa.

- Prüfdruck maximal 150 hPa
- Prüfdauer abhängig vom Gasleitungsvolumen
- kein Druckabfall zulässig
- Messgerät für Druckabfallanzeige von 0,1 hPa
- die Prüfung muss protokolliert werden

18. Wie lauten die Richtwerte für den Temperaturausgleich und die Mindestprüfdauer bei folgenden Gasleitungsvolumina:
- **< 100 l?**
- **≥ 100 l bis < 200 l?**
- **≥ 200 l?**

Leitungsvolumen	Apassungszeit	min. Prüfdauer
< 100 l	10 min	10 min
≥ 100 l < 200 l	30 min	20 min
≥ 200 l	60 min	30 min

19. Was ist der besondere Unterschied zwischen der Prüfung von Gasleitungsanlagen im Nieder- und Mitteldruckbereich?

Die Prüfung der Gasleitungsanlage im Mitteldruckbereich ist eine kombinierte Belastungs- und Dichtheitsprüfung.

20. Nennen Sie die Prüfbedingungen für eine kombinierte Belastungs- und Dichtheitsprüfung von Gasrohrleitungen im Mitteldruckbereich.

- Prüfung mit Luft oder einem inerten Gas; nicht mit Sauerstoff
- Temperaturausgleich ca. 3 h
- Prüfdruck 0,3 MPa
- Prüfzeit 2 h
- kein Druckabfall zulässig
- die Prüfung muss protokolliert werden

21. a) Welche Anlagenbereiche bzw. -teile können von der kombinierten Belastungs- und Dichtheitsprüfung ausgenommen werden?
b) Welche Voraussetzung muss erfüllt sein, um auf die kombinierte Belastungs- und Dichtheitsprüfung der unter a) aufgeführten Anlagenbereiche bzw. -teile verzichten zu können?

a)
- Verschlüsse von Prüföffnungen
- kurze Abzweig- und Geräteanschlussleitungen
- Verbindungen mit der Hauptabsperreinrichtung (HAE), Gasdruckreglern, Gaszählern und Gasgeräten, Geräteanschlussleitungen, Geräteanschlussarmaturen
- Verbindungen mit Gas führenden Leitungen

b) Auf die kombinierte Belastungs- und Dichheitsprüfung der unter a) genannten Anlagenbereiche kann verzichtet werden, wenn sie unter Betriebsdruck mit Gas mit einem Gasspürgerät nach DVGW-Hinweis G 465-4 oder mit Schaum bildenden Mitteln nach DIN EN 14291 geprüft werden.

22. Für welche Gasanlagen wird eine Gebrauchsfähigkeitsprüfung angewendet?

Eine Gebrauchsfähigkeitsprüfung wird für im Gebrauch befindliche Gasanlagen angewendet.

23. Geben Sie den Grad der Gebrauchsfähigkeit und die zu ergreifenden Maßnahmen an, wenn die Gasleckmenge bei Betriebsdruck folgende Werte aufweist:
- **$< 1 \frac{l}{h}$**
- **$\geq 1 \frac{l}{h}$ bis $\leq 5 \frac{l}{h}$**
- **$> 5 \frac{l}{h}$.**

Gasleckmenge bei Betriebsdruck	Gebrauchsfähigkeit	Maßnahme
$< 1 \frac{l}{h}$	unbeschränkt	keine
$\geq 1 \frac{l}{h} \leq 5 \frac{l}{h}$	vermindert	innerhalb 4 Wochen abdichten oder erneuern
$> 5 \frac{l}{h}$	keine	sofortige Außerbetriebnahme

24. Nennen Sie zwei zusätzliche Bedingungen, von denen die Gebrauchsfähigkeit abhängig sein kann.

- vom äußerlich erkennbaren Zustand der Bauteile
- von der Funktionsfähigkeit der Bauteile

Inbetriebnahme (gilt auch für Flüssiggasanlagen)

1. Was muss unmittelbar vor dem Einlassen von Gas in die Gasleitungen festgestellt werden?

Es muss festgestellt werden:
- ob die Leitungen gemäß Prüfprotokoll für dicht befunden worden sind (Druckprobe wurde durchgeführt),
- ob eine Druckprobe und Besichtigung aller mit Stopfen, Kappen, Steckscheiben oder Blindflanschen verschlossenen Leitungsöffnungen erfolgte und keine Absperrarmaturen zum Verschließen verwendet werden (Ausnahme: Sicherheits-Gasanschlussarmaturen nach DIN 3383 bis 100 hPa Betriebsdruck).

2. Wie erfolgt das Einlassen des Gases in die Leitungsanlage?

Das Gas wird so lange in die Leitungsanlage gelassen, bis sich keine Luft oder kein inertes Gas mehr in der Leitung befindet (ausblasen).

3. Was geschieht mit dem „ausgeblasenen" Gas?

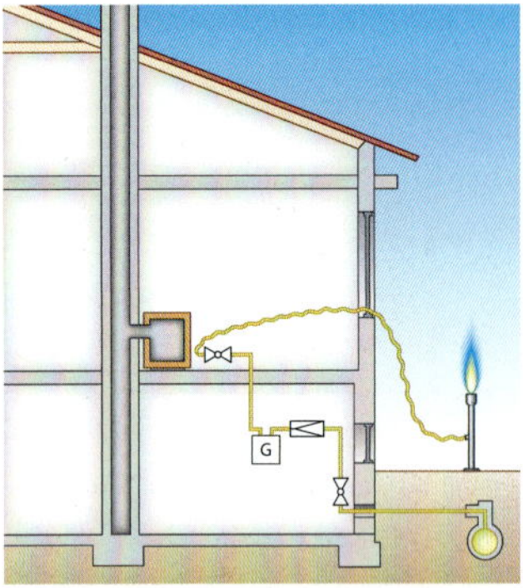

Das Gas ist gefahrlos mit einem Schlauch ins Freie zu leiten. Kleinere Gasmengen können mit einem geeigneten Brenner abgebrannt werden. Hierbei ist auf eine ausreichende Belüftung zu achten. Zündquellen sind grundsätzlich zu vermeiden.

Verhalten bei Gasgeruch (gilt auch für Flüssiggasanlagen)

1. Warum können Betreiber von mit Erdgas betriebenen Anlagen ausströmendes Gas riechen, obwohl Erdgas im Gegensatz zum Flüssiggas (z. B. Propan, Butan) weitgehend geruchfrei ist?

Allen Gasen der öffentlichen Gasversorgung wird ein Geruchstoff (Odoriermittel) hinzugefügt.

2. **Wie sollten sich Bewohner eines Hauses bei Gasgeruch verhalten bzw. welche Maßnahmen sollten sie ergreifen?**

Karte „Verhalten bei Gasgeruch"

- keine Panik
- Gashahn zudrehen
- keine Flammen oder Funken verursachen; keine Schalter betätigen; kein Telefon benutzen
- alle Fenster und Türen öffnen; für Durchzug sorgen
- Mitbewohner warnen (klopfen, nicht klingeln!); sich aus dem Haus entfernen
- Bereitschaftsdienst des Gasversorgers oder Netzbetreibers verständigen (von außerhalb des Hauses!)

Flüssiggas

Bereitstellung

1. **Wer ist berechtigt, Flüssiggasanlagen nach TRF 2012 zu installieren, in Betrieb zu nehmen, instand zu halten und zu ändern?**

- Fachbetriebe des Installateur- und Heizungsbauerhandwerks, die in die Handwerksrolle eingetragen sind
- Fachbetriebe, die als Fachfirmen für Flüssiggasanlagen bei der Industrie- und Handelskammer eingetragen sind

2. **In welchen Bereichen wird Flüssiggas vorwiegend eingesetzt?**

Da der Transport von Flüssiggas nicht an ein Leitungsnetz gebunden ist, wird es vorwiegend dort verwendet, wo kein öffentliches Gasnetz vorhanden ist (ländliche Bereiche, Stadtrandgebiete und da, wo aus Umweltschutzgründen keine festen Brennstoffe oder Heizöl zulässig oder erwünscht sind).

3. **Warum kann Flüssiggas in Flaschen und Tanklastwagen leicht transportiert werden?**

Flüssiggas lässt sich bei Raumtemperatur schon unter relativ geringem Druck auf rund $\frac{1}{260}$ seines Volumens komprimieren.

4. Worauf muss bei der Lagerung von Flüssiggas unbedingt geachtet werden, um die Gefahr einer Explosion zu vermeiden (mit Begründung)?

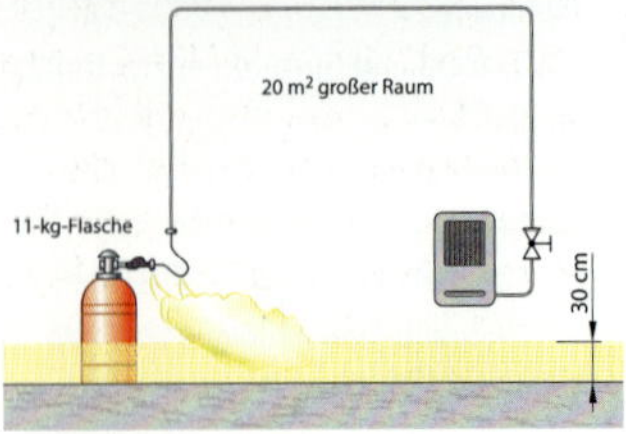

Da Flüssiggase wesentlich schwerer sind (Propangas 1,97 $\frac{kg}{m^3}$, Butangas 2,59 $\frac{kg}{m^3}$) als Luft (1,29 $\frac{kg}{m^3}$), verteilen sie sich bei Undichtigkeiten zunächst bodennah. Es muss deshalb darauf geachtet werden, dass sich austretendes Flüssiggas nicht in tiefer liegenden Bereichen sammeln kann, wo es zusammen mit Luft ein explosives Gemisch (bei ca. 2 % ... 9 % Gasanteil) bildet.

5. Welche beiden Möglichkeiten der Flüssiggaslagerung werden unterschieden?

- ortsbewegliche Flüssiggasflaschen, bis zu einem Füllgewicht von 16 kg
- ortsfeste Flüssiggasbehälter, die an ihrem Aufstellungsort befüllt werden

6. Welche Vorschriften gelten für die Lagerung bzw. Aufstellung ortsbeweglicher Flüssiggasflaschen?

Ortsbewegliche Flüssiggasbehälter dürfen in Aufenthaltsräumen – jedoch nicht in Schlafräumen – aufgestellt werden. Pro Wohnung sind höchstens zwei Flaschen – einschließlich der entleerten – zugelassen, je Raum jedoch nur eine Flasche. Flaschen über 16 kg dürfen innerhalb von Gebäuden nur in besonderen Räumen aufgestellt werden.

7. Was muss vor der Aufstellung ortsfester Flüssiggasbehälter für die Versorgung größerer Gasverbrauchseinrichtungen (z. B. Gasfeuerstätten) unbedingt beachtet werden?

Diese Behälter sind genehmigungspflichtig bzw. anzeigepflichtig (die Bestimmungen der einzelnen Bundesländer sind zu beachten) und müssen in regelmäßigen Abständen überprüft werden.

8. Nennen und beschreiben Sie vier unterschiedliche Möglichkeiten, ortsfeste Flüssiggasbehälter aufzustellen bzw. zu lagern.

- oberirdisch im Freien
- halboberirdisch im Freien; die untere Hälfte des Flüssiggasbehälters muss bis zur waagerechten Behälterachse allseitig mit mindestens 20 cm Erde (Sand) umgeben sein
- erdüberdeckt im Freien; der Behälter muss allseitig mit mindestens 50 cm Erde bedeckt sein
- innerhalb von Räumen, jedoch nicht in Räumen, deren Fußböden allseitig tiefer liegen als die angrenzende Erdoberfläche und die dem dauerhaften Aufenthalt von Menschen dienen

9. Welche Maßnahmen müssen getroffen werden, wenn ortsfeste Flüssiggasbehälter der Sonne ausgesetzt sind?

Die Flüssiggasbehälter müssen durch geeignete Maßnahmen (z. B. reflektierenden weißen, silbrigen oder grünen Anstrich) gegen unzulässige Erwärmung geschützt werden.

10. Wo besteht ein Verbot für die Aufstellung von ortsfesten Flüssiggasbehältern?

- in Durchgängen, Durchfahrten, Treppenräumen
- an Treppen von Freianlagen, Fluren, Feuerwehrzufahrten und Notausgängen

11. Nennen Sie zwei für Flüssigkeitsbehälter geltende Schutzziele, um sie sicher betreiben zu können.

- Schutz der Umgebung vor Gefahren, die von den Flüssigkeitsbehältern ausgehen
- Schutz der Flüssigkeitsbehälter vor Gefahren, die aus der Umgebung auf die Behälter einwirken können

12. Bei ortsfesten Flüssiggasbehältern sind um die möglichen Gasaustrittsstellen Schutzzonen vorgeschrieben.
a) Wann gilt welches Verbot in diesen Bereichen?
b) Welchen Zweck hat das unter a) genannte Verbot?

a) Während des Befüllvorgangs dürfen keine Zündquellen in diesen Bereichen vorhanden sein.
b) Das Verbot soll die Entzündung einer explosionsfähigen Atmosphäre vermeiden.

13. Nennen und beschreiben Sie die zwei Schutzzonen für ortsfeste Flüssiggasbehälter.

- in Zone 1 dürfen explosionsgeschützte Geräte der Kategorie 1 oder 2 (sehr hoher oder hoher Schutzgrad und damit sehr hohes oder hohes Maß an Sicherheit) verwendet werden und die Zone ist dauerhaft von Zündquellen frei zu halten
- in Zone 2 dürfen explosionsgeschützte Geräte der Kategorie 1, 2 oder 3 (3 = normaler Schutzgrad und damit erhöhtes Maß an Sicherheit) verwendet werden

14. Nennen Sie zwei Beispiele für die Verwendung von explosionsgeschützten Geräten in Zone 2.

Arbeiten mit wirksamer Zündquelle wie z. B.:
- Heckenschneiden mit einer elektrischen Heckenschere
- Rasenmähen mit einem elektrischen bzw. verbrennungsmotorbetriebenen Rasenmäher (ist nach dem Befüllvorgang und nachgewiesener Dichtheit zulässig)

15. Skizzieren und bemaßen Sie die Schutzzonen von ortsfesten Flüssiggasbehältern:
a) bei oberirdischer Aufstellung im Freien
b) bei halboberirdischer Lagerung im Freien
c) bei erdgedeckter Lagerung im Freien.

a) oberirdische Aufstellung

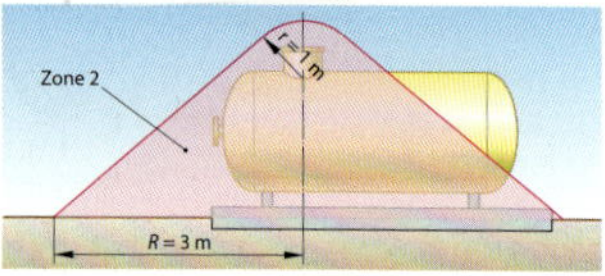

b) halboberirdische Lagerung

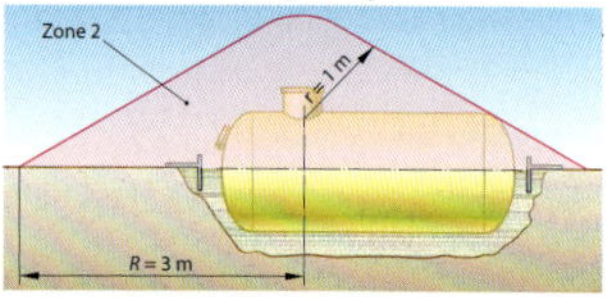

c) erdgedeckte Lagerung

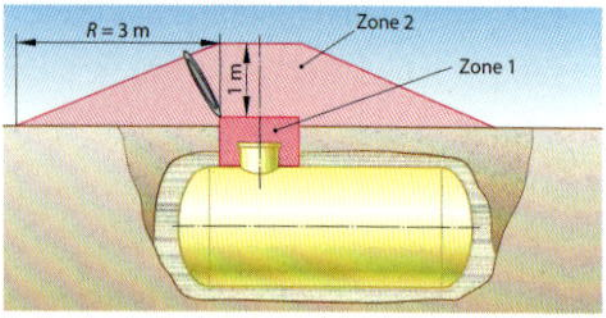

16. Welche Regeln gelten für Aufstellungsräume von ortsfesten Flüssiggasbehältern?

- eine Schutzzone außerhalb des Aufstellungsraumes ist nicht erforderlich
- es dürfen nur Außentüren vorhanden sein, die nach außen öffnen und unmittelbar ins Freie führen
- die Aufstellungsräume müssen feuerbeständig sein und dürfen keine Verbindungen zu anderen Räumen haben
- Einläufe, Öffnungen und Zündquellen sind nicht zugelassen
- die Aufstellungsräume müssen zwei Belüftungsöffnungen von je $\frac{1}{100}$ der Bodenfläche aufweisen
- die Elektroinstallation innerhalb des Aufstellungsraumes muss explosionsgeschützt ausgeführt sein

17. Welche Gefahrenhinweise sind bei der Aufstellung und Lagerung von ortsfesten Flüssiggasbehältern vorgeschrieben?

Alle Räume und Bereiche, in denen sich Flüssiggasbehälter befinden, müssen mit dem Namen des Gases, dem Gefahrensymbol und der Gefahrenbezeichnung gekennzeichnet sein.

18. Skizzieren und bezeichnen Sie vier Gefahrensymbole (Sicherheitskennzeichen) für Flüssiggasanlagen.

Feuer, offenes Licht und Rauchen verboten

Gefahr

Zutritt für Unbefugte verboten

Warnung vor explosionsfähiger Atmosphäre

Anlagenteile

1. Bei Flüssiggasanlagen werden zwei Anlagenteile unterschieden. Nennen und beschreiben Sie diese.

- **Versorgungsanlage**, bestehend aus Flüssiggasbehälter und der Rohrleitung mit Armaturen bis einschließlich der Hauptabsperreinrichtung
- **Verbrauchsanlage**, beginnend hinter der Hauptabsperreinrichtung und bestehend aus der Rohrleitung mit Armaturen und allen Gasgeräten

2. Nennen Sie die maximal zulässige Betriebstemperatur und den maximal zulässigen Betriebsdruck eines Flüssiggasbehälters.

- 40 °C
- 1,56 MPa

3. Nennen und begründen Sie das maximale Füllvolumen eines Flüssiggasbehälters.

Flüssiggasbehälter dürfen nur bis zu 85 % gefüllt werden, damit ein Reservevolumen bei starker Erwärmung und damit einhergehender Volumenvergrößerung im Sommer vorhanden ist.

4. Mit welchen Armaturen bzw. Anschlüssen muss ein Flüssiggasbehälter ausgerüstet sein?	• Sicherheitsventil • Gasentnahmeventil • selbsttätig wirkender (automatischer) Überfüllsicherung • Höchststand-Peilventil im Tank • Manometer • Prüfanschluss • Flüssiggasentnahmeventil • Inhaltsanzeige
5. Wie groß ist der erforderliche Anschlussdruck und auf welche Weise erfolgt die Reduzierung des Behälterdrucks?	• 50 hPa • die Reduzierung erfolgt immer zweistufig; es können sowohl zwei Druckregler oder ein Gerät mit zwei Druckregelstufen mit den jeweils notwendigen Sicherheitseinrichtungen verwendet werden
6. Welche Merkmale muss eine Hauseinführung für Flüssiggasleitungen aufweisen?	• thermisch erhöht belastbar • auszugssicher • der DVGW-Prüfgrundlage VP 601 entsprechen
7. Welche aktiven und passiven Sicherungsmaßnahmen gegen Manipulationen und Vermeidung von gefährlichen Explosionen müssen bei Flüssiggasanlagen angewendet werden?	Es sind die gleichen Sicherungsmaßnahmen wie bei mit Erdgas betriebenen Anlagen anzuwenden.
8. Welche Auslegungsparameter gelten für Gasströmungswächter von Flüssiggasanlagen nach TRF 2012, abweichend von mit Erdgas betriebenen Anlagen?	• maximaler Anschlusswert (Nennbelastung) bei mit Flüssiggas betriebenen Einzelgeräten ≤ 128 kW (= 80 % von 160 kW); über 128 kW wird kein GS eingebaut • maximaler Anschlusswert (Nennbelastung) bei mehreren mit Flüssiggas betriebenen Gasgeräten ≤ 160 kW; über 160 kW wird kein GS eingebaut • geeignete Gasarten – gasförmiges Flüssiggas (Propan, Butan) nach DVGW-Arbeitsblatt G 260 und DIN EN 437

Prüfung und Inbetriebnahme

1. Welche zwei Prüfungsarten werden bei Flüssiggasanlagen unterschieden?

- Festigkeitsprüfung
- Abnahmeprüfung

2. Nennen Sie die Prüfbedingungen für eine Festigkeitsprüfung.

- Prüfung mit Luft oder Stickstoff; Ausnahme: Wasser
- Prüfdruck (Luft/Stickstoff): das 1,1-fache des maximal zulässigen Betriebsüberdrucks; mindestens aber 1000 hPa (0,1 MPa)
- Prüfdruck (Wasser): das 1,3-fache des maximal zulässigen Betriebsüberdrucks
- Prüfdauer: 10 Minuten
- kein Druckabfall zulässig
- die Prüfung erstreckt sich auf alle Leitungen ohne Armaturen, Gasdruckregelgeräte, Gaszähler sowie Gasgeräte mit Regel- und Sicherheitseinrichtungen

3. Woraus besteht die Abnahmeprüfung einer Flüssiggasanlage?

- Prüfung, ob alle erforderlichen Bescheinigungen und eine Dokumentation der Leitungsinstallation vorliegen
- einer Prüfung der Ausrüstung mit sicherheitsrelevanten Bauteilen
- einer Prüfung der Montage und Installation

4. Welche Maßnahmen müssen unmittelbar vor der Inbetriebnahme einer Flüssiggasanlage durchgeführt werden?

- alle Rohrleitungen bis zu den Geräteanschlussarmaturen der Gasgeräte sind mit Luft und einem Prüfdruck von 150 hPa auf Undichtigkeiten zu überprüfen
- Temperaturausgleich: 10 Minuten
- Prüfzeit: 10 Minuten
- kein Druckabfall zulässig
- alle lösbaren Verbindungen der Rohrleitungen sowie alle Ausrüstungsteile sind mit einem Schaum bildenden Mittel nach DIN EN 14291 auf Dichtheit zu prüfen

11.1 Flüssige Brennstoffe – Einteilung und Eigenschaften

1. Wie werden Heizöl und andere flüssige Brennstoffe hergestellt?

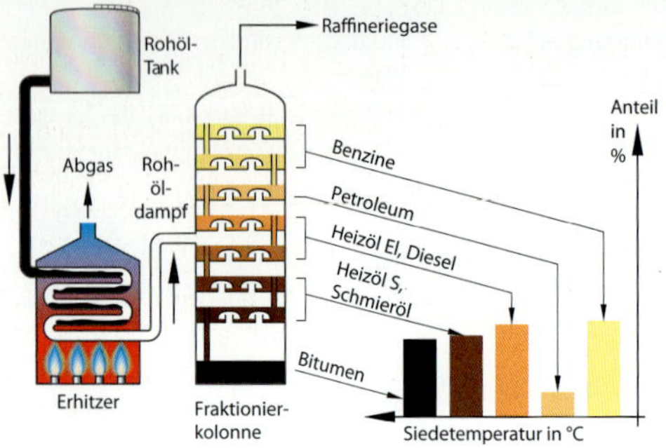

Vereinfachtes Fließschema der Raffination von Rohöl

Erdöl wird in Raffinerien durch sogenannte fraktionierte Destillation in seine Bestandteile zerlegt. Darunter versteht man das Verdampfen der Erdölbestandteile und anschließendes Verflüssigen (Destillieren). Man nutzt dabei die unterschiedlichen Siedetemperaturen der Destillate.

2. Welche Heizölsorten werden nach DIN 51603 unterschieden?

- EL **e**xtra **l**eichtflüssiges Heizöl – Standard
- EL **e**xtra **l**eichtflüssiges Heizöl – schwefelarm
- L **l**eichtflüssiges Heizöl
- M **m**ittelschwerflüssiges Heizöl
- S **s**chwerflüssiges Heizöl

3. Nennen Sie die Bestandteile des Heizöls.

- Kohlenstoff C 86,0 %
- Wasserstoff H 13,0 %
- Schwefel S 0,1 %
- Stickstoff N 0,5 %
- Sauerstoff O_2 0,2 %

4. Geben Sie die Anforderungen nach DIN 51603 für folgende Eigenschaften von Heizöl EL an:
a) Dichte
b) Wassergehalt
c) Flammpunkt
d) Schwefelgehalt (schwefelarmes Heizöl).

a) Dichte bei 15 °C: $\rho_{max} = 860 \frac{kg}{m^3}$

b) Wassergehalt max. $200 \frac{mg}{kg}$

c) Flammpunkt über 55 °C

d) Schwefelgehalt max. 0,005 Massenprozent bzw. max. $50 \frac{mg}{kg}$

5. Was versteht man unter dem Begriff kinematische Viskosität?

Die kinematische Viskosität einer Flüssigkeit ist ein Maß für ihre Zähflüssigkeit. Sie ist temperaturabhängig, d. h. sie nimmt bei steigender Temperatur ab und bei sinkender Temperatur zu.

6. **Was versteht man unter dem Begriff Cloudpoint?**

Der Cloudpoint von Heizöl ist die Temperatur, bei der erste Trübungen auftreten.
Der Cloudpoint von Heizöl (Wolkenbildung) liegt laut DIN 51603-1 bei ca. 3 °C.

7. **Was versteht man unter dem Begriff Grenzwert der Filtrierbarkeit (CFPP)?**

Der Cold Filter Plugging Point (CFPP) ist die Temperatur, bei der ein Prüffilter unter genau festgelegten Bedingungen durch Paraffinausscheidung verstopft, d. h. sich Heizöl nicht mehr filtrieren lässt. Die Grenzwerte für den CFPP sind in Abhängigkeit vom CP-Wert festgelegt.

8. **Was versteht man unter dem Begriff Flammpunkt?**

Der Flammpunkt ist die Temperatur, bei der das sich bildende Öldampf-Luft-Gemisch beim Heranführen einer Flamme kurz aufflackert, ohne dass es jedoch selbstständig weiterbrennt.

11.2 Heizöllagerung

1. **Welche Möglichkeiten der Heizöllagerung sind zu unterscheiden?**

- oberirdisch in Gebäuden (z. B. im Aufstellraum des Wärmeerzeugers, im Öllagerraum)
- oberirdisch im Freien
- unterirdisch

2. **Welche Öllagerbehälter sind zur unterirdischen Lagerung von Heizöl im Freien zugelassen?**

- einwandige Stahlbehälter nach DIN EN 12285-1/2 und einwandige Behälter aus Stahlbeton mit Kunststoffauskleidung und Leckanzeige
- doppelwandige Stahlbehälter nach DIN EN 12285-1/2 mit Leckanzeige
- doppelwandige Behälter aus glasfaserverstärktem Kunststoff (GFK) mit Leckanzeige

3. **Welche Vorkehrungen sind vor dem Einbau eines unterirdischen Öllagerbehälters zu treffen?**

Vor dem Einbau muss die Unversehrtheit des Behälters und der Behälterisolierung durch den Fachbetrieb festgestellt und bescheinigt werden. Die Einbaugrube ist so vorzubereiten, dass der Behälter beim Einbau nicht beschädigt wird.

4. Geben Sie Einbauvorschriften unterirdischer Öllagerbehälter an.

Der Behälter muss:
- in seiner gesamten Länge gleichmäßig aufliegen
- zum Dom hin ein Gefälle von etwa 1 % erhalten
- allseitig mit einer mindestens 20 cm dicken Schicht aus nicht brennbarem und steinfreiem Material (Sand- bzw. Kiesbett) umgeben werden
- in Gebieten mit hohem Grundwasserspiegel, hoher Staunässe oder Überschwemmungsgefahr mit mindestens 1,3-facher Sicherheit gegen ein Aufschwimmen im leeren Zustand gesichert werden

5. Welche Mindestabstände sind beim Einbau unterirdischer Öllagerbehälter einzuhalten?

Wenn in der Bauartzulassung oder dem Prüfbescheid keine abweichenden Maße angegeben werden, sind folgende Mindestabstände einzuhalten:
- Behälter zur Grundstücksgrenze: 1,0 m
- Behälter zu Gebäuden: 1,0 m
- Behälter zu öffentlichen Versorgungsleitungen: 1,0 m
- Behälter zu Behälter: 0,4 m
- Erdüberdeckung: mind. 0,8 m und max. 1,5 m, (Frostsicherheit)

6. Wie viele Liter Heizöl dürfen im Aufstellraum des Heizkessels gelagert werden?

Im Aufstellraum des Heizkessels dürfen bis zu 5000 l Heizöl gelagert werden.

7. Geben Sie sechs bauliche Bedingungen an, die ein Heizöllagerraum erfüllen muss.

- Wände, Decke und Fußboden müssen feuerbeständig sein (F90)
- durch die Decke und die Wände des Lagerraumes dürfen nur Heizungs-, Wasser- und Abwasserleitungen sowie Leitungen, die zum Betrieb der Behälteranlage notwendig sind (z. B. Füllleitung, Entlüftungsleitung, Entnahmeleitung), geführt werden
- Türen müssen feuerhemmend (F30), selbstschließend und in Fluchtrichtung zu öffnen sein
- der Lagerraum muss gelüftet und von der Feuerwehr vom Freien aus beschäumt werden können
- Bodenabläufe sind nur mit einer Heizölsperre zulässig
- Türen sind mit der Aufschrift „Heizöllagerung" zu kennzeichnen

8. Nennen Sie Anforderungen, die an eine bauseitige Auffangwanne gestellt werden.

Die Auffangwanne ist aus Stahlbeton oder aus Mauerwerk mit Zementputz und Zementestrich herzustellen und mit einem dreilagigen Schutzanstrich mit ölbeständiger Farbe oder mit einer öldicht verschweißten Kunststoffauskleidung zu versehen. Durchführungen und Abläufe innerhalb der Auffangwanne sind unzulässig.
Sie ist so zu bemessen, dass das dem Behältervolumen entsprechende Lagervolumen zurückgehalten werden kann. Bei mehreren nicht kommunizierenden oberirdischen Behältern ist für die Bemessung das Volumen des größten Behälters maßgebend; es müssen aber mindestens 10 % des Gesamtvolumens der Anlage zurückgehalten werden können. Kommunizierende Behälter gelten als ein Behälter.

9. Welche Lagerbehälter werden zur Heizöllagerung in Gebäuden verwendet?

- standortgefertigte Behälter aus Stahl nach DIN 6625 oder glasfaserverstärktem Kunststoff (GFK)
  Für einwandige Stahlbehälter muss bauseitig eine öldichte Auffangwanne vorgesehen werden. GFK-Behälter zur Lagerung von Heizöl in Gebäuden außerhalb von Schutzgebieten dürfen ohne Auffangwanne aufgestellt werden, wenn dies in der Bauartzulassung bzw. in den entsprechenden landesrechtlichen Vorschriften so festgelegt ist.
- Batteriebehälter aus Polyethylen (PE), Polyamid (PA) und glasfaserverstärktem Kunststoff (GFK)
  Einwandige Batteriebehälter müssen in einer bauseitigen Auffangwanne aufgestellt werden. Doppelwandige Behälter, sogenannte „Tank-im-Tank-Systeme“, sowie in fast allen Bundesländern auch einwandige GFK-Behälter benötigen keine bauseitige Auffangwanne.

10. Erläutern Sie die Unterschiede zwischen kommunizierenden und nicht kommunizierenden Batteriebehältern.

Bei Batteriebehältern bewirken Fußventile eine hydraulische Trennung der Inhalte der Einzelbehälter (= nicht kommunizierende Behälter). Dadurch wird bei Undichtigkeit eines Behälters das Auslaufen der übrigen Behälter durch Heberwirkung verhindert. Haben die Batteriebehälter kein Fußventil an den Saugleitungsenden, stehen die Inhalte der Einzelbehälter miteinander hydraulisch in Verbindung (= kommunizierende Behälter). Dadurch besteht die Gefahr, dass bei einer Undichtigkeit eines Behälters durch Heberwirkung auch alle übrigen Behälter bis auf Höhe der Leckagestelle auslaufen.

11. Welche Mindestabstände sind bei der Aufstellung standortgefertigter Behälter und Batteriebehälter einzuhalten?

Sofern in den Bauartzulassungen keine abweichenden Abstände festgelegt sind, sind folgende Mindestabstände einzuhalten:

- Behälter in Auffangwannen allseitig: 40 cm
- Behälter und Wände auf der Zugangs- und einer anschließenden Seite: 40 cm
- Behälter und übrige Wände: 25 cm; bei Behältern aus Kunststoff: 5 cm
- Batteriebehälter untereinander: 5 cm
- Einstiegsöffnung und Decke oder Wand bei Behältern mit Einstiegsöffnung: 60 cm
- Behälter und Fußboden: 10 cm; bei Kunststoffbehältern (entsprechend Bauartzulassung): 0 cm

12. Drei oberirdische Öllagerbehälter sind in einer Auffangwanne aufgestellt. Sie hat eine Länge von 3,0 m und eine Breite von 2,6 m.

a) Bestimmen Sie die Mindesthöhe des Schutzanstrichs, wenn es sich um kommunizierende Behälter handelt und das Volumen eines Behälters 2000 l beträgt.

b) Bestimmen Sie die Mindesthöhe des Schutzanstrichs, wenn es sich um nicht kommunizierende Behälter handelt und das Volumen eines Behälters 2000 l beträgt.

a) $h_1 = 7{,}692\ \text{dm} = \underline{\underline{76{,}92\ \text{cm}}}$

b) $h_2 = 2{,}564\ \text{dm} = \underline{\underline{25{,}64\ \text{cm}}}$

Lösungsweg siehe II Lösungswege, Zu 11.2 Bereitstellung von Heizöl

13. Wozu dient die Lüftungsleitung?

Die Lüftungsleitung (Be- und Entlüftung) sorgt für den Druckausgleich im Behälter.

14. Auf welcher Höhe ist die Mündung der Lüftungsleitung bei Öllagerbehältern in Kellerräumen vorzusehen?

Die Lüftungsleitung muss bei unterirdischen Behältern und bei Behältern in Kellerräumen mindestens 50 cm über den Füllstutzen und mindestens 50 cm über Erdgleiche münden.

15. Welche Rohrwerkstoffe werden für die Ölleitungen verwendet?

Für Ölleitungen wird in der Praxis meist Kupfer aber auch Stahl und Aluminium als Rohrwerkstoff verwendet.

16. Wonach richtet sich die Dimensionierung der Entnahmeleitung (Saugleitung)?

Die Dimensionierung der Entnahmeleitung (Saugleitung) richtet sich nach:

- der Leistung des Wärmeerzeugers
- der Rohrleitungslänge
- der Anzahl und der Art der eingebauten Armaturen und Richtungsänderungen
- der Saughöhe *H* (senkrechter Abstand zwischen Fußventil bzw. Saugleitungsende im Ölbehälter und Ölpumpe)
- der Art des Rohrleitungssystems (Einstrang- oder Zweistrangsystem)

Die erforderlichen Durchmesser können Tabellen oder Diagrammen der Brennerhersteller entnommen werden.

17. Welchen Vorteil hat die schwimmende Ansaugung?

Bei einer schwimmenden Ansaugung wird das Heizöl knapp unterhalb des Flüssigkeitsspiegels entnommen und dadurch verhindert, dass Ablagerungen angesaugt werden.

18. Nennen Sie mindestens drei verschiedene Ölstandsanzeiger.

- Peilstab
- mechanische Ölstandsanzeiger
- pneumatische Ölstandsanzeiger
- elektronische Ölstandsanzeiger

19. Erklären Sie das Funktionsprinzip eines pneumatischen Ölstandsanzeigers.

Bei pneumatischen Ölstandsanzeigern ist die Anzeigeskala mit einem bis auf den Boden des Öllagerbehälters reichenden Tauchrohr verbunden. Mit einer Luftpumpe wird in dieses Tauchrohr Luft gepumpt, bis das Heizöl herausgedrückt ist und Luft am Tauchrohrende entweicht. Der erforderliche Luftdruck entspricht dem Flüssigkeitsdruck am Behälterboden (hydrostatischer Bodendruck) und kann an der Anzeigeskala abgelesen werden. Die Skalierung der Anzeige kann in Prozent des Maximalinhalts oder in Liter erfolgen.

20. Welche Aufgabe erfüllt der Grenzwertgeber?

Der Grenzwertgeber schützt in Verbindung mit der Füllsicherung des Tankfahrzeugs vor einer Überfüllung.

21. Beschreiben Sie die Funktionsweise des Grenzwertgebers.

Die Wirkungsweise des Grenzwertgebers beruht auf dem Prinzip eines temperaturabhängigen elektrischen Widerstands (Kaltleiter, PTC-Element). Vor dem Befüllen wird der Grenzwertgeber durch eine elektrische Leitung mit der Füllsicherung des Tankfahrzeugs verbunden. Dadurch wird der Kaltleiter erwärmt. Erreicht der Füllstand im Behälter die eingestellte maximal zulässige Höhe, wird der Kaltleiter abgekühlt. Dadurch ändert sich sein elektrischer Widerstand abrupt. Die plötzliche Änderung der Stromstärke bewirkt am Tankfahrzeug eine Unterbrechung der Ölzufuhr.

22. Nennen Sie drei verschiedene Arten von Leckanzeigegeräten.

- Leckanzeigegeräte, die den Zwischenraum mit einer Kontrollflüssigkeit überwachen
- Leckanzeigegeräte, die im Zwischenraum einen positiven Überdruck erzeugen
- Leckanzeigegeräte, die im Zwischenraum einen negativen Überdruck erzeugen

23. Beschreiben Sie das Funktionsprinzip der Leckanzeigegeräte, die den Zwischenraum mit Hilfe einer Kontrollflüssigkeit überwachen.

Leckanzeigegeräte, die den Zwischenraum mit Hilfe einer Kontrollflüssigkeit überwachen, werden bei doppelwandigen Öllagerbehältern eingesetzt. Oberhalb des Öllagerbehälters ist ein Kontrollflüssigkeitsbehälter angebracht, der mit dem Zwischenraum verbunden ist. In die Flüssigkeit des Kontrollbehälters tauchen zwei Elektroden ein. Sinkt bei einer Leckage an einer Behälterwand der Flüssigkeitsspiegel im Kontrollbehälter unter die Elektrodenspitzen ab, wird durch die Widerstandsänderung am Signalteil ein optischer und ein akustischer Alarm ausgelöst.

24. Beschreiben Sie das Funktionsprinzip der Leckanzeigegeräte, die im Zwischenraum einen negativen Überdruck erzeugen.

Leckanzeigegeräte, die im Zwischenraum einen negativen Überdruck erzeugen, werden bei doppelwandigen Behältern und einwandigen Behältern mit Innenhülle eingesetzt. Bei einer Undichtigkeit der Außen- oder Innenwand bzw. Innenhülle bricht der negative Überdruck zusammen und der Alarm wird ausgelöst.

25. Bezeichnen Sie die nummerierten Leitungen und Zubehörteile des abgebildeten unterirdischen Heizöllagerbehälters.

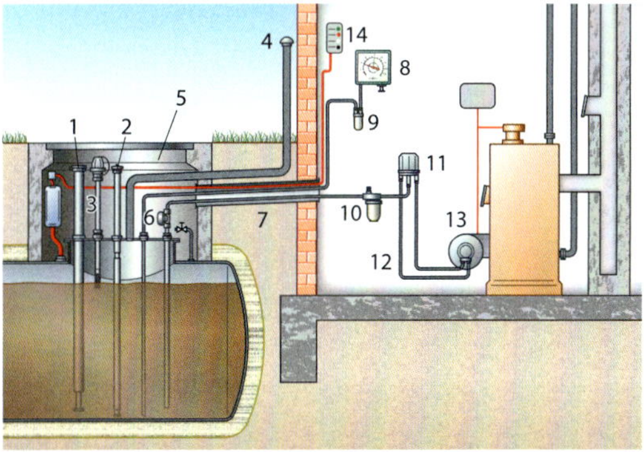

1 Füllrohr mit Füllrohrverschluss
2 Peilrohr mit Peilrohrverschluss
3 Grenzwertgeber
4 Lüftungsleitung mit Haube
5 Domschacht
6 Schnellschlussventil bzw. -hahn
7 Entnahmeleitung (Saugleitung)
8 Pneumatischer Ölstandsanzeiger
9 Kondensatgefäß
10 Heizölfilter
11 Heizölentlüfter
12 Brenneranschlussschläuche
13 Ölbrenner
14 Leckanzeigegerät

26. Bezeichnen Sie die nummerierten Leitungen und Zubehörteile des doppelwandigen Stahlbehälters mit Leckanzeigegerät.

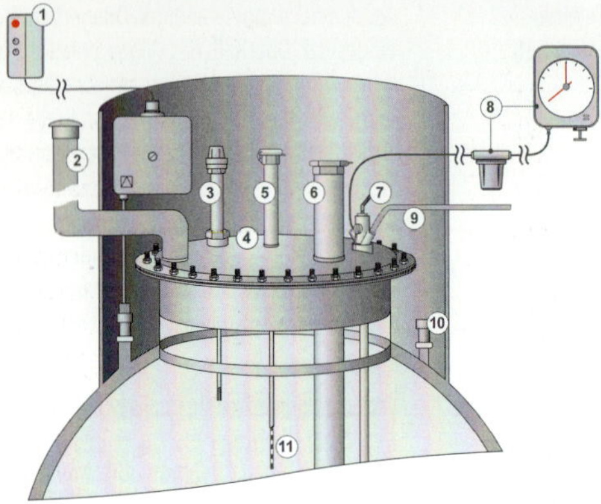

1 Leckanzeigegerät
2 Lüftungsleitung
3 Grenzwertgeber
4 Tankdeckel
5 Peilschutzrohr
6 Füllrohr
7 Entnahmearmatur mit Schnellabsperrung
8 Pneumatischer Inhaltsanzeiger mit Kondensatgefäß
9 Entnahmeleitung (Saugleitung)
10 Prüfstutzen
11 Peilstab

27. Bezeichnen Sie die nummerierten Leitungen und Zubehörteile des abgebildeten Heizöllagerbehälters.

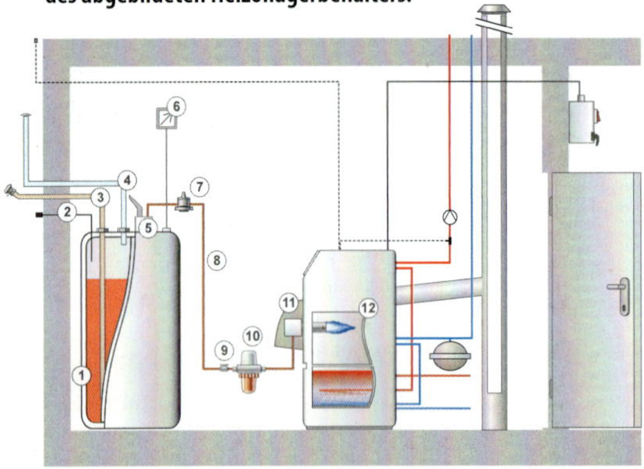

1 Doppelwandiger Öllagerbehälter
2 Grenzwertgeber
3 Fülleitung
4 Lüftungsleitung
5 Entnahmearmatur
6 Füllstandsanzeiger
7 Antiheberventil
8 Entnahmeleitung (Saugleitung)
9 Absperrventil
10 Heizölfilter mit Heizölentlüfter
11 Brenner
12 Heizkessel

28. Bezeichnen Sie die nummerierten Leitungen und Zubehörteile des abgebildeten standortgefertigten Stahlbehälters.

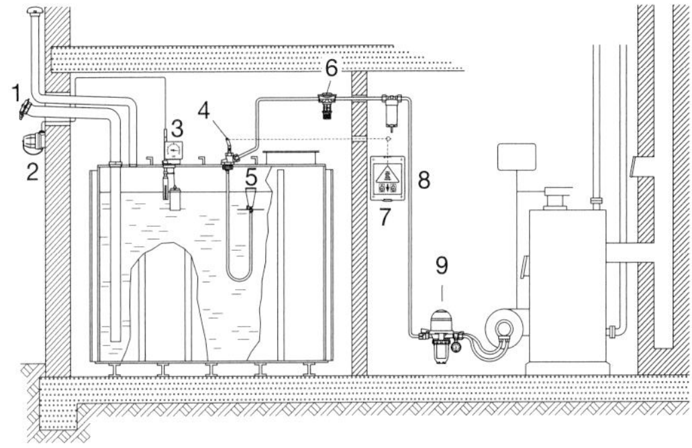

1 Füllleitung mit Füllleitungsverschluss
2 Grenzwertgeber
3 Mechanischer Ölstandsanzeiger
4 Entnahmearmatur mit Schnellabsperrung
5 Schwimmende Ansaugung
6 Antiheberventil
7 Reißleine zur Betätigung der schnellschließenden Absperrarmatur am Öllagerbehälter
8 Entnahmeleitung (Saugleitung)
9 Kombiarmatur aus Filter, Entlüfter, Absperrarmatur

29. Erläutern Sie den Unterschied zwischen Ein- und Zweistrangsystem.

Einstrangssystem:
- nur eine Leitung (Saugleitung) zwischen Öllagerbehälter und Ölbrenner (Filter)
- wegen fehlender Rücklaufleitung ist Entlüftung vorzusehen

Zweistrangsystem:
- Ölbrenner ist mit einer Saugleitung und einer Ölrücklaufleitung mit dem Öllagerbehälter verbunden
- von der Ölpumpe des Brenners angesaugtes aber nicht verbrauchtes Heizöl fließt durch die Rücklaufleitung in den Öllagerbehälter zurück
- angesaugte Luft und sich bildende Ölgase werden selbsttätig über die Rücklaufleitung in den Öllagerbehälter abgeschieden
- bei Leckage in der Rücklaufleitung kann das Heizöl unbemerkt auslaufen

30. Nennen Sie drei Nachteile des Zweistrangsystems.

- weist die Rücklaufleitung eine Leckage auf, kann das Heizöl unbemerkt auslaufen und großen Schaden verursachen, da der Brenner nicht auf Störung geht
- in der Anschaffung teurer, weil der Materialbedarf und Arbeitsaufwand höher sind
- die Heizölqualität wird durch die Umwälzung und Rückführung in den Öllagerbehälter beeinträchtigt; Heizöl altert schneller

31. Unter welcher Bedingung muss ein Antiheberventil in die Saugleitung eingebaut werden?

Befindet sich der maximale Füllstand des Öllagerbehälters oberhalb des tiefsten Punktes der Saugleitung, ist sowohl beim Ein- als auch beim Zweistrangsystem oberhalb des maximalen Ölstandes ein Antiheberventil einzubauen.

32. Welchen Zweck erfüllt das Antiheberventil in der Saugleitung?

Durch das Antiheberventil wird verhindert, dass bei einer Undichtigkeit der Saugleitung das Heizöl aus dem Öllagerbehälter bis auf Höhe der Leckagestelle ausläuft (aushebert).

33. Erläutern Sie das Funktionsprinzip des Membran-Antiheberventils.

Das Membran-Antiheberventil arbeitet mit einer federbelasteten Membran, welche bei Brennerstillstand oder einem zu geringen negativen Überdruck, z. B. infolge einer Undichtigkeit in der Saugleitung, die Ölzufuhr sperrt.

34. Erläutern Sie das Funktionsprinzip des Antiheber-Magnetventils.

Die Wirkungsweise des Antiheber-Magnetventils basiert auf einer elektrischen Verbindung mit dem Brenner. Bei Brennerstillstand oder einer Brennerstörung, z. B. durch Ansaugen von Luft bei einer Undichtigkeit in der Saugleitung, wird die Stromzufuhr unterbrochen und das Magnetventil sperrt die Ölzufuhr.

11.3 Ölzerstäubungsbrenner

1. Benennen Sie die nummerierten Bauteile des abgebildeten Ölzerstäubungsbrenners.

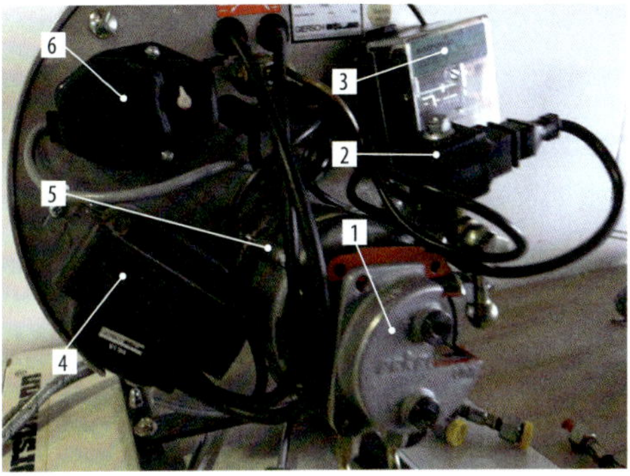

1 Ölpumpe
2 Magnetventil
3 Steuergerät
4 Zündtransformator
5 Brennermotor
6 Luftklappenstellmotor

2. Benennen Sie die nummerierten Bauteile des abgebildeten Ölzerstäubungsbrenners.

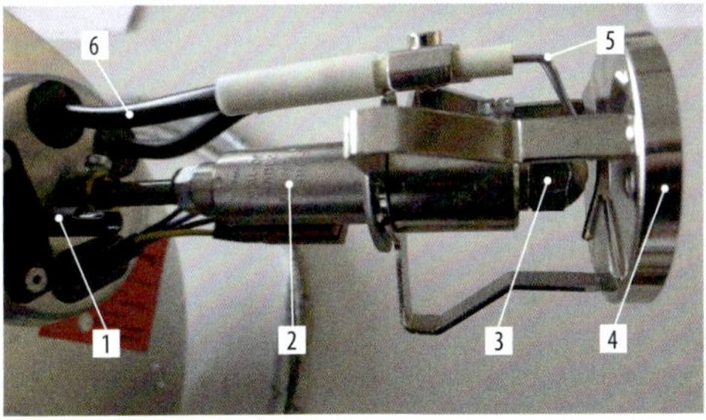

1 Flammenwächter
2 Ölvorwärmung
3 Öldüse
4 Stauscheibe
5 Zündelektroden
6 Zündkabel

3. Benennen Sie die nummerierten Bauteile des abgebildeten Ölzerstäubungsbrenners.

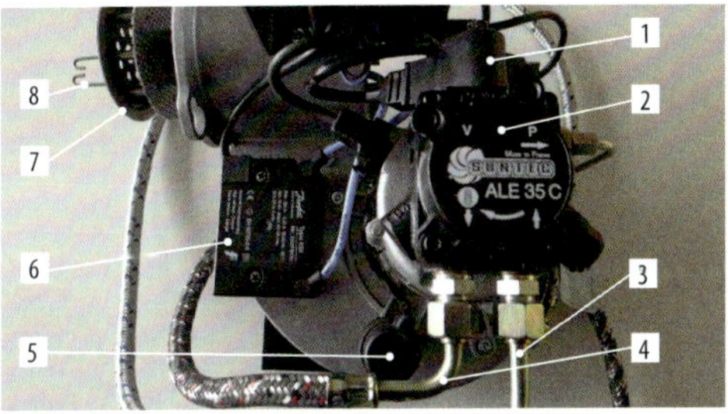

1 Magnetventil
2 Ölpumpe
3 Ölsaugleitung
4 Ölrücklaufleitung
5 Kondensator
6 Zündtransformator
7 Mischsystem
8 Zündelektroden

4. Welche Aufgabe hat der Brennermotor?	Der Brennermotor treibt über eine gemeinsame Welle die Ölpumpe und das Gebläse an. Die Ölpumpe ist über eine Kupplung aus Kunststoff mit der Antriebswelle verbunden, um den Elektromotor vor Überlastung zu schützen.
5. Welche Ölpumpen kommen bei kleineren und mittleren Hochdruck-Zerstäubungsbrennern meist zum Einsatz?	Bei kleineren und mittleren Brennern wird als Ölpumpe meist eine Zahnradpumpe verwendet.
6. Welche Aufgabe erfüllt die Ölpumpe?	Die Ölpumpe saugt (auseinandergehende Zähne des Getriebes = negativer Überdruck) das Öl aus der Tankanlage an und drückt es (zusammengehende Zähne = positiver Überdruck) mit einem Druck von 7 bar … 16 bar durch die Öldüse.
7. Erläutern Sie die Einregulierung des Öldrucks.	Der Öldruck wird über die Druckregulierschraube bzw. das Druckregulierventil eingestellt.
8. Beschreiben Sie die Zufuhr der Verbrennungsluft beim Ölzerstäubungsbrenner.	Das Gebläse saugt die Verbrennungsluft über die Ansaugöffnung und die Luftklappe an und fördert sie zur Stauscheibe im Flammkopf (Gelbbrenner) bzw. über die Blende in das Mischrohr (Blaubrenner).
9. Nennen Sie die wesentlichen Bestandteile der Ölvorwärmung.	• Freigabethermostat • Heizelement • Wärmeübertrager • Schnellabschluss
10. Bei welchen Brennern wird das Heizöl vorwiegend vorgewärmt?	Heizöl wird vorwiegend bei Brennern mit geringem Öldurchsatz vorgewärmt.
11. Auf welche Temperatur wird das Heizöl vorgewärmt?	Das Heizöl wird auf Temperaturen von 50 °C … 80 °C vorgewärmt.
12. Was bewirkt die Ölvorwärmung?	Durch die Ölvorwärmung wird die Viskosität herabgesetzt und das Öl lässt sich besser zerstäuben.
13. Welche Vorteile ergeben sich durch die Ölvorwärmung?	• bessere Verbrennung • weniger Schadstoffe, insbesondere in der Startphase • unterschiedliche Heizölqualitäten (Viskositätsunterschiede der Heizöle) werden angeglichen, da Viskositätsunterschiede bei ca. 70 °C stark abnehmen

14. Beschreiben Sie den Aufbau einer Öldüse.

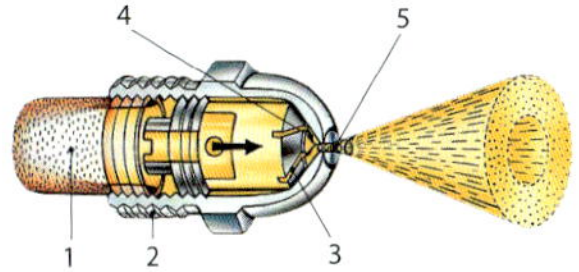

1 Filter
2 Düsenkörper
3 Tangentialschlitze
4 Wirbelkammer
5 Düsenbohrung

15. Geben Sie die Aufgaben einer Öldüse an.

- Zerstäubung des Heizöls, um eine optimale Vermischung mit der zugeführten Verbrennungsluft zu erreichen
- Dosierung des Öldurchsatzes und Bestimmung der Brennerleistung
- Formung der Flamme im Zusammenwirken mit der Mischeinrichtung

16. Wie viele Liter (Kilogramm) sind 1 US-Gallone?

1 US-Gallone = 3,785 Liter
(3,1794 Kilogramm bei $\rho = 0{,}84 \frac{kg}{dm^3}$)

17. Wovon ist die Auswahl der Öldüse abhängig?

Die Auswahl der Öldüse hängt von der Brennerleistung (Öldurchsatz), dem Brenner und dem Brennraum des Wärmeerzeugers (Sprühwinkel, Sprühmuster) ab. Bei der Düsenauswahl sind grundsätzlich die Angaben des Brennerherstellers zu beachten.

18. Geben Sie gebräuchliche Sprühwinkel bei Öldüsen an.

Gebräuchliche Sprühwinkel: 30°, 45°, 60°, 80°

19. Geben Sie typische Sprühmuster von Öldüsen und deren Kennzeichnung an.

Sprühmuster (Sprühcharakteristiken)	Kennzeichnung ist herstellerabhängig		
	Danfoss	Steinen	Monarch
Vollstrahl (Vollkegel)	S	S	R
Hohlstrahl (Hohlkegel)	H	H	NS
Universalstrahl (Halbhohlkegel)	B	SS	PLP

20. Erläutern Sie die Zerstäubung des Heizöls an der Öldüse.

Das Heizöl wird mit einem Druck von 7 bar … 16 bar durch den Düseneinsatz und dessen Seitenöffnungen zu den Tangentialschlitzen geführt und erfährt dort eine Rotationsbewegung. Als rotierender Ölnebel (Sprühkegel) tritt es aus der Öldüse aus.

21. Erklären Sie die folgenden Bezeichnungen auf der Schlüsselfläche einer Öldüse:
- **.75**
- **60°**
- **R**
- **kg/h 2,5.**

- .75 Düsengröße, Öldurchsatz in US gph bezogen auf 7 bar Öldruck
- 60° Sprühwinkel (30°, 45°, 60°, 90°)
- R Sprühmuster (Sprühcharakteristik)
- kg/h 2,5 Düsengröße, Öldurchsatz in $\frac{kg}{h}$ bezogen auf 10 bar Öldruck (EU-Norm)

22. Für einen Ölbrenner wurde eine Düse ausgewählt. Auf welche Weise lässt sich der Öldurchsatz dieser Ölbrennerdüse ermitteln?

Mit Hilfe von Tabellen, Diagrammen und Rechenformeln lässt sich der Öldurchsatz einer Ölbrennerdüse in Abhängigkeit vom Pumpendruck (Herstellerangaben beachten) bzw. der Düsengröße annäherungsweise bestimmen. Durch sogenanntes Auslitern der Düse kann der tatsächliche Öldurchsatz bestimmt werden.

23. Beschreiben Sie die Prüfung des Öldurchsatzes einer Öldüse.

Der tatsächliche Öldurchsatz einer Düse kann durch sogenanntes Auslitern bestimmt werden. Dabei kann das Öl entweder:
- mittels eines über die Düse gestülpten Schlauches aufgefangen werden oder
- aus einem Messbecher angesaugt werden

In beiden Fällen wird die Ölmenge in einer festgelegten Zeit, z. B. 2 min, gemessen und anschließend daraus der Öldurchsatz $\dot{V}$ in $\frac{l}{h}$ berechnet.

24. Welche Sprühwinkel eignen sich für:
a) kurze und breite Brennräume?
b) lange und schlanke Brennräume?

a) Für kurze und breite Brennräume eignen sich große Sprühwinkel.
b) Für lange und schlanke Brennräume eignen sich kleine Sprühwinkel.

25. Wie erfolgt die Zündung des Öl-Luft-Gemisches bei Hochdruckzerstäubungsbrennern?

Ein Hochspannungstransformator (Zündtrafo) erzeugt die erforderliche Hochspannung von ca. 14 000 V, damit zwischen den beiden Zündelektroden ein Lichtbogen oder Zündfunke entstehen kann. Die Zündelektroden sollen einen Abstand von ca. 2 mm … 4 mm haben und müssen, je nach Brennertyp, in einer bestimmten Position zum Sprühkegel angeordnet sein.

26. Nennen Sie die Bauteile der Zündeinrichtung.

- Zündtransformator
- Zündkabel
- Zündelektroden

27. Welche Aufgabe hat der Flammenwächter?

Der Flammenwächter meldet die Bildung bzw. das Ausbleiben der Flamme dem Steuergerät.

28. Nennen Sie jeweils zwei geeignete Flammenwächter für:
a) Gelbbrenner
b) Blaubrenner.

a)
- Fotowiderstand
- Fotozelle

b)
- UV-Detektor
- Infrarot-Flackerdetektor

29. Beschreiben Sie drei Möglichkeiten, die Funktion des Flammenwächters zu überprüfen.

- Anlauf mit verdunkeltem Flammenwächter – nach Ablauf der Sicherheitszeit schaltet der Brenner auf Störung
- Anlauf mit künstlich belichtetem Flammenwächter – vor Öffnen des Magnetventils bzw. Beginn der Sicherheitszeit schaltet der Brenner auf Störung
- normaler Anlauf des Brenners und Verdunkeln des Flammenwächters bei Normalbetrieb – der Brenner schaltet kurz ab, macht einen neuen Anlaufversuch und schaltet nach Ablauf der Sicherheitszeit auf Störung

30. Welche Aufgaben erfüllt das Steuergerät?

Das Steuergerät ist die Schaltzentrale des Ölbrenners, in dem die Betriebsabläufe in zeitlicher Reihenfolge vorprogrammiert sind.

31. a) Nennen Sie Bauteile des Brenners, die dem Steuergerät Informationen liefern.
b) Nennen Sie Bauteile des Brenners, an die das Steuergerät Schaltbefehle gibt.

a)
- Kesselthermostat
- Freigabethermostat
- Flammenwächter

b)
- Brennermotor
- Zündtransformator
- Magnetventil
- Störlampe

32. Beschreiben Sie den Programmablauf eines Ölzerstäubungsbrenners.

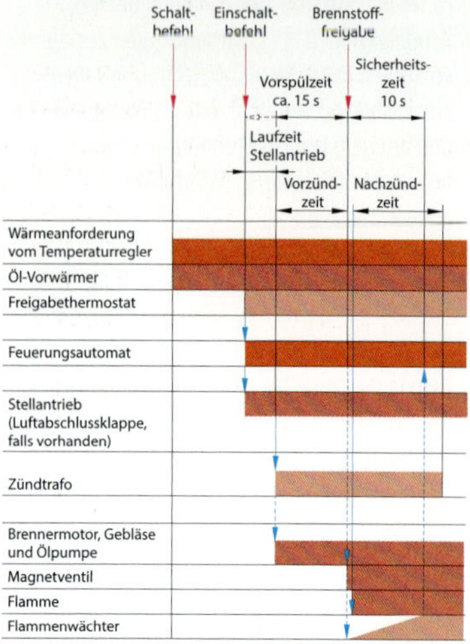

- bei Wärmeanforderung (Unterschreitung der Kesselwassertemperatur) wird die Ölvorwärmung aktiviert
- der Freigabethermostat gibt bei Erreichen der Freigabetemperatur (ca. 50 °C … 80 °C) den weiteren Programmablauf frei
- die Luftabschlussklappe (falls vorhanden) wird geöffnet und gegen einen Endlagenschalter gefahren
- anschließend erzeugt der Zündtransformator eine Funkenstrecke zwischen den beiden Zündelektroden ⇒ Beginn der Vorzündzeit
- gleichzeitig bekommt der Motor Spannung und auf einer gemeinsamen Welle laufen Gebläse und Ölpumpe an; das Magnetventil verhindert zu diesem Zeitpunkt einen Öleintritt in die Düse ⇒ Beginn der Vorspülzeit
- anschließend öffnet das Magnetventil die Ölzufuhr zur Düse ⇒ Ende der Vorspülzeit ⇒ Beginn der Sicherheitszeit; ein Öl-Luft-Gemisch bildet sich und wird gezündet

  Innerhalb einer vorgegebenen Sicherheitszeit muss beim Steuergerät die Meldung von der Flammenüberwachung (z. B. einem Fotowiderstand) über eine erfolgte Flammenbildung vorliegen; anderenfalls schaltet es entweder sofort oder nach einem erneuten Zündversuch ab und die Lampe „Störung" leuchtet auf.
- nach der Flammenbildung bleibt die Zündung noch eingeschaltet, um die Flamme zu stabilisieren ⇒ Beginn der Nachzündzeit; am Ende der Nachzündzeit wird die Zündung abgeschaltet
- ist die Kesselwassertemperatur erreicht, unterbricht der Kesseltemperaturregler den Stromkreis, der Motor erhält keine Spannung mehr, Gebläse und Ölpumpe werden nicht mehr angetrieben, Magnetventil und Luftabschlussklappe (falls vorhanden) schließen

33. Erklären Sie die Begriffe:
a) Vorzündzeit
b) Nachzündzeit
c) Vorspülzeit
d) Sicherheitszeit.

a) Die **Vorzündzeit** (ca. 15 s) beginnt mit der Versorgung des Zündtrafos mit Spannung und endet mit dem Öffnen des Magnetventils.
b) Die **Nachzündzeit** (ca. 15 s ... 20 s) ist die Zeitspanne von der Flammenbildung bis zur Abschaltung der Zündung.
c) Die **Vorspülzeit** ist die Zeitdauer (ca. 15 s), in der das Gebläse die Brennkammer mit Luft durchspült, um Öldampf-Luft-Gemische daraus zu entfernen und Verpuffungen zu vermeiden bzw. eine weichere Zündung zu erzielen.
d) Die **Sicherheitszeit** ist die max. Zeitspanne, innerhalb der nach Öffnen des Magnetventils beim Steuergerät die Meldung von der Flammenüberwachung über eine erfolgte Flammenbildung vorliegen muss.
Sicherheitszeiten:
Öldurchsatz bis 30 $\frac{kg}{h}$:
Anlaufphase 10 s, Betriebsphase 10 s
Öldurchsatz über 30 $\frac{kg}{h}$:
Anlaufphase 5 s, Betriebsphase 1 s

34. Bei Gelbbrennern erfolgt an der Stauscheibe eine Aufteilung der Verbrennungsluft in drei Teilströme. Beschreiben Sie den Weg dieser drei Teilströme.

Primärluftstrom:
- gemeinsam mit dem linksrotierenden Ölnebel zentral durch die Innenöffnung der Stauscheibe
- im Mittelteil durch schräg angestellte Durchlassschlitze mit Rechtsdralleffekt

Sekundärluftstrom:
- außen konzentrisch durch den Ringspalt zwischen Stauscheibe und Flammrohr

35. Erläutern Sie das Funktionsprinzip des Blaubrenners (Raketenbrenners).

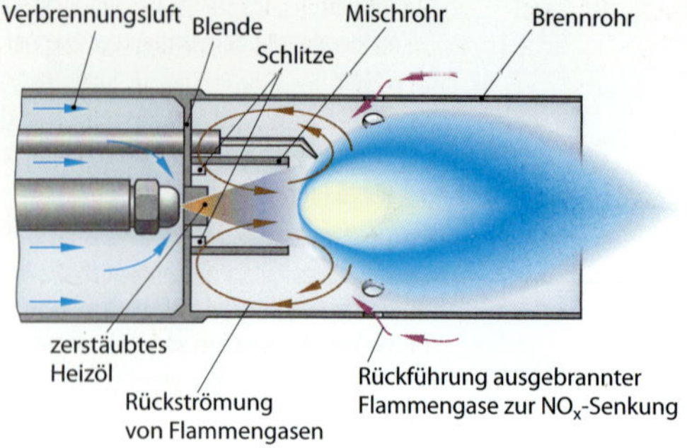

Das Mischsystem von Blau- bzw. Raketenbrennern besteht aus einer Blende und einem Mischrohr, die im Brennrohr untergebracht sind. Das Heizöl wird im Zentrum des Mischsystems durch die Öldüse zerstäubt. Durch die Blendenöffnung tritt die Verbrennungsluft ein, umströmt den Ölkegel mit hoher Geschwindigkeit und vermischt sich sofort intensiv mit dem Ölnebel. Nach der Zündung und Flammenbildung werden durch Schlitzöffnungen am Mischrohr heiße Flammengase in das Mischrohr zurückgesaugt. In der sehr kurzen Startphase ähnelt diese Verbrennung der eines Gelbbrenners. Jedoch nach sehr kurzer Zeit erhöhen die rückgeführten sehr heißen Flammengase die Temperatur des Ölnebel-Luft-Gemisches derart, dass die fein zerstäubten Öltröpfchen nahezu vollständig verdampfen. Die nun einsetzende fast vollkommene Verbrennung mit blauer Flamme erfolgt ähnlich der eines Gasbrenners.

36. Nennen Sie drei Ölbrennerarten, mit denen Energie eingespart und die Leistung besser angepasst werden kann.

- Zweistufenbrenner mit einer Düse
- Zweistufenbrenner mit zwei Düsen
- Modulierende Ölbrenner

37. Erläutern Sie das Funktionsprinzip eines Zweistufenbrenners mit einer Düse.

Die beiden Leistungsstufen werden mit der gleichen Düse und zwei unterschiedlichen Öldrücken erreicht, die an den Druckregulierschrauben der Ölpumpe einzustellen sind. Je nach Fabrikat erfolgt der Brennerstart mit Stufe 1 (Teillast) oder Stufe 2 (Volllast). Während des Brennerbetriebes wird die Leistungsstufe entsprechend der Wärmeanforderung angepasst. Eine motorbetätigte Luftklappe führt bei beiden Leistungsstufen dem Öldurchsatz die optimale Verbrennungsluft zu.

38. Erläutern Sie das Funktionsprinzip eines Zweistufenbrenners mit zwei Düsen.

In der Startphase geht der Brenner mit der ersten Düse in Betrieb (Teillast). Bei entsprechender Leistungsanforderung wird die zweite Düse zugeschaltet und der Brenner erreicht Volllast. Das Leistungsverhältnis Teillast zu Volllast kann durch die entsprechende Auswahl der jeweiligen Düsengrößen vorbestimmt werden. Bei beiden Stufen führt eine motorbetätigte Luftklappe dem jeweiligen Öldurchsatz einen entsprechenden Luftstrom zu.

39. Erläutern Sie das Funktionsprinzip von modulierenden Ölbrennern.

Bei modulierenden Ölbrennern wird die Leistung innerhalb des Modulationsbereichs, z. B. zwischen 9,6 und 22 kW, stets dem jeweils aktuellen Wärmebedarf angepasst.
Um ein angemessenes Verbrennungsluftverhältnis zu gewährleisten, muss bei jeder Leistung die Verbrennungsluftmenge der jeweiligen Ölmenge genau angepasst werden.
Erfolgt über die Regelung eine Leistungsanforderung, wird die Gebläsedrehzahl angepasst, das Signal des in der Motor-Pumpeneinheit integrierten Drucksensors abgerufen und die Drehzahl der Ölpumpe entsprechend angepasst.

40. Beschreiben Sie die Einstellung von modulierenden Ölbrennern.

Die Einstellung von modulierenden Ölbrennern erfolgt über eine Anpassung der Gebläsedrehzahl bei Volllast und Teillast. Dadurch wird die in der Regelung hinterlegte Nominalkennlinie des Öldruck-Luft-Verbundes auf die Gegebenheiten vor Ort abgestimmt. Eine Einstellmöglichkeit über Stellschrauben am Gebläse und der Ölpumpe ist nicht mehr vorgesehen.

41. Welche Maßnahmen sind bei der Inbetriebnahme eines Ölzerstäubungsbrenners durchzuführen?

- Ölleitungen und Düsenstock entlüften sowie alle Teile einer Sichtkontrolle unterziehen (Leckage, Maßabstände von Bauteilen, korrekter Sitz der elektrischen Steckerverbindungen usw.)
- jeder Unitkessel ist zwar werkseitig voreingestellt; da aber diese Einstellung die anlagenbedingten Kessel- und Schornsteinverhältnisse nicht berücksichtigen kann, ist eine Einstellung der Öl- und Luftverhältnisse vor Ort vorzunehmen
- alle Brenner, die nicht als Einheit mit einem Kessel geliefert werden, müssen mit einer passenden Düse ausgestattet und öldruckseitig eingestellt werden

42. Geben Sie die wesentlichen Maßnahmen bei der Einstellung eines Ölzerstäubungsbrenners an.

- Überprüfen des Saugwiderstandes mit Hilfe eines Vakuummeters max. 0,4 bar
- Einstellung des ermittelten Öldrucks an der Druckregulierschraube mit Hilfe des Druckmanometers
  - Drehen nach rechts → Druckerhöhung, Erhöhung des CO_2-Wertes
  - Drehen nach links → Druckminderung, Verringerung des CO_2-Wertes
- Einstellung der Verbrennungsluft, indem man die Luftabschlussklappe (falls vorhanden) und die Stauscheibe bzw. den Gebläsedruck mit Hilfe der Vorgaben in der Montage- und Betriebsanleitung auf die entsprechenden Skalenwerte einstellt
- Prüfen der Funktionsfähigkeit von Motor, Gebläse, Ölvorwärmung, Ölpumpe, Magnetventil und Flammenwächter
- Einstellung durch eine Abgasmessung überprüfen; bei Abweichungen von den in den Datenblättern der Hersteller angegebenen Wertebereichen bzw. den zulässigen Werten (BImSchV), ist eine Nachregulierung bzw. Neueinstellung durchzuführen
- Übergeben der technischen Unterlagen an den Betreiber
- Erstellen und Unterschreiben des Inbetriebnahmeprotokolls

43. Wie kann beim Ölzerstäubungsbrenner die Brennerleistung erhöht werden?

- höherer Öldruck (Pumpendruck)
- größere Düse

44. Durch welche Maßnahmen kann der CO_2-Wert am Ölzerstäubungsbrenner verändert werden?

- Änderung der Öldüse
- Änderung des Öldrucks (Pumpendrucks)
- Änderung der Verbrennungsluftzufuhr (Luftabschlussklappe, Stauscheibe, Gebläsedruck)

45. Wie wirkt sich eine Änderung der Verbrennungsluftzufuhr auf den CO_2-Wert aus?

Wird bei der Einregulierung des Brenners die Verbrennungsluftzufuhr erhöht, so nimmt dadurch der CO_2-Wert ab; bei Verringerung der Verbrennungsluftmenge nimmt der CO_2-Wert zu.

46. Geben Sie jeweils drei Ursachen für:
a) zu hohe
b) zu niedrige Abgastemperaturen
an.

a)
- zu hoher Öldruck (Pumpendruck)
- zu große Öldüse
- starke Verrußung des Kessels

b)
- zu niedriger Öldruck (Pumpendruck)
- zu kleine Öldüse
- zu großer Luftüberschuss (zu weit geöffnete Luftabschlussklappe)

47. In einem Ölgebläsebrenner ist eine Düse mit der Angabe 0,75 US gph eingebaut.
a) Berechnen Sie den Öldurchsatz in $\frac{kg}{h}$ bei einem Pumpendruck von 7 bar.
b) Begründen Sie, warum der errechnete Wert von dem auf der Schlüsselfläche des Düsenkörpers aufgeprägten Wert abweicht.

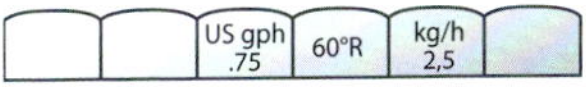

a) $\dot{m}_e = \underline{\underline{2{,}38\,\frac{kg}{h}}}$

b) $\dot{m}_e = \underline{\underline{2{,}5\,\frac{kg}{h}}}$

bezieht sich auf einen Öldruck von 10 bar

Lösungsweg siehe II Lösungswege, Zu 11.3 Ölzerstäubungsbrenner

48. Ein Öl-Heizkessel (Heizöl EL) ist auf eine Nennwärmebelastung von 21 kW eingestellt. Bestimmen Sie den Öldurchsatz in $\frac{l}{h}$.

$\dot{V}_E = \underline{\underline{2{,}1\,\frac{l}{h}}}$

Lösungsweg siehe II Lösungswege, Zu 11.3 Ölzerstäubungsbrenner

49. Ein Öl-Heizkessel (Heizöl EL) soll auf eine Nennwärmeleistung von 18 kW eingestellt werden.
a) Bestimmen Sie den Öldurchsatz in $\frac{kg}{h}$, wenn der Wirkungsgrad des Kessels 92 % beträgt.
b) Wählen Sie eine geeignete Öldüse mit Hilfe der Tabelle aus.

6 bar $\frac{kg}{h}$	7 bar $\frac{kg}{h}$	8 bar $\frac{kg}{h}$	10 bar $\frac{kg}{h}$	12 bar $\frac{kg}{h}$	14 bar $\frac{kg}{h}$
1,13	1,22	1,30	**1,46**	1,59	1,72
1,28	1,38	1,48	**1,66**	1,81	1,96
1,44	1,56	1,67	**1,87**	2,04	2,21
1,63	1,76	1,88	**2,11**	2,31	2,49
1,83	1,98	2,11	**2,37**	2,59	2,80
2,06	2,23	2,38	**2,67**	2,92	3,15
2,27	2,45	2,62	**2,94**	3,22	3,47
2,56	2,76	2,96	**3,31**	3,62	3,91
2,88	3,11	3,32	**3,72**	4,07	4,40

Öldüsenauswahl für Heizöl EL – Düsengrößen nach CEN

a) $\dot{m}_e = \underline{\underline{1{,}66\,\frac{kg}{h}}}$

b) Öldüse: $\underline{\underline{1{,}66\,\frac{kg}{h}}}$;

Öldruck: $\underline{\underline{10\text{ bar}}}$

Lösungsweg siehe II Lösungswege, Zu 11.3 Ölzerstäubungsbrenner

50. Ein Brenner für Heizöl EL ist mit einer Düse 0,65 US gph ausgestattet und auf einen Öldruck von 10 bar eingestellt.
a) Bestimmen Sie mit Hilfe eines Brenner/Düsen-Rechenschiebers den Öldurchsatz bei vorgewärmtem Heizöl EL.
b) Ermitteln Sie mit Hilfe eines Brenner/Düsen-Rechenschiebers den Öldruck, der bei gleicher Düse einzustellen ist, wenn der Öldurchsatz auf 3 $\frac{l}{h}$ erhöht werden soll.

a) $\dot{V}_E = \underline{\underline{2{,}6\,\frac{l}{h}}}$

b) $p_e = \underline{\underline{13{,}5\text{ bar}}}$

Lösungsweg siehe II Lösungswege, Zu 11.3 Ölzerstäubungsbrenner

51. Ein Niedertemperaturheizkessel mit Ölzerstäubungsbrenner hat eine Nennwärmeleistung von 25 kW und einen Kesselwirkungsgrad von 92 %. Bestimmen Sie mit Hilfe eines Brenner/Düsen-Rechenschiebers eine geeignete Düse bei vorgewärmtem Öl, wenn der Öldruck zwischen 10 bar und 14 bar liegen soll.

Öldüse $\underline{\underline{0{,}65\text{ US gph}}}$ bei $\underline{\underline{11\text{ bar}}}$ Öldruck.
Alternativ kann die Öldüse 0,6 US gph bei 13 bar Öldruck gewählt werden.

Lösungsweg siehe II Lösungswege, Zu 11.3 Ölzerstäubungsbrenner

52. Ein Ölzerstäubungsbrenner mit einer Düse 2,11 $\frac{kg}{h}$ ist auf einen Öldruck von 12 bar eingestellt.
a) Ermitteln Sie mit Hilfe der Tabelle bei Aufgabe 44 den Öldurchsatz in $\frac{kg}{h}$.
b) Berechnen Sie die Nennwärmeleistung, wenn der Kesselwirkungsgrad 90 % beträgt.

a) $\dot{m}_e = 2{,}31\ \frac{kg}{h}$
b) $\Phi_{NL} = 24{,}5\ kW$

Lösungsweg siehe II Lösungswege, Zu 11.3 Ölzerstäubungsbrenner

11.4 Ölbrennwertkessel

1. Benennen Sie die nummerierten Teile des abgebildeten Ölbrennwertkessels mit interner Kondensation

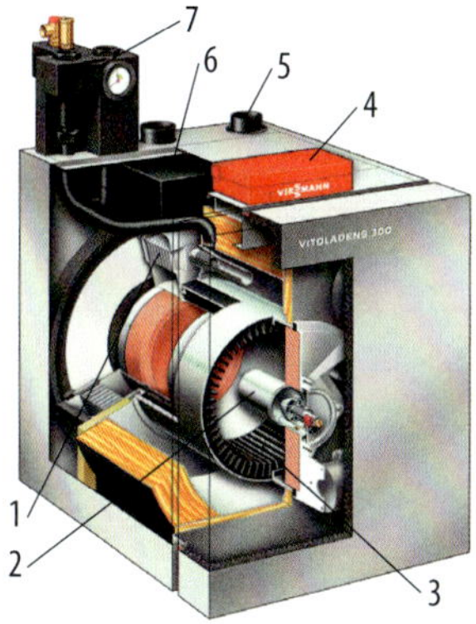

1 Integrierter Radial-Wärmeübertrager
2 Brenner (zweistufiger Blaubrenner)
3 Heizflächen (biferrale Verbundheizflächen)
4 Regelung
5 Abgas- und Zuluftführung
6 Schalldämpfer
7 Sicherheitsgruppe

2. Beschreiben Sie die Wärmeübertragung bei Öl-Brennwertkesseln mit interner Kondensation.

Bei Öl-Brennwertkesseln mit interner Kondensation wird die fühlbare und latente Wärme der Abgase innerhalb des Kessels auf das Kessel- bzw. Rücklaufwasser übertragen. Die Abkühlung der Abgase bis unter Taupunkttemperatur des Wasserdampfes wird durch entsprechend gestaltete Heizflächen und mehrzügige Abgasführung erreicht. Den Abgasen wird dabei umso mehr Wärmeenergie entzogen, je niedriger die Rücklauftemperatur des Heizwassers ist.

3. Warum müssen die Wärmeübertragungsflächen von Öl-Brennwertkesseln in besonders hohem Maße korrosionsbeständig sein?

Aufgrund des schwefelhaltigen Kondensats werden an den Kesselwerkstoff besonders hohe Anforderungen bezüglich der Korrosionsbeständigkeit gestellt.

4. Erläutern Sie die raumluftunabhängige Betriebsweise von Öl-Brennwertkesseln mit interner Kondensation.

Öl-Brennwertkessel mit interner Kondensation können raumluftunabhängig über ein Luft-Abgas-System mit zwei konzentrisch angeordneten Rohren betrieben werden. Im inneren Rohr strömt das Abgas nach außen, im äußeren Rohr wird die Verbrennungsluft zugeführt und dabei vorgewärmt. Im Luft-Abgas-System kann dann eine weitere Kondensation stattfinden.

5. Benennen Sie die nummerierten Teile des abgebildeten Ölbrennwertkessels mit senkrecht angeordnetem, doppelwandigem, zylindrischem Kesselkörper.

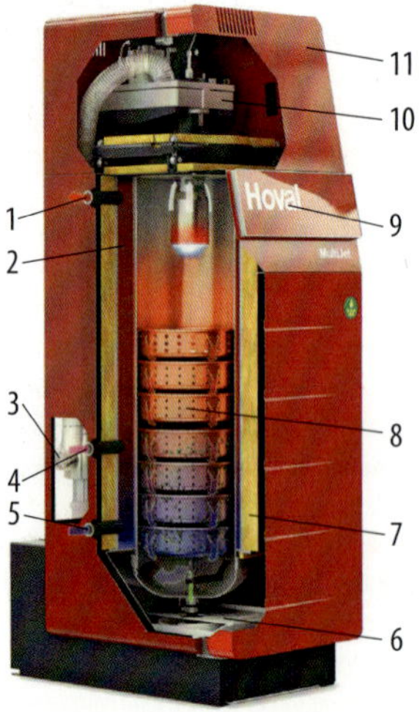

1 Heizungsvorlauf
2 Kesselwasserraum
3 Abgasanschluss
4 Hochtemperatur-Rücklauf
5 Niedertemperatur-Rücklauf
6 Kesselsockel mit Neutralisationsbox
7 Wärmedämmung
8 Jet-Einsätze
9 Regelung
10 Ölbrenner
11 Schalldämmhaube

6. Beschreiben Sie die Wärmeübertragung bei Ölbrennwertkesseln mit senkrecht angeordnetem, doppelwandigem, zylindrischem Kesselkörper.

Die von der Flamme des Sturzbrenners nach unten strömenden Heizgase werden in den Einsätzen rechtwinklig umgelenkt und durch die radialen Bohrungen, deren Durchmesser nach unten von Einsatz zu Einsatz kleiner werden, beschleunigt. Die Heizgase treffen mit hoher Geschwindigkeit senkrecht auf die wassergekühlte Heizfläche, was zu einer intensiven Wärmeübertragung führt. Den Heizgasen wird die Wärmeenergie nahezu vollständig entzogen, sodass der Heizgasstrom bis zu 40 °C abkühlt.

7. Welche Vorteile haben senkrecht angeordnete Heizflächen von Ölbrennwertkesseln mit interner Kondensation?

Durch das senkrecht nach unten fließende Kondensat werden die Heizflächen gespült, was der Bildung von Ablagerungen entgegenwirkt.

8. a) Beschreiben Sie den Aufbau der Ölbrennwertkessel mit kugelförmigem Kesselkörper.
b) Beschreiben Sie die Wärmeübertragung bei Ölbrennwertkesseln mit kugelförmigem Kesselkörper.

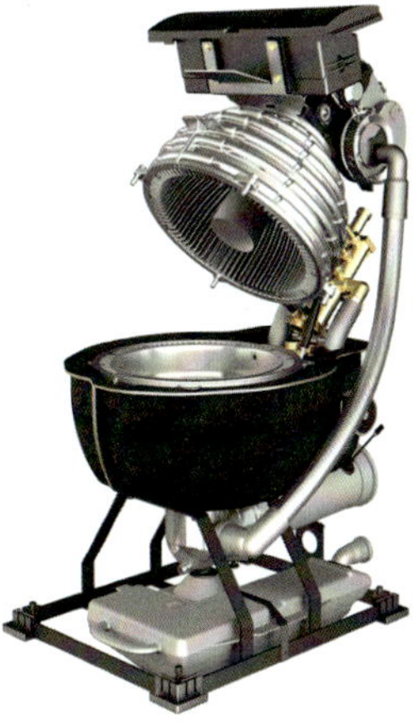

Ölbrennwertkessel ROTEX A1 mit kugelförmigem Kesselkörper (Produktion bis 31.03.2018). Quelle: www.rotex.de

a) Ölbrennwertkessel mit kugelförmigem Kesselkörper bestehen aus zwei Aluminium-Halbschalen mit Wärmeleitrippen und integrierten umlaufenden Edelstahlrohren. In der unteren Kesselhälfte befindet sich ein Brennkammereinsatz mit feuerfester Prallplatte, an der die von der Flamme des Sturzbrenners nach unten strömenden Heizgase umgelenkt und den Heizflachen zugeführt werden.

b) Die Kugelform und die zahlreichen Wärmeleitrippen bewirken optimale Wärmeübergänge an das in den Edelstahlrohren strömende Heizwasser. Durch die Kugelform hat dieser Kessel eine kleine zu dämmende Oberfläche. Da diese außerdem vom Heizwasser gekühlt und Wärmebrücken weitgehend vermieden sind, werden minimale Wärmeverluste nach außen erreicht.

9. Nennen Sie Vorteile der runden Bauform/ Kugelform von Ölbrennwertkesseln mit interner Kondensation.

Durch die runde Bauform/ Kugelform werden Kondensat-Ansammlungen und Verkrustungen im Kessel vermieden, da das entstehende Kondensat entsprechend der Schwerkraft nach unten fließt, am tiefsten Punkt der Neutralisationsanlage zugeführt und von dort in die öffentliche Kanalisation eingeleitet wird.

10. Erläutern Sie die Kondensataufbereitung in einem Ölbrennwertkessel.

Das Kondensat gelangt über einen am Boden des Kessels befindlichen Sammler zu einem Aktivkohlefilter, wo unverbrannte Kohlenwasserstoffe und Rußpartikel abgeschieden werden, und danach in einen Behälter mit Neutralisationsgranulat. Dort wird das säurehaltige Kondensat so aufbereitet, dass es anschließend unbedenklich in das öffentliche Abwassersystem eingeleitet werden darf.

11. Wodurch wird bei wandhängenden Ölbrennwertkesseln mit integrierter Brennwertnutzung eine optimale Wärmeübertragung erreicht?

Wandhängende Ölbrennwertkessel mit integrierter Brennwertnutzung verfügen über ölbrennwertgerechte Radialheizflächen z. B. aus spiralförmig gewickeltem Vierkant-Edelstahlrohr. Der Abstand der einzelnen Windungen ist auf die Strömungsverhältnisse der Heizgase abgestimmt, sodass eine optimale Wärmeübertragung erreicht wird. Im günstigsten Fall erreichen die Heizgase am Kesselaustritt eine Temperatur, die nur ca. 3,5 °C über der Kesselwasser-Rücklauftemperatur liegt.

12. Benennen Sie die nummerierten Teile des abgebildeten Ölbrennwertkessels mit externer Kondensation.

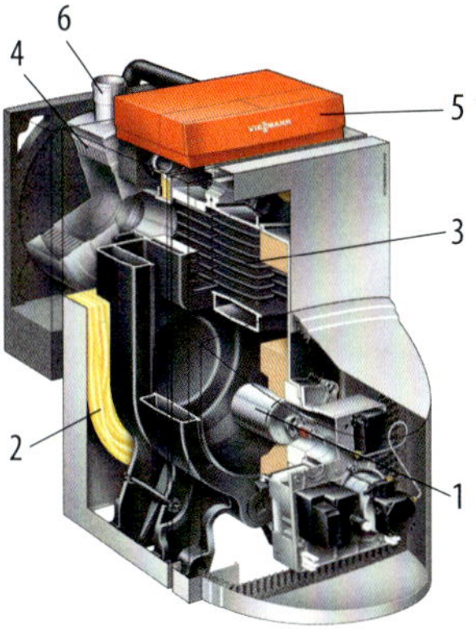

1 Blaubrenner
2 Wärmedämmung
3 Heizflächen
4 Radial-Wärmeübertrager
5 Regelung
6 Abgasführung

13. Beschreiben Sie die Wärmeübertragung bei Ölbrennwertkesseln mit externer Kondensation.

Bei Olbrennwertkesseln mit externer Kondensation ist ein zweiter Wärmeübertrager nachgeschaltet. An den Heizflächen des Brennraums werden die Heizgase zunächst auf Temperaturen oberhalb der Taupunkttemperatur des Wasserdampfes abgekühlt. Von dort strömen die Heizgase in den nachgeschalteten Wärmeübertrager, wo sie durch das Rücklaufwasser bis unter die Taupunkttemperatur des Wasserdampfes abgekühlt werden, sodass es zur Kondensation kommt.

11.5 Feste Brennstoffe – Einteilung und Eigenschaften

1. Nennen Sie drei verschiedene Arten von Holzbrennstoffen

- Stück- bzw. Scheitholz
- Holzpellets
- Hackschnitzel (Hackgut)

2. Erklären Sie die Begriffe Fest-, Raum- und Schüttraummeter.

Festmeter (fm) ist ein Kubikmeter (1 m^3) feste Holzmasse ohne Zwischenräume.
Raummeter (rm) oder **Ster** sind geschichtete Holzteile, die unter Einschluss der Luftzwischenräume ein Gesamtvolumen von einem Kubikmeter füllen.
Schüttraummeter ist lose geschüttetes Holz von einem Kubikmeter. Aufgrund der ungeordneten Holzteile entstehen große Luftzwischenräume.

3. Was versteht man unter Stück- bzw. Scheitholz?

Stück- oder Scheitholz ist der bekannteste und älteste Holzbrennstoff. Zur Herstellung von Stück- bzw. Scheitholz werden Baumstämme gespalten und je nach Verwendungszweck auf 20 bis 100 cm lange Stücke gesägt.

4. Wovon hängt die Qualität von Stück- bzw. Scheitholz ab?

Die Stück- bzw. Scheitholzqualität hängt von der Holzart und dem Wassergehalt ab.

5. Erläutern Sie den Unterschied zwischen Holzpellets und Hackschnitzel.

Holzpellets werden aus getrocknetem, naturbelassenem Restholz (Hobel- und Sägespäne, Waldrestholz) hergestellt. Die Holzreste werden zermahlen und unter hohem Druck und ohne Zusatz von chemischen Bindemitteln zu kleinen zylindrischen Röllchen gepresst. Für die erforderliche Bindung der Presslinge sorgt das holzeigene, natürliche Lignin. Nach der Pressung werden die Pellets gekühlt, gegebenenfalls getrocknet und in einem Hochbehälter bis zum Abtransport gelagert.
Hackschnitzel werden aus Waldrestholz, z. B. Ästen und Kronen, Schwachholz und anderem minderwertigem Holz (z. B. sturmgeschädigtem Holz, Holzstämmen mit starker Krümmung, Schnittgut aus Landschaftspflegemaßnahmen), welches von der Industrie nicht zu höherwertigen Produkten verarbeitet werden kann, hergestellt. Darüber hinaus können Sägewerksabfälle, Abfälle aus Schreinereien und Zimmereien sowie Industrierestholz verwendet werden. Die Zerkleinerung des Holzmaterials erfolgt durch mobile Hackmaschinen und stationäre Hackanlagen.

6. Beschreiben Sie die Herstellung von Koks.

Bei der Herstellung von Koks wird Steinkohle unter Luftabschluss bis zu 1000 °C erhitzt (trockene Destillation). Dabei entweichen die gasförmigen Stoffe.

11.6 Festbrennstofflagerung

1. Nennen Sie drei Anforderungen, die ein Lagerplatz für Holz erfüllen muss

Der Lagerplatz sollte sich an einer gut belüfteten, möglichst sonnigen und regengeschützten Stelle (Südseite) befinden.

2. Für ein Einfamilienhaus, das mit einem Pelletkessel beheizt werden soll, wurde eine Heizlast von 10 kW berechnet.
a) Bestimmen Sie das erforderliche Lagerraumvolumen für die Pellets.
b) Berechnen Sie die Pelletmenge in t bei einer Dichte $\rho = 650\,\frac{kg}{m^3}$.
c) Berechnen Sie das erforderliche Raumvolumen für einen Lagerraum mit Schrägböden.

a) $V = \underline{\underline{9\,m^3}}$

b) $m = \underline{\underline{5{,}85\,t}}$

c) $V = \underline{\underline{13{,}5\,m^3}}$

Lösungsweg siehe II Lösungswege, Zu 11.6 Bereitstellung von festen Brennstoffen

3. Der Eigentümer eines Einfamilienhauses möchte die Ölheizung durch eine Pelletheizung ersetzen. Für die Lagerung der Pellets soll der 2,5 m lange, 2,2 m breite und 2,4 m hohe Öllagerraum verwendet werden.
a) Bestimmen Sie die erforderliche Pelletmenge in kg und t, wenn man von einem jährlichen Ölverbrauch von 2800 l ausgeht.
b) Berechnen Sie das erforderliche Lagerraumvolumen für die Pellets ($\rho = 650\,\frac{kg}{m^3}$).
c) Überprüfen Sie, ob der bisherige Öllagerraum für die Lagerung der Pellets ausreicht, wenn die Raumaustragung mit dem Schneckensystem erfolgen soll und dazu Schrägböden eingebaut werden müssen.

a) $m_{Pellets} = 5600\,kg = \underline{\underline{5{,}6\,t}}$

b) $V_{Pellets} = \underline{\underline{8{,}62\,m^3}}$

c) $V_S = \underline{\underline{8{,}8\,m^3}} > V_{Pellets} = \underline{\underline{8{,}62\,m^3}}$

Der bisherige Öllagerraum reicht für die Lagerung der Pellets aus.

Lösungsweg siehe II Lösungswege, Zu 11.6 Bereitstellung von festen Brennstoffen

4. Zählen Sie mindestens sechs Anforderungen auf, die ein Pelletlagerraum erfüllen muss.

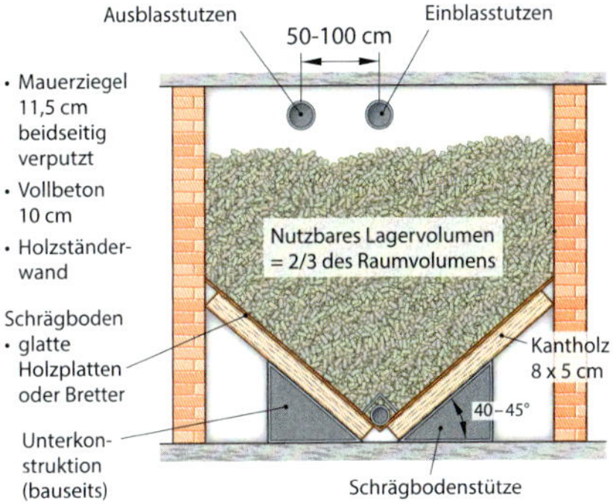

- der Lagerraum sollte möglichst trocken sein, da Pellets bei Berührung mit Wasser oder feuchten Wänden aufquellen, zerfallen und unbrauchbar werden
- Wände und Decken müssen so beschaffen sein, dass die Pellets nicht durch Abrieb und Ablösungen verunreinigt oder beschädigt werden
- die Umschließungsflächen müssen neben der Gewichtsbelastung durch die Pellets auch der Belastung von kurzzeitigen Druckschwankungen während der Befüllung standhalten
- der Lagerraum muss wegen der Staubentwicklung beim Einblasen gut abgedichtet sein
- Türen und Einstiegsluken müssen sich nach außen öffnen lassen und mit einer umlaufenden, staubundurchlässigen Dichtung versehen sein
- auf der Innenseite der Türen und Luken sind Holzbretter anzubringen, damit die Pellets nicht dagegen drücken bzw. damit diese zur Restmengenkontrolle geöffnet werden können
- Türschlösser sind staubdicht zu verschließen
- im Pelletlager sollen weder Wasser führende Rohrleitungen noch elektrische Leitungen vorhanden sein
- Rohrleitungen, die sich im Füllstrom der Pellets befinden, sind zu verkleiden
- im Pelletlager dürfen sich keine Elektroinstallationen wie z. B. Schalter befinden; unvermeidbare Installationen sind luft- und feuchtedicht sowie explosionsgeschützt auszuführen

5. Warum dürfen für das Befüllsystem von Pelletlagerräumen keine Kunststoffrohre verwendet werden?

Bei Kunststoffrohren besteht die Gefahr der elektrostatischen Aufladung und Funkenbildung.

6. Nennen Sie drei Raumaustragungssysteme für Pelletanlagen.

- Schneckensystem
- Saugsystem
- Schnecken-Saugkombination

7. Erläutern Sie das Schneckensystem.

Voraussetzung für den Einsatz des Schneckensystems ist, dass der Lagerraum direkt neben dem Aufstellraum des Pelletkessels liegt. Mit der Förderschnecke werden die Pellets direkt zum Kessel transportiert. Damit der Lagerraum komplett entleert werden kann, sind Schrägböden mit 40°-Neigung erforderlich.

8. Erläutern Sie das Saugsystem.

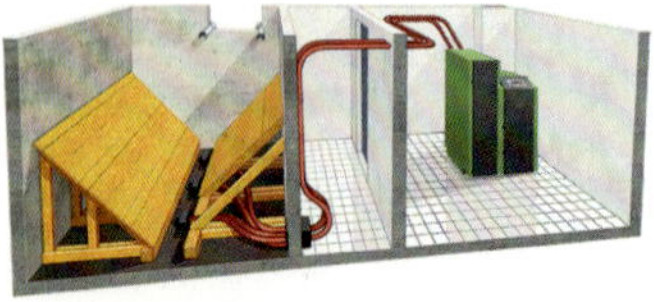

Saugsystem mit drei Saugsonden

Mit dem Saugsystem können Holzpellets über Entfernungen bis zu 30 m transportiert und Höhenunterschiede bis 6 m überwunden werden. Für kleine und quadratische Lagerräume eignet sich eine Punktabsaugung, die in der Mitte des Lagerraumes angeordnet wird.
Bei größeren rechteckigen Lagerräumen werden häufig drei Saugsonden angeordnet und mit einer automatischen Umschalteinheit zu einem System zusammengefasst. Der Lagerraum wird auf mindestens zwei Seiten mit einem 40°-Schrägboden versehen. Dieser garantiert einen störungsfreien Pellettransport und gewährleistet eine gute Entleerung des Lagerraumes. Bei größeren Lagerräumen ohne Schrägböden werden bis zu acht Saugsonden im Raum verteilt, um eine gleichmäßige Entleerung sicherzustellen. Die außerhalb des Lagerraumes installierte Umschalteinheit wechselt zudem automatisch zwischen den Sonden, damit eine gleichmäßige Entleerung möglich ist.

9. Nennen Sie mindestens drei Vorteile von Sacksilos/Gewebesilos.

Gewebesilos

- Sack-/Gewebesilos können sowohl im Aufstellraum des Heizkessels als auch in Nebenräumen oder Nebengebäuden aufgestellt werden; bei Aufstellung im Freien ist auf einen stabilen Untergrund und allseitige Verkleidung zwecks UV- und Feuchtigkeitsschutz zu achten
- Sack-/Gewebesilos können einfach und schnell aufgebaut werden und lassen sich sehr flexibel an die räumliche Situation anpassen
- die Pellets werden trocken und staubfrei gelagert
- es ist nur ein Einblasstutzen mit Kupplung und Blinddeckel notwendig, da die Luft durch das Gewebe entweicht

10. Geben Sie drei Möglichkeiten an, Hackschnitzel so zu lagern, dass sie mit einem Schneckensystem dem Heizkessel zugeführt werden können.

- Hackgutlagerung über dem Heizraum
- Hackgutlagerung in einem angebauten Lagerraum
- Hackgutlagerung in einem Kellerraum neben dem Heizraum – Beschickung über Schacht mit Befüllungsschnecke

11.7 Feststoffbrennkessel

1. a) Nennen Sie die Unterschiede zwischen oberem und unterem Abbrand bei einem Festbrennstoffheizkessel.

b) Welche Vor- und Nachteile hat jedes der beiden Systeme?

a) Während beim unteren Abbrand nur die untere Brennstoffschicht glüht, ist beim oberen Abbrand die gesamte Brennstofffüllung in Glut.

b) Vorteil des oberen Abbrands: geringer Zugbedarf, da Abgase auf direktem Weg zum Abzug strömen
Nachteil des oberen Abbrands: Leistungsminderung beim Nachheizen
Vorteil des unteren Abbrands: gleichmäßige und gut regelbare Kesselleistung; auch beim Nachheizen erfolgt keine Leistungsminderung
Nachteil des unteren Abbrands: längere Abgaswege erfordern einen höheren Zugbedarf des Schornsteins

2. Wie wird bei handbeschickten Festbrennstoffheizkesseln die Leistung geregelt?

Bei handbeschickten Festbrennstoffheizkesseln wird die Leistung über die zugeführte Verbrennungsluftmenge geregelt. Die Veränderung der Verbrennungsluftmenge erfolgt durch Hubänderung der Luftklappe mittels Zugkette oder Stellmotor oder durch Drehzahländerung des Gebläses. Eine Sekundärluftklappe oder ein Sekundärluftschieber dient der Anpassung an unterschiedliche Brennstoffarten wie z. B. Holz oder Kohle.

3. Benennen Sie die nummerierten Bauteile des abgebildeten Festbrennstoffkessels.

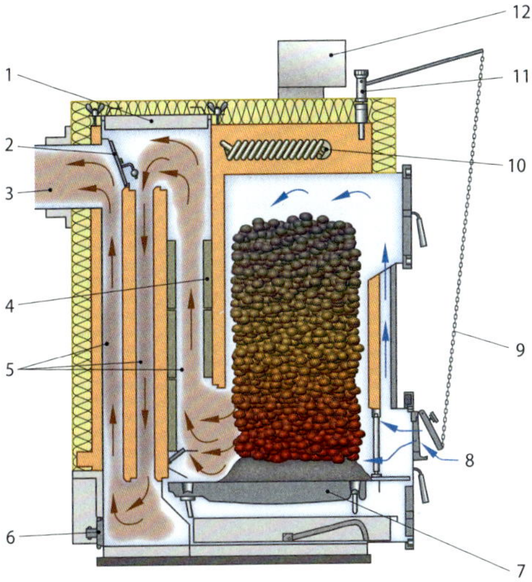

1 Reinigungsdeckel/ Heizgaszüge
2 Anheizschieber
3 Abgasanschluss
4 Thermoheizfläche
5 Heizgaszüge
6 Bodenöffnung zur Entfernung von Ablagerungen
7 Rostabdeckung
8 Verbrennungsluftzufuhr
9 Zugkette
10 Sicherheitswärmeübertrager (Kühlschlange)
11 Temperaturregler (Feuerungsregler)
12 Schaltkasten

4. Beschreiben Sie die Leistungs- und Verbrennungsregelung bei modernen Festbrennstoffheizkesseln.

Moderne Festbrennstoffheizkessel besitzen eine automatische Heizwerterkennung des Brennstoffs. Für die Verbrennungsluftzufuhr werden stufenlos drehzahlgeregelte Gebläse eingesetzt. Die Kessel- und Abgastemperatur sowie der Restsauerstoffgehalt der Abgase werden über eine Lambda-Sonde und Messfühler im Abgaskanal und im Heizkessel erfasst, ausgewertet und entsprechend wird die Verbrennungsluftzufuhr angepasst. Bei Festbrennstofffeuerungen mit automatischer Brennstoffzufuhr (z. B. vollautomatische Pellet-Feuerung) erfolgt eine exakte Dosierung der Verbrennungsluft- und Brennstoffmenge.

5. Benennen Sie die nummerierten und mit Buchstaben versehenen Bauteile des abgebildeten Stückholzkessels mit Saugzuggebläse.

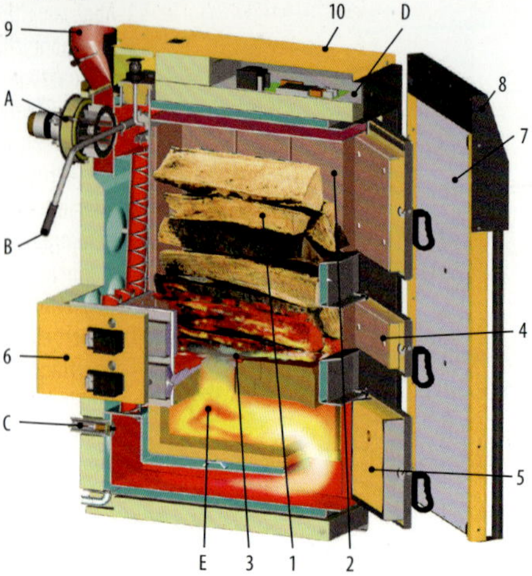

A Saugzuggebläse
B Wärmeübertrager-Reinigungshebel
C Lambda-Sonde
D Regelung
E Wirbelbrennkammer
1 Füllschacht
2 Schwelgasabsaugung
3 Brennerplatte aus Feuerkeramik
4 Anheiztür
5 Entaschung
6 Primär- und Sekundärluftstellmotor
7 Isoliertür
8 Bedientableau
9 Abgastemperaturfühler
10 Verkleidung

6. Beschreiben Sie die Vorgänge bei der Verbrennung von Holz im Heizkessel.

Im Füllschacht wird dem Holz zunächst die Restfeuchte entzogen (Trocknung), anschließend wird es vergast (Pyrolyse) und die leicht brennbaren Bestandteile werden im unteren Füllschacht vorverbrannt. Nach der Holzausgasung und Vorverbrennung werden die Verbrennungsgase in einen seitlich oder unterhalb angeordneten Verbrennungsbereich (Wirbelbrennkammer) geführt. Dort findet durch Zufuhr von Sekundärluft die Hauptverbrennung statt, bei der die schwer entzündbaren Bestandteile verbrannt werden. Danach erfolgt die Nachverbrennung.

7. **Welches Verbrennungssystem wird bei modernen Stückholzkesseln angewandt?**

Moderne Stückholzkessel sind vorwiegend mit unterem Abbrand ausgestattet. Bei Ausführungen mit Saugzuggebläse herrscht im Innern des Kessels ein negativer Überdruck, sodass auch beim Nachfüllen keine Verbrennungsgase (Schwelgase) aus dem Kessel entweichen können. Die Anpassung der Verbrennungsluft erfolgt mit dem Primärluft- und Sekundärluftstellmotor.

8. **Warum ist bei Stückholzkesseln bei einem Anlagenvolumen $> 15 \frac{l}{kW}$ eine Rücklauftemperaturanhebung vorzusehen?**

Bei Anlagen mit großem Wasserinhalt ($> 15 \frac{l}{kW}$) ist bei Stückholzkesseln eine Rücklauftemperaturanhebung vorzusehen, um bei Temperaturen unter 55 °C Schwitzwasserkorrosion im Kessel zu vermeiden.

9. **Wie wird bei Pellet-Behälterkesselanlagen das Brennmaterial vom Vorratsbehälter in die Brennkammer transportiert?**

Bei Pelletkesseln werden die Holzpellets vom Vorratsbehälter (Zwischenbehälter), der manuell oder automatisch befüllt werden kann, durch eine Dosierschnecke oder über eine rückbrandsichere Zellenrad-Dosierschleuse einer Einbringschnecke zugeführt, welche die Pellets in die Brennkammer transportiert.

10. **Welche Aufgabe erfüllt die Lambda-Sonde bei Pellet- und Hackschnitzelanlagen?**

Die Lambda-Sonde übernimmt die Kontrolle des Restsauerstoffgehaltes im Abgas bzw. die automatische Heizwerterkennung des Brennstoffs.

11. Benennen Sie die nummerierten Bauteile des Pelletkessels mit automatischer Beschickung.

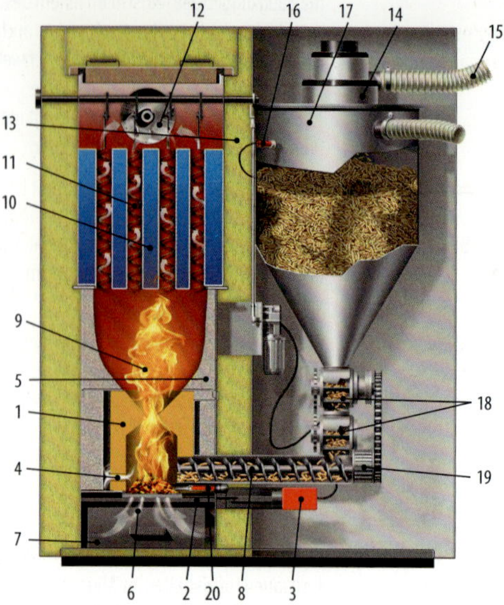

1 Brennkammer
2 Schieberost
3 Motor für Schieberost
4 Sekundärluftstrom mit Einlasskanälen
5 Hochtemperatur-isolierplatten
6 Primärluft
7 Aschelade
8 Einbringschnecke
9 Zirkulationszone
10 Wärmeübertrager
11 Turbulatoren
12 Saugzuggebläse
13 Vollisolierung
14 Saugturbine
15 Saugsystem
16 Füllstandsmelder
17 Vorratsbehälter
18 Zellenrad-Dosierschleuse
19 Motor-Antriebseinheit
20 Automatische Zündung

12. Nennen Sie Vorteile des Pellet- gegenüber dem Stückholzkessel.

Beim Pelletkessel erfolgt eine exakte Dosierung der Verbrennungsluft- und Brennstoffmenge, wodurch eine schadstoffarme Verbrennung und hohe Wirkungsgrade auch im Teillastbereich erzielt werden. Der Komfort dieser Feuerungsanlagen ist mit dem einer Ölheizung vergleichbar.

13. Welche Voraussetzungen müssen erfüllt sein, damit Pellet-Brennwertkessel eingesetzt werden dürfen?

Voraussetzungen für deren Einsatz sind ein feuchteunempfindliches und Rußbrand beständiges Abgassystem sowie ein Kanalanschluss für die Kondensat- und Spülwasserableitung.

14. a) Benennen Sie die nummerierten Teile des abgebildeten Pellet-Brennwertkessels.

b) Erläutern Sie die Brennwertnutzung bei diesem Pellet-Brennwertkessel.

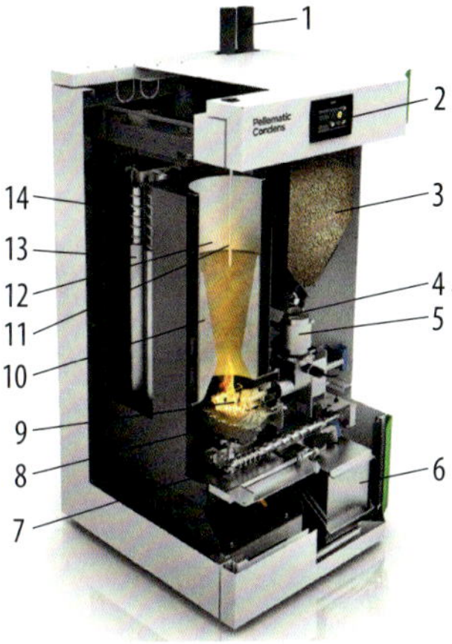

a) 1 Pelletzuführung
2 Bedientableau
3 Zwischenbehälter
4 Unterdruckmessung
5 Rückbrandsicherung
6 Aschebox
7 Automatische Ascheaustragung
8 Multisegment-Brennteller
9 E-Zündung mit Glühstab
10 Flammrohr
11 Flammraumsensor
12 Edelstahl-Brennkammer
13 Brennwert-Wärmeübertrager
14 Vollautomatische Wärmeübertrager-reinigung

b) Die Brennwertnutzung erfolgt in einem speziell entwickelten Wärmeübertrager aus hochwertigem Edelstahl, der im Heizkessel integriert ist und vollautomatisch gereinigt wird. In diesem Wärmeübertrager kühlen die Abgase auf Temperaturen von 35 °C bis 40 °C ab, so dass der Wasserdampf kondensiert. Brennwertkessel dieser Art können unabhängig von den Rücklauftemperaturen sowohl bei Heizkörper- als auch bei Flächenheizungen eingesetzt werden

15. Beschreiben Sie eine weitere Art der Brennwertnutzung bei Pelletkesseln.

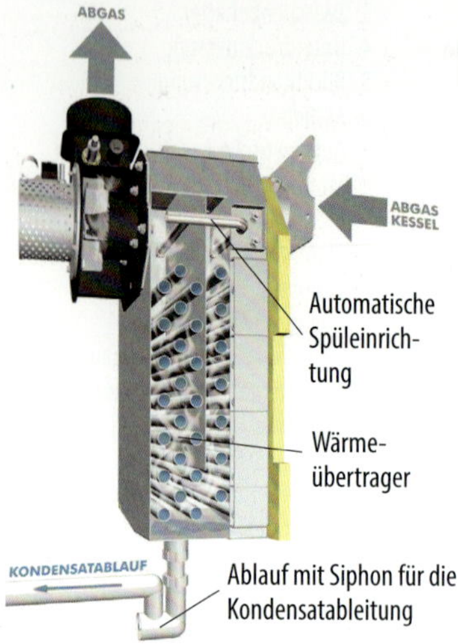

Brennwert-Wärmeübertrager

Die Kondensationswärme des Wasserdampfes in den Abgasen kann auch durch einen an der Rückseite des Kessels positionierten zusätzlichen Wärmeübertrager (Brennwert-Wärmeübertrager) aus Edelstahl nutzbar gemacht und dem Heizsystem zugeführt werden. Die Reinigung des Wärmeübertragers erfolgt über eine automatische Spüleinrichtung. Voraussetzung für einen optimalen Einsatz dieser Brennwerttechnik ist allerdings eine möglichst niedrige Rücklauftemperatur (z. B. Fußboden- oder Wandheizung). Bei manchen Pelletkesseln kann das Brennwertmodul nachgerüstet werden

16. Benennen Sie die nummerierten Teile der abgebildeten automatischen Hackschnitzelfeuerung.

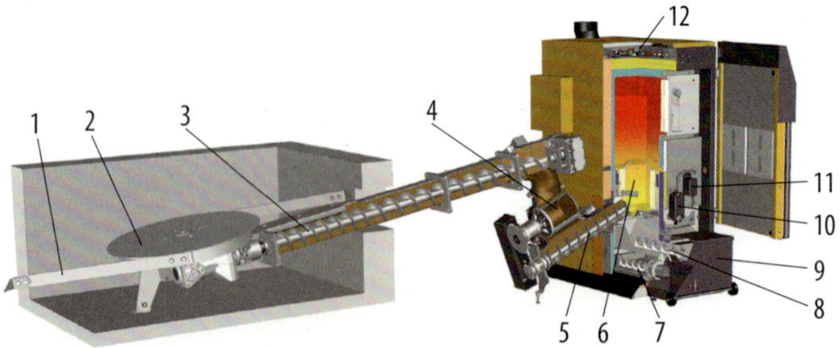

Automatische Hackschnitzelfeuerung

1 Federarme
2 Rührwerksteller
3 Fördertrog mit Austragsschnecke
4 Zellradschleuse
5 Einbringschnecke (Stockerschnecke)
6 Brennkammer mit Kipprost
7 Wärmeübertrager-Entaschungsschnecke
8 Rost-Entaschungsschnecke
9 Aschebehälter
10 Primärluftstellmotor
11 Sekundärluftstellmotor
12 Regelung

17. Nennen Sie Vorteile von automatischen Späne-, Holzpellets- und Hackschnitzelfeuerungen.

Nutzung von Abfällen in Tischlereien und anderen Holz verarbeitenden Betrieben. Möglichkeit neben Hackschnitzel auch Späne und Holzpellets zu verbrennen; je nach Fabrikat können allerdings Zubehörteile erforderlich sein.

18. Nennen Sie zwei Vorteile der Scheitholz-Pellet-Kombikessel gegenüber getrennten Kesseln für diese Brennstoffe.

Vorteile gegenüber zwei getrennten Kesseln für Scheitholz und Pellets sind der geringere Platzbedarf sowie die geringeren Investitions- und Betriebskosten.

19. Wie kann bei Kombikesseln für Scheitholz und Pellets die Zündung des Scheitholzes erfolgen?

Die Zündung des Scheitholzes kann mit handelsüblichen Anzündhilfen (z. B. Anzündwolle, -riegel, -würfel), durch die gespeicherte Wärme bzw. die Restglut oder durch die heißen Pelletbrenngase erfolgen.

20. Wie kann bei Kombikesseln für Scheitholz und Pellets die Zündung der Pellets erfolgen?

Die Zündung der Pellets erfolgt über Glühzünder oder Heißluftgebläse.

21. Erläutern Sie den Pelletsbetrieb bei Scheitholz-Pellet-Kombikesseln mit zwei getrennten Brennkammern.

Bei Pelletsbetrieb werden die Flammenfront bzw. Verbrennungsgase von der Pelletsbrennkammer durch einen Übergangskanal direkt in die Brennkammer des Scheitholzkessels geleitet oder durch einen Einströmkanal in den Scheitholzfüllraum und von dort in die Scheitholzbrennkammer geführt. Nach vollständigem Ausbrand gelangen die Pellets-Abgase in den Wärmeübertrager des Scheitholzkessels und übertragen dort die Energie an das Heizwasser

22. Benennen Sie die nummerierten Teile des abgebildeten Kombikessels für Stückholz und Pellets mit zwei getrennten Brennkammer.

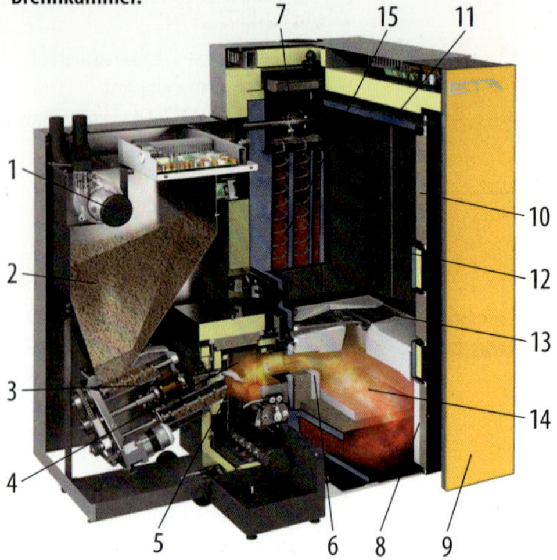

1 Saugturbine
2 Vorratsbehälter
3 Zellradschleuse als Rückbrandschutzeinrichtung
4 Pelletsbrennkammer
5 Drehrost mit Reinigungskamm
6 Übergangskanal in Scheitholz-Glühzonenbrennkammer
7 Saugzuggebläse
8 Entaschung, Reinigung und Wartung
9 Isoliertür mit integriertem Touchscreen
10 Befülltür
11 Schwelgasabsaugung
12 Füllraum
13 Gussroste
14 Scheitholz-Glühzonenbrennkammer
15 Scheitholz-Wärmeübertrager

23. Erläutern Sie den Pelletsbetrieb bei Scheitholz-Pellet-Kombikesseln mit einer gemeinsamen Brennkammer.

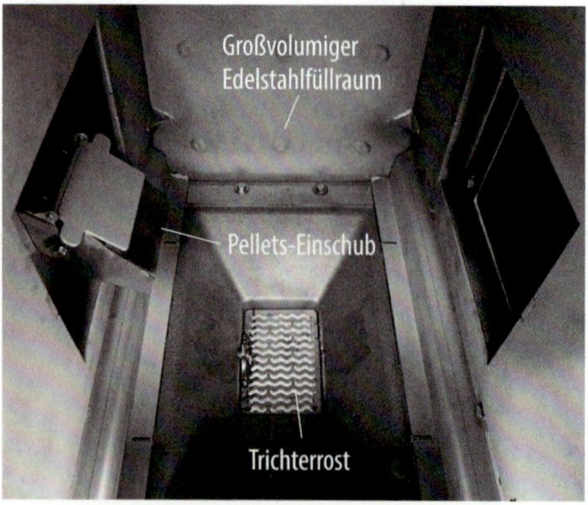

Die Zufuhr der Pellets erfolgt automatisch mittels Einbringschnecke und Rückbrandsicherung über ein Fallrohr von oben oder seitlich. Ein Heißluftgebläse zündet bei Vorliegen einer Wärmeanforderung die Pellets vollautomatisch. Das drehzahlgeregelte Saugzugebläse saugt das Brenngas kontrolliert durch den Brennrost in die Brennkammer, wo bei Temperaturen bis zu 1200 °C eine optimale Brennstoffverwertung erreicht wird.

24. Benennen Sie die nummerierten Bauteile des Festbrennstoffheizkessels für Koks und Kohle.

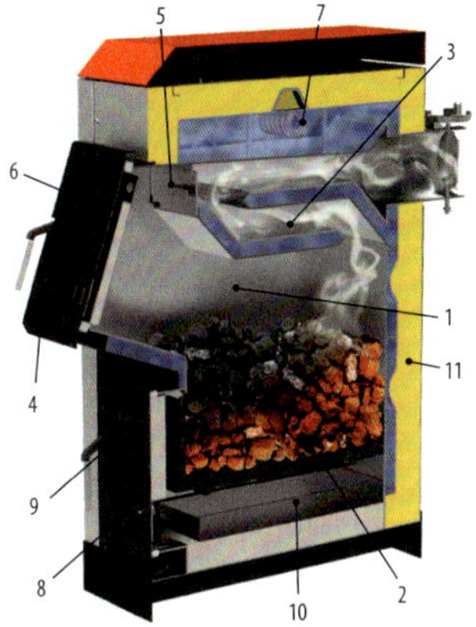

Festbrennstoffkessel für Koks und Kohle

1 Füllraum
2 Rost
3 Nachschaltheizflächen
4 Sekundärluftschieber
5 Anheizklappe
6 Fülltür
7 Sicherheitswärmeübertrager
8 Primärluftklappe
9 Schürtür
10 Aschelade
11 Wärmedämmung

25. Welche Aufgabe hat der Pufferspeicher?

Der Pufferspeicher speichert die überschüssige Wärmeenergie und gibt sie bei Bedarf an den Heizkreis bzw. den Trinkwassererwärmer ab.

26. Begründen Sie, weshalb bei handbeschickten Holzkesseln ein Pufferspeicher notwendig ist.

Durch Kombination mit einem Pufferspeicher kann ein handbeschickter Holzkessel wie z. B. ein Stückholzkessel, auch in der Übergangszeit bei niedriger Heizlast im günstigen Volllastbetrieb arbeiten. Dies erhöht die Wirtschaftlichkeit erheblich und verringert die Schadstoffemission. Daneben wird ein verbesserter Bedienungskomfort erreicht, da der Heizkessel seltener beschickt werden muss. Außerdem werden Wasserverluste durch häufiges Ansprechen der thermischen Ablaufsicherung vermieden.

27. Bestimmen Sie die Pufferspeicher-Mindestgröße nach der novellierten BImSchV für einen Scheitholzkessel mit der Nennwärmeleistung $\Phi_{NL} = 18\ \text{kW}$.

In der novellierten BImSchV ist die Pufferspeicher-Mindestgröße mit $55\ \frac{\text{l}}{\text{kW}}$ bzw. mit 12 Liter Pufferspeichervolumen je Liter Füllschachtvolumen festgelegt. Demnach ergibt sich für eine Nennwärmeleistung $\Phi_{NL} = 18\ \text{kW}$ eine Pufferspeicher-Mindestgröße von $V_{PU,min} = 55\ \frac{\text{l}}{\text{kW}} \cdot 18\ \text{kW} = 990\ \text{l}$.

28. Das Füllschachtvolumen eines Stückholzkessels beträgt 120 l. Bestimmen Sie das Mindestvolumen des Pufferspeichers, wenn der Kessel hauptsächlich mit Weichholz beheizt wird.

Faustformel:
Weichholz: Füllschachtvolumen · 12 … 15
Mindestvolumen des Pufferspeichers
$V_{PU,min} = 120\,l \cdot 12 = 1440\,l$.

11.8 Heizräume

1. Für welche Feuerstätten sind Heizräume notwendig?

Feuerstätten für feste Brennstoffe von mehr als 50 kW Gesamtnennwärmeleistung **müssen** in Heizräumen aufgestellt werden.

2. Nennen Sie die wesentlichen Anforderungen, die an Heizräume gestellt werden.

- feuerbeständige Wände, Decken und Böden (F90)
- Raumhöhe ≥ 2 m
- Raumvolumen $\geq 8\,m^3$
- Heizraumtür: feuerhemmend, selbstschließend, in Fluchtrichtung öffnend
- gasdichte Mauerdurchführungen
- keine anderweitige Nutzung, außer Lagerung von Brennstoffen, Aufstellen von Wärmepumpen, Blockheizkraftwerken und ortsfesten Verbrennungsmotoren
- keine unmittelbare Verbindung mit Aufenthalts- und Treppenräumen
- obere und untere Öffnung ins Freie von mindestens 150 cm^2, bei mehr als 50 kW Gesamtnennwärmeleistung jedoch 300 cm^2 + 2,5 cm^2 je kW Mehrleistung; Zuluftschacht höchstens 50 cm über dem Fußboden
- Lüftungsleitungen für Heizräume müssen eine Feuerwiderstandsklasse von mindestens F90 haben und sie dürfen mit anderen Lüftungsleitungen nicht verbunden sein und nicht der Lüftung anderer Raume dienen

3. Welche Feuerstätten in einem Heizraum sind bei der Festlegung der Gesamtwärmeleistung anzurechnen?

Bei der Festlegung der Gesamtwärmeleistung sind alle Feuerstätten in einem Heizraum anzurechnen, die evtl. zur gleichen Zeit in Betrieb sein können.

4. Ein Kunde möchte im Heizraum seines Hauses einen Heizkessel mit Ölgebläsebrenner aufstellen. Er fragt Sie, ob das zulässig ist. Klären Sie ihn auf.

Grundsätzlich dürfen in Heizräumen Feuerstätten für flüssige oder gasförmige Brennstoffe aufgestellt werden, sofern die entsprechenden Vorschriften eingehalten werden.

12.1 Grundlagen

1. Erläutern Sie die internationale Definition für ein Niedrigenergiehaus.

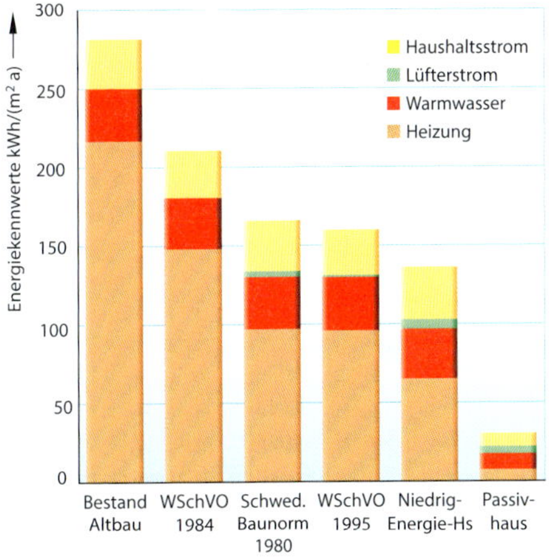

Energiekennwerte im Vergleich

Mit dem Begriff „Niedrigenergiehaus" ist keine einheitliche Bauweise, sondern ein Ausführungsstandard festgelegt, der durch unterschiedliche Maßnahmen wie z. B. hochwertige Dämmung der Haushülle, aber auch durch besonders effektive Energieversorgungssysteme erzielt werden kann. Gemäß der international gebräuchlichen Definition für ein Niedrigenergiehaus (NEH) beträgt der spezifische Jahreswärmebedarf für ein Einfamilien-Niedrigenergiehaus, bezogen auf die beheizte Nutzfläche und die Heizgradtagszahl $\leq 0{,}02 \frac{kWh}{m^2 \cdot K \cdot d}$.
Wendet man diese Definition für Deutschland an und legt man eine mittlere Heizgradtagszahl von $3500\ K \frac{d}{a}$ zugrunde, so ergibt sich für ein Einfamilien-Niedrigenergiehaus ein Jahres-Heizwärmebedarf von $\leq 70 \frac{kWh}{m^2 \cdot a}$

2. Nennen Sie mindestens fünf Ausführungsdetails, die bei einem Niedrigenergiehaus (NEH) berücksichtigt werden müssen.

- Eine kompakte, schlichte Bauform wirkt sich günstig auf die Energiebilanz aus
- Eine gute Wärmedämmung der Außenwände begünstigt die Energieeinsparung; der U-Wert bzw. die Wärmedurchgangszahl sollte $\leq 0{,}02 \frac{W}{m^2 \cdot K}$ betragen.
  Holzständerkonstruktionen erreichen durch den Einsatz hoch dämmender Materialien bei relativ geringen Wandstärken hervorragende U-Werte. Massive Wände aus Mauerwerk müssen entsprechend dicker ausgeführt werden.
- Fenster und deren Rahmenbauteile sollten U-Werte von $\leq 1{,}3 \frac{W}{m^2 \cdot K}$ haben. Dies kann durch den Einsatz von Wärmeschutzverglasung und Mehrkammersystemen bei den Rahmenprofilen erreicht werden.
- Dächer sollten einen U-Wert von $\leq 0{,}15 \frac{W}{m^2 \cdot K}$ haben; das entspricht einer Dämmschichtdicke von ca. 25 cm.
- Bauteile, die aus der Außenhaut herausragen, wie z. B. Balkone als Verlängerung der Betondecken sind Wärmebrücken und sollten vermieden werden.
- Da die Außenhülle des Hauses luftdicht ausgebildet sein sollte, ist der Einsatz einer kontrollierten Wohnungslüftung unabdingbar.
- Ein an das Bauwerk angepasstes Heizsystem, eine effiziente Trinkwarmwasserbereitung sowie ein optimierter Einsatz elektrisch betriebener Geräte wie z. B. Hocheffizienzpumpen und moderne Steuerungen und Regelungen senken den Primärenergiebedarf

3. Was versteht man unter einem Passivhaus?

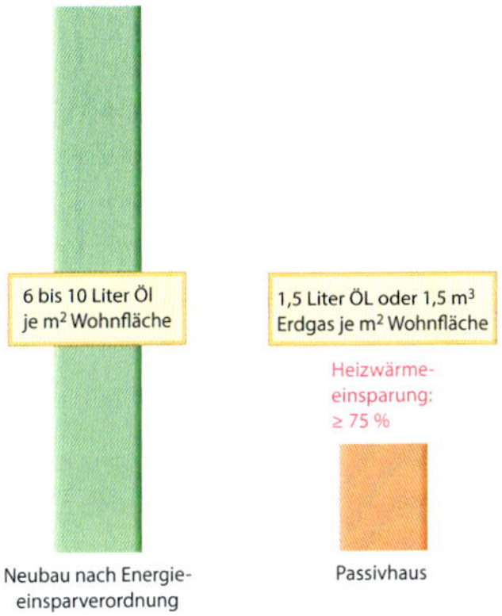

Energieeinsatz NEH/Passivhaus

Ein Passivhaus ist eine konsequente Weiterentwicklung des Niedrigenergiehauses. Es bietet thermische Behaglichkeit bei einem Heizwärmebedarf von weniger als 15 $\frac{kWh}{m^2 \cdot a}$ und einen Primärenergiebedarf einschließlich Trinkwarmwasser und Haushaltsstrom von unter 120 $\frac{kWh}{m^2 \cdot a}$.

Umgerechnet in Heizöl bzw. Erdgas kommt ein Passivhaus im Jahr mit weniger als 1,5 l Heizöl bzw. 1,5 m^3 Erdgas je Quadratmeter Wohnfläche aus.

4. Nennen Sie Anforderungen an die Bauweise eines Passivhauses.

Folgende Ausführungsdetails zeichnen ein Passivhaus aus:

- Hochwertige Wärmedämmung
- Dreischeiben-Wärmeschutzverglasung für alle Fenster
- Vermeidung von Wärmebrücken
- Luftdichte Gebäudehülle aufgrund einer lückenlosen Fugenabdichtung
- Komfortlüftung mit hocheffizienter Wärmerückgewinnung; Beheizung des Hauses über kontrollierte Wohnungslüftung
- Deckung des Restwärmebedarfs durch interne Wärmegewinne und Solarenergienutzung

5. Nennen Sie Vorteile eines Passivhauses.

- geringe Heizkosten
- hohe Versorgungssicherheit
- Umweltentlastung
- hoher Wohnkomfort durch frische, gefilterte Luft und angenehme Oberflächentemperaturen der Raumumschließungsflächen
- Zinsgünstige Darlehen durch die Kreditanstalt für Wiederaufbau (KfW)

6. Welchen Nachteil hat ein Passivhauses?

Höhere Baukosten, die sich erst im Laufe der Zeit (ca. 20 Jahre bei 5 % Teuerungsrate für Energie) aufgrund der eingesparten Energiekosten amortisieren.

7. Was versteht man unter einem Nullenergiehaus?

Nullenergiehaus ist ein Energiestandard für Gebäude, die keine externe Energie wie z. B. Strom, Gas oder Heizöl beziehen. Neben thermischen Solaranlagen zur Trinkwassererwärmung und Heizungsunterstützung gewinnen Photovoltaikanlagen Strom für den Haushalt und zum Betrieb von Lüftungsanlagen und Wärmepumpen.

8. Was versteht man unter einem Plusenergiehaus?

Mit dem Begriff Plusenergiehaus werden Häuser bezeichnet, die durch regenerative Energien, insbesondere Photovoltaikanlagen, mehr Energie erzeugen, als sie selbst verbrauchen.

9. Wozu dient das Blower-Door-Verfahren?

Das Blower-Door-Verfahren ist ein Luftdichtheits-Messverfahren für Gebäude und wird nach DIN EN ISO 9972 durchgeführt.
Da der Lüftungswärmebedarf eines Gebäudes u. U. einen entscheidenden Anteil zur gesamten Heizlast beitragen kann, ist der Nachweis der Dichtheit vor allem bei hoch wärmegedämmten Gebäuden wichtig und z. T. vorgeschrieben.

10. Beschreiben Sie das Blower-Door-Verfahren.

Ein drehzahlgeregelter Ventilator, der mithilfe eines verstellbaren Metallrahmens meist in der Außentür eingepasst wird, wird so einreguliert, dass zwischen Gebäude und Umgebung eine Druckdifferenz von 50 Pa aufgebaut wird. Bei der negativen Überdruckmessung wird mit dem Ventilator so viel Luft nach außen gefördert, wie durch die vorhandenen Undichtigkeiten in das Gebäude eindringt.
Dividiert man den gemessenen Luftvolumenstrom durch das Gebäudevolumen, erhält man die Luftwechselrate n_{50}, die mit Normwerten verglichen werden kann.

11. Geben Sie die typischen Luftwechselraten n_{50} von folgenden Gebäuden bei einer Druckdifferenz von 50 Pa an:
a) Altbauten
b) Neubauten nach EnEV
c) Niedrigenergiehäuser
d) Passivhäuser

a) 4 bis 12 h^{-1}
b) ≤ 3 h^{-1} (ohne mechanische Be- und Entlüftung)
c) 1 bis 2 h^{-1} (≤ 1,5 h^{-1} mit mechanischer Be- und Entlüftung)
d) 0,1 bis 0,6 h^{-1}

12. Mit welchen Verfahren können Undichtigkeiten an der Gebäudehülle sichtbar gemacht werden?

Undichtigkeiten an der Gebäudehülle können sichtbar gemacht werden
- mit einer Überdruckmessung unter Einsatz von Kunstnebel
- mittels Thermografieaufnahmen

13. Was bedeutet „Thermografie"?

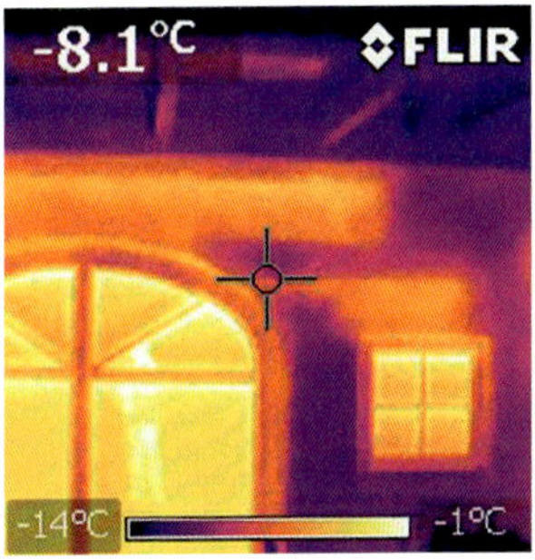

Thermographieaufnahme einer Außenwand

Thermografie ist die Umwandlung der von einem Körper ausgesandten Infrarotstrahlung in ein radiometrisches Bild, aus dem sich Temperaturwerte ablesen lassen.

14. Wofür wird die Thermographie im Baubereich verwendet?

Im Baubereich wird die Thermographie z. B. für die zerstörungsfreie Leckortung bzw. Fehlererkennung oder zum Aufspüren von Wärmebrücken und Undichtheiten in der Gebäudehülle verwendet.

15. Was ist vor Durchführung der Thermographie zu beachten?

Wärmebildkamera

- Damit korrekte Temperaturwerte ermittelt werden können, muss zunächst der richtige Emissionsgrad eingestellt werde. Dabei handelt es sich um einen Faktor, der beschreibt, wie stark ein Gegenstand Infrarotstrahlung abgibt. Die entsprechenden Werte können Tabellen entnommen werden.
- Um realistische Werte messen zu können, muss zwischen der Außen- und Innenseite der betrachteten Wand (Mauer, Dach usw.) ein Temperaturunterschied von mindestens 10 K vorliegen.
- Bei Regen sollte nicht gemessen werden, da er die Oberflächentemperatur absenkt.
- Um Fehlmessungen durch reflektierte Wärmestrahlung zu vermeiden, ist der Winkel, unter dem die Kamera auf das Objekt gerichtet wird, sorgfältig zu wählen.

12.2 Solare Heizunterstützung

1. Nennen Sie die wesentlichen Komponenten einer Kombisolaranlage.

- Sonnenkollektoren
- Solarkreis mit allen notwendigen Armaturen und Einrichtungen
- Trinkwarmwasserspeicher und Pufferspeicher oder Kombispeicher mit eingebauter Trinkwassererwärmung
- Regelung

2. Warum werden überwiegend Kombispeicher und keine zwei Speicher installiert?

Kombispeicher installiert man aus Platz- und Kostengründen. Niedrigere Kosten entstehen durch die im Vergleich zu zwei Speichern einfachere Verrohrung und durch die geringeren Wärmeverluste aufgrund der kleineren Oberfläche nur eines Speichers.

3. Welche zwei Konzepte werden bei Kombispeichersystemen unterschieden?

- Systeme mit Vorwärmung (Rücklauftemperaturanhebung) des vom Heizkreis kommenden kalten Rücklaufwassers
- Systeme mit direkter Anbindung des Heizkreises an den Speicher

4. Erläutern Sie das Prinzip der Rücklauftemperaturanhebung.

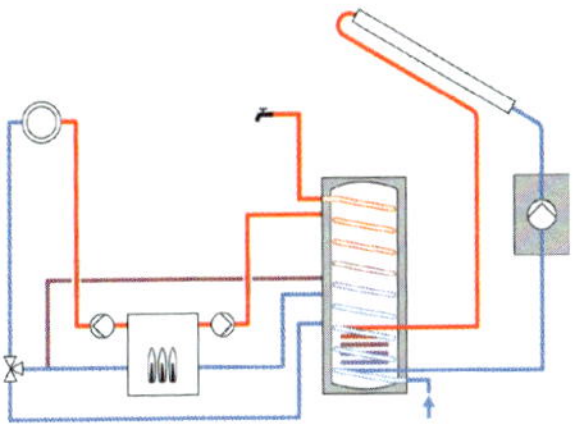

Bei Systemen mit Rücklauftemperaturanhebung wird das Rücklaufwasser des Heizkreises über ein Umschaltventil durch den Speicher geleitet und nicht direkt zum Kessel, wenn die Temperatur im unteren Bereich des Speichers etwa 5 °C–10 °C höher ist als die Rücklauftemperatur des Heizkreises. Dadurch wird die Temperatur des Rücklaufwassers angehoben, bevor es im Kessel auf Vorlauftemperatur erwärmt wird. Der Brenner verbraucht dadurch weniger Brennstoff.

5. Erläutern Sie das Prinzip der direkten Anbindung des Heizkreises.

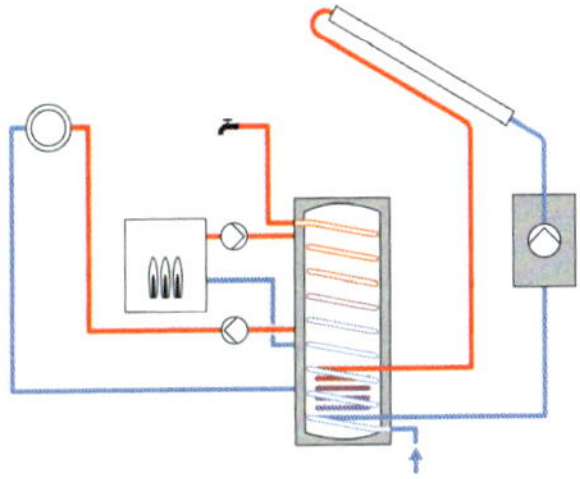

Bei direkter Anbindung des Heizkreises an den Speicher wird das notwendige Temperaturniveau (Soll-Vorlauftemperatur) entweder über die Solaranlage oder den Wärmeerzeuger erreicht. Reicht die Energie der Solaranlage aus, braucht der Brenner nicht in Betrieb gehen. Die Höhe der Anschlüsse des Heizkreises an den Speicher hängt z. B. davon ab, ob eine Flächenheizung oder ob Heizkörper installiert sind, sowie vom Bereitschaftsvolumen für die Trinkwassererwärmung.

6. Warum muss in Kombispeichersystemen ein Thermostatmischventil eingebaut werden?

Da in Kombispeichersystemen sehr hohe Temperaturen von ca. 90 °C im Trinkwasserbereich auftreten können, muss ein Thermostatmischventil (Verbrühschutz) eingebaut werden, um die Trinkwarmwasser-(PWH)-Temperaturen auf z. B. 60 °C zu begrenzen.

7. Nennen Sie mindestens sechs Einflussfaktoren, durch die ein guter Wirkungsgrad einer Kombisolaranlage erreicht werden kann.

- Komfort (Bereitschaftszeiten, Trinkwarmwassertemperatur, Raumtemperaturen)
- Energiebedarf für die Trinkwassererwärmung
- Heizlast
- passive Solarenergienutzung
- Kollektorfläche
- Kollektorausrichtung
- Kollektorneigung
- niedrige Systemtemperaturen (z. B. 60 °C/40 °C)
- hydraulischer Abgleich
- Flächenheizung, Heizkörper
- Art des Speichers (Kurzzeit- oder Langzeitspeicher)

8. Nennen Sie Auswirkungen der größeren Kollektorfläche bei Kombisolaranlagen.	Durch den häufigen Stillstand und den großen Wärmeüberschuss im Sommer unterliegen alle Anlagenteile und die Solarflüssigkeit einer erhöhten thermischen Beanspruchung wie z. B. Dampfbildung im Kollektor und den angrenzenden Rohrleitungen sowie beschleunigte Alterung der Solarflüssigkeit.
9. Wie können die Stillstandszeiten im Sommer bei Kombisolaranalgen verringert werden?	• großes Speichervolumen • im Vergleich zum reinen Trinkwasserbetrieb höhere Maximaltemperatur von z. B. 90 °C im Speicher • etwas steilere Neigung der Kollektoren führt zu geringeren Überschüssen im Sommer und zu einem höheren Ertrag in der Übergangszeit
10. Bestimmen Sie die Kollektorfläche für eine Kombisolaranlage in m², wenn für die Trinkwassererwärmung einer Solaranlage ohne Heizungsunterstützung 6 m² Kollektorfläche benötigt werden.	$A = \underline{\underline{15\ \text{m}^2}}$ Lösungsweg siehe II Lösungswege, Zu 12.2 Solare Heizungsunterstützung
11. Geben Sie die Faustformel für die Auslegung des Speichervolumens einer Kombisolaranlage mit Flachkollektoren an.	$50\,\frac{\text{l}}{\text{m}^2}$ bis $70\,\frac{\text{l}}{\text{m}^2}$
12. Bestimmen Sie die Mindest-Speichergröße für eine Kombisolaranlage mit Flachkollektoren, wenn die Absorberfläche 15 m² beträgt.	$V_{\text{min}} = \underline{\underline{750\ \text{l}}}$ Lösungsweg siehe II Lösungswege, Zu 12.2 Solare Heizungsunterstützung

12.3 Wärmepumpen

1. Beschreiben Sie das Grundprinzip einer Wärmepumpe.	Wärmepumpen nutzen die in der Umwelt, z. B. Luft, Erdreich, Wasser, enthaltene Wärmeenergie zur Beheizung von Gebäuden und zur Trinkwassererwärmung. Dazu muss die Wärme aus der Umwelt über ein Kältemittel auf ein nutzbares Temperaturniveau gebracht werden. Dies geschieht im Falle der Kompressions-Wärmepumpe mithilfe von elektrischer Energie.

2. Nennen Sie die vier wichtigsten Bauteile einer Kompressions-Wärmepumpe.

- Verdampfer
- Verdichter (Kompressor)
- Verflüssiger (Kondensator)
- Expansionsventil

3. Beschreiben Sie die Funktionsweise einer Kompressionswärmepumpe.

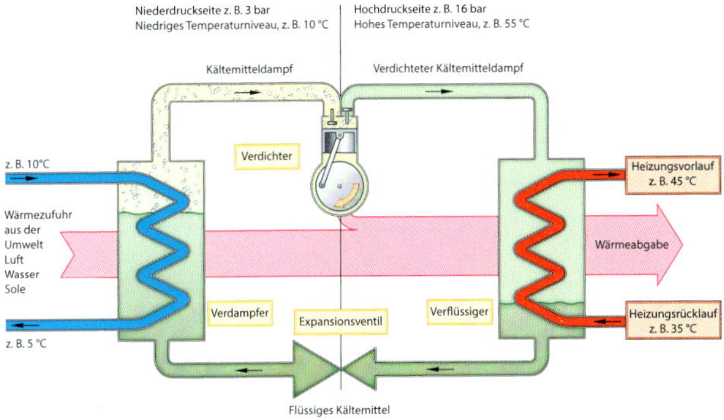

Die Kompressions-Wärmepumpe entzieht der Umwelt (Luft, Wasser, Erde) Wärmeenergie, die z. B. zur Beheizung eines Gebäudes genutzt wird. Auf der Niederdruckseite der Wärmepumpe (= Bereich zwischen Expansionsventil und Verdichter mit niedrigem Temperaturniveau) gelangt das flüssige Kältemittel in den Verdampfer, wo es durch die Wärmeenergie der Umwelt bei niedrigem Druck und niedriger Temperatur verdampft. Der Verdichter (Kompressor) saugt das verdampfte Kältemittel an und verdichtet es; dabei steigen der Druck und die Temperatur des Kältemitteldampfes (vgl. Luftpumpe). Auf der Hochdruckseite der Wärmepumpe (= Bereich zwischen Verdichter und Expansionsventil mit hohem Temperaturniveau) strömt der verdichtete und dadurch auf ein höheres Temperaturniveau angehobene Kältemitteldampf in den Verflüssiger (Kondensator) und gibt dort die im Verdampfer aufgenommene Wärmeenergie sowie die zusätzlich durch das Verdichten (Komprimieren) zugeführte Energie z. B. an das Heizwasser ab. Der Kältemitteldampf kühlt dabei ab und wird wieder flüssig. Im Expansionsventil wird das flüssige Kältemittel vom hohen Druck des Kondensators auf den niedrigen Druck des Verdampfers entspannt. Das Kältemittel kühlt dabei weiter ab und kann wieder Wärmeenergie aus der Umwelt aufnehmen. Der Kreislauf beginnt von Neuem.

4. Beschreiben Sie den Verdichtungsvorgang bei einem Scroll-Verdichter.

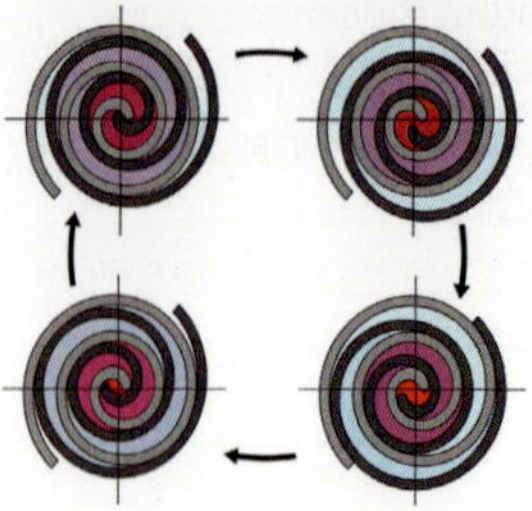

statischer Spirlblock

beweglicher Spirlblock

Ansaugen (blaue Segmente), Verdichten (violette Segmente), Ausstoßen (rote Segmente)

Bei Scroll-Verdichtern erfolgt die Verdichtung zwischen zwei ineinandergreifenden Spiralblöcken, von denen einer festsitzt und der andere exzentrisch auf einer Welle rotiert. Da sich die Spiralen immer gegenseitig an zwei gegenüberliegenden Flanken berühren, entstehen jeweils zwei halbmondförmige Kammerpaare, die sich von außen nach innen bewegen. Dabei verkleinert sich das Kammervolumen in Richtung Zentrum der Spiralen, wodurch der Kältemitteldampf verdichtet wird. Im Zentrum wird der verdichtete Kältemitteldampf in axialer Richtung ausgestoßen.

5. Nennen Sie zwei Aufgaben des Expansionsventils.

Das Expansionsventil entspannt das flüssige, aber noch unter hohem Druck stehende Kältemittel und sorgt dafür, dass nur so viel Kältemittel in den Verdampfer gelangt, wie dort vollständig verdampfen kann.

6. Welche Wärmeträgerflüssigkeit wird im Kreislaufsystem einer Wärmepumpe verwendet?

Im Kreislaufsystem von Wärmepumpen werden als Wärmeträgerflüssigkeiten Kältemittel verwendet, die unter Atmosphärendruck bereits bei sehr niedrigen Temperaturen (z. B. –25 °C) verdampfen. Sie nehmen unterhalb der Umgebungstemperatur Wärmeenergie durch Verdampfen bei niederem Druck auf und geben oberhalb der Umgebungstemperatur Wärmeenergie durch Verflüssigen bei höherem Druck ab.

7. Geben Sie Vor- und Nachteile von Außenluft als Wärmequelle für Wärmepumpen an.

Vorteile:
- kann mit dem geringstem Aufwand genutzt werden
- steht überall und in unbegrenzter Menge zur Verfügung
- keine behördliche Genehmigung erforderlich

Nachteile:
- unterliegt jahreszeitlich bedingt großen Temperaturschwankungen
- mit dem Absinken der Außentemperatur steigt der Wärmebedarf (Heizlast) des Gebäudes

8. Geben Sie Vor- und Nachteile von Grundwasser als Wärmequelle für Wärmepumpen an.

Vorteil:
- ganzjährige Nutzung möglich, da es ganzjährig mit gleichbleibenden Temperaturen zwischen 8 °C und 12 °C zur Verfügung steht

Nachteile:
- hohe Kosten für den Bau der Brunnen
- behördliche Genehmigung erforderlich
- Gefahr der Korrosion des Wärmeübertragers
- Gefahr der Verockerung (Zusetzen) des Schluckbrunnens

9. Geben Sie Vor- und Nachteile von Erdreich (Erdkollektoren) als Wärmequelle für Wärmepumpen an.

Vorteile:
- ganzjährige Nutzung möglich
- keine behördliche Genehmigung erforderlich
- geringere bauliche Kosten als bei Erdsonden

Nachteile:
- großer Platzbedarf, d. h. große Grundstücksfläche notwendig
- umfangreiche Erdarbeiten erforderlich

10. Geben Sie Vor- und Nachteile von Erdreich (Erdsonden) als Wärmequelle für Wärmepumpen an.

Vorteile:
- ganzjährige Nutzung möglich
- bester Wärmeentzug gegenüber allen anderen Erdreichsystemen
- geringer Platzbedarf im Vergleich zu Erdkollektoren
- Erstellung einer Tiefenbohrung auch bei bestehendem Garten möglich

Nachteile:
- hohe Kosten für die Bohrung
- behördliche Genehmigung erforderlich

11. Erläutern Sie, wie dem Grundwasser Wärme entzogen werden kann.

Das Grundwasser wird einem Förderbrunnen (Saugbrunnen) entnommen und zum Verdampfer der Wärmepumpe transportiert. Diese entzieht dem Grundwasser die Wärmeenergie. Anschließend wird das abgekühlte Wasser in einen Schluckbrunnen abgeführt. Der Schluckbrunnen wird in einem Abstand von 10 m bis 15 m vom Förderbrunnen in Fließrichtung des Grundwassers angelegt. Die Ergiebigkeit kann durch eine Probebohrung überprüft werden; erforderlich sind ca. 250 $\frac{l}{h}$ je kW Heizleistung.

12. Erläutern Sie, wie dem Erdreich Wärme entzogen werden kann.

Dem Erdreich kann über Erdkollektoren oder Erdsonden Wärme entzogen werden.
Erdkollektoren nutzen die Wärme, die durch Sonneneinstrahlung, Regen oder Tauwasser in den Boden gelangt. Sie werden mindestens 20 cm unterhalb der Frostgrenze in einer Tiefe von 1,2 m bis 1,5 m waagrecht im Erdreich verlegt. Die Soleleitungen, meist aus Polyethylen (PE), werden im Abstand von ca. 50 cm bis 90 cm schlangenförmig verlegt und ihre Enden in einem Sammelschacht an einen wegen der Entlüftung etwas höher gelegenen Vorlauf- und Rücklaufsammler angeschlossen. Vom Schacht führt eine Vor- und Rücklaufleitung zum Verdampfer der Wärmepumpe.
Bei zu kleiner Grundstücksfläche sind **Erdsonden** eine mögliche Alternative, dem Erdreich ganzjährig Wärme zu entziehen.
Die Einbringung einer Erdsonde mit modernen Bohrgeräten erfordert nur wenige Stunden. Bohrungen bis 100 m Tiefe müssen vom Wasserwirtschaftsamt, tiefergehende Bohrungen müssen zusätzlich vom zuständigen Bergbauamt genehmigt werden. In die Bohrung wird eine U-förmige Sonde bzw. eine Doppel-U-Rohr-Sonde eingebracht und der Hohlraum zwischen Sondenrohr und Bohrung mit Füllstoff (Betonit) verpresst.

13. Warum sollte die Länge der Rohrschleifen (Rohrstränge) 100 m nicht überschreiten?

Die Länge der Rohrschleifen (Rohrstränge) sollte 100 m nicht überschreiten, da sonst die Druckverluste und dadurch die erforderlichen Pumpenleistungen zu groß würden.

14. Warum sollten die einzelnen Rohrschleifen möglichst gleich lang sein?

Die einzelnen Rohrschleifen sollten möglichst gleich lang sein, um gleiche Druckverluste und damit gleiche Durchströmungsbedingungen sowie einen gleichmäßigen Wärmeentzug des Kollektorfeldes zu erreichen.

15. Welche Anforderungen werden an die Flächen oberhalb der Erdkollektoren gestellt?

Die Flächen oberhalb der Erdkollektoren dürfen nicht bebaut oder versiegelt werden. Außerdem sollten dort keine tiefwurzelnden Pflanzen gepflanzt werden.

16. Welche Sachverhalte sind vor der Entscheidung für eine Erdsonde zu klären?

- es ist eine geologische Beurteilung des Untergrundes (Bodenbeschaffenheit, Schichtenfolge etc.) nötig
- außerdem müssen geeignete Zufahrtswege und genügend Platz für das Bohrgerät vorhanden sein
- die Einbringung der Erdsonde sollte von spezialisierten Bohrfirmen mit dem entsprechenden Fachwissen vorgenommen werden, zumal mit solchen Firmen vertraglich eine Entzugsleistungsgarantie vereinbart werden kann

17. Wie kann es zur Vereisung des Verdampfers einer Wärmepumpe bei der Nutzung von Außenluft als Wärmequelle kommen?

Die beim Abkühlen der Außenluft abgeschiedene Feuchtigkeit schlägt sich als Wasser am Verdampfer nieder und bildet bei Oberflächentemperaturen unter 0 °C eine Eisschicht.

18. Was versteht man unter einer Luft-Wasser-Wärmepumpe?

Unter einer Luft-Wasser-Wärmepumpe versteht man eine Wärmepumpe für die Wärmequelle Luft (Außenluft, Fortluft-Primärkreis) und dem Nutzwärmeträger Wasser (Heizwasser, Trinkwarmwasser-Sekundärkreis).

19. Beschreiben Sie drei verschiedene Ausführungen von Luft-Wasser-Wärmepumpen.

Luft-Wasser-Wärmepumpen gibt es als Kompaktgeräte, für die Aufstellung in Gebäuden oder im Freien (Außenaufstellung) und als Splitgeräte, bei denen der Verdampfer getrennt von den übrigen Komponenten, z. B. im Freien angeordnet wird Bei beiden Ausführungsarten wird die Luft dem Verdampfer durch in der Wärmpumpe integrierte Ventilatoren zugeführt, wo ihr die Wärme entzogen wird.
Zum Einsatz kommen auch Kompaktgerate in Kombination mit einer Außeneinheit, in der ein zusätzlicher Wärmeübertrager der Außenluft die Wärme entzieht. Diese Wärme wird über einen zwischengeschalteten Solekreis zum Verdampfer der Wärmepumpe geführt.

20. Nennen Sie mindestens fünf Maßnahmen, die bei der Außenaufstellung einer Luft-Wasser-Wärmepumpe (Kompaktgerät), der Aufstellung des Verdampfers im Freien (Splitgerät) oder der Aufstellung der Außeneinheit zu beachten sind.

Bei der Aufstellung der Wärmepumpe, des Verdampfers oder der Außeneinheit:

- muss ein geeigneter fester Untergrund (Fundament, Konsole etc.) vorhanden sein
- muss die Kondensatableitung auch bei Frost gewährleistet sein
- ist aus luft- und schalltechnischen Gründen eine Aufstellung in Nischen, in Mauerecken, zwischen zwei Mauern oder in einer Senke (kalte Luft sinkt nach unten) zu vermeiden bzw. unzulässig
- ist auf die notwendigen Abstände zu Nachbargrundstücken, Gebäuden etc. zu achten, die sich aus Schallschutzgründen oder örtlichen Baubestimmungen ergeben
- darf der Ausblasbereich nicht unmittelbar auf Wände (Frostschäden), Gehwege, Terassen etc. gerichtet werden
- sind die Luftöffnungen vor Laub und Schneefall zu schützen.

21. Was versteht man unter dem sogenannten Bivalenzpunkt einer Wärmepumpe?

Der Bivalenzpunkt kennzeichnet die Leistungsgrenze einer Wärmepumpe in Abhängigkeit von der Außentemperatur. Im Bivalenzpunkt entspricht die Wärmeleistung der Wärmepumpe dem Wärmebedarf (der Heizlast). Bei Erreichen des Bivalenzpunktes (ca. –5 °C) wird z. B. ein in der Wärmepumpe integrierter Elektroheizstab zugeschaltet, um den Wärmebedarf des Gebäudes zu decken.

22. Was versteht man unter einer sogenannten Sole-Wasser-Wärmepumpe?

Unter Sole-Wasser-Wärmepumpe versteht man eine Wärmepumpe für die Wärmequelle Erdreich (Primärkreis) und den Nutzwärmeträger Wasser (Heizwasser, Trinkwarmwasser-Sekundärkreis). Die im Erdreich gespeicherte Wärme wird über Erdkollektoren oder Erdsonden mit einem Wärmeträgermedium (Sole = Gemisch aus Wasser und Frostschutzmittel) zum Verdampfer der Sole-Wasser-Wärmepumpe gefördert.

23. Erläutern Sie den Unterschied zwischen monovalenter und bivalenter Betriebsweise einer Wärmepumpe.

Bei der **monovalenten Betriebsweise** übernimmt die Wärmepumpe als einziger Wärmeerzeuger während des ganzen Jahres die Beheizung eines Gebäudes und die Trinkwassererwärmung. Voraussetzung ist, dass die Wärmenutzungsanlage auf eine Vorlauftemperatur unterhalb der maximalen Vorlauftemperatur der Wärmepumpe ausgelegt ist und der Wärmebedarf (Heizlast) die maximale Wärmeleistung der Wärmepumpe nicht übersteigt. Die monovalente Betriebsweise kommt bevorzugt dann zur Anwendung, wenn die Wärmeenergie dem Grundwasser oder dem Erdreich entnommen wird.
Bei der **bivalenten Betriebsweise** ist die Wärmepumpe mit mindestens einem weiteren Wärmeerzeuger kombiniert. Als zusätzliche Wärmeerzeuger kommen Festbrennstoff-, Öl- oder Gaskessel infrage. Die bivalente Betriebsweise wird eingesetzt, wenn Außenluft oder Oberflächenwasser als Wärmequellen genutzt werden.

24. Was versteht man unter monoenergetischer Betriebsweise einer Wärmepumpe?

Bei der monoenergetischen Betriebsweise erfolgt die Wärmeversorgung durch zwei Wärmeerzeuger, die mit der gleichen Energieart versorgt werden. Ab dem Bivalenzpunkt wird zu der elektrisch betriebenen Kompressions-Wärmepumpe z. B. ein Elektroheizstab zugeschaltet, um den Wärmebedarf zu decken.

25. Erläutern Sie den Unterschied zwischen den Betriebsweisen bivalent-alternativ und bivalent parallel einer Wärmepumpe.

Bei der **bivalent-alternativen Betriebsweise** deckt die Wärmepumpe bis zu einer festgelegten Temperatur (Bivalenzpunkt) den Wärmebedarf allein ab. Bei Unterschreitung des Bivalenzpunktes schaltet die Wärmepumpe ab und ein anderer Wärmeerzeuger übernimmt die Wärmeversorgung.

Bei der **bivalent-parallelen Betriebsweise** deckt die Wärmepumpe bis zu einer festgelegten Temperatur (Bivalenzpunkt) den Wärmebedarf. Bei Unterschreitung des Bivalenzpunktes wird ein zweiter Wärmeerzeuger, z. B. ein Gasheizkessel zur Deckung des Wärmerbedarfs zugeschaltet. Bei dieser Betriebsweise muss die Wärmepumpe bis zur tiefsten Temperatur in Betrieb bleiben können.

26. Was versteht man unter bivalent-teilparalleler Betriebsweise einer Wärmepumpe?

Bei der bivalent-teilparallelen Betriebsweise deckt bis zu einer festgelegten Temperatur (Bivalenzpunkt) die Wärmepumpe den Wärmebedarf allein. Bei Unterschreitung des Bivalenzpunktes schaltet sich ein zweiter Wärmeerzeuger zu, der parallel zur Wärmepumpe arbeitet. Bei Erreichen der Einsatzgrenzen der Wärmepumpe (minimale Außentemperatur, maximale Vorlauftemperatur) schaltet sich die Wärmepumpe ab. Der gesamte Wärmebedarf wird vollständig vom zweiten Wärmeerzeuger gedeckt.

27. Begründen Sie, warum der Einsatz eines Pufferspeichers bei einer Wärmepumpe empfehlenswert ist.

Der Einsatz eines Pufferspeichers ist empfehlenswert, um

- die Schalthäufigkeit zu verringern und die Laufzeit der Wärmepumpe zu erhöhen
- in allen Betriebszuständen eine Mindestlaufzeit (6 min) der Wärmepumpe sicherzustellen, die für eine ordnungsgemäße Ölversorgung des Scrollverdichters und einen störungsfreien Betrieb erforderlich ist
- den Mindestvolumenstrom in der Wärmenutzungsanlage sicherzustellen
- Hochdruckstörungen zu vermeiden, wenn die von der Wärmepumpe erzeugte Wärme nicht an das Wärmenutzungssystem abgeführt werden kann
- eine hydraulische Entkoppelung der Volumenströme im Wärmepumpenkreis und Heizkreis zu gewährleisten (Pufferspeicher wirkt wie eine hydraulische Weiche) und ein häufiges Schalten der Wärmepumpe (Takten) zu vermeiden
- in Spitzenzeiten eine ausreichende Wärmeversorgung zu sichern
- EVU-Sperrzeiten zu überbrücken
- bei Luft-Wasser-Wärmepumpen die Abtauung sicherzustellen

28. Welche Kenngröße gibt darüber Auskunft, wie wirtschaftlich eine Wärmepumpe arbeitet?

Die Leistungszahl ε_{WP} (COP) gibt die Wirtschaftlichkeit einer Wärmepumpe an; sie ist den Herstellerunterlagen zu entnehmen. Die Leistungszahl ε_{WP} bzw. der COP-Wert ist nur eine Momentaufnahme und ein (gerätespezifisches) Qualitätsmerkmal der Wärmepumpe auf dem Prüfstand. Aussagekräftiger bezüglich der Effizienz einer Wärmepumpe ist die Jahresarbeitszahl β_{WP}.

29. Eine Wasser/Wasser-Wärmepumpe wird in den Herstellerunterlagen bei W10/W35 mit einem COP von 5,9 angegeben. Bestimmen Sie die Wärmeleistung (Heizleistung) der Wärmepumpe in kW, wenn die elektrische Leistungsaufnahme 1,8 kW beträgt.

$\Phi_{WP} = \underline{\underline{10{,}62\ \text{kW}}}$

Lösungsweg siehe II Lösungswege, Zu 12.3 Wärmepumpen

30. Wovon hängt die Wirtschaftlichkeit einer Wärmepumpe ab?

Die Wirtschaftlichkeit einer Wärmepumpe hängt ab von der Temperaturdifferenz zwischen Wärmequelle und Nutzwärmeträger.
Je höher die Temperatur der Wärmequelle und je niedriger die Temperatur des Nutzwärmeträgers (Heizwasser) ist, desto niedriger ist die Leistungsaufnahme des Verdichters und desto wirtschaftlicher arbeitet die Wärmepumpe.

31. Eine 160-m²-Neubauwohnung soll von einer Wärmepumpe beheizt werden. Als spezifische Heizlast werden 50 $\frac{W}{m^2}$ angesetzt. Die Trinkwassererwärmung für den 5-Personen-Haushalt soll ebenfalls durch die Wärmepumpe erfolgen; die EVU kann den Strom 1 x 2 Stunden sperren. Bestimmen Sie die erforderliche Gesamtwärmeleistung der Wärmepumpe.

$\Phi_{ges} = \underline{\underline{9{,}7\ \text{kW}}}$

Lösungsweg siehe II Lösungswege, Zu 12.3 Wärmepumpen

32. Familie Klein möchte eine Wasser/Wasser-Wärmepumpe in ihr neues Haus einbauen lassen. Nach Auskunft des Wasserwirtschaftsamtes kann stündlich 1200 Liter Grundwasser von 10 °C über einen Saugbrunnen entnommen und mit 5 °C wieder in den Schluckbrunnen einspeist werden.
Überprüfen Sie, ob die Wassermenge für eine monovalente Betriebsweise der Wärmepumpe ausreicht, wenn zur Deckung der Heizlast und der Trinkwassererwärmung eine Wärmepumpenleistung von 10 kW erforderlich ist und der Gerätehersteller in seinen Unterlagen dafür eine elektrische Antriebsleistung von 2,2 kW angibt.

$\dot{V}_{erf} = \underline{\underline{1341{,}4\ \frac{l}{h}}} > \dot{V}_{vorh} = \underline{\underline{1200\ \frac{l}{h}}}$

⇒ Die Wassermenge reicht für eine monovalente Betriebsweise nicht aus.

Lösungsweg siehe II Lösungswege, Zu 12.3 Wärmepumpen

33. Der Garten der Familie Wagner hat eine Fläche von 600 m². Der Boden ist feucht und lehmig, sodass mit einer spezifischen Entzugsleistung von 25 $\frac{W}{m^2}$ gerechnet werden kann.
Überprüfen Sie, ob die Gartenfläche ausreicht, um die geplante 12 kW-Sole/Wasser-Wärmepumpe mit 9,5 kW Umweltleistung monovalent betreiben zu können.

$A_{erf} = \underline{\underline{380\ m^2}} < A_{vorh} = \underline{\underline{600\ m^2}}$

Die Gartenfläche reicht für eine monovalente Betriebsweise der Sole/Wasser-Wärmepumpe aus.

Lösungsweg siehe II Lösungswege, Zu 12.3 Wärmepumpen

34. Die spezifische Entzugsleistung für Erdwärmesonden beträgt für einen Boden aus Kies und Sand 65 $\frac{W}{m}$.
a) Bestimmen Sie die Sondenlänge, wenn die Wärmepumpe eine Wärmeleistung aus der Umwelt von 9,1 kW benötigt.
b) Bestimmen Sie die Anzahl der Erdsonden, wenn eine maximale Bohrtiefe von 100 m nicht überschritten werden darf.

a) $l_{ges} = \underline{\underline{140\ m}}$
b) $n = \underline{\underline{1{,}4}} \Rightarrow$ gewählt $\underline{\underline{2 \times 70\ m}}$

Lösungsweg siehe II Lösungswege, Zu 12.3 Wärmepumpen

35. Nennen Sie zwei Arten der Gebäudekühlung mit einer Wärmepumpe.

- Aktive Kühlung, bei welcher der Verdichter der Wärmepumpe in Betrieb ist
- Passive Kühlung, bei der überschüssige Wärme des Gebäudes direkt in die Wärmequelle abgeführt wird

36. Welche Flächenkühlsysteme werden bei der Kühlung von Räumen mit einer Wärmepumpe eingesetzt?

Fußboden- und Wandheizung, Kühldecken sowie Betonkerntemperierung

37. Erläutern Sie die „Passive Kühlung" mit Wärmepumpen.

Notwendig sind dafür eine Wärmepumpe mit der „natural cooling"-Funktion, ein zusätzlicher Plattenwärmeübertrager, zwei Drei-Wege-Umschaltventile und eine Kühlkreis-Umwälzpumpe.
Die Wärmepumpenregelung schaltet die Umwälzpumpe im Quellenkreislauf sowie die Kühlkreis-Umwälzpumpe ein und öffnet die Drei-Wege-Umschaltventile jeweils zum Wärmeübertrager; der Verdichter wird nicht in Betrieb genommen.
Die den Räumen über die Heiz- bzw. Kühlflächen entzogene Wärme wird zum Wärmeübertrager transportiert. Dort wird die Wärme an die Soleflüssigkeit bzw. das Grundwasser des Quellenkreislaufes übertragen und schließlich über Erdsonden oder Erdkollektoren bzw. den Schluckbrunnen an das Erdreich bzw. Grundwasser abgegeben.

38. Erläutern Sie die „Aktive Kühlung" mit Wärmepumpen.

In der Praxis wird die Umkehrung der Betriebsweise häufig durch ein Vier-Wege-Ventil und ein zweites Expansionsventil im Kältekreislauf der Wärmepumpe realisiert. Durch das Vier-Wege-Ventil wird die Fließrichtung des Kältemittels umgeschaltet. Der Verdichter behält unabhängig von der jeweiligen Funktion (Heizen oder Kühlen) immer seine ursprüngliche Förderrichtung bei.
Im Kühlbetrieb wird der ursprüngliche Verflüssiger zum Verdampfer; in diesem wird die Wärme aus den Räumen über das zirkulierende Heiz- bzw. Kühlkreiswasser auf das Kältemittel übertragen.
Der ursprüngliche Verdampfer wird zum Verflüssiger, in diesem wird die Wärme an den Quellenkreislauf abgegeben und entweder an das Erdreich bzw. an die Außenluft abgeführt oder zur Trinkwassererwärmung genutzt.

39. Wodurch unterscheiden sich Absorptions- und Kompressions-Wärmepumpen?

Im Gegensatz zu Kompressions-Wärmepumpen wird bei Absorptions-Wärmepumpen anstelle des mechanischen Verdichters ein thermischer Verdichter eingesetzt. Die Energie für den thermischen Verdichter wird in Form von Wärme zugeführt. Es können alle Arten von Wärmeerzeugern (z. B. Gasbrenner, Thermische Solaranlagen) eingesetzt werden. Als Arbeitsmittel wird ein Zweistoffgemisch, bestehend aus dem Kältemittel und einem für das Kältemittel geeigneten Lösungsmittel, z. B. Ammoniak-Wassergemisch, verwendet.

40. Nennen Sie Vor- und Nachteile von Absorptions-Wärmepumpen gegenüber Kompressions-Wärmepumpen.

Der Vorteil von Absorptions-Wärmepumpen gegenüber Kompressions-Wärmepumpen besteht darin, dass außer der Lösungsmittelpumpe keine beweglichen Teile vorhanden sind, wodurch Absorptions-Wärmepumpen relativ geräuscharm arbeiten. Der Energieaufwand (Strom) für die Lösungsmittelpumpe ist sehr gering.
Nachteilig sind die hohen Anschaffungskosten und die geringe Erprobung der Geräte in der Praxis.

41. Erläutern Sie den Einsatz von Absorptions-Wärmepumpen.

Absorptions-Wärmepumpen im Leistungsbereich größer als 50 kW sind als Kältemaschinen Stand der Technik. Im Leistungsbereich bis 2 kW werden sie in Camping-Kühlschränken eingesetzt. Absorptions-Wärmepumpen für den Einsatz im mittleren Leistungsbereich befinden sich noch im Entwicklungsstadium.

12.4 Fernwärmeversorgung

1. Wann spricht man von einer Fernwärmeversorgung?

Von Fernwärmeversorgung spricht man, wenn Wärmeenergie an einer zentralen Stelle erzeugt wird oder als sonst ungenutzte Abwärme anfällt und über teilweise weitverzweigte Rohrnetze zum Verbraucher transportiert wird.

2. Wo überall wird Fernwärme erzeugt bzw. wo fällt sie an?

Fernwärme wird erzeugt bzw. fällt an in Heizwerken und Heizkraftwerken, bei der Müllverbrennung, in industriellen Anlagen als Abwärme.

3. Wofür wird die erzeugte Wärmeenergie eingesetzt?

- Raumbeheizung
- Trinkwassererwärmung
- industrielle Nutzung

4. Worin besteht der Unterschied in der Wärmeerzeugung zwischen Heizwerken und Heizkraftwerken?

Heizwerke dienen ausschließlich der Wärmeerzeugung.
Heizkraftwerke gewinnen aus der bei der Verbrennung fossiler Brennstoffe entstehenden Wärme elektrische Energie (Kraft-Wärme-Kopplung).

5. Welchen großen Vorteil hat die Nutzung der Abwärme in Heizkraftwerken?

Durch die Kraft-Wärme-Kopplung wird der Nutzungsgrad der Primärenergie wesentlich verbessert und Brennstoffressourcen geschont.

6. Wie groß sind die prozentualen Anteile der verschiedenen Wärmeenergieerzeuger an der Fernwärmeversorgung?

- **Heizkraftwerke** mit Kraft-Wärme-Kopplung ca. 80 %
- **Heizwerke** ca. 18 %
- **industrielle Abwärme** ca. 2 %

7. Nach welchen Kriterien werden Fernwärmeversorgungsanlagen eingeteilt und welche Bedeutung haben die jeweiligen Kriterien?

- **Verwendungszweck** wie z. B. die Versorgung von Industrieanlagen, Wohn- und Geschäftshäusern, Kranken- und Kaufhäusern; Versorgung von kleinen Siedlungen (Blockheizungen)
- **Wärmeträgermedium** wie z. B. Heißwasseranlagen bis 120 °C, über 120 °C und Dampfanlagen
- **Art der Verteilung** wie z. B. Strahlennetze für kleinere Gebiete, Ringnetze und vermaschte Netze für größere Städte und zusätzliche Versorgungssicherheit
- **Anzahl der Leitungen** wie z. B. Zwei- und Dreileitersysteme
- **Anschlussart** wie z. B. die direkte Einleitung des Fernwärmemediums in die Abnehmeranlage oder indirekt über einen zwischengeschalteten Wärmeübertrager

8. Nennen Sie die Hauptbestandteile einer Fernwärmeversorgungsanlage und ordnen Sie diesen die wichtigsten Komponenten zu.

- **Wärmeerzeuger**, bestehend aus Großheizkessel mit Feuerung, Abgasanlage mit Abgasreinigung, Pumpen, Wasseraufbereitung, Brennstofflagerung sowie Mess- und Regeleinrichtungen
- **Rohrverteilungsnetz**, durch welches das Wärmeträgermedium (Heißwasser oder Dampf) zur Übergabestation gelangt
- **Übergabestation**, in der die Fernwärme an die Hauszentrale übergeben wird
- **Hausanlage**, in der die Fernwärme an die Endverbraucher verteilt wird

9. Als Wärmeträgermedium wird für Fernwärmeversorgungsanlagen Wasser unterschiedlicher Temperaturen und Dampf verwendet. Nennen Sie die jeweilige Temperatur und Bezeichnung des Wärmeübertragers Wasser.

- Warmwasser bis 105 °C
- Heißwasser > 105 °C bis 120 °C
- Heißwasser > 120 °C

10. Warum ist es sehr wichtig, diese Temperaturunterschiede beim Bau einer Fernwärmeversorgungsanlge zu beachten?	Die Temperaturunterschiede sind aus sicherheitstechnischen Gründen zu beachten. Anlagen bis 105 °C werden nach DIN EN 12828 „Heizungsanlagen in Gebäuden – Planung von Warmwasser-Heizungsanlagen" ausgestattet. Anlagen über 120 °C werden nach DIN EN 12953-6 „Großraumwasserkessel" und nach den „Technischen Richtlinien für Dampfkessel" (TRD) ausgestattet.
11. Weshalb wird heute kaum noch Dampf als Wärmeträgermedium für Fernwärmeversorgungsanlagen verwendet?	• größere Korrosionsgefahr in den Leitungen als bei Wasser • aufwendige Kondensatrückführung • keine zentrale Temperaturregelung in Abhängigkeit von der Außentemperatur
12. Das Rohrleitungsverteilungsnetz macht mehr als 50 % der Investitionskosten einer Fernwärmeversorgungsanlage aus. Welchen Einfluss hat die Größe der Temperaturdifferenz zwischen Vor- und Rücklauf auf die Investitionskosten und die Wirtschaftlichkeit?	Je größer die Temperaturdifferenz ist, desto weniger Wasser muss in Umlauf gebracht werden, um eine bestimmte Wärmemenge zu transportieren, und umso geringer können die Rohrquerschnitte gewählt werden. Weniger Wasser bedeutet kleinere Pumpen und dadurch geringere laufende Energiekosten.
13. Warum muss Fernwärmewasser aufbereitet werden?	Fernwärmewasser muss aufbereitet werden, um Korrosionsschäden und Ablagerungen zu vermeiden.
14. Mit welcher Vor- und Rücklauftemperatur betreiben die meisten Fernwärmeversorgungsunternehmen (FVU) ihre Anlagen?	• Vorlauftemperatur zwischen ≥ 70 °C und 120 °C … 140 °C • Rücklauftemperatur ≤ 70 °C
15. Wie wird die Vorlauftemperatur geregelt?	Die Vorlauftemperatur wird zentral vom Heizwerk gleitend geregelt und je nach Außentemperatur entsprechend verändert.
16. Weshalb wird eine Mindestvorlauftemperatur von 70 °C vorgehalten?	Die Mindestvorlauftemperatur wird vorgehalten, um auch im Sommer die Trinkwassererwärmung und das Betreiben von raumlufttechnischen Anlagen zu ermöglichen.
17. Welche Wärmeverteilungssysteme bei den Abnehmern tragen dazu bei, dass die gewünschte möglichst große Temperaturdifferenz zwischen Vor- und Rücklauf erreicht wird?	• Niedertemperaturheizsysteme • Fußbodenheizungen

18. Aus welchen beiden Anlagenteilen besteht die Hausstation einer Fernwärmeversorgungsanlage und wie sind die Eigentumsverhältnisse?

- Übergabestation, Eigentum des FVU
- Hauszentrale, Eigentum des Betreibers (Kunden)

19. Welche sind die wichtigsten Bestandteile der Übergabestation?

- Vor- und Rücklaufabsperrorgane
- Schmutzfänger
- Differenzdruck-Volumenstromregler
- Wärmemengenzähler
- Sicherheitsabsperrventil mit Druckminderer
- Sicherheitsüberströmventil

20. Welche sind die wichtigsten Bestandteile der Hauszentrale?

- Wärmeübertrager
- Pumpen, Verteiler, Sammler
- Trinkwassererwärmer

21. Woraus besteht in der Regel die Hausanlage?

- Rohrleitungen und Armaturen
- Heizflächen
- Mess- und Regeleinrichtungen

22. Was ist das Hauptmerkmal eines direkten Anschlusses der Fernwärmeversorgungsleitung an die Hausanlage?

Hauptmerkmal eines direkten Anschlusses ist, dass die Hausanlage vom Heizwasser des Fernwärmenetzes direkt durchflossen wird.

23. Welche besonderen installationstechnischen Maßnahmen müssen beim direkten Anschluss im Gegensatz zum indirekten Anschluss getroffen werden?

Der Netzdruck des Fernwärmenetzes muss bei Bedarf auf den höchstzulässigen Hausanlagendruck durch ein Druckminderventil reduziert werden.
Übersteigt die Netztemperatur (z. B. 135 °C) die höchstzulässige Hausanlagentemperatur (z. B. 120 °C), muss durch Rücklaufbeimischung die Temperatur auf unter 120 °C gesenkt werden.
Die Hausanlage muss bezüglich Druck, Temperatur und Material den Technischen Anschlussbedingungen (TAB) des FVU entsprechen.

24. Was ist das Hauptmerkmal eines indirekten Anschlusses der Fernwärmeversorgungsleitung an die Hausanlage?

Hauptmerkmal eines indirekten Anschlusses ist, dass der Heizwasserkreislauf des Fernwärmenetzes vom Heizwasserkreislauf der Hausanlage durch einen Wärmeübertrager getrennt ist. Es werden deshalb keine besonderen Anforderungen an die Hausanlage bezüglich Druck, Temperatur und Material gestellt.
Sicherheitsabsperrventil (SAV) und Sicherheitsüberströmventil (SÜV) können entfallen.

25. Wann werden indirekte Anschlüsse gewählt?

Indirekte Anschlüsse werden gewählt, wenn Druck und Temperatur des Fernwärmenetzes zu hoch für die Hausanlage sind.

26. Wann werden kompakte Hausstationen bevorzugt und welche Merkmale zeichnen diese aus?

Kompakte Hausstationen werden für kleinere Anschlusswerte (z. B. für Ein- und Zweifamilienhäuser) industriell fertig verrohrt und verdrahtet.
Sie haben einen geringen Platzbedarf und benötigen nur geringen Montageaufwand, wodurch sich die Anschlusskosten erheblich verringern.

27. Nennen Sie Vor- und Nachteile von Fernwärmeversorgungsanlagen.

Vorteile:

- Ausnutzung der Abwärme von z. B. Heizkraftwerken (Verbesserung des Wirkungsgrades von ca. 40 % auf ca. 80 %) und Müllverbrennungsanlagen
- weniger Feuerstätten, dadurch geringere Verschmutzung der Umwelt
- größere Wirtschaftlichkeit bei der Ausnutzung der Brennstoffe
- keine Brennstofflagerung beim Verbraucher
- Raumersparnis
- einfache Bedienung
- erhöhter Brandschutz

Nachteile:

- hohe Investitionskosten (weitverzweigtes Rohrnetz)
- laufende Betriebskosten von z. B. Pumpen von Fernwärmeversorgungsanlagen sind relativ hoch

12.5 Blockheizkraftwerke

1. Worin besteht der wesentliche Unterschied zwischen einem Blockheizkraftwerk und den üblichen Kraftwerken zur Erzeugung elektrischer Energie?

In Blockheizkraftwerken werden durch Kraft-Wärme-Kopplung gleichzeitig elektrische **und** thermische Energie erzeugt.
Bei den üblichen Kraftwerken geht die thermische Energie als Abwärme an die Umwelt verloren, während sie bei Blockheizkraftwerken zur Raumheizung genutzt wird.

2. **Welchen Beitrag leisten Blockheizkraftwerke und Fernwärmeversorgungsanlagen zum Klimaschutz?**

- Reduzierung der CO_2-Emissionen
- Einsparung von Primärenergie wie z. B. Erdöl oder Frdgas
- Nutzung der Abwärme zur Raumheizung

3. **Wie viel Prozent der eingesetzten Energie werden bei der konventionellen Stromerzeugung durch Verbrennung von Kohle, Erdöl oder Erdgas genutzt bzw. wie viel geht als Abwärme an die Umwelt verloren?**

Bei der konventionellen Stromerzeugung werden ca. 40 % der eingesetzten Energie genutzt und ca. 60 % gehen verloren.

4. **Blockheizkraftwerke werden nach der Größe ihrer elektrischen Leistung klassifiziert. In Wohngebäuden werden meist Mikro- oder Mini-Blockheizkraftwerke eingesetzt. Nennen Sie deren Leistungsgrenzen.**

- Mikro-KWK (Kraft-Wärme-Kopplung): $< 2\ kW_{el}$
- Mini-KWK (Kraft-Wärme-Kopplung): $2\ kW_{el}$ bis $50\ kW_{el}$

5. **Aus welchen Hauptanlagenteilen besteht ein Blockheizkraftwerk für Wohngebäude?**

- Verbrennungsmotor für Gas- oder Heizöl-/Dieselbetrieb
- Generator zur Stromerzeugung
- Abgaswärmeübertrager
- Regel- und Überwachungseinheit

6. **Blockheizkraftwerke können sowohl monovalent als auch bivalent eingesetzt werden. Wie sollten sie bei bivalentem Betrieb in den bestehenden Heizkreis eingebunden werden (mit Begründung)?**

Blockheizkraftwerke im bivalenten Betrieb sollten die Rücklauftemperatur anheben, sodass die Grundlast vom Blockheizkraftwerk gedeckt wird und erst bei höherem Wärmebedarf ein Heizkessel hinzuschaltet.

7. **Wie kann bei monovalentem Betrieb (BHKW ist alleinige Heizquelle) verhindert werden, dass das Blockheizkraftwerk nicht zu häufig ein- und ausschaltet?**

Das zu häufige Ein- und Ausschalten wird durch Pufferspeicher als Zwischenspeicher verhindert. Die Zwischenspeicher werden in den Zeiten aufgeheizt, in denen Strom, aber keine Wärme benötigt wird.

8. **Was geschieht, wenn mehr Strom als benötigt erzeugt wird?**

Nach Absprache mit dem jeweiligen Netzbetreiber kann die überschüssige elektrische Energie ins öffentliche Stromnetz abgegeben werden.

9. **Welchen großen Vorteil haben neuere Klein-Blockheizkraftwerke hinsichtlich des unterschiedlichen Bedarfs an elektrischer Energie?**

Die elektrische Leistung neuerer Klein-Blockheizkraftwerke ist durch Veränderung der Motordrehzahl regelbar, sodass die Leistung dem jeweiligen Gebäudebedarf angepasst werden kann.

10. Welche vier Bedingungen müssen erfüllt sein, damit ein Blockheizkraftwerk wirtschaftlich arbeiten kann?

1. ganzjähriger Betrieb
2. jährliche Betriebsdauer von mindestens 5000 Stunden
3. ausreichende elektrische und thermische Grundlast muss vorhanden sein
4. Vergütung für den eingespeisten Strom muss die Erzeugungskosten decken

11. Wozu hat das Kraft-Wärme-Kopplungsgesetz vom 19. März 2002 alle Netzbetreiber verpflichtet?

Das Kraft-Wärme-Kopplungsgesetz hat alle Netzbetreiber dazu verpflichtet Kraft-Wärme-Kopplungsanlagen an ihre Netze anzuschließen und den erzeugten Strom abzunehmen.

12. Wovon hängt die zur Verfügung gestellte thermische Leistung eines Blockheizkraftwerks ab?

Die zur Verfügung gestellte thermische Leistung eines Blockheizkraftwerks hängt ab von der Heizlast des Gebäudes und dem durchschnittlichen Warmwasserbedarf.

13. Wovon hängt die Größe der elektrischen Leistung eines Blockheizkraftwerks ab?

Die Größe der elektrischen Leistung eines Blockheizkraftwerks hängt ab vom Stromverbrauch der angeschlossenen Geräte und den Einrichtungen des Gebäudes.

12.6 Brennstoffzelle

1. Welche zwei Brennstoffzellentypen kommen für die Hausversorgung hauptsächlich zur Anwendung?

a) Die **P**olymer **E**lectrolyte **M**embbran **F**uel **C**ell **(PEMFC)**
b) Die **S**olide **O**xid **F**uel **C**ell **(SOFC)**

2. Benennen Sie den grundsätzlichen Unterschied der beiden in Übung 1 genannten Brennstoffzellentypen.

a) Dieser Niedertempertur-Brennstoffzellentyp (70°C bis 90°C) hat als Elektrolyt eine Polymermembrane, die Wasserstoffionen (H^+) durchlässt.
b) Dieser Hochtempertur-Brennstoffzellentyp (900°C bis 1000°C) hat als Elektrolyt eine Oxidkeramik, die Sauerstoffionen (O_2-) durchlässt.

3. Beschreiben Sie das Funktionsprinzip einer PEM-Brennstoffzelle

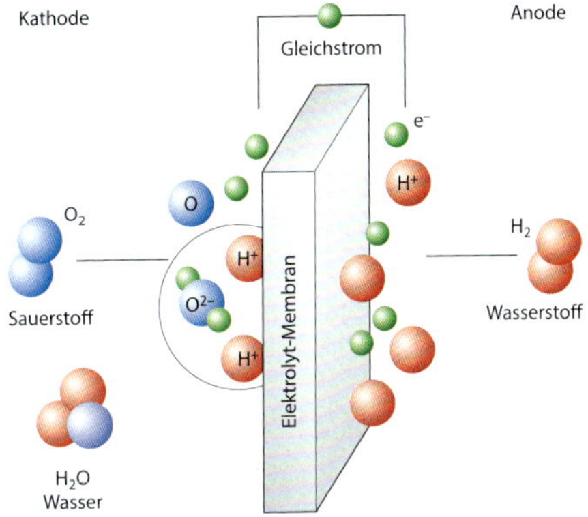

Der zugeführte Wasserstoff (H_2) teilt sich an der Anode in negative Ladungsträger (Elektronen) und positive Wasserstoffionen (Protonen) auf. Die Elektronen wandern über einen äußeren Leiter und die Protonen direkt durch die Elektrolytmembran zur Kathode .
Zwischen der Anode und der Kathode entsteht dadurch eine Spannungsdifferenz (Potenzialunterschied bzw. Stromfluss), die genutzt werden kann.
Die Wasserstoffionen reagieren unter Wärmeentwicklung mit dem Luftsauerstoff und es entsteht Wasser.

4. Wo werden PEM- und SO-Brennstoffzellentypen hauptsächlich eingesetzt?

a) **PEM**-Brennstoffzellen
- Stromversorgung
- Kraftfahrzeuge
- Hausversorgung
- Blockheizkraftwerke

b) **SO**-Brennstoffzellen
- Hausversorgung
- Kraftwerke

5. Brennstoffzellen werden in der Praxis zu Stacks aneinander gefügt.
Nennen Sie fünf Vor- und Nachteile der Brennstoffzellentechnologie.

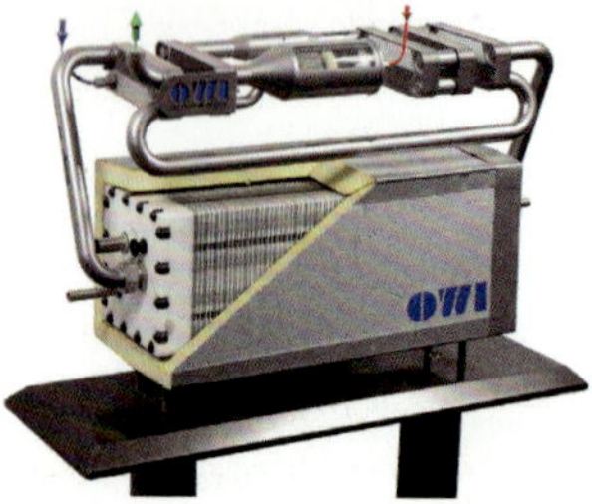

Vorteile
- CO2-neutral, wenn Ökostrom zur Spaltung des Wassers verwendet wird
- geräuscharm, vibrations- und verschleißfrei, da keine beweglichen Teile
- kontinuierliche Leistungsabgabe
- hoher Wirkungsgrad
- modularer Aufbau
- großes Entwicklungspotential

Nachteile
- nicht ausgereifte technische Umsetzung
- hohe Material- und Fertigungskosten
- hoher Regelungsaufwand
- hohe Empfindlichkeit bei unreinem Brennstoff
- hoher Anschaffungspreis

6. a) Aus wie vielen Brennstoffzellen kann ein Stack bestehen und
b) welche elektrische Leistung kann damit erzeugt werden?

a) Es können bis zu 200 Brennstoffzellen dicht aneinanderliegend zu einem Stack in Reihe geschaltet werden.

b) Je nach Brennstoffzellentyp können pro Stack bis 20 kWel erzeugt werden.

13.1 Grundlagen der Raumlufttechnik

1. Nennen Sie die wichtigsten Einflussfaktoren für die Klimatisierung von Räumen, in denen sich Menschen aufhalten (Aufenthaltsräume).

- Raumlufttemperatur
- Luftfeuchte
- Wärmeabgabe der Menschen an die Umgebung

2. Von welchen Faktoren werden die thermische Behaglichkeit und die Luftqualität in Aufenthaltsräumen in Abhängigkeit:
a) der dort anwesenden Personen,
b) des Raumes und
c) der RLT-Anlage
beeinflusst?

a)
- Tätigkeit
- Bekleidung
- Aufenthaltsdauer
- thermische und stoffliche Belastung (z. B. Gerüche)
- Belegung bzw. Anzahl

b)
- Temperatur der Oberflächen
- Lufttemperaturverteilung
- Wärmequellen
- Schadstoffquellen

c)
- Lufttemperatur, Luftgeschwindigkeit und Luftfeuchte
- Luftaustausch
- Reinheit der Luft (Aerosole und Gerüche) und Luftführung

3. Welcher zusätzliche Faktor muss bei gewerblichen Arbeitsplätzen berücksichtigt werden?

Es sind durch Produktionsprozesse frei werdende Schadstoffe zu berücksichtigen.

4. Wie ist die maximale Belastung von gewerblichen Arbeitsplätzen durch Schadstoffe aus Produktionsprozessen festgelegt?

Die maximale Belastung ist durch Arbeitsplatzgrenzwerte AGW (bisher auch als MAK-Werte bezeichnet) festgelegt. Man kann aus ihnen schließen, wie hoch die Außenluftrate sein muss, um die in ppm (parts per million) oder $\frac{\text{mg}}{\text{m}^3}$ angegebenen AGW nicht zu überschreiten.

5. Auf welcher Grundlage wird der Arbeitsplatzgrenzwert bei Versammlungsräumen wie z. B. Büros oder Klassenräumen bestimmt?

Es wird der durch die ausgeatmete Atemluft hervorgerufene CO_2-Anteil an der Raumluftmenge herangezogen.
Für Büros gelten als Maximum 0,15 %. Besetzte, unbelüftete Klassenräume in Schulen weisen trotz eines DIN-gemäßen Luftwechsels von $0{,}5\,\frac{1}{\text{h}}$ bereits nach ca. 45 min ca. 2500 ppm = 2,5 % CO_2 auf.

6. Wann wird z. B. in Büros bzw. Klassenräumen von „schlechter Luft" gesprochen?

Von schlechter Luft spricht man bei einem CO_2-Anteil von 0,1 % … 0,15 % der Raumluftmenge.

7. **Beschreiben Sie die Nachteile für Lüftungs- und Klimaanlagen, die sich durch Maßnahmen zur Energieeinsparung ergeben.**

Energieeinsparungsgründe haben dazu geführt, dass die Außenluftraten von Lüftungs- und Klimaanlagen zum Teil drastisch reduziert wurden und dadurch die Schadstoffkonzentration in den Räumen erheblich zunahm.

8. **Erläutern Sie den englischsprachigen Begriff „Sick Building Syndrome" (SBS).**

SBS: Gebäudekrankheit
Dieser Sammelbegriff umfasst bestimmte Hals-, Nasen- und Augenerkrankungen sowie Müdigkeitserscheinungen und Schleimhautaustrocknungen.

9. **Luftverunreinigungen durch Menschen werden in „olf" (olfaction = Geruch) gemessen. Definieren Sie diesen Begriff.**

1 „olf" ist der Geruch eines Menschen mit den Standardeigenschaften 1,8 m^2 Hautoberfläche, sitzende Tätigkeit, 0,7-mal pro Tag geduscht und täglich frische Wäsche.

10. **Nennen Sie Beispiele weiterer Geruchsquellen, die Aufenthaltsräume belasten können.**

- neue Möbel
- Teppiche
- Zigarettenrauch
- Ausdünstungen aus den installierten Anlagen

13.2 Systeme und Konzepte der kontrollierten Wohnungslüftung

1. **Welche beiden Mindestanforderungen werden von der Energieeinsparverordnung (EnEV) und der DIN 4108-2 (Wärmeschutz und Energieeinsparung in Gebäuden) vorgeschrieben?**

- Gebäudehüllen müssen dauerhaft undurchlässig abgedichtet sein
- es muss ein ausreichender Luftwechsel stattfinden; dadurch werden zu hohe Feuchtelasten und damit Schimmelpilzbildung sowie zu hohe Kohlenstoffdioxidbelastung und Schadstoffkonzentrationen vermieden

2. **Wann liegt ein ausreichender Luftwechsel nach DIN 4108-2 sowie DIN EN 12831 (Heizlastberechnung) in Gebäuden vor?**

Die Luftwechselzahl muss $l = 0{,}5\ h^{-1}$ betragen.

3. **Warum müssen bei nach EnEV erstellten Gebäuden entsprechende lüftungstechnische Maßnahmen getroffen werden?**

Diese Gebäude weisen meist Luftwechselzahlen von $0{,}1\ h^{-1}$ bis $0{,}3\ h^{-1}$ auf. Da viele Haushalte über einen längeren Tageszeitraum nicht bewohnt sind, können sie demzufolge auch nicht in kürzeren Zeitabständen durch das Öffnen der Fenster „stoßgelüftet" werden.

4. Wie teilen sich kontrollierte Wohnungslüftungssysteme nach DIN 1946-6 auf?

Systeme der freien Lüftung:
- Querlüftung (Feuchteschutz)
- Querlüftung
- Schachtlüftung

Systeme der ventilatorgestützten Lüftung:
- Abluftsystem
- Zuluftsystem
- Zu-/Abluftsystem

Systeme der freien und ventilatorgestützten Lüftung

1. Beschreiben Sie die:
a) Querlüftung
b) Schachtlüftung.

a) Be- und Entlüftung der Räume über:
   - Fugen der Fenster bzw. Außentüren
   - durch zusätzlich in die Gebäudehülle eingebaute Außenluftdurchlässe (ALD).

b) Entlüftung von fensterlosen Räumen – meist Badezimmer und Toiletten – mittels Schächte über Dach.

2. Wie funktioniert die ventilatorgestützte Lüftung?

Die verbrauchte Raumluft wird zentral oder dezentral nach außen abgeführt. Die Nachströmung oder ventilatorgestützte Zuführung frischer Außenluft führt zu einer kontrollierten Entlüftung der Innenräume.

3. Welche zwei Systeme werden bei der ventilatorgestützten Lüftung unterschieden?

- Lüftung **mit** Wärmerückgewinnung
- Lüftung **ohne** Wärmerückgewinnung

4. Welche beiden grundsätzlichen Abluftsysteme gibt es bei der ventilatorgestützten Lüftung?

1. dezentrales Abluftsystem
2. zentrales Abluftsystem

5. Beschreiben Sie die Funktionsweisen der beiden in Aufgabe 4 gefragten Abluftsysteme der ventilatorgestützten Lüftung *ohne* Wärmerückgewinnung.

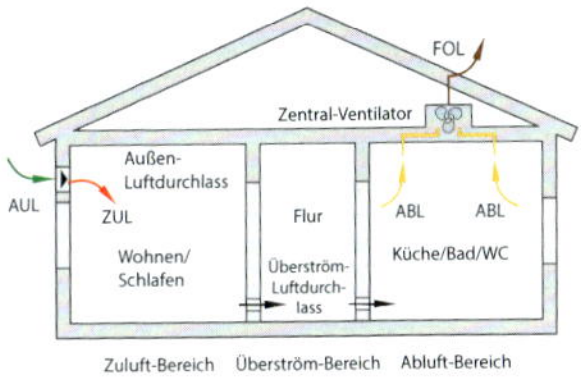

1. Separat arbeitende Abluftventilatoren in bestimmten Räumen führen die verbrauchte Luft kontrolliert ab. Die Frischluft wird durch in Fensterrahmen oder Außenwände integrierte Außenluftdurchlässe hineingelassen.
2. Ein zentraler Abluftventilator führt die Luft aus z. B. 5 bis 6 Räumen kontrolliert ab. Die Frischluft wird durch in Fensterrahmen oder Außenwände integrierte Luftdurchlässe hineingelassen.

6. Beschreiben Sie die Funktionsweisen und die Ausstattung der beiden in Aufgabe 4 gefragten Abluftsysteme der ventilatorgestützten Lüftung mit Wärmerückgewinnung.

1. Lüftungsgeräte sorgen für die kontrollierte Be- und Entlüftung eines Raumes. Ein integrierter Wärmespeicher bzw. Akkumulator überträgt die in der Abluft enthaltene Wärme an die Zuluft.
   Die Lüftungsgeräte sind entweder mit einem wechselseitig wirkenden Ab- und Zuluftventilator oder mit zwei Ventilatoren und Luftfiltern ausgerüstet.
   Sind im Gebäude bzw. in einzelnen Räumen zwei oder mehrere Lüftungsgeräte vorgesehen, werden sie über die Steuerung so geschaltet, dass sie paarweise im Gegenlauf arbeiten (synchronisierter Betrieb).
2. Ein zentrales Lüftungsgerät mit Wärmeübertrager sammelt über ein verzweigtes Rohrsystem aus bestimmten Räumen die warme Abluft. Diese wird nach der Wärmeabgabe als Fortluft nach außen geleitet. Die frische Außenluft wird beim Einströmen im Lüftungsgerät gefiltert, erwärmt und über den Luftverteiler und das Zuluftrohrsystem in die Räume des Wohnbereichs geführt.

7. Nennen Sie die beiden unterschiedlichen Bauteile zur Wärmerückgewinnung bei zentralen Zu- und Abluftsystemen.

- Kreuz-Gegenstrom-Rekuperator
- Rotations-Wärmeübertrager

8. Beschreiben Sie die Möglichkeit der Temperaturbeeinflussung von Zu- und Abluft durch das Erdreich.

Im Winter wird die kalte Außenluft über eine Außenluftleitung als Erdkollektor vorgewärmt bzw. im Sommer die warme Außenluft vorgekühlt.

Entscheidung über ein Lüftungskonzept

1. Wovon ist die Durchführung einer lüftungstechnischen Maßnahme bei der Instandsetzung oder Modernisierung eines bestehenden Gebäudes abhängig?

- im Mehr- und Einfamilienhaus müssen mehr als $\frac{1}{3}$ der vorhandenen Fenster ausgetauscht werden
- im Einfamilienhaus muss mehr als $\frac{1}{3}$ der Dachfläche abgedichtet werden

2. Wann sind lüftungstechnische Maßnahmen bei Neubauten erforderlich?

Maßnahmen sind erforderlich, wenn der notwendige Luftvolumenstrom zum Feuchteschutz ($\dot{V}_{V,\,ges,\,NE,\,FL}$) vom Luftvolumenstrom durch Infiltration ($\dot{V}_{V,\,Inf,\,wirk}$) nicht gedeckt wird.

3. Was wird unter dem Luftvolumenstrom zum Feuchteschutz verstanden?

Der Luftvolumenstrom zum Feuchteschutz ist die notwendige Lüftung zur Sicherstellung des Bautenschutzes unter üblichen Nutzungsbedingungen, d. h. auch bei einer zeitweiligen Abwesenheit der Bewohner und ohne dass in dem Gebäude Wäsche getrocknet wird.

4. Was wird unter dem Luftvolumenstrom durch Infiltration verstanden?

Der Luftvolumenstrom durch Infiltration ist der Luftaustausch innerhalb der Gebäudehülle durch einen äußeren Druckunterschied aufgrund der Luftströmungen am Gebäude, verursacht durch bautechnisch nicht vermeidbare Undichtheiten an der Gebäudehülle.

5. In welche vier Lüftungsbetriebsstufen wird der Gesamt-Außenluftvolumenstrom ($\dot{V}_{V,\,ges}$) einer Nutzungseinheit unterteilt?

- Lüftung zum Feuchteschutz ($\dot{V}_{V,\,ges,\,NE,\,FL}$)
- reduzierte Lüftung ($\dot{V}_{V,\,ges,\,NE,\,RL}$)
- Nennlüftung ($\dot{V}_{V,\,ges,\,NE,\,NL}$)
- Intensivlüftung ($\dot{V}_{V,\,ges,\,NE,\,IL}$)

6. Durch welche der in Aufgabe 5 aufgezählten Lüftungsbetriebsstufen erfolgt die Auslegung der Zuluft- und/oder Abluftvolumenströme?

Die Auslegung erfolgt durch die Nennlüftung.

7. Welcher Wert ist erforderlich, um die Volumenströme der vier Lüftungsbetriebsstufen aus einer Tabelle entnehmen zu können, anstatt sie durch eine aufwändige Berechnung zu ermitteln?

Als Wert muss die gesamte beheizbare Grundfläche A_{NE} eines Gebäudes vorliegen.

Luftarten und *h-x*-Diagramm von Mollier

1. a) Nennen Sie die verschiedenen Luftarten mit ihren Kurzzeichen nach DIN 1946-6 und DIN EN 13779.

b) Beschreiben Sie die verschiedenen Luftarten in der nachstehenden Abbildung.

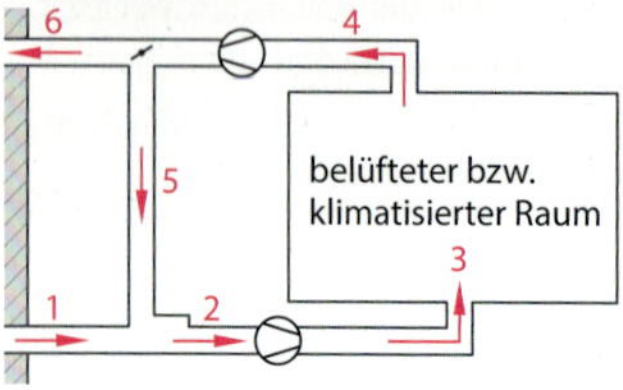

a) 1 Außenluft (AUL/ODA)
2 Mischluft (MIL/MIA)
3 Zuluft (ZUL/SUP)
4 Abluft (ABL/ETA)
5 Umluft (UML/RCA)
6 Fortluft (FOL/EHA)

b) 1 Die Luft (Außenluft) strömt von außen in die RLT-Anlage oder direkt in den Raum.
2 Die Luft (Mischluft) setzt sich aus zwei (z. B. Abluft und Außenluft) oder mehreren Luftarten zusammen.
3 Die Luft (Zuluft) strömt in einen Raum hinein.
4 Die Luft (Abluft) strömt aus einem Raum heraus.
5 Die Luft (Umluft) strömt aus einem Raum zum Luftbehandlungsgerät.
6 Die Luft (Fortluft) strömt nach außen.

2. Benennen Sie die Luftarten und Bauteile der abgebildeten Klimaanlage eines Tagungsraumes.

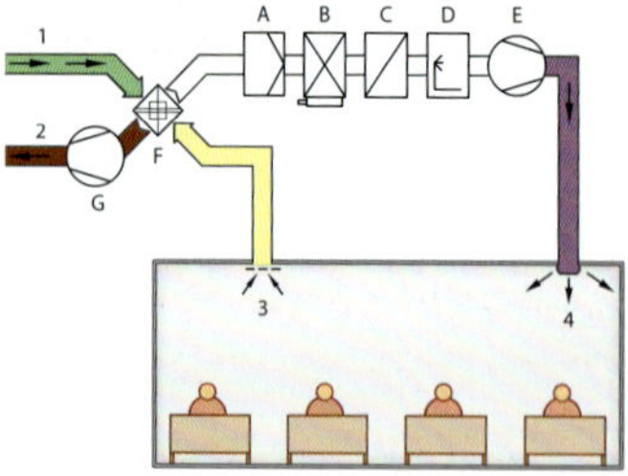

1 Außenluft
2 Fortfuft
3 Abluft
4 Zuluft

A Luftfilter
B Luftkühler
C Luftnachwärmer
D Sprühbefeuchter
E Zuluftventilator
F Wärmerückgewinner
G Abluftventilator

3. Benennen Sie die Linien und die Lage der physikalischen Größen des abgebildeten Mollier-Diagramms und ordnen Sie den physikalischen Größen Formelzeichen und Einheit zu.

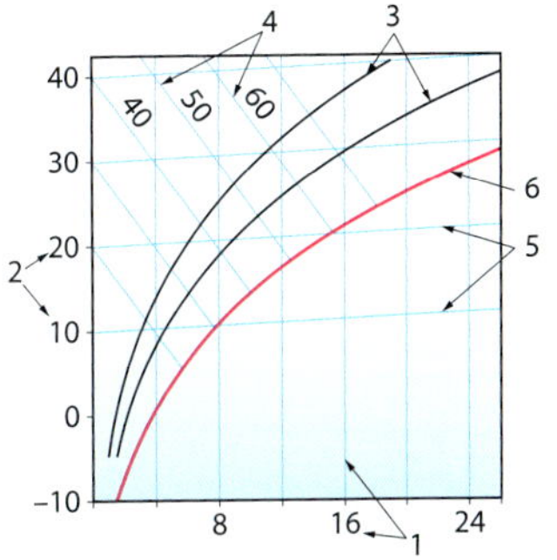

1 absolute Luftfeuchte x in $\frac{g}{kg}$ trockener Luft
2 Lufttemperatur θ in °C und Wärmeinhalt (Enthalpie) h in $\frac{kJ}{kg}$
3 relative Luftfeuchtigkeit φ in %
4 schräg abfallende Linien gleichen Wärmeinhalts (Enthalpie) h in $\frac{kJ}{kg}$
5 Linien gleicher Temperatur (Isothermen)
6 Sättigungskurve der Luft mit Wasserdampf ($\varphi = 100\,\%$) bei einem Luftdruck von 1013 mbar

4. Die Luft eines Raumes weist eine Temperatur von 21 °C und eine absolute Feuchtigkeit von 7,8 $\frac{g}{kg}$ auf.

Bestimmen Sie mit Hilfe eines Mollier-Diagramms:

a) die relative Feuchtigkeit und

b) die Enthalpie der Raumluft.

c) Beschreiben Sie den Ablesevorgang zur Bestimmung der beiden geforderten Werte.

a) $\varphi = 50\,\%$

b) $h = 41\,\frac{kJ}{kg}$

c) Die relative Luftfeuchtigkeit ergibt sich durch Zuordnung der Lufttemperatur $\theta = 21$ °C und der absoluten Luftfeuchtigkeit $x = 7{,}8\,\frac{g}{kg}$. Der ermittelte Punkt P liegt im Schnittpunkt auf der Kurve mit der Luftfeuchtigkeit 50 %. Wird durch den ermittelten Punkt P eine Linie parallel zu den h-Linien gezogen, erhält man im Schnittpunkt mit der senkrechten Diagrammlinie den Enthalpiewert $h = 41\,\frac{kJ}{kg}$.

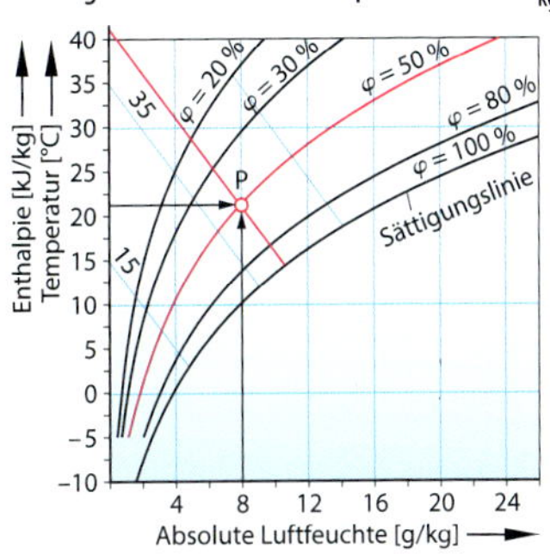

5. Wie ermitteln Sie mit Hilfe des Mollier-Diagramms:
a) den Mischpunkt von z. B. 30 % Außenluft und 70 % Abluft?
b) den Zustand erwärmter Luft?

a)
- Eintrag der beiden Luftzustände der zu mischenden Luft in das Diagramm (1 und 2)
- Verbindungsgerade zwischen den beiden Luftzuständen einzeichnen; der Mischpunkt liegt auf dieser Geraden
- ausmessen der Strecke 1 bis 2 (z. B. 28 mm)
- Strecke 28 mm mit 0,3 multiplizieren (umgekehrtes Verhältnis): man erhält den Streckenabschnitt 2 bis 3 mit 8,4 mm Länge
- Luftzustand im Mischpunkt 3 ablesen (hier: $\theta = 15\,°C$, $\varphi = 60\,\%$, $x = 6{,}2\,\frac{g}{kg}$)

b)
- Die Erwärmung der Luft verläuft bei gleichbleibender absoluter Luftfeuchtigkeit entlang einer Senkrechten (hier: von 3 nach 4)
- Luftzustand am Punkt 4 ablesen (hier: $\theta = 25\,°C$, $\varphi = 30\,\%$, $x = 6{,}2\,\frac{g}{kg}$)

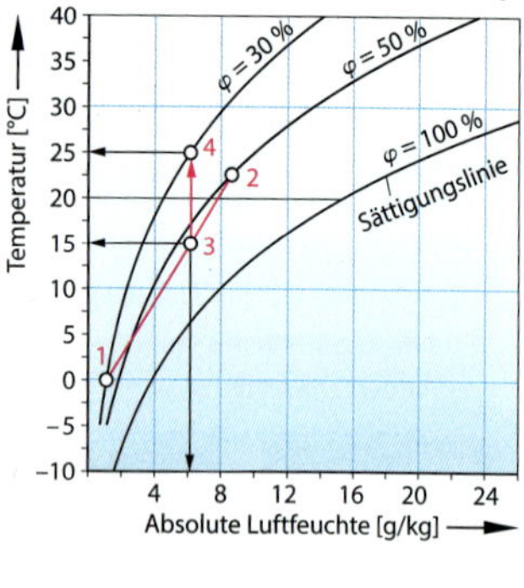

6. Erklären Sie anhand des *h*-*x*-Diagramms die Luftzustandsänderung, wenn beim Abkühlen die Temperatur der Kühleroberfläche unter dem Taupunkt der Luft liegt.

Der Luftzustand der abgekühlten Luft (3) wird als Mischung gesättigter Luft von gleichbleibender Temperatur an der Grenzschicht der Kühleroberfläche (2) und der zu kühlenden Luft (1) angenommen. Die Zustandsänderung verläuft somit entlang der Verbindungsstrecke 1 bis 2, d. h. Temperatur, absolute Feuchte und Enthalpie nehmen ab. Da die Kühleroberflächentemperatur unter dem Taupunkt (*T*) liegt, wird Wasser ausgeschieden (Entfeuchtung bzw. „nasse" Kühlung).

Beispiel:

(3): (hier: $\theta = 20\,°C; x = 11{,}2\,\frac{g}{kg}; \varphi = 76\,\%$)

Wasserausscheidung: $\Delta x = x_1 - x_2$

$\Delta x = 15{,}2\,\frac{g}{kg} - 11{,}2\,\frac{g}{kg} = 4\,\frac{g}{kg}$

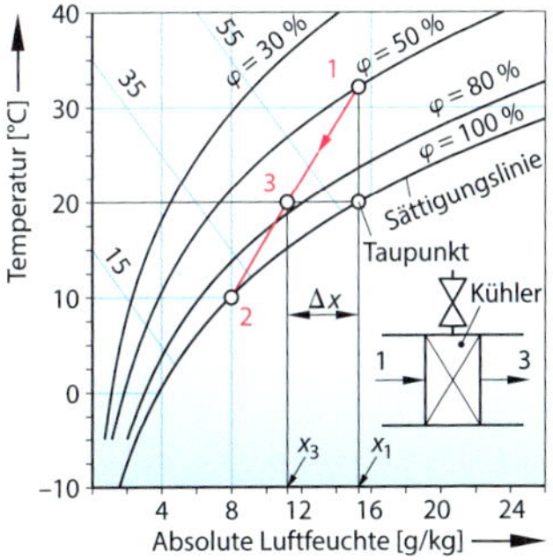

7. Beschreiben Sie anhand des Molliere-Diagramms die Zustandsänderung der Luft beim Befeuchten mit:
a) Dampf
b) Umlaufwasser.

a) Bei der Befeuchtung mit Dampf ändert sich die Lufttemperatur nur geringfügig (je nach Enthalpie des Dampfes). Die Zustandsänderung verläuft somit annähernd parallel zu den Isothermen.

b) Bei der Zerstäubung von Umlaufwasser mit konstanter Temperatur (Sprühbefeuchter) verändert sich der Luftzustand entlang der Linien gleicher Enthalpie: die Lufttemperatur sinkt.

1 bis 3: Adiabatische Zustandsänderung, d. h. bei der Befeuchtung von Luft wird die zur Verdunstung notwendige Wärme **nur** der Luft entnommen.

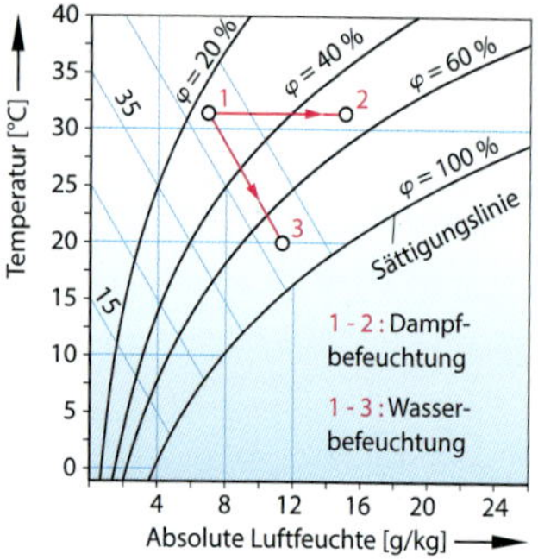

13.3 Bauteile von raumlufttechnischen Anlagen

Luftfilter

1. Welche Aufgabe haben Luftfilter in RLT-Anlagen zu erfüllen?

Luftfilter werden eingesetzt, um feste und zum Teil auch flüssige und gasförmige Teilchen oder deren Gemische (Aerosole) aus der Luft abzuscheiden.

2. Nennen Sie vier Filter, die aufgrund ihrer Bauform unterschiedlich sind.

1. Flächenfilter als Planfilter in Rahmen gespannt
2. Flächenfilter als V-Filter in Rahmen gespannt
3. Rollbandfilter als Planfilter oder in V-Form
4. Beutelfilter

3. Nennen Sie fünf Filter, die nach der Art der Abscheidung unterschiedlich sind.

1. Filtermatten aus Fasern wie z. B. Glasvlies
2. Filtermatten aus Metall wie z. B. Geflecht aus Stahlband
3. Schwebstofffilter
4. Aktivkohlefilter
5. Elektrofilter

4. **Welchen Größenbereich der Feinstaubpartikel können Luftfilter in RTL-Anlagen abscheiden?**

Durchmesser bis 10 µm (PM10 = particulate matter 0,3 bis 10 µm)

5. **Welche Bereiche der Atemwege sind durch Feinstaub besonders gefährdet?**

Schleimhäute und Härchen im Rachen- und Nasenraum?

6. **Wann werden Flächenfilter als Planfilter hauptsächlich verwendet?**

Flächenfilter werden als Planfilter in kleineren Anlagen bei nicht zu hoher Anforderung an die Filtergüte eingesetzt.

7. **Welche Filtermaterialien werden für Flächenfilter als Planfilter meist verwendet?**

- Glasfaser-, Textil- und Kunststoffmatten als Einwegmaterial
- wiederverwendbare (abwaschbare) Metall- oder Kunststoffgewebe, z. B. für Fettfanggitter in Küchenabluftanlagen

8. **Nennen Sie Vor- und Nachteile der in Aufgabe 7 aufgezählten Filtermaterialien.**

Vorteile:
- leicht zu wechseln
- preisgünstig
- einfache Montage

Nachteile:
- geringe Standzeit
- große Querschnittsfläche erforderlich

9. **Beschreiben Sie die Bauart regenerierbarer Planfilter aus Metall.**

Regenerierbare Planfilter sind vollkommen aus Metall gefertigt, wobei das Filtermaterial entweder aus metallgestrickten Formkörpern, Stahlwolle, Streckmetall oder geflochtenen Blechen besteht.

10. **Nennen Sie zwei Einsatzgebiete von Metallfiltern.**

- in Absauganlagen von Küchen
- in Absauganlagen von Lackierereien

11. **Wie können Metallplanfilter gereinigt werden?**

Die Reinigung kann durch Abklopfen, Ausblasen oder Auswaschen erfolgen.

12. **Zählen Sie Vor- und Nachteile von Metallplanfiltern auf.**

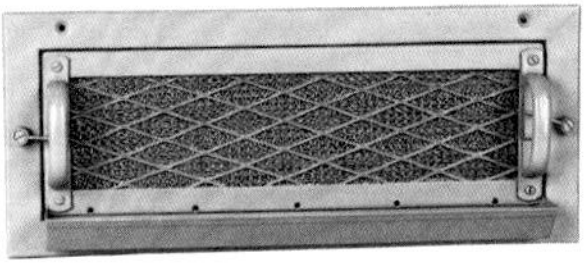

Vorteil:
Robuste Ausführung und damit lange Lebensdauer.

Nachteile:
- relativ geringer Entstaubungsgrad
- unangenehme Reinigungsarbeit, besonders bei Küchengittern

13. **Welche konstruktive Möglichkeit besteht, um möglichst viel Filterfläche auf kleinem Querschnitt unterzubringen?**

Es besteht die Möglichkeit Beutelfilter einzusetzen oder Gewebe in enge Falten zu legen (plissieren) und in Rahmen gespannt V-förmig anzuordnen.

14. Welches Material wird für Beutelfilter verwendet?

Beutelfilter bestehen in Abhängigkeit vom erforderlichen Abscheidegrad aus Chemie- oder Glasfaservlies.

15. Nennen Sie zwei Vorteile von Beutelfiltern.

- hohe Staubspeicherfähigkeit (hohe Standzeit)
- geringe Einbaumaße

16. Wofür werden Aktivkohlefilter hauptsächlich verwendet?

Aktivkohlefilter werden für die Adsorption von Geruchsstoffen (Küchen, Toiletten), Gasen, Ausdünstungen oder Kohlenwasserstoffen anderer Art eingesetzt.

17. Beschreiben Sie die Wirkungsweise von Aktivkohlefiltern.

Die Aktivkohle besteht aus kohlenstoffhaltigen Substanzen wie z. B. Kokosschalen oder Holzkohle und ist so aufbereitet, dass eine möglichst große wirksame Oberfläche erzielt wird.
Ein Gramm Aktivkohle hat bei einem Volumen von 2 cm^3 eine Oberfläche von ca. 1200 m^2.

18. Da vor und hinter den Filtern unterschiedliche Drücke herrschen, besteht eine Druckdifferenz. Welche beiden Differenzen werden unterschieden?

- Anfangsdruckdifferenz (saubere Filter)
- Enddruckdifferenz (schmutzige Filter)

19. Erläutern Sie die in Aufgabe 17 genannten Druckdifferenzen.

Anfangsdruckdifferenz:
Sie ist aufgrund der Auslegung (Filtermaterial, Filterabmessung, Luftvolumenstrom und Luftgeschwindigkeit) vorgegeben.
Enddruckdifferenz:
Sie wird von den Herstellern als empfohlener Wert festgelegt.

20. Nennen Sie die jeweiligen Druckdifferenzen von:
a) Grobstaubfiltern
b) Feinstaubfiltern.

a)	Anfangsdruckdifferenz	30 Pa … 50 Pa
	Enddruckdifferenz	200 Pa … 300 Pa
b)	Anfangsdruckdifferenz	50 Pa … 150 Pa
	Enddruckdifferenz	300 Pa … 600 Pa

21. Was sind Standzeiten von Filtern?

Standzeiten sind die Zeitabstände vom Betriebsbeginn bis zum nächsten Filteraustausch bzw. der nächsten Reinigung.

22. Nennen Sie übliche Standzeiten von Grob- und Feinstaubfiltern.

Bei täglich etwa achtstündiger Betriebsweise kann bis zum Erreichen der zulässigen Enddruckdifferenz von folgenden Standzeiten ausgegangen werden:

- Grobstaubfilter 1/4 Jahr ... 1/2 Jahr
- Feinstaubfilter 1/2 Jahr ... 1 Jahr (mit vorgeschaltetem Grobstaubfilter)

Mischkammer

1. Beschreiben Sie die Aufgabe einer Mischkammer.

Aus Energieeinsparungsgründen werden Außenluft und teilweise verbrauchte Raumluft miteinander vermischt. Dieses geschieht in Mischkammern, die entweder separat angeordnet oder in die Zentralgeräte eingebaut sind.

2. Wie wird das Mischungsverhältnis zwischen der Außenluft (AUL) und der Umluft (UML) hergestellt?

Das Mischungsverhältnis wird über Jalousieklappen, die von pneumatischen oder elektromotorischen Antrieben betätigt werden, hergestellt.

Lufterhitzer und Luftkühler

1. Welche zwei Lufterhitzer werden unterschieden?

- Warmwasserlufterhitzer
- Elektrolufterhitzer (für kleine Anlagen ohne Warmwasser)

2. Beschreiben Sie den Aufbau und die Wirkungsweise der beiden in Aufgabe 1 genannten Lufterhitzer.

Warmwasserlufterhitzer bestehen meist aus gewellten Aluminiumlamellen, die mechanisch oder durch Löten mit Kupferrohren verbunden sind. Die Abstände zwischen den einzelnen Lamellenreihen werden durch folgende Faktoren bestimmt:

- Wärmeleistung
- Druckverlust
- Anforderungen an die Wartungsfreundlichkeit

Die Sammelrohre sind überwiegend nahtlose Stahlrohre mit einem Whitworth-Rohrgewinde. Die Lufterwärmung geschieht ohne Wasser- oder Wasserdampfzuführung bzw. -entzug.
Elektrolufterhitzer bestehen aus blanken Widerstandsdrähten (Prinzip Toaster) oder Widerstandsbändern aus Nickel- oder Chromlegierungen, die aufgespannt sind und von keramischen Haltern getragen werden. Die Anschlüsse des Elektrolufterhitzers liegen außerhalb des Gehäuses. Ein Ventilatornachlauf schützt vor möglicher Überhitzung. Bei Ausfall des Ventilators schützen besondere Sicherheitsmaßnahmen den Erhitzer.

3. Welche Aufgabe können Lufterhitzer nicht erfüllen?

Lufterhitzer können die Luft nicht be- und entfeuchten.

4. Der Aufbau von Lufterhitzer und Luftkühler ist ähnlich. Welche beiden zusätzlichen Bauteile sind beim Luftkühler jedoch unentbehrlich (mit Begründung)?

Da Kondensat anfallen kann, sind folgende Bauteile notwendig:

- eine Auffangwanne im unteren Bereich mit einem Entwässerungsstutzen
- ein Tropfenabscheider bei Überschreiten einer maximalen Ausströmgeschwindigkeit des Wärmeübertragers von z. B. 2,5 $\frac{m}{s}$

5. Beschreiben Sie die beiden Fälle, die bei der Luftkühlung zu unterscheiden sind.

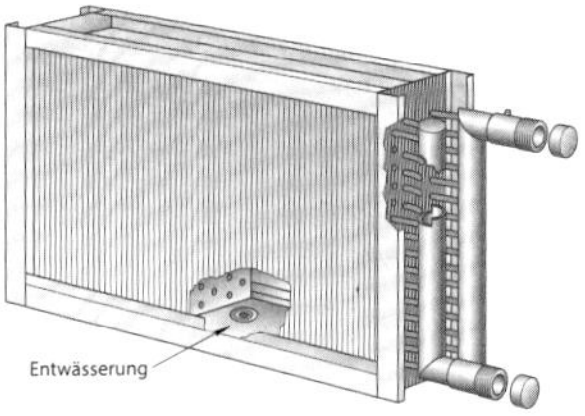

- Die Kühleroberflächentemperatur liegt **oberhalb** des Taupunktes der Luft (es wird keine Feuchtigkeit ausgeschieden)
- Die Kühleroberflächentemperatur liegt **unterhalb** des Taupunktes der Luft (es findet eine Entfeuchtung statt)

Ob ein Luftkühler neben der Kühlung auch entfeuchten kann, hängt von der Kühlleistung (Kühlmitteltemperatur) und von der Anzahl der Rohrreihen (Bautiefe) ab.

Luftbefeuchter

1. Welche Aufgabe haben Luftbefeuchter?

Luftbefeuchter sollen der Raumluft Feuchtigkeit zuführen, d. h. deren absoluten Feuchtegehalt *x* erhöhen.

2. Welche beiden Arten von Luftbefeuchtern haben sich bewährt?

- Verdunstungsbefeuchter, diese werden unterteilt in:
  - Umlaufsprühbefeuchter, für größere Anlagen
  - Verdunstungsbefeuchter mit nassen Oberflächen, z. B. über Rotationslamellen
- Dampfbefeuchter

3. Beschreiben Sie den Aufbau und die Funktionsweise eines Umlaufsprühbefeuchters (auch Luftwäscher genannt).

Umlaufwasser wird aus einer tief liegenden Wanne von einer Pumpe angesaugt und in einer Düsenkammer über Düsen fein versprüht.
Die Pumpe sitzt außerhalb des Gehäuses (bessere Wartungsmöglichkeit). Ein Schwimmer sorgt für die Niveauregulierung des Wassers.
Im Luftwäscher kühlt sich die Luft ab und nimmt gleichzeitig Wasser auf. Da die zur Verdunstung des Wassers erforderliche Wärme der Luft entzogen wird, ändert sich der Gesamtwärmeinhalt der feuchten Luft kaum.

4. Warum muss bei Luftbefeuchtern die Wartung sehr sorgfältig und in relativ kurzen Intervallen erfolgen?

Aufgrund des relativ kalten Umlaufwassers ist die Gefahr einer Verkeimung (Legionellen) des Wassers sehr groß.

5. Beschreiben Sie den Einsatz, den Aufbau und die Funktionsweise eines Verdunstungsbefeuchters mit nassen Oberflächen.

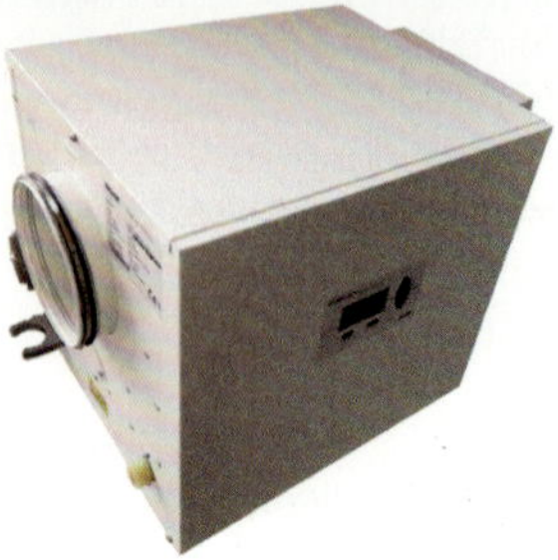

Verdunstungsbefeuchter werden meist für kleinere Anlagen eingesetzt, z. B. bei der kontrollierten Wohnungslüftung. Sie bestehen aus einem Luftvorwärm- und einem Befeuchtungsmodul. Erfolgt die Befeuchtung z. B. über rotierende, Wasser aufnehmende Lamellen mit adiabatischem Verlauf, sinkt die Temperatur und die Luft wird vorher über ein Heizregister erwärmt.

6. Beschreiben Sie den Einsatz, den Aufbau und die Funktionsweise eines Dampfbefeuchters.

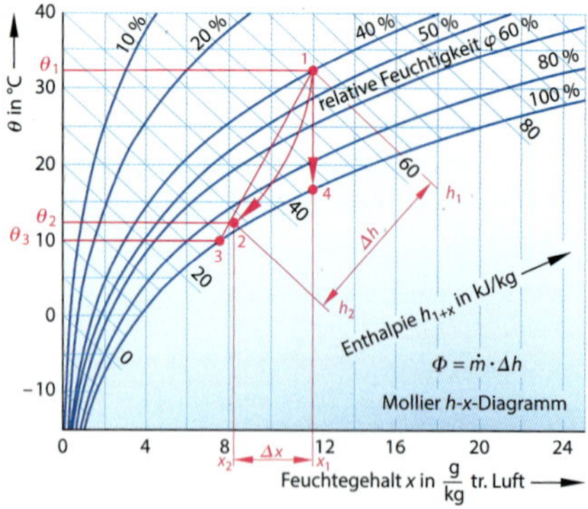

Dampfbefeuchter wurden für Klimaanlagen kleinerer Leistung entwickelt. Sie erzeugen über elektrische Energie bis ca. 160 $\frac{kg}{h}$ drucklosen Dampf. In Behältern aus Kunststoff angeordnete großflächige Heizelektroden tauchen in das verdampfende Wasser ein. Das nicht Strom leitende verdampfende Wasser und die ausreichende Füllhöhe sind gute Steuergrößen für mikroprozessorgesteuerte Befeuchter.

7. Wie werden die Mineralsalzrückstände im Zylinder und an den Heizelektroden des Dampfbefeuchters entfernt?

Beim Erreichen des Maximalwertes der Mineralsalzkonzentration wird ein Abschlämmvorgang eingeleitet. Bei Restablagerungen hilft bei vorhandenen Revisionsöffnungen gründliches Reinigen oder der Austausch der Bauteile.

Ventilatoren

1. Bis zu welchem Druck werden Ventilatoren in RLT-Anlagen für die Förderung von Luft eingesetzt?

Die Ventilatoren werden bis zu einem Druck von ca. 30 000 Pa eingesetzt.

2. In welche beiden Bauformen werden Ventilatoren eingeteilt?

- Axialventilatoren
- Radialventilatoren

3. Beschreiben Sie die Funktionsweise von Axialventilatoren.

Das Lauf- oder Schaufelrad wird axial in Richtung der Rohrachse bzw. der Rotorwelle von der Luft durchströmt.

4. Unterscheiden Sie die Axialventilatoren nach ihrem Förderdruck.

- Niederdruckventilatoren für Drücke bis etwa 300 Pa
- Mitteldruckventilatoren für Drücke bis etwa 1000 Pa
- Hochdruckventilatoren für Drücke über 1000 Pa

5. In welchen Bauarten kommen Axialventilatoren hauptsächlich zum Einsatz? Nennen Sie auch einige Einbaubeispiele.

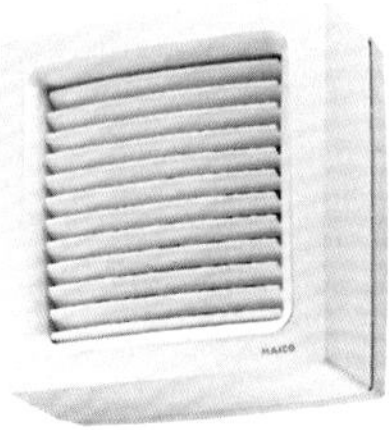

- Propellerventilatoren, z. B. als hängende Luftverteilventilatoren an der Zimmerdecke
- Rohrventilatoren, meist im Rundrohrsystem integriert
- Wand- und Fensterventilatoren, z. B. für Toiletten- oder Gaststättenlüftung
- Axialventilatoren ohne Leitrad für geringe Drücke
- Axialventilatoren mit Leitrad für höhere Drücke
- Axialventilatoren mit gegenläufigen Propellern für sehr hohe Drücke
- Axialventilatoren mit verstellbaren Schaufeln
- Axialventilatoren mit stufenloser Drehzahlregelung für Anlagen mit variablen Volumenströmen

6. Beschreiben Sie die Funktionsweise von Radialventilatoren.

Die Luft wird über eine Welle angesaugt und anschließend mit einer 90°-Drehung radial über die Schaufeln in das Spiralgehäuse und von dort in den Druckstutzen gelenkt. Der Antrieb erfolgt mittels eines Riemens.

7. Unterscheiden Sie die Radialventilatoren nach ihrem Förderdruck.

- Niederdruckventilatoren für Drücke bis etwa 700 Pa
- Mitteldruckventilatoren für Drücke bis etwa 3000 Pa
- Hochdruckventilatoren für Drücke bis etwa 30 000 Pa

8. In welchen Bauarten kommen Radialventilatoren hauptsächlich zum Einsatz? Nennen Sie auch einige Einbaubeispiele.

- Ventilatoren mit vorwärtsgekrümmten Schaufeln in Lüftungsanlagen für geringe Drücke und Wirkungsgrade
- Ventilatoren mit rückwärtsgekrümmten Schaufeln bei hohen Drücken und Wirkungsgraden
- Ventilatoren mit geraden Schaufeln für Sonderzwecke, z. B. zum Materialtransport

9. Nennen Sie Vor- und Nachteile der Axialventilatoren gegenüber Radialventilatoren.

Vorteile:
- niedrigere Anschaffungskosten
- geringerer Platzbedarf

Nachteile:
- höherer Geräuschpegel
- schwierigere Leistungsanpassung aufgrund der geringen Förderdrücke sowie des Direktantriebs
- häufig schwierigere Wartung aufgund des Einbaus in Kanälen

10. Welches ist die häufigste Bauform des Radialventilators?

Die häufigste Bauform ist der Freiläufer.

11. Beschreiben Sie ausführlich die in Aufgabe 10 genannte Bauform.

Das freilaufende Rad ist auf der Welle des Direktantriebs gelagert und saugt die Luft einseitig durch eine Einströmdüse. Der ganze Ventilatorwürfel des Gerätegehäuses dient dabei als Druckkammer. Durch den Direktantrieb benötigt der Freiläufer kaum Wartung. Mögliche Unwuchten, die durch die einseitige Lagerung des Laufrades auftreten können, werden von Sensoren überwacht.

12. Nennen Sie drei Gesamtwirkungsgrade von Radialventilatoren.

- kleine Ventilatoren: 0,3 … 0,5
- mittlere Ventilatoren: 0,5 … 0,6
- große Ventilatoren: 0,6 … 0,8

13. Nennen und beschreiben Sie die Funktionsweise einer Sonderform des Radialventilators.

Beim Querstrom- oder Tangentialventilator wird die Luft radial angesaugt und auch radial wieder ausgeblasen.

Schalldämpfer

1. Welche Bauteile von RLT-Anlagen sind die häufigste Ursache störender Schallquellen?

- Ventilatoren
- Kälteaggregate

2. Welche beiden Schalldämpfungen werden unterschieden?

- natürliche Schalldämpfung
- künstliche Schalldämpfung

3. Wie erfolgt die natürliche Schalldämpfung eines Teils der erzeugten Geräusche einer RLT-Anlage?

Die natürliche Schalldämpfung erfolgt durch die Luftleitungen und ihre Formstücke sowie durch Lufteinlässe und Luftauslässe und die Räume selbst.

4. Wie werden künstliche Schalldämpfer für RLT-Anlagen genannt?

Passive Absorptionsschalldämpfer

5. Erläutern Sie das Funktionsprinzip des in Aufgabe 4 genannten Schalldämpfers.

Der passive Absorptionsschalldämpfer arbeitet nach dem Prinzip der Energieumwandlung in Wärme. Ein aus Mineralfasern bestehender Schallschluckkörper wird mit einer Wasser abweisenden und abriebfesten Oberfläche aus Glasvlies versiegelt.

6. Welche beiden Bauarten des in Aufgabe 4 genannten Schalldämpfers werden unterschieden?

- Kulissenschalldämpfer
- Telefonieschalldämpfer

7. Wie unterscheiden sich die beiden in Aufgabe 6 genannten Schalldämpfer?

- beim **Kulissenschalldämpfer** wird der Schallschluckkörper in einen Stahlrahmen eingespannt
- **Telefonieschalldämpfer** bestehen aus einem ausgefüllten und innen perforierten Doppelrohr mit einem zusätzlichen Kern

8. Wo werden die beiden in den Aufgaben 6 und 7 genannten Schalldämpfer vorzugsweise eingebaut?

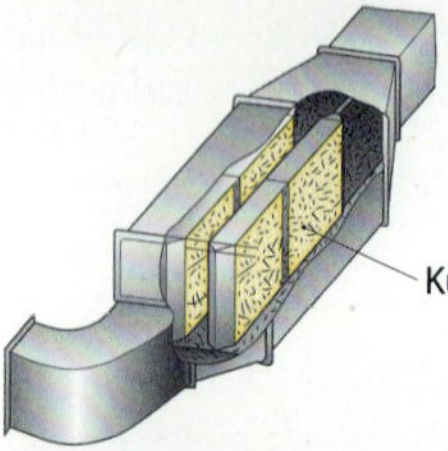

- Kulissenschalldämpfer befinden sich entweder in den Luftleitungen (z. B. im Durchtritt durch eine Wand) oder direkt im Zentralgerät
- Telefonieschalldämpfer befinden sich hinter dem „Senderaum" der Geräuschquelle (z. B. Aufstellraum der RLT-Anlage) und vor dem „Empfangsraum" der Geräusche (z. B. WC-Abluftraum); diese flexiblen Geräte verhindern somit eine Geräuschübertragung über das Luftleitungssystem von Raum zu Raum

9. Beschreiben Sie die Schalldämpferauslegung nach der 250-Hz-Methode (Schnellauslegung) im Planungsstadium.

Bei der genannten Frequenz wird ermittelt, welche zusätzliche Dämpfung als Differenz zwischen der Schallleistung des Ventilators und den Schallminderungen durch natürliche Schalldämpfung (siehe Aufgabe 3) der Schalldämpfer zu erbringen hat.
Diese Auslegung ist ausreichend für eine erste Abschätzung der Schalldämpferabmessungen.

Luftleitungen und Zubehör
Luftleitungen

1. Welche Bauteile werden für den Transport und die Verteilung der in den Zentralgeräten aufbereiteten Luft benötigt?

- Luftleitungen
- Luftdurchlässe
- bei Bedarf Brandschutzeinrichtungen

2. Welche Luftleitungsquerschnitte werden verwendet?

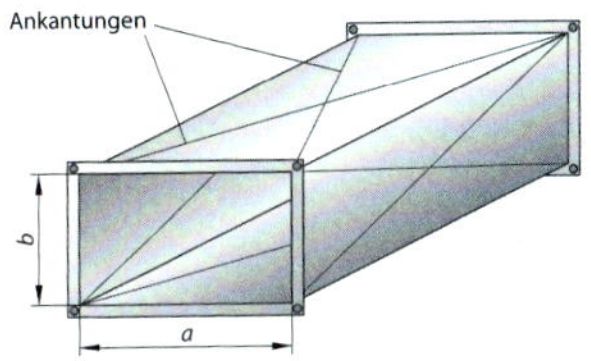

Es werden überwiegend eckige oder runde, gelegentlich auch ovale Luftleitungsquerschnitte verwendet.
In kleineren Wohneinheiten, z. B. bei der kontrollierten Wohnungslüftung, haben sich Luftleitungen aus Kunststoff mit rundem oder ovalem Querschnitt durchgesetzt.

3. Nennen Sie fünf verschiedene Werkstoffe, aus denen Luftleitungen hergestellt sein können.

1. verzinktes Stahlblech
2. Aluminium- oder Edelstahlblech
3. Faserzementplatten
4. Stein- oder Betonwände
5. Kunststoffrohre bzw. -platten

4. Welche besonderen Eigenschaften sollten Luftleitungen aufweisen?

- möglichst glatte Flächen wegen des anfallenden Schmutzes und des geringen Reibungswiderstandes
- nicht brennbar
- nicht feuchtedurchlässig
- dauerhaft
- möglichst leicht
- luftdicht
- antistatisch (insbesondere Kunststoffleitungen)

5. Wann werden vorzugsweise Luftleitungen mit rechteckigen Querschnitten eingesetzt?

Luftleitungen mit rechteckigen Querschnitten werden bei Strömungsgeschwindigkeiten in den Luftleitungen bis ca. 8 $\frac{m}{s}$ (Niedergeschwindigkeitsanlagen) eingesetzt.

Luftdurchlässe

1. Nach welchen drei Entscheidungskriterien wird die Ausführung von Luftdurchlässen gewählt?

Die Auswahl der Luftdurchlässe erfolgt nach:
- physikalisch-technischen,
- architektonischen (gestalterischen) und
- preislichen

Gesichtspunkten.

2. Welche Einstellmöglichkeiten bieten Lüftungsgitter?

Als Einstellmöglichkeiten stehen verstellbare waagerechte und/oder senkrechte Luftleitlamellen, ohne oder mit Mengeneinstellvorrichtungen, zur Verfügung.

3. Aus welchen Werkstoffen werden Lüftungsgitter gefertigt?

- Stahlblech mit Einbrennlackierung nach Wahl
- Aluminium
- Kunststoff

4. Nennen Sie drei Bauarten von Lüftungsgittern.

Je nach Formgebung des Rahmens können Lüftungsgitter sowohl in Luftleitungen mit:
- rechteckigem Querschnitt,
- rundem Querschnitt oder
- als Kombinationen aus Filter und Gitter

eingebaut werden.

5. Beschreiben Sie die Einsatzgebiete und Merkmale von Lüftungsgittern.

Der Einsatz von Lüftungsgittern erfolgt in der gesamten **Abluft** von RLT-Anlagen. Im **Zuluftbereich** werden Lüftungsgitter bei einfachen Anlagen verwendet wie z. B. einer Produktionshallenbelüftung, bei der keine hohe Qualität der Luftführung im Raum erforderlich ist und überwiegend erwärmte Luft zugeführt wird.

6. Worauf muss beim Einsatz von Lüftungsgittern geachtet werden, wenn bei der RLT-Anlage eine Luftkühlung notwendig ist?

Die Temperaturdifferenz zwischen eingeblasener Zuluft und Raumluft darf bei bestimmten Gittern eine Größenordnung von ca. 3 K nicht überschreiten.

7. Welche Nachteile hat der in Aufgabe 6 beschriebene Einsatz von Lüftungsgittern und eine notwendige Luftkühlung?

Aus Schallschutzgründen werden Gitter für relativ geringe Ausströmgeschwindigkeiten ausgelegt. Dadurch ist eine kaum nennenswerte Luftdurchmischung zwischen Luftstrahl und Raumluft vorhanden, da die gekühlte Zuluft beim Eintritt in den Raum kolbenförmig nach unten fällt. In der Aufenthaltszone wird vor allem bei sitzenden Tätigkeiten die Zuluft als unangenehme Zugluft empfunden und kann zu Erkältungserkrankungen führen.

8. Welcher Luftauslass muss gewählt werden, wenn die in Aufgabe 7 beschriebenen Nachteile vermieden werden sollen?

Es müssen Luftauslässe mit hoher Induktionswirkung bzw. mit einer weiten Strahlwirkung, insbesondere bei großen Räumen, gewählt werden.

9. Beschreiben Sie die Funktionsweise von induktiv wirkenden Auslässen.

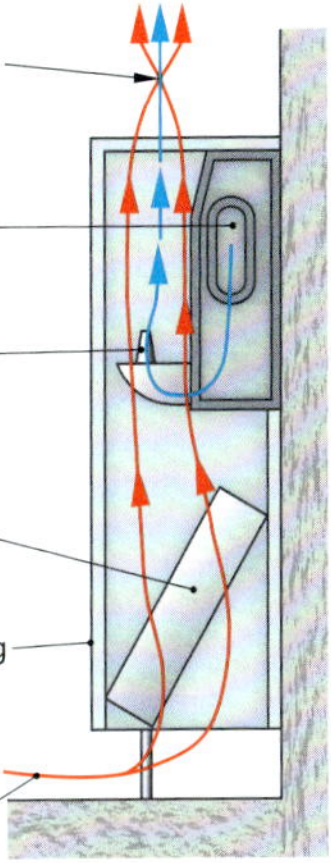

Der Luftstrahl (Primär- oder Erstluftstrahl) wird mit hoher Geschwindigkeit aus einer düsenartigen Öffnung „gepresst" und erzeugt dadurch in seinem Umfeld eine Sekundärluftströmung (Zweitluftströmung). Dieser Vorgang wird in der Physik als Induktion (lat.: Hineinführung) bezeichnet.
Infolge der schnellen Vermischung der im Vergleich mit der Raumluft wärmeren oder kühleren Zuluft, wird eine beschleunigte Angleichung der Lufttemperaturen erreicht.

10. Wodurch kann die Luftvermischung bei induktiv wirkenden Auslässen noch verstärkt werden?

Die Luftvermischung kann durch drallförmiges Einbringen der Zuluft verstärkt werden.

11. Welche Luftauslässe werden bei der Be- und Entlüftung von Nassräumen (Toiletten, Duschen) und Wohnhäusern (kontrollierte Wohnraumlüftung) meist eingesetzt?

Bei der Be- und Entlüftung von Nassräumen und Wohnhäusern werden Tellerventile für die Abluft und Weitwurfventile für die Zuluft verwendet.
Diese Ventile sind einfach in ihrem Aufbau und daher kostengünstig.

Brandschutzeinrichtungen

1. Warum müssen beim Einbau von RLT-Anlagen besondere Maßnahmen getroffen werden, um die Ausbreitung von Rauch und Feuer zu unterbinden?

Über die Luftleitungen der Zu-, Ab- und Umluft sind mehrere Räume und Stockwerke eines Gebäudes miteinander verbunden. Ohne Brandschutzeinrichtungen können Rauch und Feuer verbotenerweise von einem Brandabschnitt in den anderen gelangen.

2. Welche zwei Möglichkeiten von Brandschutzeinrichtungen werden angeboten?

- Brandschutzklappen
- Brandschutzventile

3. Worin unterscheiden sich die beiden in Aufgabe 2 angegebenen Brandschutzeinrichtungen?

- Brandschutzklappen werden in die Luftleitungen oder Einbauteile integriert und dienen ausschließlich dem Brandschutz
- Brandschutzventile haben neben der Brandschutzfunktion auch eine Lüftungsfunktion

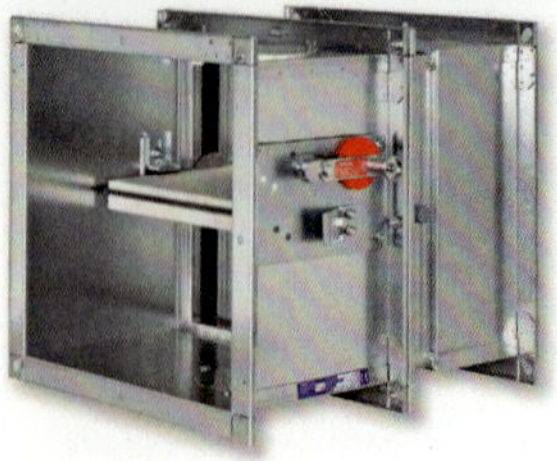

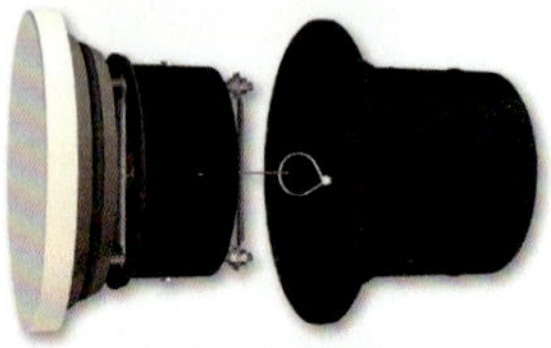

4. Wie wird im Brandfall die sicherheitstechnische Funktion bei Brandschutzklappen ausgelöst?

Durch ein Schmelzlot schließen die Klappen bei einer Temperatur $\theta > 72\,°C$ automatisch den Weg in der Luftleitung (thermische Auslösung). Dadurch wird verhindert, dass innerhalb der Feuerwiderstandsdauer Rauch und Feuer über das Luftverteilsystem in andere Brandabschnitte des Gebäudes gelangen können.

5. Nach welcher sicherheitstechnischen Vorgabe werden Brandschutzklappen ausgelegt und geprüft?

Brandschutzklappen werden nach der Feuerwiderstandsklasse K90 ausgelegt und geprüft, d. h. die Klappe muss 90 Minuten einem Vollbrand standhalten können.

6. Zur Einhaltung der Brandschutzforderungen sind verschiedene Maßnahmen möglich. Beschreiben und skizzieren Sie folgende Varianten:

a) Eine Zu- oder Abluftleitung überbrückt über einen Flur zwei Brandabschnitte. Im Flurbereich sind keine Lüftungsöffnungen geplant.

b) Eine Zu- oder Abluftleitung ohne Feuerwiderstandsdauer L90 verläuft durch drei Brandabschnitte (Büro/Flur/Lager) mit oder ohne Lüftungsfunktion im Flur.

c) Eine Zu- oder Abluftleitung mit Feuerwiderstandsdauer L90 verläuft durch drei Brandabschnitte (Büro/Flur/Lager) ohne Lüftungsfunktion im Flur.

d) Eine Zu- oder Abluftleitung mit Feuerwiderstandsdauer L90 verläuft durch drei Brandabschnitte (Büro/Flur/Lager) mit Lüftungsfunktion und die Luftdurchlässe werden als Brandschutzventile ausgeführt.

a) Folgende zwei Varianten sind möglich:

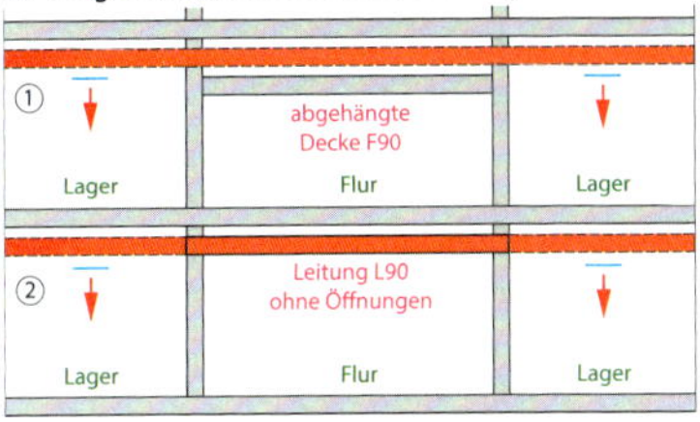

b) Es sind **zwei** Brandschutzklappen notwendig.

c) Es ist **eine** Brandschutzklappe notwendig.

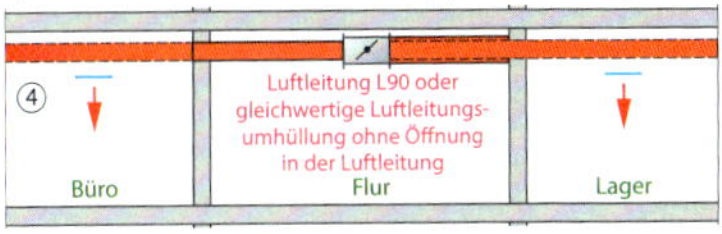

d) Es sind **keine** Brandschutzklappen notwendig

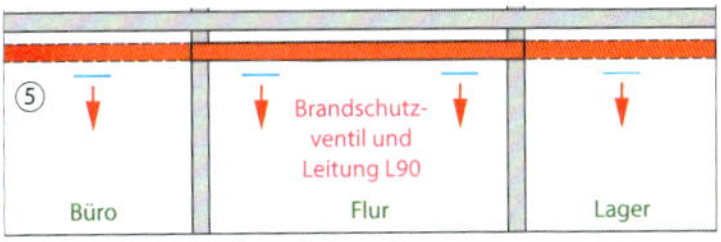

7. Beschreiben Sie die Funktionsweise eines Brandschotts und seinen Unterschied zur Brandschutzklappe.

Wand- oder Deckenschotts enthalten feuerbeständiges Quellmaterial, das den zunächst freien Querschnitt der Luftleitung bei Überschreitung einer Temperatur von $\theta > 72\,°C$ bleibend versperrt.
Das Brandschott ist im Gegensatz zur Brandschutzklappe wartungsfrei und muss nach Auslösung der Schutzfunktion immer im Ganzen ausgewechselt werden.

13.4 Technische Maßnahmen der Energieeinsparung bei RLT-Anlagen

1. Welche zwei Wärmerückgewinnungssysteme werden unterschieden?

- Rekuperatoren (wiedergewinnen)
- Regeneratoren (von Neuem hervorbringen)

2. Beschreiben Sie das rekuperative Wärmerückgewinnungssystem.

Dieser Wärmeübertrager trennt die einzelnen Medien durch z. B. parallel laufende Kammern (Trennflächensystem, siehe Abbildung).
Durch die einzelnen Kammern strömen wechselnd das Heiz- oder Kühlmittel sowie das zu erwärmende oder zu kühlende Medium aneinander vorbei.
Die Strömungsarten unterscheiden sich in Gleich-, Gegen- oder Kreuzstrom oder eine Mischform von diesen. Durch eine spezielle Prägung der Bleche entstehen hochwirksame Wärmeübertragungsflächen, wodurch die Wärmeübertrager zum Teil hohe Rückwärmzahlen Φ (griech.: Phi) erzielen.

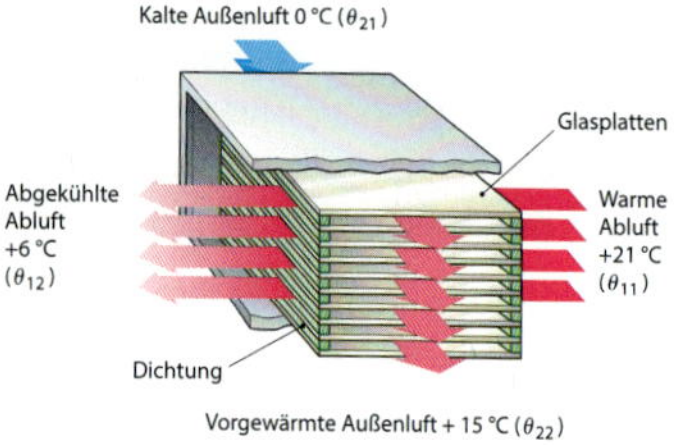

Rekuperativer Kreuz-Gegenstrom-Wärmerückgewinner mit Glas- oder Aluminiumplatten

3. Welche Materialien werden für rekuperative Wärmerückgewinnungssysteme verwendet?

Es werden je nach Einsatzgebiet verwendet:
- Glas
- Kunststoff
- Aluminium
- Edelstahl

4. Wie werden die Platten von Plattenwärmeübertragern miteinander verbunden?

Die Platten werden miteinander verschraubt, verlötet oder verklebt.

5. **Durch welche Funktion können Übertragerpakete relativ leicht gereinigt werden?**

Die Übertragerpakete sind herausziehbar im Zentralgerät installiert.

6. **Wodurch kann bei tiefen Außentemperaturen verhindert werden, dass der Wärmeübertrager durch kondensierten Wasserdampf einfriert?**

Das Einfrieren des Wärmeübertragers kann durch die optionale Ausrüstung mit einer automatisch arbeitenden Bypass-Klappensteuerung verhindert werden.

7. **Beschreiben Sie die Funktionsweise der automatisch arbeitenden Bypass-Klappensteuerung.**

Die Jalousieklappe am Frischlufteintritt des Wärmeübertragers wird teilweise oder vollständig bei Unterschreiten einer festzulegenden Fortlufttemperatur von z. B. +3 °C geschlossen. Zeitgleich öffnet die Bypassklappe und der gesamte Außenluftstrom oder ein Teil davon wird am Rekuperator vorbeigeleitet. Der nachgeschaltete Erhitzer muss entsprechend ausgelegt werden.

8. **Beschreiben Sie das regenerative Wärmerückgewinnungssystem.**

In Regenerativ-Wärmeübertragern überträgt ein festes, flüssiges oder gasförmiges Zwischenmedium die Energie.

9. **Welche beiden Wärmeübertragersysteme werden beim regenerativen Wärmerückgewinnungssystem angewendet?**

- Rotations-Wärmeübertrager
- Speicherplatten-Regeneratoren

10. Beschreiben Sie den Aufbau und die Funktionsweise von Rotations-Wärmeübertragern.

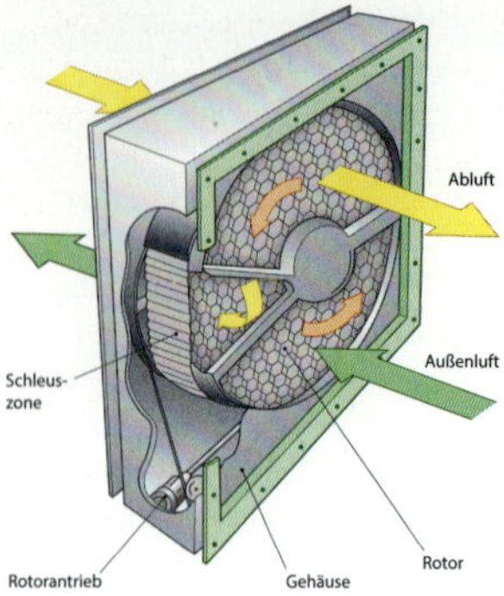

Ein in einem Gehäuse rotierendes Speicherrad wird pro halber Umdrehung im Gegenstrom von warmer Abluft und im Winter von kalter Außenluft durchströmt. Das Rad besteht aus abwechselnd gewickelten glatten und gewellten Lagen aus z. B. Aluminiumblech. Je nach Verwendungszweck ist die Oberfläche entweder metallisch glatt oder mit einer Wasser durchdringenden (hygroskopischen) Beschichtung versehen. Die Beschichtung dient der Übertragung der latenten Wärme durch das Speicherrad. Dies ist bei glatten Oberflächen nur möglich, wenn der Wasserdampftaupunkt der durchströmenden Luft unterschritten wird.

11. Wie können Rotations-Wärmeübertrager sauber gehalten werden?

Durch das Gegenstromprinzip der Rotations-Wärmeübertrager wird ein Selbstreinigungseffekt erreicht, sodass Vorfilter selten benötigt werden. Lange Stillstandszeiten sollten allerdings vermieden werden, da bei den engen Luftkanälen sonst eine Verschmutzung des Rotors eintreten könnte.

12. Wie geschieht die Regelung des Rotations-Wärmeübertragers.

Der Rotations-Wärmeübertrager wird durch Änderung der Drehzahl des Antriebsmotors über einen Vergleich von Energieangebot und -nachfrage geregelt.

13. Nennen Sie je einen Vor- und Nachteil von Rotations-Wärmeübertragern.

Vorteil: Rotations-Wärmeübertrager haben sehr hohe Rückwärmzahlen Φ bis ca. 80 %.
Nachteil: Sie können nur eingebaut werden, wenn der Abluft- und Außenluftstrom direkt aneinander vorbeiführen.

14. Beschreiben Sie den Aufbau und die Funktionsweise von Speicherplatten-Regeneratoren.

Speicherplatten-Regeneratoren enthalten fest installierte Speicherpakete, durch die der Abluft- und Außenluft-Volumenstrom abwechselnd (intermittierend) gefördert wird.
Die Wärmeübertrager (auch Akkumulatoren genannt) können die Wärme gleich schnell aufnehmen wie wieder abgeben. Die Luftströme werden in einem Zeitraum von ca. einer Minute durch ein motorisch gesteuertes Klappensystem umgeschaltet. Veränderbare Ladezeiten bewirken die Temperaturregelung. Es werden sehr hohe Rückwärmzahlen bis ca. 90 % erreicht.

15. Welchen besonderen Vorteil haben Speicherplatten-Regeneratoren, insbesondere bei Wohngebäuden mit dezentraler Wohnraumlüftung (Einzelraumlüftung)?

Speicherplatten-Regeneratoren werden in Wanddurchführungen als komplette Lüftungssysteme eingesetzt. Dadurch sind sie sehr kompakt, da alle notwendigen Bauteile auf engem Raum konzentriert sind und keine Leitungen für die Verteilung der Luft benötigt werden.

16. Welche Energiegewinnungssysteme können insbesondere bei der kontrollierten Wohnungslüftung zusätzlich zu den beiden vorher beschriebenen eingesetzt werden?

- Außenluftleitung als Erdreichkollektor
- Soleleitung als Erdreichkollektor

17. Beschreiben Sie das Energiegewinnungssystem mit Außenluftleitung als Erdreichkollektor.

Im Erdreich in einer Tiefe von 1,2 m bis 1,5 m herrscht eine relativ konstante Temperatur von ca. 8 °C bis 12 °C. Eine dort verlegte Außenluft führende Leitung kann im Winter die kalte Luft vorwärmen und im Sommer die warme Luft kühlen. Ist ein Keller vorhanden, mündet die Leitung dort mit ihrer tiefsten Stelle. Kellerlose Gebäude müssen wegen der Entwässerungs- und Revisionsmöglichkeit im Erdreich einen entsprechenden Einsteigschacht aufweisen.

18. Beschreiben Sie das Energiegewinnungssystem mit Soleleitung als Erdreichkollektor.

Eine im Erdreich verlegte Soleleitung gibt die aufgenommene Energie an einen Sole-Wärmeübertrager ab. Dieser befindet sich im Kanalnetz des Hauses in der Außenluftansaugung. Dieses Energiegewinnungssystem ist noch effektiver und hygienischer als das in Aufgabe 17 beschriebene. Nachteilig sind hierbei allerdings der höhere apparative Aufwand und die zusätzlichen Energiekosten für eine Umwälzpumpe.

13.5 Akustische Probleme des Umfeldes von RLT-Anlagen

1. Welche beiden grundsätzlichen Schallübertragungsmöglichkeiten werden unterschieden?

- Körperschallübertragung
- Luftschallübertragung

2. Nennen Sie Komponenten der Körperschallübertragung von RLT-Anlagen.

Die Körperschallübertragung von RTL-Anlagen geschieht über Fußböden, Decken und Wände, verursacht durch Ventilatoren, Pumpen, Kompressoren, Turbinen usw. und andere mechanisch bewegte Bauteile.

3. Nennen Sie Komponenten der Luftschallübertragung von RLT-Anlagen.

Die Luftschallübertragung von RTL-Anlagen geschieht vorwiegend über Luftleitungen und -auslässe, verursacht durch die in Aufgabe 1 genannten Einbaukomponenten sowie durch von hohen Strömungsgeschwindigkeiten verursachte Geräusche.

4. Nennen und beschreiben Sie acht Maßnahmen zur Minderung der Schallentstehung und -ausbreitung.

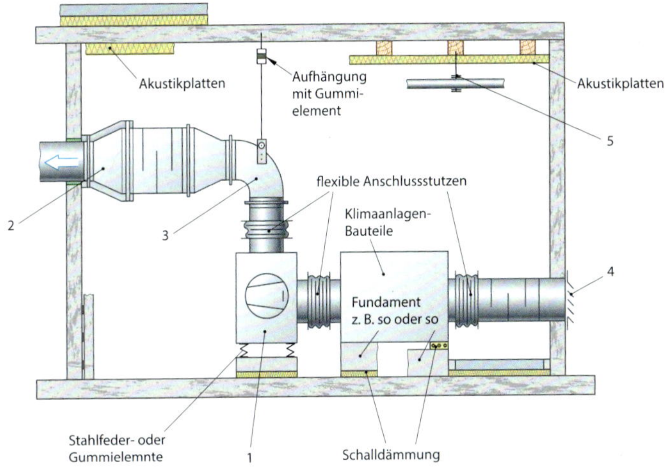

- Entkoppelung rotierender bzw. sich bewegender Bauteile vom Baukörper durch Feder- oder Gummischwingungsdämpfer
- Unterlegen von Gummimatten unter Gehäuseteile des Zentralgerätes als „Antidröhnmasse"
- flexible Anbindung der Luftleitungsanschlussstutzen an Ventilatoren und das Zentralgerät über Gewebefaltenbälge („Segeltuchstutzen") mit elastischen Dehnungsfalten
- Einbau von Kulissenschalldämpfern in die Luftleitungen, vorzugsweise im Bereich von Mauerdurchbrüchen
- äußere oder innere Schalldämmschalen um Luftleitungen und andere Bauteile wie z. B. Misch- und Entspannungskästen
- schwimmende oder federnde Lagerung kompletter Fußböden
- Luftleitungs- und Rohraufhängungen mit Gummielementen oder -einlagen
- Auskleiden des Aufstellraumes mit Akustikplatten bzw. Umhüllen einzelner Komponenten mit Schalldämmhauben

13.6 Inbetriebnahme und Abnahmeprüfung, Messen und Einregulieren, Anlageninstandhaltung

Inbetriebnahme und Abnahmeprüfung

1. **Wer ist für die Inbetriebnahme und wer für die Abnahmeprüfung einer RLT-Anlage verantwortlich?**

Die **Inbetriebnahme** wird meist von KundendienstmonteurInnen der Erstellerfirma durchgeführt.
Die **Abnahmeprüfung** ist eine zusätzliche Prüfung nach VOB DIN 18379 unter der Aufsicht eines Fachkundigen (z. B. eines Ingenieurs) und ist bei entsprechendem Vertragsabschluss verbindlich. Ein Protokoll beider Prüfungen ist von den Parteien zu unterzeichnen und dem Auftraggeber auszuhändigen.

Messen von Luftgeschwindigkeiten und Einregulieren von Volumenströmen

1. **Warum sollen die Messungen der Luftgeschwindigkeiten vorzugsweise auf langen, geraden Strecken und nicht vor oder hinter Abzweigungen und Bögen erfolgen?**

Die Messungen sollten auf langen, geraden Strecken erfolgen, weil dort turbulenzarme und gleichmäßig über die Querschnittsfläche verteilte Strömung vorliegt.

2. Nennen Sie drei Geräte, die für die Geschwindigkeitsmessung verwendet werden, und beschreiben Sie ihre Arbeitsweisen.

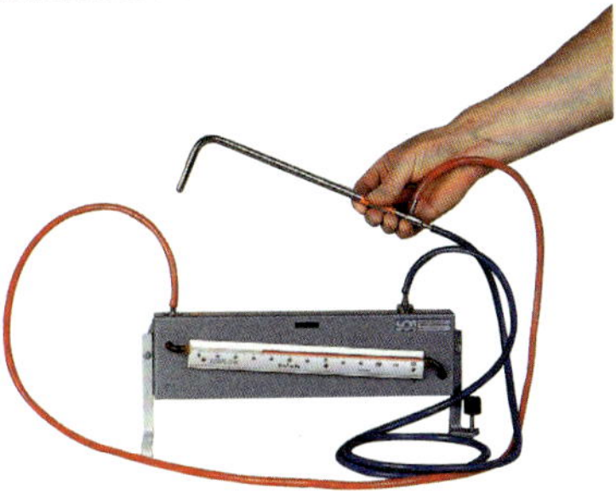

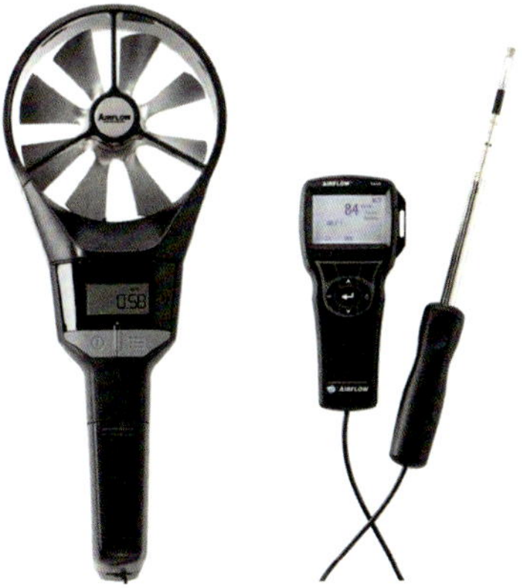

1. **Staurohre nach Prandtl** messen mittels eines Hakenrohres entgegengesetzt der Luftströmung den Gesamtdruck p_{ges} des strömenden Mediums. Den für die Berechnung der Strömungsgeschwindigkeit notwendigen dynamischen Druck p_{dyn} erhält man durch die Differenz zwischen Gesamtdruck p_{ges} und statischem Druckanteil p_{stat}, der senkrecht zur Luftströmung gemessen wird.
2. Bei **Flügelradanemometern** befindet sich ein Flügelrad in einem tunnelartigen Gehäuse. Bei Anströmung wird es in Drehung versetzt und entweder die Strömungsgeschwindigkeit direkt auf einer Anzeigeskala angezeigt oder mit Hilfe eines Zählwerks innerhalb einer Minute mittels einer Sonde erfasst.
3. Bei **thermischen Anemometern** werden temperaturabhängige Widerstände (Thermistoren) zur Bestimmung der Strömungsgeschwindigkeit verwendet. Sinkt die Temperatur durch den Luftstrom, ändert sich der elektrische Widerstand und damit der im Stromkreis fließende Strom. Thermische Anemometer eignen sich besonders für die Messung geringer Luftgeschwindigkeiten.

3. Wie kann die Geschwindigkeitsmessung an Luftein- und Luftauslässen erfolgen?

1. Mit dem **Prandtl-Rohr** wird die effektive (auf den freien Querschnitt bezogene) Luftgeschwindigkeit zwischen mehreren Lamellenspalten gemessen und aus den Messwerten der arithmetische Mittelwert gebildet. Der Volumenstrom wird dann nach folgender Beziehung ermittelt:
   $V = A_{\text{eff}} \cdot v_{\text{eff mittel}}$
   Die freie Querschnittsfläche wird den Herstellerunterlagen entnommen.
2. Beim **Flügelradanemometer** wird ein Messinstrument gleichmäßig über den gesamten Gitterquerschnitt geführt und aus den Messergebnissen der Mittelwert der effektiven Strömungsgeschwindigkeit gebildet. Die Volumenstromberechnung erfolgt dann über die Beziehung:
   $V = A_{\text{eff}} \cdot v_{\text{eff mittel}} \cdot f$
   Der vom Hersteller vorgegebene Korrekturfaktor f hat die Größenordnung $f_{\text{Zuluft}} \approx 1{,}3$ und $f_{\text{Abluft}} \approx 1{,}6$.
3. Mit dem **Flügelradanemometer** in Verbindung **mit** einer **Volumenstromhaube** ist das Erfassen der Luftströme ganzer Gitter oder größerer Gitterabschnitte möglich. Unter Verwendung spezieller, auf die Messeinrichtung abgestimmter Volumenstrom-Diagramme wird sehr zeitsparend und genau gearbeitet. Bei größeren Gittern werden die Gitterflächen in kleinere, nicht überlappende Abschnitte aufgeteilt, nacheinander gemessen und die Messwerte addiert. Auftretende Messfehler liegen allerdings in einer Größenordnung von bis zu ±10 %.

Anlageninstandhaltung

1. Nennen Sie acht Baugruppen von RLT-Anlagen, die nach VDMA-Blatt 24186-1 periodisch oder bei Bedarf zu kontrollieren oder zu warten sind, und ordnen Sie ihnen die entsprechenden Bauteile zu.

1.	**Luftfördereinrichtung**
1.1	Ventilatoren
2.	**Wärmetauscher**
2.1	Lufterwärmer (Luft/Flüssigkeit)
2.2	Elektro-Lufterwärmer
2.3	Luftkühler (Luft/Flüssigkeit)
2.4	Verdampfer (Luft/Kältemittel)
2.5	Rotations-Wärmetauscher
2.6	Kreuzstrom-Wärmetauscher
3.	**Luftfilter**
3.1	Rollbandfilter
3.2	Trockenschichtfilter
3.3	Elektrofilter
3.4	Sorptionsfilter
3.5	Schwebstofffilter
4.	**Luftbefeuchter**
4.1	Luftbefeuchter (Medium: Wasser)
4.2	Tropfenabscheider/Gleichrichter
4.3	Luftbefeuchter (Medium: Dampf) mit eigenem Dampferzeuger
4.4	Luftbefeuchter (Medium: Dampf) ohne eigenen Dampferzeuger
4.5	Dampferzeuger
5.	**Bauelemente des Lüftungssystems**
5.1	Wetterschutzgitter
5.2	Gitter und Verteiler
5.3	Brandschutzklappen
5.4	Jalousieklappen
5.5	Luftleitungen und Kammern
5.6	Misch- und Entspannungskästen
5.7	Absperr- und Abgleichelemente
5.8	Induktionsgeräte und vergleichbare Nachbehandlungsgeräte
6.	**Schaltschrank, Regelanlage, Leittechnik, Druckluftstation**
	(Leistungsprogramm siehe VDMA 24186-4)
7.	**Antriebselemente**
7.1	Elektromotoren
7.2	Riementriebe
7.3	Antriebskupplungen
7.4	Kettentriebe
7.5	Getriebe
8.	**Rohrnetz**
8.1	Pumpen
8.2	Absperr-, Abgleich- und Regelarmaturen
8.3	Schmutzfänger
8.4	Rohrleitungen und Ausdehnungsgefäße

14.1 Grundlagen der Mess-, Steuerungs- und Regelungstechnik

2. Was versteht man unter Messen?

Messen ist der experimentelle Vorgang, durch den ein spezieller Wert einer physikalischen Größe als Vielfaches einer Einheit oder eines Bezugswertes ermittelt wird.

3. Was versteht man unter Steuern?

Steuern ist ein Vorgang in einem System, bei dem die Eingangsgröße die Ausgangsgröße in vorgegebener Weise beeinflusst, diese aber nicht auf die Eingangsgröße zurückwirkt. Kennzeichen der Steuerung ist der offene Wirkungsablauf.

4. Was versteht man unter Regeln?

Unter Regeln wird ein Vorgang verstanden, bei dem fortlaufend die zu regelnde Größe (Regelgröße, Istwert) erfasst und mit einer anderen Größe, der Führungsgröße oder dem Sollwert verglichen und an diese angepasst wird. Es ist also ein Vorgang, bei dem die Eingangsgröße die Ausgangsgröße beeinflusst und diese wiederum auf die Eingangsgröße zurückwirkt.
Kennzeichen einer Regelung ist der geschlossene Wirkungsablauf.

5. Welcher Unterschied besteht zwischen Steuern und Regeln?

Im Gegensatz zum Regeln ist beim Steuern die Wirkungskette nicht geschlossen, d. h. es erfolgt keine Rückmeldung. Die Eingangsgröße beeinflusst zwar ständig die Ausgangsgröße, diese wirkt aber nicht auf die Eingangsgröße zurück.

6. Das Bild zeigt schematisch einen geschlossenen Regelkreis. Benennen Sie die einzelnen Teile.

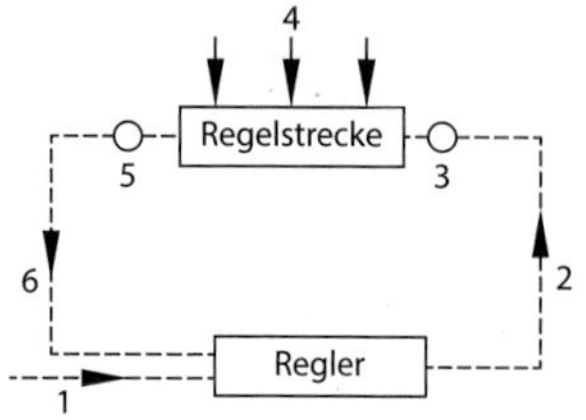

1 Führungsgröße (Sollwert)
2 Stellgröße
3 Stellglied
4 Störgrößen
5 Messglied (Messeinrichtung)
6 Regelgröße (Istwert)

7. Erklären Sie den Begriff Regelgröße.	Größe, die nach Vorgabe beeinflusst (konstant gehalten oder nach Plan verändert) werden soll, z. B. Kesselwassertemperatur, Raumtemperatur, Durchflussmenge, Wasserstand.
8. Erklären Sie den Begriff Führungsgröße.	Größe, die dem Regelkreis von außen zugeführt wird. Sie bestimmt den Sollwert der Regelgröße und kann entweder konstant sein oder einen von anderen Größen abhängigen Wert haben, z. B. Sollwert der Vorlauftemperatur in Abhängigkeit von der Außentemperatur.
9. Erklären Sie die Begriffe: **a) Sollwert** **b) Istwert.**	a) Sollwert ist ein vorgegebener Wert, den die Regelgröße haben soll. b) Istwert ist ein tatsächlich gemessener Wert der Regelgröße.
10. Erklären Sie den Begriff Regelabweichung.	Regelabweichung ist die Differenz zwischen vorgegebenem Sollwert und Istwert der Regelgröße.
11. Was versteht man unter Störgrößen?	Störgrößen sind von außen auf die Regelstrecke einwirkende Größen, die eine Abweichung vom Sollwert verursachen.
12. Nennen Sie mindestens drei Störgrößen, die bei der Raumtemperaturregelung ein Ansteigen des Istwertes über den Sollwert bewirken können.	Wärmeabgabe durch: • Personen • Beleuchtung (Glühbirnen) • Maschinen und Geräte • Sonneneinstrahlung
13. Erklären Sie den Begriff Stellglied und geben Sie drei Beispiele von Stellgliedern an.	Das Stellglied ist der Empfänger der Stellgröße. Diese ist am Eingang der Regelstrecke angeordnet. Durch Veränderung des Stellglieds wird der Istwert der Regelgröße, z. B. die Raumtemperatur, wieder an den Sollwert angeglichen. Stellglied kann z. B. ein Mischer, die Umwälzpumpe oder auch der Brenner (Magnetventil) sein.

14. Erklären Sie die Begriffe:
a) Stellgröße
b) Stellort.

a) Die Stellgröße ist Ausgangsgröße der Regeleinrichtung und zugleich Eingangsgröße der Regelstrecke; sie bewirkt eine Veränderung des Stellglieds. Stellgröße kann z. B. eine elektrische Spannung sein.
b) Der Stellort ist der Montageort des Stellglieds, z. B. Umwälzpumpe im Heizungsvorlauf.

15. Erklären Sie die Begriffe:
a) Messglied
b) Messort.

a) Das Messglied erfasst den tatsächlichen Wert der Regelgröße (= Istwert) und übermittelt diesen dem Vergleichsglied des Reglers.
b) Der Messort ist der Ort des Regelkreises, an dem der Wert der Regelgröße (= Istwert) erfasst wird.

16. Was versteht man unter Regelstrecke?

Die Regelstrecke ist der Teil der Anlage, in dem die Regelgröße beeinflusst wird; sie beginnt am Stellort und endet am Messort.

17. Welche Aufgabe hat der Regler?

Der Regler vergleicht den Istwert mit dem Sollwert und sendet bei Abweichung eine Stellgröße an das Stellglied, damit sich der Istwert wieder dem Sollwert nähert.

14.2 Messtechnik

1. Welche Messung ist durchzuführen, um bei Gasbrennern die Funktionsfähigkeit der Flammenüberwachung zu überprüfen?

Messen des Ionisationsstroms.

2. Welche Messgeräte benötigt man, um die Funktion des Außentemperaturfühlers zu überprüfen?

- Thermometer
- elektrisches Vielfachmessinstrument für Widerstandsmessung

3. Das Diagramm zeigt die Widerstandskennlinie eines Außentemperaturfühlers.

a) Um welche Art von Temperaturfühler handelt es sich?

b) Welchen elektrischen Widerstand muss der Außentemperaturfühler bei einer Außentemperatur von 10 °C aufweisen.

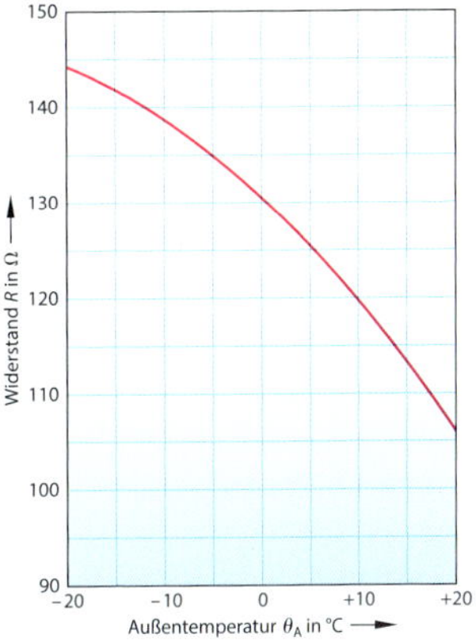

Widerstandskennlinie eines Außentemperaturfühlers

a) Heißleiter (NTC), d. h. mit zunehmender Temperatur wird der Widerstand kleiner (wird er leitfähiger).

b) Der elektrische Widerstand des Außentemperaturfühlers muss 120 Ω betragen.

Lösungsweg siehe II Lösungswege, Zu 14.2 Messtechnik

4. Was wird beim Messen der Niederohmigkeit des Schutzleiters geprüft?

Beim Messen der Niederohmigkeit des Schutzleiters wird geprüft, ob auf seiner gesamten Länge eine gute, durchgängige Leitfähigkeit vorhanden ist.

5. Nennen Sie die Grenzwerte für die Niederohmigkeit des Schutzleiters an Zuleitungen für:

a) ortsveränderliche Geräte wie z. B. transportable Wasseraufbereitungsgeräte

b) nicht ortsveränderliche Geräte wie z. B. elektrische Durchflusserwärmer, Umwälzpumpen.

a) 0,3 Ω bei einer maximalen Leitungslänge von 5 m zuzüglich 0,1 Ω je weitere 7,5 m.

b) 1,0 Ω bei ortsfesten Geräten.

6. **Worüber gibt der Isolationswiderstand Auskunft?**

Der Isolationswiderstand gibt Aufschluss darüber, wie gut die Isoliereigenschaften der dafür eingesetzten Materialien sind.

7. **Erläutern Sie das Messen des Isolationswiderstandes.**

Dabei wird eine Messung zwischen jedem Strom führenden Leiter und Erde (ersatzweise gegen den Schutzleiter) mit einem Schutzmaßnahmenprüfgerät (Isolations- und Niederohmmessgerät) durchgeführt. Während der Messung müssen die Schalter in den Stromkreisen geschlossen sein.
Das Messgerät liefert bei einem Messstrom von 1 mA eine Gleichspannung von ≥ 500 V (für Nennspannungen des Stromkreises bis 500 V).
Der Isolationswiderstand R_{ISO} muss dabei mindestens 1 MΩ betragen.

14.3 Steuerungstechnik

1. **Nennen Sie drei Steuerungsarten, die in Wärmeverteilungs- und Trinkwassererwärmungsanlagen zum Einsatz kommen.**

- Zeitsteuerungen
- Temperatursteuerungen
- Programmablaufsteuerungen

2. **Welche Steuerungsart ist bei Zirkulationspumpen in Trinkwarmwasseranlagen erforderlich, um die Anforderungen von DVGW-Arbeitsblatt W 551 und der EnEV zur Einsparung von Wasser und Energie sowie der Einhaltung der Hygienevorschriften zu erfüllen?**

Zeit- und Temperatursteuerung

3. **Die Energieeinsparverordnung (EnEV) fordert bei Zentralheizungen den Einsatz von zentralen selbsttätig wirkenden Einrichtungen zur Verringerung und Abschaltung der Wärmezufuhr in Abhängigkeit von der Zeit. Geben Sie eine Steuereinrichtung an, mit der diese Forderung erfüllt wird.**

analoge und digitale Zeitschaltuhr

4. Handelt es sich bei einer thermischen Ablaufsicherung um eine Regelung oder um eine Steuerung? Begründen Sie Ihre Aussage.

Es handelt es sich um eine Steuerung, da der Fühler im Verbund mit dem Ventil bei Erreichen einer höchstzulässigen Wassertemperatur lediglich für das Auslösen der Kesselwasserabkühlung zuständig ist, nicht aber für deren Regelung.

5. Die Abbildung zeigt ein typisches Programmablaufdiagramm eines Ölzerstäubungsbrenners. Beschreiben Sie den Programmablauf des Ölzerstäubungsbrenners anhand des Diagramms.

- Regelanforderung Q1, F21, F3
- Ölvorwärmung E1
- Freigabethermostat schaltet auf Stellmotor Luftabschlussklappe L3 durch
- Brennermotor startet (Gebläse und Ölpumpe laufen), zeitgleich beginnt Vorzündung
- Magnetventil öffnet Y6
- Flammenüberwachung wird aktiviert, B3 wird aktiviert
- Betrieb

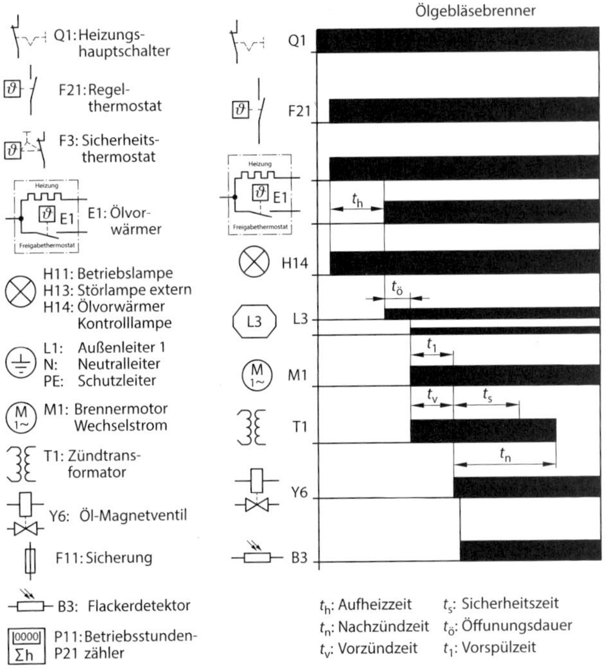

6. Die Abbildung zeigt den elektrischen Schalt-/Verdrahtungsplan eines Gasbrennwert-Wandkessels. Bezeichnen Sie die Bauteile bzw. Anschlüsse 1, 2, 11, 15, 17, 18, 19, 20, 21, 24.

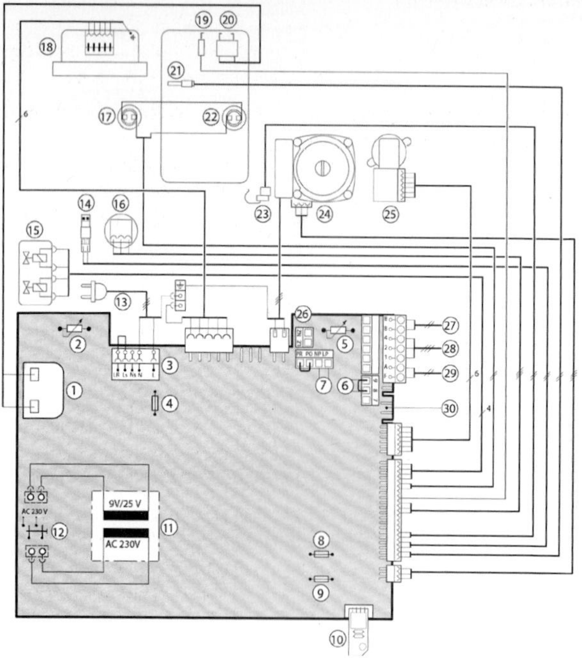

Schalt-/Verdrahtungsplan

1 Zündtransformator
2 Vorlauftemperaturregler
11 Transformator
15 Gasarmatur
17 Abgastemperaturbegrenzer
18 Gebläse
19 Überwachungselektrode (Ionisationselektrode)
20 Zündelektrode
21 Vorlauftemperaturfühler
24 Umwälzpumpe

14.4 Regeltechnik

1. Welche Regelungen unterscheidet man nach dem Bedienungskomfort?

Nach dem Bedienungskomfort unterscheidet man **selbsttätige (automatische) Regelungen**, bei denen alle Vorgänge ohne Zutun des Menschen ablaufen, und **nicht selbsttätige Regelungen (Handregelungen)**.

2. Welche Regler unterscheidet man nach der Art der Energie zum Verstellen des Stellgliedes?

Nach der Art der Stellenergie unterscheidet man **Regler ohne Hilfsenergie** wie z. B. Thermostatventile, Verbrennungsluftregler (Feuerungsregler), Schwimmerregler, und **Regler mit Hilfsenergie** wie z. B. elektrische, pneumatische, elektropneumatische Regler.

3. Welche Regler unterscheidet man bezüglich der Regelgröße?

Bezüglich der Regelgröße unterscheidet man z. B. Temperaturregler (Raumtemperatur-, Vorlauftemperatur-, Kesseltemperaturregler), Druck-, Zug-, Feuchte-, Durchfluss- und Füllstandsregler.

4. Welche Regler unterscheidet man nach der Art der Signalverarbeitung?

Nach der Art der Signalverarbeitung unterscheidet man **Analogregler** und **Digitalregler**.

5. Welche Regler unterscheidet man nach dem Regelverhalten?

Nach dem Regelverhalten unterscheidet man **unstetige Regler**, z. B. Zweipunkt- und Dreipunktregler, **stetige Regler** wie P(Proportional)-Regler, I(Integral)-Regler, PI(Proportional-Integral)-Regler und PID(Proportional-Integral-Differenzial)-Regler.

6. a) Beschreiben Sie das Regelverhalten von unstetigen Reglern.
b) Nennen Sie zwei Anwendungsbeispiele für unstetige Regler.

a) Sprunghafte Änderung der Stellgröße auf zwei oder wenig mehr Werte. Das stufenweise Schalten bewirkt Schwankungen der Regelgröße.

b)
- Kesseltemperaturregler
- Temperaturwächter

7. a) Beschreiben Sie das Regelverhalten von stetigen Reglern.
b) Nennen Sie drei Anwendungsbeispiele für stetige Regler.

a) Die Stellgröße kann jeden beliebigen Wert innerhalb des Stellbereichs annehmen. Regelgröße und Regelgenauigkeit entscheiden darüber, ob ein P-, PI-, oder PID-Regler zum Einsatz kommt.

b)
- Heizkörper-Thermostatventil
- Verbrennungsluftregler (Feuerungsregler)
- Regler für Stellmotor (Mischer)

8. Was versteht man unter:
a) Festwertregelung?
b) Folgeregelung?
c) Zeitplanregelung?

a) Bei der Festwertregelung wird die Regelgröße entsprechend einem von Hand eingestellten konstanten Sollwert (Führungsgröße) geregelt, z. B. Raumtemperaturregelung.
b) Bei der Folgeregelung folgt der Wert der Regelgröße dem sich laufend ändernden Wert der Führungsgröße, z. B. witterungsgeführte Vorlauftemperaturregelung (Außentemperatur = Führungsgröße).
c) Die Zeitplanregelung ist eine zeitabhängige Folgeregelung. Der Wert der Führungsgröße wird durch eine Zeitschaltuhr verändert, z. B. Nachtabsenkung.

9. Beschreiben Sie die Arbeitsweise von Zweipunktreglern und geben Sie zwei Anwendungsbeispiele an.

Bei Zweipunktreglern kann die Stellgröße das Stellglied nur in zwei Stellungen „Auf"/„Zu" bzw. „Ein"/„Aus" bringen. Typische Arbeitseinsätze sind z. B. die herkömmliche Kesseltemperaturregelung oder die Raumtemperaturregelung mittels Bimetallschalter.

10. Erklären Sie die Arbeitsweise der thermischen Rückführung am Beispiel des Raumtemperaturreglers.

Bei der thermischen Rückführung beheizt ein elektrischer Widerstand während der Aufheizphase das Bimetall des Raumthermostaten und täuscht so dem Raumtemperaturfühler ein vorzeitiges Erreichen der Raumtemperatur vor.
Durch früheres Abschalten der Energiezufuhr zum Raum wird die Trägheit der Regelstrecke verringert und die Regelabweichung minimiert.

11. Was versteht man unter Tot- bzw. Verzugszeit?

Unter Tot- bzw. Verzugszeit versteht man die Zeitdauer vom Beginn der Stellgrößenänderung bis zum Beginn der Regelgrößenänderung.
Durch die Tot- bzw. Verzugszeit steigt die Regelgröße nach Erreichen des Abschaltpunktes noch weiter an bzw. fällt nach Erreichen des Einschaltpunktes noch weiter ab. Die Schwankungen der Regelgröße vergrößern sich, die Schalthäufigkeit wird kleiner.

12. Was versteht man bei einem Zweipunktregler unter der Schaltdifferenz (Hysterese)?

Unter der Schaltdifferenz (Hysterese) versteht man die Differenz zwischen dem oberen und dem unteren Schaltpunkt des Reglers, z. B. Ein- und Ausschalttemperatur beim Temperaturregler. Je kleiner die Schaltdifferenz ist, desto genauer arbeitet der Regler.

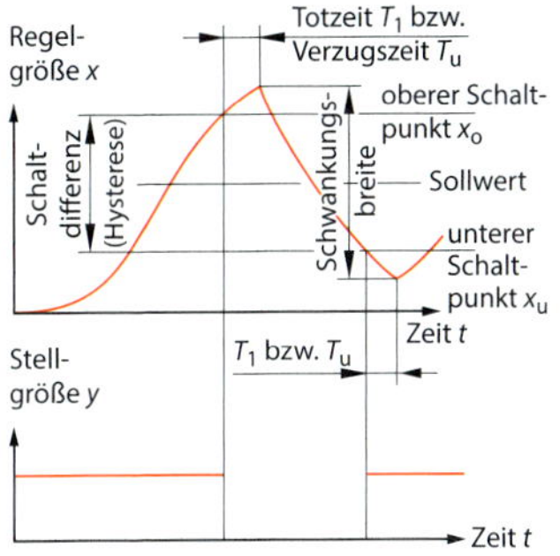

Schaltdifferenz (Hysterese) beim Zweipunktregler

13. Erläutern Sie das Regelverhalten von P(Proportional)-Reglern.

P-Regler haben ein proportionales Regelverhalten, d. h. die Stellgrößenänderung ist proportional zur Regelgrößenänderung. Sie reagieren schnell, haben jedoch eine bleibende Regelabweichung.

14. Beschreiben Sie das Regelverhalten eines I(Integral)-Reglers.

Beim I-Regler ist jeder Regelabweichung eine bestimmte Stellgeschwindigkeit zugeordnet, d. h. je größer die Regelabweichung, desto schneller wird das Stellglied verstellt. Ein I-Regler reagiert langsamer als ein P-Regler, beseitigt aber die Regelabweichung gänzlich.

15. Beschreiben Sie das Regelverhalten eines PI(Proportional-Integral)-Reglers.

PI-Regler reagieren schnell und haben aufgrund ihres I-Anteils keine bleibende Regelabweichung. Mit zunehmender Annäherung an den Sollwert wird die Stellgrößengeschwindigkeit verlangsamt.

16. Beschreiben Sie das Regelverhalten eines PID(Proportional-Integral-Differenzial)-Reglers.

PID-Regler vereinigen alle Vorteile der einzelnen Anteile miteinander und haben die höchste Regelgüte. Der D-Anteil greift proportional zur Änderungsgeschwindigkeit der Regelabweichung ein, d. h. Auswirkungen größerer Störungen mit schnellen Änderungen der Regelgröße werden im Entstehen mit einem sehr kräftigen Verstellen des Stellgliedes abgefangen.

17. Wo werden PID-Regler eingesetzt?

PID-Regler werden dort eingesetzt, wo die Regelparameter genau eingehalten werden müssen, z. B. in der Klimatechnik.

18. Beschreiben Sie die Arbeitsweise von Fuzzy-Reglern.

Bei einem Fuzzy-Regler wird aus einem Bündel von Wenn-Dann-Beziehungen eine daraus resultierende Aussage als Entscheidungsgröße für die Regelung herbeigeführt. Diese Entscheidungsgröße führt dann zu einer Stellgröße bzw. Stellgrößenänderung. Der Fuzzy-Regler ignoriert kurzzeitige Störungen in der Regelstrecke und orientiert sich am wirklichen Bedarf der Nutzer.

19. a) Ordnen Sie den regelungstechnischen Begriffen Regelgröße *x*, Sollwert *w*, Störgröße *z*, Stellgröße *y* und Regelstrecke die entsprechenden Bauteile (oder Größen) eines Heizkörperthermostatventils zu (vgl. Aufbau Thermostatventil in Lernfeld 7.3 Armaturen, Prüfungsbuch Teil 1)

a)

Regelungstechnische Begriffe	Bauteile und physikalische Größen
Regelgröße *x*	Raumlufttemperatur
Sollwert *w*	Einstellhandgriff
Störgröße *z*	Vorlauftemperaturänderung, Volumenstromänderung, Einfluss Sonne, Fenster, Beleuchtung, Personen, Türen etc.
Stellgröße *y*	Wellrohr, Stift, Ventilhub
Regelstrecke	Rohrstrecke Ventil – Heizkörper mit sich änderndem Volumenstrom, Wärmeübertragung Heizkörper – Raumluft, Raumluft bis zum Thermostatkopf

b) Erläutern Sie mit Hilfe des Eingabe-Verarbeitung-Ausgabe-(EVA)-Prinzips den Signalfluss.

c) Erstellen Sie einen (vereinfachten) Signalflussplan.

b) **Eingabe (E):** Einstellen des Sollwertes der Regelgröße am Einstellhandgriff des Thermostatventils.
Verarbeitung (V): Vergleich des Sollwertes (Federvorspannung) mit dem Istwert (Volumenausdehnung im Flüssigkeitsfühler) der Regelgröße am Thermostatkopf. Dadurch wird ein bestimmter Hub am Wellrohr erzeugt.
Ausgabe (A): Eine mögliche Längenänderung am Wellrohr hat eine gleich große Längenänderung an der Ventilspindel und damit einen entsprechenden Ventilhub zur Folge. Dadurch werden ein bestimmter Volumenstrom und eine zugeordnete Heizleistung vorgegeben. Der Regelkreis schließt sich.

c)

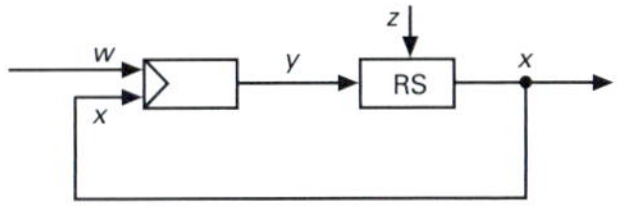

20. Welches Regelverhalten zeigt ein Heizkörperthermostatventil ohne Hilfsenergie?

Proportionalregelung

21. Das abgebildete Diagramm zeigt den Zusammenhang zwischen dem Proportionalbereich x_P und dem Volumenstrom (Stellhub y_h) eines Heizkörperthermostatventils. Welche Position hat der Ventilteller in Bezug auf den Ventilsitz, wenn:

a) der Sollwert x_s erreicht ist?

b) die Regelabweichung von 2 K nach oben erreicht wird?

c) die Regelabweichung von 2 K nach unten erreicht wird?

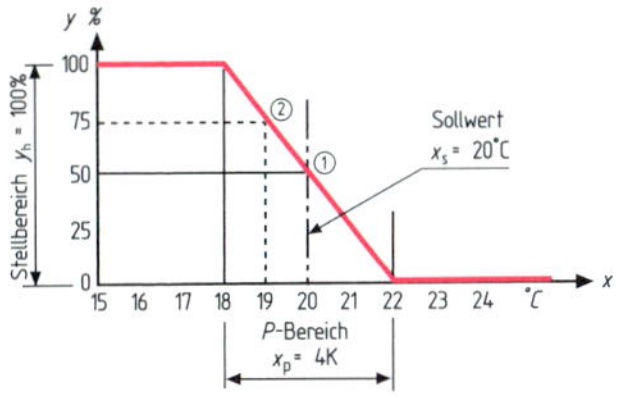

a) Das Thermostatventil ist 50 % geöffnet.

b) Das Thermostatventil ist ganz geschlossen.

c) Das Thermostatventil ist voll geöffnet.

22. Mit welchen Steuerungs- und Regelungseinrichtungen müssen Zentralheizungen nach der Energieeinsparverordnung ausgestattet sein?

- mit zentralen, selbsttätig wirkenden Einrichtungen zur Verringerung und Abschaltung der Wärmezufuhr in Abhängigkeit von der Außentemperatur oder einer anderen Führungsgröße (Fuzzy-Regelung)
- mit selbsttätig wirkenden Einrichtungen zur raumweisen Temperaturregelung, z. B. HK-Thermostatventile

23. Welches Bauteil bildet bei der Temperaturregelung von öl- und gasbeheizten Heizkesseln das Stellglied?

Bei der Temperaturregelung von öl- und gasbeheizten Heizkesseln bildet der Brenner (Magnetventil) das Stellglied.

24. Beschreiben Sie die raumtemperaturgeführte Vorlauftemperaturregelung.

In einem geeigneten Raum des Gebäudes (= Testraum) wird ein Raumthermostat montiert, der die Temperatur dieses Raumes auf den eingestellten Wert hält. Die übrigen Räume des Regelkreises sind vom Testraum abhängig. Sie müssen mit Thermostatventilen ausgestattet werden.

25. Welche Reglerbauarten werden als Raumthermostate verwendet?

Raumthermostate, die auf den Brenner und die Umwälzpumpe geschaltet werden, sind meist elektrische Zweipunktregler. Raumthermostate, die auf den Mischer geschaltet werden, sind stetige Regler (P-Regler).

26. Wozu dient die Zeitschaltuhr im Heizungsregler?

Die Zeitschaltuhr im Heizungsregler dient zur automatischen Absenkung der Kessel- bzw. Vorlauftemperatur, z. B. Nachtabsenkung.

27. Was versteht man unter einer witterungsgeführten Kesseltemperaturregelung?

Bei der witterungsgeführten Kesseltemperaturregelung wird der Heizkessel nicht mit konstant eingestellter Temperatur, sondern entsprechend der eingestellten Heizkurve in Abhängigkeit von der Außentemperatur **gleitend**, z. B. zwischen 38 °C und 75 °C, betrieben.

28. Was versteht man unter einer witterungsgeführten Beimischregelung?

Bei der witterungsgeführten Beimischregelung wird nicht die Kesseltemperatur, sondern die Vorlauftemperatur nach dem Mischer entsprechend der eingestellten Heizkurve in Abhängigkeit von der Außentemperatur **gleitend** geführt.

29. Wo ist bei der witterungsgeführten Vorlauftemperaturregelung der Außenfühler anzubringen?

An der klimatisch ungünstigsten Außenwand (Nord-, Nordost- oder Nordwestseite) in einer Höhe von 2,5 m bis 3 m.
Der Außenfühler sollte nicht über Luftauslässen, Fenstern, in Nischen, Dach- und Balkonvorsprüngen oder an Schornsteinen montiert werden. Außerdem sollte er zu Wartungszwecken erreichbar sein. Der Fühler darf weder eingeputzt noch überstrichen werden.

30. Wozu dient die Heizkurve bei der witterungsgeführten Vorlauftemperaturregelung?

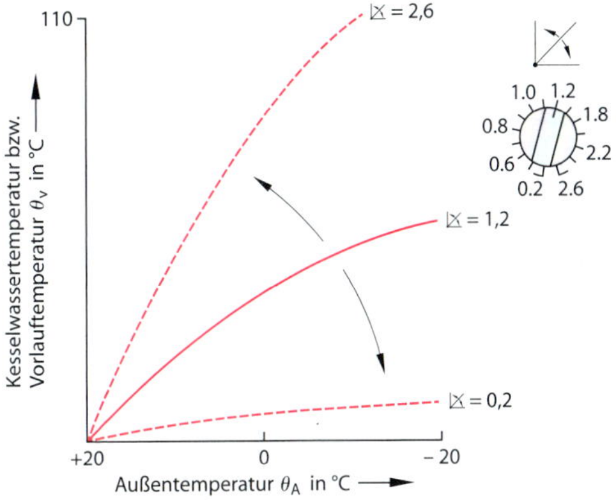

Die im Regler eingestellte Heizkurve (Heizkennlinie) ordnet jeder Außentemperatur eine bestimmte Kessel- bzw. Vorlauftemperatur zu. Die Heizkurve stellt folglich die Abhängigkeit der Kessel- bzw. Vorlauftemperatur von der Außentemperatur dar.

31. Wonach richtet sich die Auswahl der Heizkurve bei einer zentralen witterungsgeführten Vorlauftemperaturregelung?

- Bauart des Gebäudes
- Heizflächen (Radiatoren, Flachheizkörper, Fußbodenheizung)
- subjektives Empfinden der Bewohner

32. Erklären Sie die Entstehung der Heizkurvenbezeichnung.

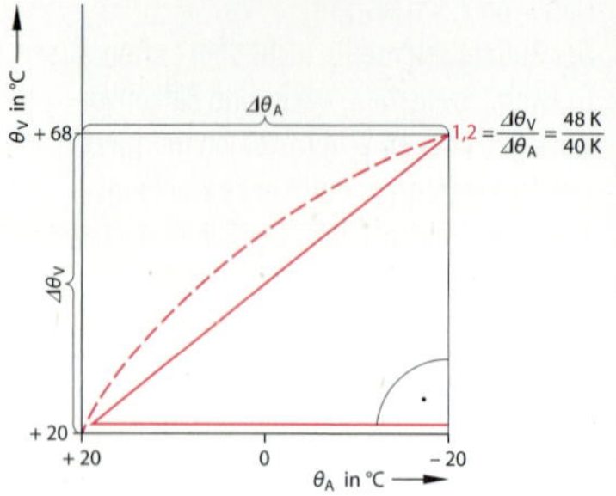

Die Heizkurvenbezeichnung resultiert aus dem Steigungsmaß der betrachteten Heizkurve. Der Kurvenverlauf der Heizkurve wird dabei als linear angenommen. Das zu konstruierende rechtwinklige Dreieck beginnt bei einer Außentemperatur von +20 °C und endet bei einer Außentemperatur von −20 °C. Setzt man bei der betrachteten Heizkurve auf der senkrechten Achse die Vorlauftemperaturdifferenz $\Delta\theta_V$ (= 48 K, senkrechte Achse) zur zugehörigen Außentemperaturdifferenz $\Delta\theta_A$ (= 40 K, waagerechte Achse) ins Verhältnis (teilen!), so erhält man die Kennzahl der Heizkurve, z. B. 1,2.

33. Bei einer zentralen witterungsgeführten Vorlauftemperaturregelung ist die Heizkurve auf die Steilheit 1,2 eingestellt. Wie verändert sich die Vorlauftemperatur, wenn sich die Außentemperatur um 1 K (= 1 °C) ändert?

Die Vorlauftemperatur ändert sich um 1,2 K.

34. Welche Veränderungen können an der Heizkurve vorgenommen werden?

An der Heizkurve kann die Steilheit (Neigung) verändert werden. Außerdem kann die Heizkurve parallel verschoben (Parallelverschiebung) werden.

35. Was bewirkt eine Parallelverschiebung der Heizkurve bei einer witterungsgeführten Vorlauftemperaturregelung?

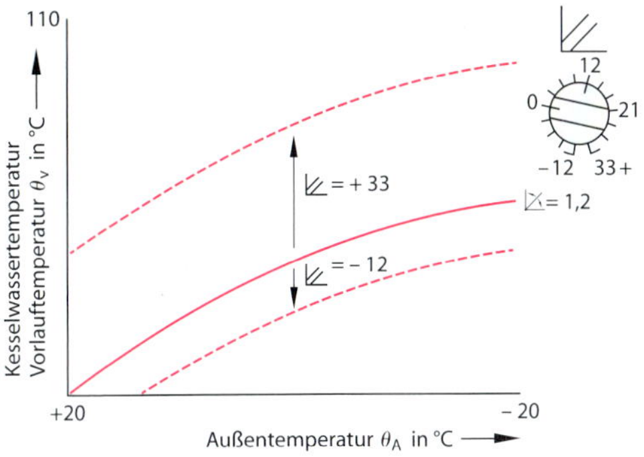

Eine Parallelverschiebung bewirkt, dass die Vorlauftemperatur über den gesamten Außentemperaturbereich gleichmäßig erhöht oder verringert wird.

36. Wie wirkt sich eine zu flach eingestellte Heizkurve auf die Vorlauftemperatur aus?

Eine zu flache Heizkurve ergibt bei sinkender Außentemperatur eine zu niedrige Vorlauftemperatur.

37. Ein Kunde beklagt, dass in den Monaten Oktober, November, März und April die Raumtemperaturen in seinem Haus zu niedrig sind. Welche Änderungen sind an der Heizkurve durchzuführen?

Es ist eine flachere Heizkurve einzustellen und diese parallel nach oben zu verschieben.

38. Welche Heizkurve ist an der Regelung einzustellen, wenn die Anlage mit Heizwassertemperaturen von 65/45 °C betrieben wird und als tiefste Außentemperatur –15 °C zugrunde gelegt wird?
Geben Sie die Steilheit der einzustellenden Heizkurve an und zeichnen Sie Ihre Lösung mit Farbe in das Diagramm ein.

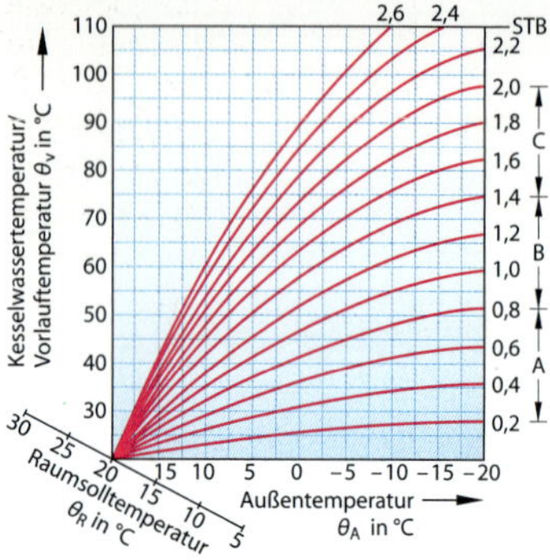

Heizkennlinien

1,2

Lösungsweg siehe II Lösungswege, Zu 14.4 Regelungstechnik

39. Stellen Sie die Heizkurve einer witterungsgeführten Vorlauftemperaturregelung so ein, dass im Winter bei einer Außentemperatur von –20 °C die Vorlauftemperatur 75 °C und in der Übergangszeit bei einer Außentemperatur von 7,5 °C die Vorlauftemperatur 50 °C betragen. Zeichnen Sie Ihre Lösung mit Farbe in das Diagramm ein.

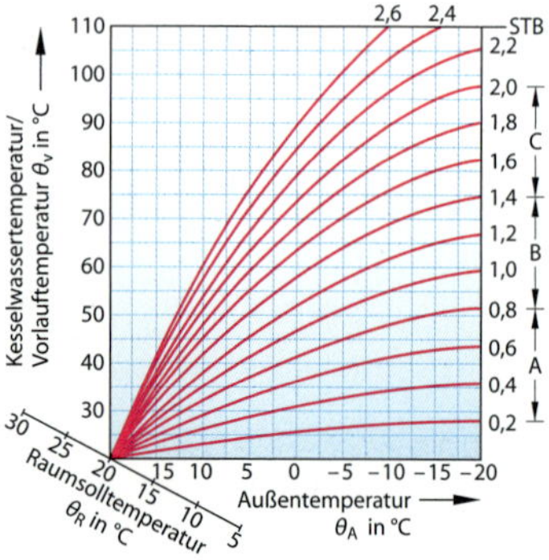

Heizkennlinien

Heizkurve 1,2 einstellen und anschließend um ca. 8 K parallel nach oben verschieben.

Lösungsweg siehe II Lösungswege, Zu 14.4 Regelungstechnik

40. Unter welchen Bedingungen ist es empfehlenswert bzw. notwendig, eine Heizungsanlage in mehrere Heizkreise (Regelkreise) aufzuteilen?

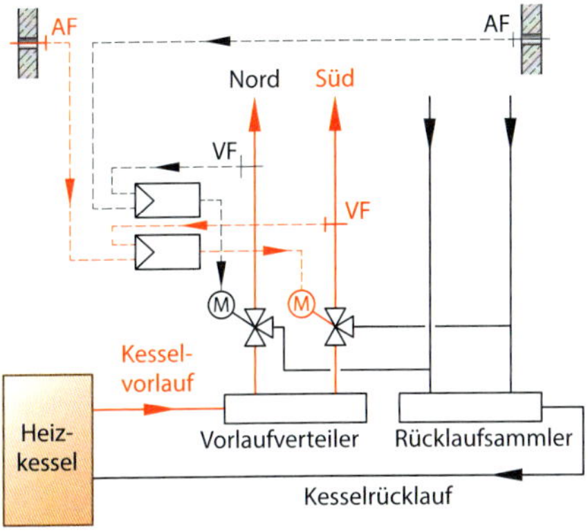

- bei größeren Heizungsanlagen, z. B. Aufteilung nach der Himmelsrichtung (Nordseite – Südseite)
- bei unterschiedlicher Nutzung der Räume, z.B. Wohnbereich – Werkstatt
- bei unterschiedlichen Heizflächen, z. B. Heizkörper- und Fußbodenheizung

41. Erläutern Sie die Speichervorrangschaltung.

Die Speichervorrangschaltung unterbricht während der Trinkwassererwärmung den Heizbetrieb, indem sie die Heizkreispumpen ausschaltet und eventuell vorhandene Mischer schließt, die Speicherladepumpe bei Erreichen der eingestellten Temperaturdifferenz, z. B. 10 K zwischen Kesselwasser und Trinkwasser im Speicher, einschaltet und das Heizwasser auf ein höheres Temperaturniveau, z. B. 75 °C (eingestellt am Temperaturregler), bringt.

42. a) Bezeichnen Sie die nummerierten Bauteile der abgebildeten Anlage.
b) Zeichnen Sie alle für die Regelung der Anlage erforderlichen Steuerleitungen in das Schema ein.

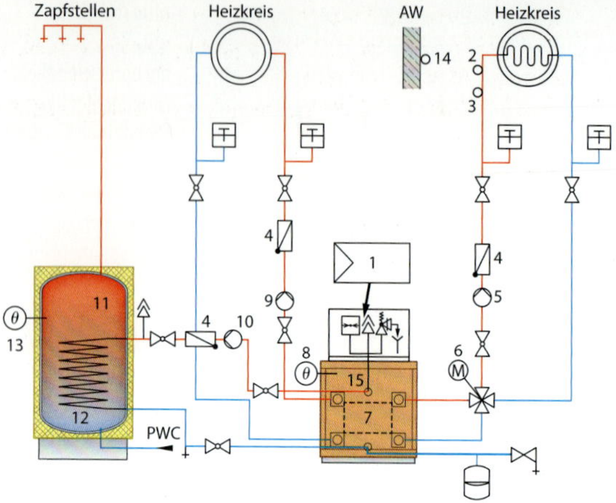

Hydraulik- und Regelschema einer Warmwasser-Zentralheizungsanlage mit zwei Heizkreisen und indirekter Trinkwassererwärmung

a) 1 Zentralregler
2 Temperaturfühler Vorlauf Heizkreis – FBH
3 Anlegethermostat Heizkreis – FBH
4 Schwerkraftbremse
5 Umwälzpumpe (Heizkreispumpe) Heizkreis – FBH
6 Mischermotor
7 Gebläsebrenner
8 Kessel-Temperaturfühler
9 Umwälzpumpe (Heizkreispumpe) Heizkreis - HK
10 Speicherladepumpe
11 Speicher-Trinkwassererwärmer
12 Wärmeübertrager
13 Speicher-Temperaturfühler
14 Außentemperaturfühler
15 Heizkessel

b) Lösungsweg siehe II Lösungswege, Zu 14.4 Regelungstechnik

43. **a) Bezeichnen Sie die Bauteile mit den Positionsnummern 4, 5, 8, 10, 12, 13, 14, 15, 16, 17.**
b) Erläutern Sie kurz die Funktion des Temperaturdifferenzreglers (Solarreglers).
c) Welche Aufgabe erfüllt die Schwerkraftbremse (11), die im Solarkreis in Fließrichtung nach der Solarpumpe eingebaut ist?
d) Wie erfolgt das Aufheizen des Solarspeichers bei zu geringer Sonneneinstrahlung?
e) Wozu dient die Armatur mit der Positionsnummer 20?
f) Zeichnen Sie alle für die Regelung der Anlage erforderlichen Steuerleitungen in das Schema ein.

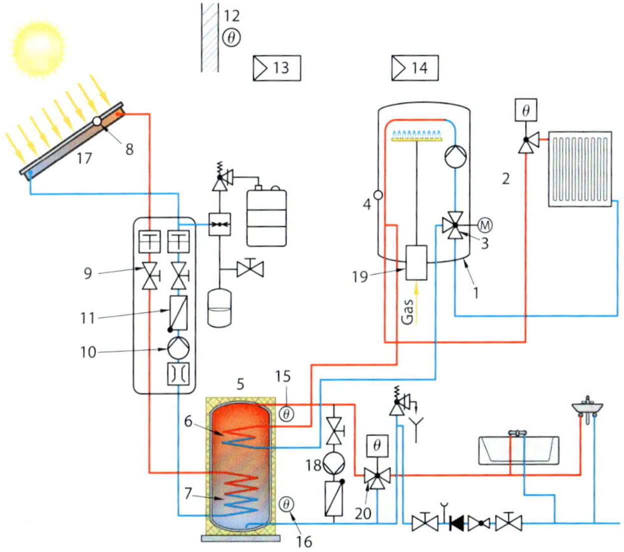

Hydraulik- und Regelschema einer Solaranlage zur Trinkwassererwärmung in Kombination mit einem Wandheizgerät

a) 4 Vorlauftemperaturfühler
5 Solarspeicher
8 Kollektorfühler
10 Solarpumpe
12 Außenfühler
13 Temperaturdifferenzregler
14 Zentralregler
15 Temperaturfühler im oberen Speicherbereich
16 Temperaturfühler im unteren Speicherbereich
17 Solarkollektor

b) Der Temperaturdifferenzregler schaltet die Umwälzpumpe des Solarkreislaufs (Solarpumpe) ein, sobald die Temperatur im Kollektor um eine festgelegte Temperaturdifferenz, z. B. 8 °C, höher ist als im unteren Speicherbereich.

c) Die Schwerkraftbremse verhindert bei abgeschalteter Solarpumpe, z. B. bei nicht vorhandener Sonneneinstrahlung, eine Abkühlung des Speicherwassers über den Kollektor durch Schwerkraftzirkulation.

d) Bei zu geringer Sonneneinstrahlung wird der Solarspeicher über das Wandheizgerät nachgeheizt. Der Solarregler gibt die Nachheizung über die Gerätesteuerung (Verknüpfung des Temperaturdifferenzreglers mit dem Zentralregler des Wandheizgerätes) frei und das Dreiwege-Umschaltventil (3) schaltet auf Speicherladung (Speichervorrangschaltung) um. Das Trinkwasser wird über den oberen Wärmeübertrager (6) des Solarspeichers auf den vom Solarregler vorgegebenen Wert aufgeheizt. Nach Beendigung des Ladevorgangs wird die Wohnraumbeheizung fortgeführt.

e) Verbrühschutz

f) Lösungsweg siehe II Lösungswege, Zu 14.4 Regelungstechnik

14.5 DDC-Regelung, Gebäudeleittechnik

1. Beschreiben Sie die grundsätzlichen Aufgaben des Mikroprozessors, des Arbeitsspeichers und des Festwertspeichers.

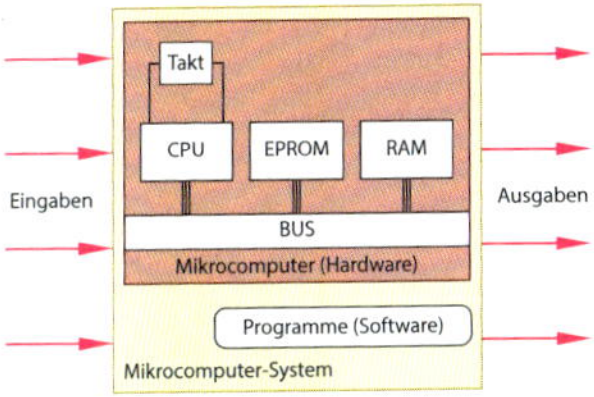

Prinzipieller Aufbau eines Kleincomputers

Der **Mikroprozessor (CPU)** ist als zentrale Verarbeitungseinheit sozusagen das „Herzstück" des Reglers. Er verarbeitet mit einem bestimmten Systemtakt die Befehle, die durch die Software (das Programm) vorgegeben werden und steuert alle durch eine Datenleitung (BUS) miteinander verbundenen Systemteile des Computers.
Im **Arbeitsspeicher (RAM)** werden Daten und Programme vorübergehend gespeichert; nach Abschalten des Computers wird der Inhalt des RAM gelöscht.
Im **Festwertspeicher (EPROM)** sind feste und frei programmierbare (wieder veränderbare) Daten und Programme auch nach Abschalten der Versorgungsspannung gespeichert.

2. Nennen Sie mindestens fünf Aufgaben, die Mikroprozessoren im Rahmen ihres Einsatzes in der Gebäudeautomation erfüllen können.

- Schalten im Tages-, Wochen und Jahresprogramm
- Durchführen von Lernprozessen wie z. B. die Adaption von Heizkennlinien
- Nachtabsenkung von Raumtemperaturen
- Frostschutzschaltungen
- Fehlerdiagnosen und Funktionsprüfungen
- Anzeigen von Messwerten und Betriebszuständen
- Ermittlung von Gebäude- und Anlagenparametern

3. Erläutern Sie den Unterschied zwischen einer DDC-Regelung und einem Gebäudeleitsystem

In analogen Systemen ist meist für jeden Heizkreis ein eigener Außenfühler notwendig. Bei digitalen Systemen genügt ein Fühler, der an den nächstliegenden DDC-Regler angeschlossen wird. Im Regler wird der Messwert digitalisiert und über einen BUS an diejenigen Regler weitergeleitet, die diesen Wert benötigen.
Werden mehrere DDC-Regler durch eine Datenleitung (BUS) miteinander verbunden und an einen Zentralrechner angeschlossen, spricht man von einem Gebäudeleitsystem (GLT = Gebäudeleittechnik.

14.6 Smart Home

1. Was versteht man unter „Smart Home"?

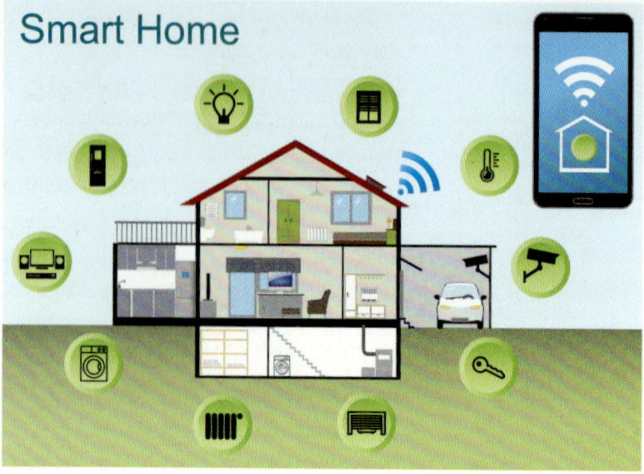

„Smart Home" ist eine Technologie mit der Haushaltsgeräte und Haustechnik (Lichtquellen, Jalousien, Heizung, Herd, Kühlschrank, Waschmaschine etc.), Multimediageräte sowie Sicherheitssysteme (Alarmanlagen, Rauchmelder usw.) miteinander kommunizieren und aus der Ferne gesteuert werden.
Sie kann über automatisierte Vorgänge, z. B. mittels Smartphone, Tablet oder Sprachbefehle, Geräteeinstellungen verändern bzw. optimieren.

2. Nennen Sie mögliche Übertragungsarten.

- Kabelgebundene Übertragungsarten, sog. Bussysteme; diese sind besonders sicher, erfordern allerdings einen hohen Installationsaufwand und sind daher kostenaufwändig.
- Funkbasierte Produkte, die ihre Signale über bestimmte festgelegte Frequenzen übermitteln.
- Komponenten, die das häusliche Stromnetz zum Datentransport nutzen, dabei müssen lediglich Module an Steckdosen und Schaltern ausgewechselt werden.

3. Erläutern Sie den Unterschied zwischen „Insellösungen" und „offenen" Smart-Systemen.

Bei Anlagen, die sog. „Insellösungen" darstellen; wird die vom Anbieter konstruierte Basisstation, auch Gateway genannt, unabhängig von Produkten anderer Hersteller über eine eigene App gesteuert.
„Offene" Smart-Systeme ermöglichen eine Verknüpfung von Anlagenkomponenten verschiedener Hersteller; dadurch kann eine größere Vielfalt unterschiedlichster Funktionen erzielt werden.

4. Nennen Sie mindestens zwei Veränderungen, die mittels spezieller Apps über ein Smartphone an smarten Heizkörper- und Raumthermostaten vorgenommen werden können.

- Tages- und Wochenprogramme einstellen oder verändern
- automatischen Absenkbetrieb während der Abwesenheit der Nutzer oder während einer Lüftungsphase des Raumes (Fenster oder Türen) aktivieren
- einige Fabrikate können anhand von Heizgewohnheiten selbstlernend (adaptiv) gewünschte Heiz- und Absenkphasen programmieren

5. Moderne Wärmeerzeuger können über das Internet mit dem Hersteller und auch mit dem Fachbetrieb nach erfolgter „Freischaltung" verbunden werden. Nennen Sie mindestens drei mögliche Vorteile, die sich daraus für alle Beteiligten (Betreiber, Hersteller, Fachbetrieb) ergeben.

- Fehler können sofort erkannt und schnell beseitigt werden.
- Zugriff zu Ersatzteilen durch den Fachhandwerker kann schneller erfolgen.
- Wege und damit Kosten werden minimiert, weil aufgrund detaillierter Fehleranalysen und intelligenter Ersatzteilvorhaltung schon der erste Kundenbesuch durch die Servicekraft zum Erfolg führen kann.
- Betriebsparameter können durch den Fachbetrieb aus der Ferne verändert und optimiert werden.

6. Nennen Sie vier unterschiedliche Anwendungsbeispiele der Smart Home-Technologie im Bereich des Haushalts.

- Waschmaschinen und Trockner, die auch vom Arbeitsplatz aus per App derart programmiert werden können, dass die Wäsche bei Ankunft der Person im Haus zum Trocknen oder Bügeln bereitliegt
- Kühlschränke, die mit Hilfe von eingebauten Kameras das Ordern von Lebensmitteln erleichtern sollen
- Kaffeemaschinen oder Kochautomaten, die Getränke und Speisen nach individuellen Zeitprogrammen fertigstellen
- Leuchtmittel bzw. Beleuchtungsanlagen, die hinsichtlich der Sicherheit die Beleuchtung ein- und ausschalten
- Multimediageräte, die auf bestimmte ausgewählte Film- oder Musikdienste (Streaming) zugreifen und z. B. per Sprachbefehl angesteuert werden können,
- Saug- oder Rasenmäh-Roboter, die ihre Arbeit nach bestimmten Zeitprogrammen verrichten.

15.1 Instandhaltung von Rückstausicherungen

1. **Welche Wartungsintervalle sind für Rückstausicherungen vorgeschrieben?**

   Nach DIN 1986-3 sind die Wartungsintervalle für Rückstausicherungen regelmäßig 2-mal jährlich.

2. **In welche drei Arbeitsbereiche lässt sich die Wartung eines Rückstausicherungsautomaten unterteilen?**

   - Überprüfung der elektrischen Einbaukomponenten
   - Reinigung und Überprüfung der Rückstausicherungskomponenten
   - Funktionskontrolle der Rückstausicherung

3. **Welche einzelnen elektrischen Einbaukomponenten eines Rückstausicherungsautomaten müssen bei einer Wartung überprüft werden?**

   - Netzanschluss
   - Motor
   - Sicherungen
   - Akku

4. **Nennen Sie die Vorgehensweise (Arbeitsschritte), wenn eine Motorstörung bei Netz- und Akkubetrieb vorliegt.**

   - Motorsicherung und Zuleitung bzw. Anschlusskabel auf Beschädigung prüfen; gegebenenfalls Initialisierung durch Doppeldruck-Taster einleiten
   - Motorspindel durch Demontage des Gehäusedeckels kontrollieren
   - bei Spindelbruch Kontakt zur Einbau-/Fachfirma aufnehmen

5. **Nennen Sie die Vorgehensweise (Arbeitsschritte), wenn eine Motorstörung nur bei Akkubetrieb vorliegt.**

   - Akkusicherung und Ladezustand überprüfen (Aufladezeit ca. 24 Stunden)
   - Alter des Akkus überprüfen, da er einer natürlichen Alterung unterliegt (Empfehlung: Austausch nach 5 Jahren)

6. **Welche Aufgabe hat:**
   a) die Motorsicherung (1)?
   b) die Akkusicherung (2)?

   a) Sicherung 1 schützt die Steuerung vor Kurzschluss, der durch Motordefekt oder fehlerhaftes Verkabeln entstehen kann.
   b) Sicherung 2 schützt die Steuerung vor Verpolung des Akkus.

   Vor Einsetzen neuer Sicherungen müssen Verkabelung und Motor überprüft werden.

7. **Was ist bei einem Austausch von Akku und Sicherungen zu beachten?**

   Ein Akku- und Sicherungstausch darf nur von Fachkundigen (z. B. einer Elektrofachkraft) durchgeführt werden. Vor dem Öffnen des Gehäuses muss der Netzstecker gezogen werden.

8. Beschreiben Sie die Art der Netzsicherung eines Rückstausicherungsautomaten.

Die Netzsicherung eines Rückstausicherungsautomaten ist eine Sicherung in Form eines thermischen Schalters, die im Primärkreis des Netztransformators integriert ist. Bei einem Defekt der Elektronik öffnet dieser Schalter bei Erreichen einer Temperatur von 120 °C nach kurzer Zeit.

9. Welche Maßnahme ist zu ergreifen, wenn der thermische Sicherungsschalter geöffnet hat?

Tritt dieser Zustand auf, liegt ein schwerwiegender Defekt der Steuerung vor. Diese muss dann an die Einbau-/Fachfirma zur Reparatur gegeben werden.

10. In welcher Reihenfolge (Arbeitsschritte) erfolgt die Reinigung und Überprüfung der Rückstausicherungskomponenten?

1. motorbetriebenen Betriebsverschluss durch einmaliges Betätigen der Test-Taste und handbetriebenen Betriebsverschluss durch Handbetätigung schließen
2. Deckelschrauben lösen und Deckel abnehmen
3. Rückstauklappen mit Dichtungen herausnehmen und gut säubern (Dichtungen evtl. erneuern)
4. Gehäuse reinigen
5. Rückstauklappen und Dichtungen wieder funktionsgerecht einbauen, Deckel aufsetzen und fest montieren

11. Wie erfolgt die Funktionskontrolle nach der Wartung eines Rückstausicherungsautomaten?

1. Akkusicherung einlegen und Netzanschluss herstellen (nach abgeschlossener Initialisierung leuchtet z. B. eine grüne Diode auf bzw. der Betriebsverschluss schließt und öffnet wieder)
2. durch Betätigen der Test-Taste den Betriebsverschluss erneut schließen (zulässige Schließzeit max. 60 Sekunden); ebenso den mechanisch zu schließenden Notverschluss schließen (evtl. leuchten eine grüne und eine rote Kontrolllampe auf und ein akustisches Signal ertönt)
3. Kappe der Behälterprüföffnung entfernen und Prüfschlauch oder -rohr mit ½"-Gewindestück und 0,5 m Länge eindrehen
4. Wasser bis zur Oberkante des Prüfschlauchs oder -rohrs auffüllen; somit Prüfdruck 0,5 bar
5. die zulässige Nachfüllmenge beträgt 0,5 l, um während der 10 Minuten Prüfzeit den Prüfdruck von 0,5 bar zu halten (evtl. Rückstaumeldung durch gelbe Kontrollleuchte)
6. mechanischen Notverschluss durch Handbetätigung öffnen (Wasser fließt weg, gelbe Kontrolllampe erlischt); Betriebsverschluss durch einmaliges Betätigen der Test-Taste öffnen (die grüne Kontrolllampe leuchtet, die rote Kontrolllampe erlischt und der Signalton verstummt)
7. Prüfschlauch bzw. -rohr entfernen und Prüföffnung durch Einschrauben der Prüfkappe schließen

12. Ordnen Sie den allgemeinen Wartungsarbeiten in der nachstehenden Tabelle spezielle Wartungsarbeiten zu, die bei einem Rückstausicherungsautomaten zu erwarten sind.

Reinigen	
Schmieren	
Nachstellen	
Ergänzen	
Auswechseln	

Reinigen	Rückstauklappen, Dichtungen und Kasten reinigen
Schmieren	Dichtungen und Schrauben evtl. fetten
Nachstellen	evtl. Schließzeit des Betriebsverschlusses, wenn diese > 60 Sekunden
Ergänzen	Wasser in Fülltrichter zwecks Dichtheitskontrolle
Auswechseln	Dichtungen, Sicherungen, Akku (ca. alle 5 Jahre; vom Hersteller empfohlen)

13. Welche weiteren Maßnahmen sind nach Beendigung der Wartung durchzuführen wenn:
a) keine gravierenden Schäden festgestellt wurden, oder
b) ein Schaden festgestellt wurde, der zum Ausfall des Rückstausicherungsautomaten führt?

a) Wurden keine gravierenden Schäden festgestellt, ist ein Wartungsprotokoll zu erstellen.
b) Wurde ein Schaden festgestellt, ist eine Schadensdokumentation zu erstellen.

14. Welche Einzelheiten sollte eine Schadensdokumentation enthalten?

- mögliche Ursachen des Schadens
- Folgekosten an anderen Bauteilen in Lage, Aussehen und Abmessungen dokumentieren (wie z. B. Wasserschäden mit gleichzeitiger Zerstörung von Dämmschichten und dem Baukörper)
- Skizzen und Fotos von der Schadensstelle
- das schadhafte Stück möglichst unversehrt und als komplettes Bauteil mit erkennbarer Bauteil- und Herstellerkennzeichnung sichern

15.2 Instandhaltung einer Regenwassernutzungsanlage

Anlagenteile und Instandhaltungsintervalle bzw. -maßnahmen

1. Welche vier Arbeitsbereiche umfasst die Instandhaltung einer Regenwassernutzungsanlage?

1. Sammeln und Ableiten (Weiterleiten)
2. Bevorraten
3. Reinigen (Filtern)
4. Druckerhöhen
5. Verteilen und Entnehmen

2. Welche Anlagenteile dienen dem:
a) Sammeln und Ableiten (Weiterleiten),
b) Bevorraten,
c) Reinigen (Filtern),
d) Druckerhöhen und
e) Verteilen (mit Entnahmestellen bzw. Sanitärobjekten)
von Regenwasser?

a) • Dachflächen
  • Regenrinnen
  • Regenfallleitungen und weiterführende Leitungen bis zum Speicher

b) Speicher

c) Filter

d) Druckerhöhungsanlage

e) • Verteilungsleitungen
  • Außenzapfstelle
  • WC, Urinal, WM, Ausgussbecken

3. Nennen Sie die Anlagenteile und die jeweils durchzuführenden Arbeiten, die nach DIN 1989-2 an einer Regenwassernutzungsanlage alle sechs Monate erfolgen müssen (Inspektionen).

Dachabläufe: ungehinderter Ablauf (auch etwaiger Überläufe), Dichtheit und ggf. Funktion der Beheizung
Dachrinnen/Regenfallrohre: Dichtheit, Sauberkeit der Siebe, Befestigung, ggf. Schutzanstrich und Funktion der Beheizung
Druckerhöhungsanlage: Funktion und Dichtheit
Systemsteuerung: Steuerungsvorgänge der Druckerhöhungsanlage
Geruchverschlüsse: Sauberkeit und Wasserstand, Dichtheit, ggf. Absperrbarkeit

4. Nennen Sie die Anlagenteile und die jeweils durchzuführenden Kontrollen bzw. Prüfungen, die nach DIN 1989-2 an einer Regenwassernutzungsanlage alle zwölf Monate erfolgen müssen (Inspektionen).	**Filter**: Filtertyp, Verschmutzungsgrad, Beschädigung **Regenwasserspeicher (einschließlich Einbauteile)**: Sauberkeit, Dichtheit, Standsicherheit, Füllstandsanzeige **Nachspeisung/Freier Auslauf**: Sicherungsabstand (Wasserstandseinstellung) des Einlaufventils und des Überlaufs bei voll geöffnetem Einlauf, Be- und Entlüftung **Rohrleitungen**: sichtbare Leitungen auf Dichtheit und Außenkorrosion, Leitungsbefestigungen, Kennzeichnung **Wasserzähler:** Funktion und Dichtheit **Rückflussverhinderer**: Funktion und Dichtheit **Entnahmearmaturen und Sanitärobjekte**: Funktion und Dichtheit, Spülvorgang (ggf. Korrektur des Spülwasservolumens bei z. B. Spülkästen, Druckspülern), Veränderungen des Regenwassers in Geruch, Farbe und Schwebstoffe durch Probenahme, Kennzeichnung
5. An welchen möglicherweise vorhandenen Anlagenteilen sind monatlich welche Kontrollen bzw. Prüfungen durchzuführen?	**Abwasserhebeanlagen**: Betriebsfähigkeit und Korrosion **Rückstauverschlüsse**: Betätigen der Betriebs- und Notverschlüsse
6. Wovon ist das Vorhandensein einer Hebeanlage oder eines Rückstauverschlusses zwischen dem Speicher der Regenwassernutzungsanlage und dem Anschluss an die öffentliche Kanalisation abhängig?	Von der Einbaulage des Regenwasserspeichers (Erdeinbau- oder Kelleraufstellung) und dem Anschluss der Überlaufleitung an einen öffentlichen Misch- oder Regenwasserkanal.

7. Welche Wartungsarbeiten sind unabhängig vom Istzustand der Anlagenteile einer Regenwassernutzungsanlage immer:
a) alle sechs Monate
b) alle zwölf Monate
durchzuführen?

a) **Rückstauverschlüsse**: Säubern, Überprüfung auf Funktion und Dichtheit nach Herstellerunterlagen
Abwasserhebeanlagen: nach DIN EN 12050-2 (Mehrfamilienhäuser) Prüfung auf Dichtheit und Funktion der Anlagenteile

b) **Filter**: Reinigung der Filter
Betriebswasserpumpe: vor, während bzw. nach dem Probelauf sind zu prüfen:
- die elektrische Absicherung der Pumpenanlage nach VDE-Vorschriften
- Vordruck des Membranbehälters (falls vorhanden)
- Dichtheit der Anlage, Armaturen und Pumpe (Gleitringdichtung)
- Funktion des Rückflussverhinderers
- Pumpen- und Strömungsgeräusche
- Sauberkeit der Anlage
- Korrosion der Anlagenteile

Systemsteuerung: vor, während bzw. nach dem Probelauf sind zu prüfen:
- Ein- und Ausschaltpunkte der Druckerhöhungsanlage
- PWC-Nachspeisung (Magnetventil)
- Abwasserhebeanlage nach DIN EN 12050-2 (Einfamilienhäuser)

8. Beschreiben Sie die Wartung von zwei weiteren Anlagenteilen mit Nennung der Wartungsintervalle.

- **Wasserzähler**: alle sechs Jahre; Erneuerung durch Austausch nach eichrechtlichen Vorschriften, wenn sie im geschäftlichen Verkehr verwendet werden (z. B. Wasserversorgungsunternehmen)
- **Regenwasserspeicher (einschließlich Einbauteile)**: alle zehn Jahre; Entleerung, Reinigung der Speicherinnenflächen, ggf. Entnahme der Sedimente

1. Was sind Dachrinnengitter und Fallrohrfilter und auf welche Weise können sie gewartet (gereinigt) werden?

Dachrinnengitter werden direkt in den Ablauf des Rinnenstutzens gesteckt (Klemmwirkung in der Öffnung durch Federkraft) und sollen grobe Stoffe wie z. B. Laub zurückhalten. Sie müssen regelmäßig im Zuge der Reinigung der Dachrinnen durch Zusammendrücken der Klemmen am offenen Ende aus der Stutzenöffnung herausgenommen und von Schmutzstoffen befreit werden.
Fallrohrfilter haben die gleiche Aufgabe und sind in die Regenwasserfallleitung eingesetzte Formstücke mit herabklappbarem Auslauf und herausnehmbarem Filtereinsatz. Auch der Fallrohrfilter wird nach Herausnahme von seinen Schmutzstoffen befreit.

2. Nennen Sie den Einbauort des abgebildeten Wirbelstromfeinfilters und beschreiben Sie seine Wartung (Reinigung).

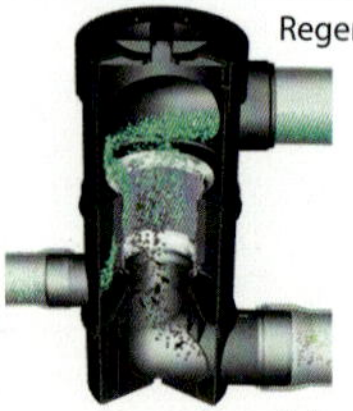

Wirbelstromfeinfilter sind zum Einbau im Erdreich bestimmt. Der Filter ist relativ wartungsfrei, da das Gehäuse aus korrosionsbeständigem Kunststoff besteht. Der Filtereinsatz kann mit einem mitgelieferten Ausheber entnommen und mit einem kräftigen Wasserstrahl gereinigt werden.

3. Nennen Sie den Einbauort des abgebildeten Wechselsprungfilters und beschreiben Sie seine Wartung (Reinigung).

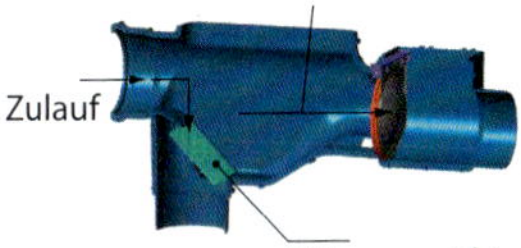

Wechselsprungfilter werden am Ende des Zulaufs innerhalb eines Regenwasserspeichers eingebaut. Die Reinigung des nicht entnehmbaren Metallfilters erfolgt meist mit einem Hochdruckreiniger durch die Speicheröffnung. Schwer zugängliche Speicher enthalten oftmals eine Rückspüldüse, an die z. B. mit einer Steckkupplung ein Gartenschlauch angeschlossen wird, wodurch die Reinigung der Siebfläche vereinfacht wird (siehe Abbildung).

4. Was ist ein Vorfilterschacht und wie erfolgen die Wartungsschritte?

Bei größeren Regenwassernutzungsanlagen und damit größeren Speichern wird häufig ein Vorfilterschacht installiert. Die Wartungsschritte sind folgende:

- Schachtdeckel abheben
- Filter und Filterwanne entnehmen und abbürsten/abspritzen; Wanneninhalt entsorgen (Abbildung links, nächste Seite)
- Aufnahmekonstruktion (angeformter Betonfalz) kontrollieren und ggfs. reinigen
- Filterwanne mit Filter einsetzen
- Schachtdeckel schließen

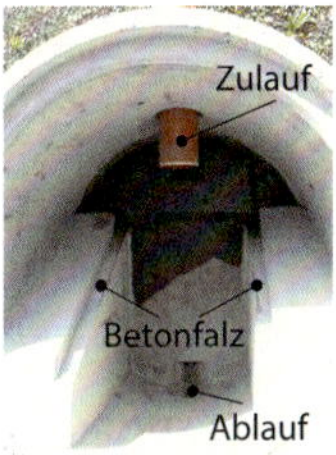

5. **Was sind Sedimente und was bedeutet die Reinigung von Regenwasser durch Sedimentation?**

Regenwasser wird nicht nur durch Filtration, sondern auch durch Sedimentation (Bodensetzung) gereinigt. Sedimente sind feinste Schwebeteilchen, die den Filter passieren, durch ihr Eigengewicht langsam im Regenwasserspeicher zu Boden sinken und dort ein Bodensediment bilden. Durch Trennung des Speicherbodens in einen Zulauf- und einen Sedimentationsbereich bis ca. 0,5 m Höhe können die Sedimente nicht aufgewirbelt werden.

6. **Beschreiben Sie die Wartung (Reinigung) des Regenwasserspeichers hinsichtlich der Sedimentbildung.**

Die Sedimentschicht kann im Laufe eines Jahres, je nach Regenwassereintrag und Wasserqualität, mehrere Zentimeter dick werden. Deshalb sollte die Sedimentschicht regelmäßig, mindestens einmal jährlich, entfernt werden. Diese Arbeit wird sinnvollerweise nach einer längeren Trockenperiode durchgeführt, wenn der Wasserstand im Speicher niedrig ist und somit weniger Regenwasser abgepumpt werden muss. Dazu sollte rechtzeitig die Notnachspeisung von Trinkwasser in den Speicher unterbrochen werden.

Druckerhöhungsanlage – Störungsbeispiele und Abhilfemaßnahmen

1. **Nennen Sie mögliche Ursachen und Abhilfemaßnahmen, wenn die Pumpe den erforderlichen Mindestdruck (Trockenlauf) nicht erreicht.**

Ursachen	Abhilfemaßnahmen
Trockenlauferkennung zu restriktiv (eingeschränkt) eingestellt	Mindestdruck für Trockenlaufzeit herabsetzen oder Zeit für Trockenlauferkennung heraufsetzen
Saugleitungen undicht	Saugleitungen auf Undichtigkeiten überprüfen, ggf. austauschen
Luft im System	System entlüften

2. Nennen Sie mögliche Ursachen und Abhilfemaßnahmen, wenn die Pumpe zu häufig schaltet.

Ursachen	Abhilfemaßnahmen
• Anlage ist überlastet • druckbedingter Fehler im System (z. B. Rohrbruch, Leckage)	Fehlerursache beheben

3. Nennen Sie mögliche Ursachen und Abhilfemaßnahmen, wenn der Füllstand des Regenwasserspeichers falsch angezeigt wird.

Niveausensor defekt	Niveausensor prüfen und ggf. austauschen; Anlage arbeitet bis dahin im Trinkwasserbetrieb

4. Nennen Sie mögliche Ursachen und Abhilfemaßnahmen, wenn der Druck des Regenwassers falsch angezeigt wird.

Drucksensor defekt	Drucksensor prüfen und ggf. austauschen

5. Nennen Sie mögliche Ursachen und Abhilfemaßnahmen, wenn die Füllstandshöhe des Auffangbehälters unzulässig hoch ist und über dem Überlauf liegt.

Überlaufhöhe falsch eingestellt	die eingestellte Höhe des Überlaufs überprüfen und ggf. korrekt einstellen
Überlauf verstopft	Überlauf kontrollieren und ggf. Verstopfung lösen
Wasser dringt über den Überlauf in den Auffangbehälter ein	Eindringen von Wasser über den Überlauf verhindern

6. Nennen Sie mögliche Ursachen und Abhilfemaßnahmen, wenn die eingestellte Dauerlaufzeit der Pumpe erreicht wurde.

Undichtigkeit im Rohrleitungssystem	Undichtigkeit im Rohrleitungssystem beheben; falls keine Undichtigkeit besteht, die maximal zulässige Dauerlaufzeit der Pumpe heraufsetzen oder ausschalten

7. Nennen Sie mögliche Ursachen und Abhilfemaßnahmen, wenn Sensoren am Eingang des Regenwasserspeichers einen Überlauf bzw. einen Rückstau melden.

der Überlauf ist verstopft	Meldungsursache am Überlauf beseitigen
Schmutzwasser dringt über den Überlauf ein	Rückstauursache am Überlauf beseitigen

8. Nennen Sie mögliche Ursachen und Abhilfemaßnahmen, wenn die Pumpe nicht läuft.

Ursachen	Abhilfemaßnahmen
keine Stromzufuhr	Sicherungen, Anschlüsse und Zuleitung kontrollieren

9. Nennen Sie mögliche Ursachen und Abhilfemaßnahmen, wenn die Pumpe keine oder eine zu geringe Leistung bringt.

Lufteintritt im Saugrohr	Saugrohr abdichten
Saughöhe hat die Maximalhöhe überschritten	Wasserspiegel im Speicher überprüfen
Luft in der Pumpe	Pumpe/Anlage entlüften
Saughöhe zu hoch	Fußventil reinigen

10. Nennen Sie mögliche Ursachen und Abhilfemaßnahmen, wenn der Druck zu niedrig ist.

Saughöhe zu hoch	Wasserspiegel überprüfen
Fußventil verstopft	Fußventil reinigen

11. Nennen Sie mögliche Ursachen und Abhilfemaßnahmen, wenn die Pumpe permanent ab- und wieder einschaltet.

geringe Leckagen oder Rückschlagklappe schließt nicht mehr	Druckleitung bauseitig absperren zur Fehlersuche; Fehler beheben

12. Nennen Sie mögliche Ursachen und Abhilfemaßnahmen, wenn die Pumpe undicht ist.

Gleitringdichtung defekt	Gleitringdichtung wechseln
Gehäuse undicht	am Stufengehäuse Schrauben nachziehen

13. Nennen Sie mögliche Ursachen und Abhilfemaßnahmen, wenn die Notnachspeisung mit Trinkwasser trotz gefüllter Zisterne aktiv ist.

Niveausensor verschmutzt oder defekt	Niveausensor reinigen bzw. wechseln
Montagefehler des Sensorkabels (Kapillarausgleichslei-tung verschlossen)	Kabelanschluss und -verlauf auf Quetschungen überprüfen

14. Nennen Sie mögliche Ursachen und Abhilfemaßnahmen, wenn das Schwimmerventil in der Nachspeisung nicht abschaltet und Wasser durch den Überlauf entweicht.

Schwimmerventil aus seinem Sitz gerissen oder mechanisch blockiert	Sichtkontrolle; gegebenenfalls bessere Abstützung der Versorgungsleitung oder Reinigung des Behälters bzw. des Ventils

15. Nennen Sie mögliche Ursachen und Abhilfemaßnahmen, wenn die Pumpe nicht abschaltet.

Ursachen	Abhilfemaßnahmen
Anlage erreicht nur einen Druck (Ist-Druck) oberhalb 1 bar und unterhalb des Einschaltdrucks; sie arbeitet außerhalb ihrer Kennlinie	Kundendienst anrufen

15.3 Wartung eines Stückholzkessels

1. Nennen Sie zwei Wartungsarbeiten an einem Holzvergaserkessel, die bei jeder Befüllung durchzuführen sind.

- Reinigung der Wärmeübertragerrohre; dazu Reinigungshebel am Kessel vor jeder Befüllung ca. 10-mal auf- und abbewegen
- Anlagendruck am Manometer kontrollieren

2. Nennen Sie zwei Wartungsarbeiten an einem Holzvergaserkessel, die in Abständen von ein bis zwei Wochen durchzuführen sind.

- Füllraum, Brennkammer und Ascheabsetzkanal entaschen
- Verkleidung und Bedienplateau mit einem feuchten Tuch und eventuell einem handelsüblichen Haushaltsreiniger reinigen

3. Geben Sie mindestens sechs Wartungsarbeiten an, die bei einem Holzvergaserkessel jährlich durchzuführen sind.

- Restsauerstoffanzeige kontrollieren
- Türen auf Dichtheit prüfen; die Dichtkanten der Türrahmen müssen einen eindeutigen Abdruck in der Dichtschnur hinterlassen
- Eintrittsöffnungen der Primärluft kontrollieren und mit Staubsauger reinigen
- Roste herausnehmen und die darunter befindliche Asche entfernen
- Abgasrohr vom Kessel zum Schornstein auf Dichtheit prüfen
- Wärmeübertragerdeckel öffnen und Asche aus dem Wärmeübertragersammelkasten mit einem Staubsauger entfernen; der Ausbau der Wirbulatoren ist nur erforderlich, um festsitzende Verbrennungsrückstände zu entfernen
- Abgasgebläse ausbauen und Gebläserad mit weichem Pinsel oder Druckluft reinigen

4. Erläutern Sie die Kontrolle der Restsauerstoffanzeige.	Der Kessel wird eingeschaltet und die Kesseltüren werden geöffnet; bei geöffneten Kesseltüren ohne Verbrennung muss nach einer vorgegebenen Zeit, z. B. fünf Minuten, ein Mindestrestsauerstoffwert von z. B. 18 % angezeigt werden. Weicht der angezeigte Wert vom vorgegebenen gerätespezifischen Wert ab, ist der Kundendienst zu kontaktieren.
5. Welche Veränderungen an der Dichtschnur weisen auf Undichtheiten hin?	Farbabweichungen an der Dichtschnur weisen auf undichte Stellen hin.
6. Wie können Undichtheiten an den Kesseltüren beseitigt werden?	Undichtheiten an den Kesseltüren können in der Regel durch Nachstellen der Scharniere und Schließrollenhalter beseitigt werden.
7. Wie sind undichte Stellen am Abgasrohr abzudichten?	Undichte Stellen am Abgasrohr sind mit hitzebeständigem Silikon oder Aluklebeband abzudichten.
8. Nennen Sie zwei Ursachen für ein stark verschmutztes Gebläserad.	Ursache für ein stark verschmutztes Gebläserad kann in seltenen Fällen eine defekte Lambdasonde sein oder der Kessel wurde häufig bei geringer Leistungsabnahme mit Holz überfüllt.
9. Nennen Sie eine erforderliche Maßnahme vor Einbau des Saugzuggebläses.	Vor Einbau des Saugzuggebläses ist die Dichtung zu prüfen und evtl. zu ersetzen.
10. Nennen Sie mindestens fünf Wartungsarbeiten, die alle drei Jahre oder nach Aufforderung durch die Regelung an einem Holzvergaserkessel durchzuführen sind.	• thermische Ablaufsicherung und Sicherheitstemperaturbegrenzer auf Funktion prüfen • Lambdasonde ausbauen und reinigen • Lambdasondensitz am Kessel kontrollieren; eventuell vorhandene Aschekruste entfernen • Lambdasondenflansch auf Risse kontrollieren und bei Bedarf auswechseln • Lambdasignal bei ausgebauter Sonde kontrollieren • Dichtungen der Brennraumtür und des Wärmeübertragerdeckels kontrollieren und evtl. nachstellen • Wirbulatoren auf festsitzende Verbrennungsrückstände kontrollieren und diese ggf. entfernen • Kessel aufheizen und nach 15 bis 20 Minuten Emissionsmessung durchführen • Kessel- bzw. Heizungsregelung auf Funktion prüfen

15.4 Wartung eines Ölzerstäubungsbrenners

1. In welchen Intervallen ist ein Ölzerstäubungsbrenner nach DIN 4755 zu warten?

Ein Ölzerstäubungsbrenner ist einmal im Jahr zu warten.

2. Geben Sie die Wartungsarbeiten an, die bei Ölzerstäubungsbrennern (Blaubrennern) durchgeführt werden müssen.

- Emissionsmessung durchführen; die Messwerte geben im Vergleich zu den Werten der letzten Wartung Aufschluss über negative Veränderungen der Brennereinstellung; hieraus lassen sich Hinweise zur anstehenden Überprüfung bzw. Wartung ableiten
- Brenner-Abdeckhaube abnehmen
- Strom- und Ölzufuhr zum Brenner unterbrechen durch Ausschalten des Heizungsnotschalters; Abziehen des Brennersteckers und Schließen des Absperrventils in der Saugleitung
- Ölfilter kontrollieren und gegebenenfalls Filtereinsatz erneuern
- Ölpumpenfilter kontrollieren, gegebenenfalls reinigen oder erneuern
- Ölschläuche überprüfen und evtl. erneuern
- Gebläserad überprüfen und gegebenenfalls reinigen
- Brenner herausnehmen und in Wartungsposition bringen
- Zündelektroden prüfen, reinigen, gegebenenfalls neu einstellen oder austauschen
- Mischsystem prüfen, gegebenenfalls reinigen oder austauschen
- Öldüse wechseln; um die Düse austauschen zu können, muss das Mischssystem abmontiert werden
- Brennertür öffnen und Brennerrohr überprüfen (Sichtprüfung), eventuell reinigen bzw. bei Beschädigung austauschen
- Brenner einbauen
- Brennertürschrauben anziehen; elektrische Anschlüsse wiederherstellen und alle elektrischen Verbindungen auf festen Sitz überprüfen
- Brenner in Betrieb nehmen und einstellen; Messwerte in das Wartungsprotokoll aufnehmen; Brennertürschrauben nachziehen
- Funktionsprüfung des Flammenwächters durchführen
- durchgeführte Wartungsarbeiten im Protokoll abhaken und Wartungsprotokoll unterschreiben

3. Erläutern Sie die Vorgehensweise beim Überprüfen und Reinigen des Gebläserades.

Zur Überprüfung und Reinigung des Gebläserades sind zunächst die entsprechenden Befestigungsschrauben zu lösen und die Gebläseabdeckung abzunehmen. Bei Brennern mit Ansaugschalldämpfern ist dieser zuvor zu demontieren.
Bei leichter Verschmutzung kann das Gebläserad mit einem Pinsel gereinigt werden. Ein stark verschmutztes Gebläserad muss mit handelsüblicher Reinigungslösung (Reinigungsspray) gereinigt werden.

4. Beschreiben Sie die Vorgehensweise beim Austauschen der Düse bei einem Blaubrenner.

Um die Düse austauschen zu können, wird zunächst das Mischsystem abmontiert. Dazu müssen der Gewindestift gelöst und die Zündleitungen abgezogen werden; danach kann man das Mischsystem nach oben abziehen.
Anschließend wird die Düse mit Hilfe zweier Maulschlüssel herausgeschraubt und die neue Düse **vorsichtig** eingeschraubt. Damit sich innerhalb der Düse keine Luftblase bilden kann, ist darauf zu achten, dass bis zur Düse Öl ansteht. Deshalb ist es notwendig, dass der Brennerkopf bei der Montage der Düse nach oben zeigt.

5. Erläutern Sie die Funktionsprüfung des Flammenwächters.

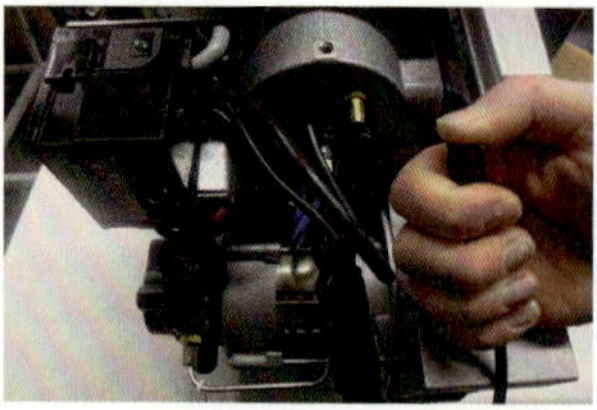

Um die Funktion des Flammenwächters zu prüfen, wird dieser bei laufendem Brenner aus seiner Halterung entnommen und abgedeckt. Die Flamme muss daraufhin erlöschen und durch den Feuerungsautomat muss eine Startwiederholung erfolgen. Nach Wiederanlauf muss eine Störabschaltung erfolgen. Nach einer Wartezeit von ca. 60 Sekunden ist der Ölfeuerungsautomat über den Entstörknopf zu entriegeln. Ein defekter Flammenwächter ist auszutauschen.

6. Nennen Sie die einzelnen Arbeitsschritte in der richtigen Reihenfolge, die zum Auswechseln der Öldüse bei einem Ölzerstäubungsbrenner (Gelbbrenner) erforderlich sind.

- Brenner stromlos machen (Heizungsnotschalter auf „Aus" bzw. Brennerstecker abziehen
- Brennerabdeckung demontieren
- Schnellverschlüsse öffnen; Brenner von der Grundplatte lösen und in Wartungsposition bringen
- Zündkabel abziehen
- je nach Brennertyp evtl. Anschlag für Stauscheibe markieren
- Schraube an Stauscheibenhalter lösen und Stauscheibe abnehmen
- Düse aus dem Düsenstock herausschrauben
- Düse nach Einstelltabelle bestimmen und einschrauben
- Stauscheibe bis Sicherungsring bzw. Vorwärmeanschlag aufschieben und Schraube festziehen
- Zündkabel aufstecken; Grundplatte in Brennergehäuse einschieben und mit den Schnellverschlüssen arretieren
- Brennerhaube montieren
- Brenner wieder ans Netz anschließen
- Brenner einstellen und Funktionsprüfung durchführen

7. Geben Sie für die nachfolgend beschriebenen Brennerstörungen (Blaubrenner) mögliche Ursachen an und schlagen Sie Maßnahmen zur Behebung der Störungen vor:
a) Brenner läuft nicht an
b) Brenner läuft an, Öldruck ist vorhanden, Zündfunke bleibt aus, Störabschaltung

Ursache		Behebung
a)	keine Spannung vorhanden	elektrische Anschlüsse prüfen; Heizungsnotschalter, Hauptschalter Betriebsschalter und Sicherungen überprüfen
	STB hat abgeschaltet	Entriegelung an Kesselkreisregelung drücken
	Regelung defekt	Regelung ersetzen
	Freigabethermostat Ölvorwärmer defekt	Ölvorwärmer ersetzen
	Steuergerät (Ölfeuerungsautomat) defekt	Steuergerät austauschen
	Motor oder Kondensator defekt	Motor oder Kondensator austauschen
b)	Zündelektroden falsch eingestellt oder verschmutzt	Zündelektroden richtig einstellen oder reinigen
	Zündelektroden stark abgenutzt oder Isolierkörper beschädigt	Zündelektroden austauschen
	Zündtransformator oder Zündleitung defekt	Zündtransformator oder Zündleitung austauschen
	Fremdlichtmeldung	Flammenwächter überprüfen und ggf. austauschen
	Feuerungsautomat defekt	Feuerungsautomat austauschen

c) Brenner läuft, Zündfunke ist vorhanden, es bildet sich keine Flamme oder Brenner schaltet aus laufendem Betrieb ab

d) Brenner hat ordnungsgemäß gezündet, Flammenüberwachung spricht an.

Ursache		Behebung
c)	Düse verstopft	Düse wechseln
	Mischeinrichtung verschmutzt	Mischeinrichtung reinigen, ggf. erneuern
	Brennereinstellung nicht in Ordnung	Brennereinstellung korrigieren
	Abschlussventil im Ölvorwärmer defekt	Abschlussventil austauschen
	Magnetventil öffnet nicht	elektrische Anschlussleitung prüfen; Magnetventil austauschen
	Ölpumpe defekt	Ölpumpe austauschen
	Kupplung zwischen Motor und Ölpumpe defekt	Kupplung erneuern
	Absperrventil am Filter bzw. in der Saugleitung geschlossen	Ventil öffnen
	Filter (Vorfilter, Pumpenfilter) verstopft	Filter reinigen
	Ölschläuche verstopft, undicht, vertauscht	Ölschläuche reinigen, erneuern, richtig anschließen
	Saugleitung oder Filtertasse undicht; Saugleitung nicht entlüftet	Verschraubungen nachziehen; Saugleitung abdichten bzw. entlüften
	Öllagerbehälter leer	Öllagerbehälter füllen
d)	Flammenwächter verschmutzt oder defekt	Flammenwächter reinigen oder austauschen
	Leitungsverbindung zwischen Flammenwächter und Feuerungsautomat defekt	Leitungsverbindung erneuern
	Feuerungsautomat defekt	Feuerungsautomat austauschen

8. Welche Messungen/Kontrollen sind durchzuführen, um Fehler/Mängel folgender Bauteile nachzuweisen bzw. auszuschließen:
a) Ölfilter?
b) Ölpumpe?

a) Sichtprüfung durchführen (Absperrventil am Filter geöffnet/geschlossen, Filter verstopft, Filtertasse undicht)

b) Prüfen, ob Öldruck vorhanden ist
– Manometer an Ölpumpe anbauen und kontrollieren, ob Druck aufgebaut wird. Ist Öldruck vorhanden, d. h. zeigt das Manometer an der Pumpe Druck an, ist ein Fehler/Mangel dieses Bauteils ausgeschlossen.
Sichtprüfung (Pumpenkupplung)

15.5 Wartung eines wandhängenden Gasbrennwertkessels

1. Was ist vor jedem Eingriff in ein Gasgerät zu beachten?

Vor jedem Eingriff in ein Gasgerät ist der Gasabsperrhahn zu schließen und die Anlage ist vom Stromnetz zu trennen.

2. Beschreiben Sie beispielhaft die Wartung eines wandhängenden Gasbrennwertkessels.

Wartungsposition 1

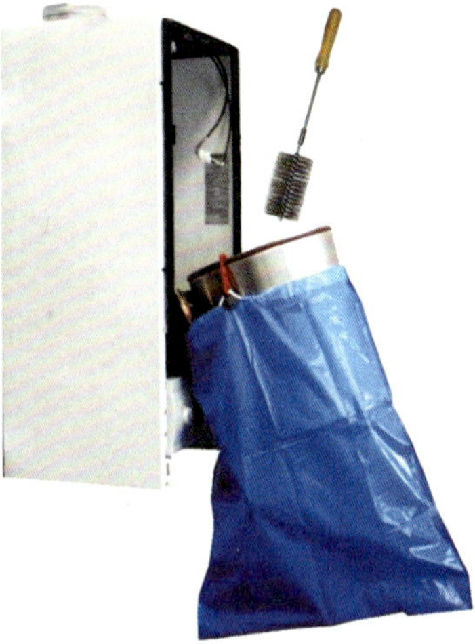

Wartungsposition 2

- Gasbrennwertkessel am Betriebsschalter ausschalten und danach spannungsfrei machen, da an den Netzanschlussklemmen des Gerätes auch bei Betätigung des Betriebsschalters elektrische Spannung anliegt; danach wird die Gaszufuhr durch Schließen des Gashahns unterbrochen und die Verkleidung abgenommen
- Wärmeübertrager in die Wartungsposition 1 schwenken und die verbundenen Elektrokabel lösen, um die Brennereinheit abnehmen zu können
- Brennereinheit einschließlich Überwachungs- und Zündelektrode einer Sichtkontrolle unterziehen; bei Bedarf Brenner reinigen und die Elektroden gegebenenfalls ersetzen
- Wärmeübertrager in die Wartungsposition 2 schwenken; Vielzweckbeutel anbringen und Wärmeübertrager mit einer Bürste von oben nach unten reinigen
- Kondensatwanne reinigen
- Siphon kontrollieren und bei Bedarf reinigen und neu befüllen
- Vielzweckbeutel nach Durchführung der Reinigungsarbeiten entfernen
- Dichtungen am Wärmeübertrager auf Beschädigungen überprüfen und gegebenenfalls austauschen
- Wärmeübertrager wieder auf Wartungsposition 1 schwenken, Brennereinheit einsetzen und Elektrokabel verbinden
- Gas- und Wasseranschlüsse auf Dichtheit prüfen und Verkleidung wieder anbringen
- Luft-/Abgasführung kontrollieren
- Abgas- und Ringspaltmessung durchführen und gemessene Werte in Wartungsprotokoll eintragen
- Wartungsprotokoll an Kunden übergeben

3. **Worauf sollten Kunden bei der Übergabe des Wartungsprotokolls unbedingt hingewiesen werden?**

Kunden sind darauf hinzuweisen, dass Verbrennungsluftöffnungen nicht verschlossen oder zugestellt werden dürfen und auch keine baulichen oder sonstigen Veränderungen an der Gasfeuerstätte vorgenommen werden dürfen.

4. **Wie wird die Verbrennungsluft einer raumluftunabhängigen Feuerstätte zugeführt?**

Die Verbrennungsluft wird der raumluftunabhängigen Feuerstätte über ein Luft-Abgas-System oder ein Doppelrohr-System im Ringspalt zugeführt.

5. **Was wird durch die Ringspaltmessung geprüft?**

Durch die Ringspaltmessung wird geprüft, ob das innere Abgasrohr dicht ist. Dazu wird die O_2-Konzentration im Ringspalt mit einer speziellen Mehrlochsonde gemessen. Bei dichtem Abgasrohr beträgt der Sauerstoffanteil der Verbrennungsluft im Ringspalt ca. 21 %. Bei undichtem Abgasrohr verringern sich im Ringspalt die Sauerstoffkonzentration O_2-RS sowie die Differenz der Sauerstoffkonzentration O_2-Diff; dagegen steigt die Kohlenmonoxidkonzentration CO-RS im Ringspalt an.

15.6 Instandhaltung einer thermischen Solaranlage

1. **Geben Sie die Inspektionssarbeiten an, die bei Solaranlagen jährlich durchgeführt werden müssen.**

- Kältemittelkreislauf entlüften
- Anlagenbetriebsdruck prüfen
- Frostschutz kontrollieren
- ph-Wert prüfen
- Volumenstrom am Durchflussmesser prüfen
- Schwerkraftbremse überprüfen
- Funktion der Pumpe überprüfen
- Ventile auf Funktion und Dichtheit prüfen
- Fühler und Thermometer überprüfen
- Funktion und Betriebsweise des Reglers überprüfen
- Mess- und Einstellwerte überprüfen
- Kollektorfläche auf Verschmutzung kontrollieren

2. Geben Sie die Inspektionssarbeiten an, die bei Solaranlagen alle 3 bis 5 Jahre durchgeführt werden müssen.

- Kollektorabdeckung und -befestigung überprüfen
- Dämmung und evtl. Marderschutz kontrollieren
- Sichtprüfung von Armaturen, Anschlüssen und Verbindungen
- Sichtprüfung des Solarkreises
- Speicherwartung, evtl. Solarwärmeübertrager spülen

3. Beschreiben Sie die Prüfung der Wärmeträgerflüssigkeit. Nennen Sie alternative Messmethoden.

- die **Frostschutzgrenze** ist mit dem Aräometer oder einem Glykomaten oder einem Refraktometer zu überprüfen; der Mindestwert von z. B. –23 °C darf nicht überschritten werden
- der **ph-Wert** ist z. B. mit einem Indikator-Messstreifen zu überprüfen; dieser Wert muss größer 8 sein
- die **Konsistenz der Wärmeträgerflüssigkeit** ist im Schauglas des Durchflussmessers in Augenschein zu nehmen; sie darf weder zu dunkel noch zu klumpig sein

4. Erläutern Sie die Vorgehensweise bei der Glasreinigung von Flachkollektoren.

Bei der Glasreinigung von Flachkollektoren sind die Scheiben mit einem Mikrofasertuch behutsam und ohne aufzudrücken zu reinigen. Dabei dürfen nur handelsübliche Glasreiniger oder Isopropyl-Alkohol, keinesfalls scheuernde oder chemikalienhaltige Mittel verwendet werden.

5. Wie können Verbrühungen an Gesicht und Händen bei Arbeiten am Solarkreis verhindert werden?

Zur Verhinderung von Verbrühungen bei Arbeiten am Solarkreislauf sollten diese nur außerhalb von Zeiten solarer Einstrahlung oder bei abgedeckten Kollektoren durchgeführt werden.

Lernübergreifende Inhalte

Zu 1 Wärmewert und Verbrennung

Zu 7)

geg.: $H_i = 10{,}3\,\frac{kWh}{m^3}$; $\vartheta_B = 15{,}4\,°C$;
$p_e = 20{,}2$ mbar; $p_{amb} = 978$ mbar;
$p_n = 1013$ mbar; $T_n = 273$ K

ges.: H_{iB} in $\frac{kWh}{m^3}$

Lösung:

$p_B = p_{amb} + p_e$
$p_B = 978\text{ mbar} + 20{,}2\text{ mbar}$
$p_B = \underline{998{,}2\text{ mbar}}$

$T_B = \vartheta_B + 273$
$T_B = 15{,}4\,°C + 273\text{ K}$
$T_B = \underline{288{,}4\text{ K}}$

$$H_{iB} = \frac{H_i \cdot p_B \cdot T_n}{p_n \cdot T_B}$$

$$H_{iB} = \frac{10{,}3\,\frac{kWh}{m^3} \cdot 998{,}2\text{ mbar} \cdot 273\text{ K}}{1013\text{ mbar} \cdot 288{,}4\text{ K}}$$

$$H_{iB} = \underline{\underline{9{,}6\,\frac{kWh}{m^3}}}$$

Zu 8)

geg.: $H_i = 10\,\frac{kWh}{l}$; $V = 50\,l$

ges.: Q

Lösung:

$Q = V \cdot H_i$
$Q = 50\,l \cdot 10\,\frac{kWh}{l}$
$Q = \underline{\underline{500\text{ kWh}}}$

Zu 9)

geg.: $H_{i,Öl} = 10\,\frac{kWh}{l}$; $H_{i,Ko} = 8{,}1\,\frac{kWh}{kg}$;
$m_{Ko} = 4{,}5\text{ t} = 4500\text{ kg}$

ges.: $V_{Öl}$

Lösung:

$Q = m_{Ko} \cdot H_{i,Ko}$
$Q = 4500\text{ kg} \cdot 8{,}1\,\frac{kWh}{kg}$
$Q = \underline{36\,450\text{ kWh}}$

$$V_{Öl} = \frac{Q}{H_{i,Öl}}$$

$$V_{Öl} = \frac{36\,450\text{ kWh}}{10\,\frac{kWh}{l}}$$

$$V_{Öl} = \underline{\underline{3645\,l}}$$

Zu 10)

geg.: $H_{iB} = 10{,}8\,\frac{kWh}{m^3}$; $Q = 135$ kWh

ges.: V in m^3

Lösung

$$V = \frac{Q}{H_{iB}}$$

$$V = \frac{135\text{ kWh}}{10{,}8\,\frac{kWh}{m^3}}$$

$$V = \underline{\underline{12{,}5\,m^3}}$$

Zu 11)

geg.: $V_{Öl} = 250\,l$; $H_{i,Öl} = 10\,\frac{kWh}{l}$;
$H_{iB} = 9{,}9\,\frac{kWh}{m^3}$; $k_{Öl} = 0{,}84\,\frac{€}{l}$;
$k_{Gas} = 0{,}62\,\frac{€}{m^2}$

ges.: a) Q in kWh und kJ; b) V_{Gas} in m^3; c) $K_{Öl}$; K_{Gas}

Lösung

a) $Q = m \cdot H_i$

$Q = 250\,l \cdot 10\,\frac{kWh}{kg}$

$Q = \underline{\underline{2500\,kWh}}$

$Q = \frac{2500\,kWh \cdot 3600\,kWs}{1\,kWh} = 9000000\,kWs$

$= \underline{\underline{9000000\,kJ}}$

b) $V = \frac{Q}{H_{iB}}$

$V = \frac{2500\,kWh}{9{,}9\,\frac{kWh}{m^3}}$

$V = \underline{\underline{252{,}5\,m^3}}$

c) $K_{Öl} = VÖl \cdot kÖl$

$K_{Öl} = 250\,l \cdot 0{,}84\,\frac{€}{l}$

$K_{Öl} = \underline{\underline{210\,€}}$

$K_{Gas} = V_{Öl} \cdot k_{Öl}$

$K_{Gas} = 252{,}5\,m^3 \cdot 0{,}62\,\frac{€}{m^2}$

$K_{Gas} = \underline{\underline{156{,}55\,€}}$

Zu 27)

geg.: $n = 20\,\%$; $L_{min} = 9{,}8\,\frac{m^3}{m^3}$

ges.: L in $\frac{m^3}{m^3}$

Lösung:

$\lambda = \frac{n}{100\,\%} + 1$

$\lambda = \frac{20\,\%}{100\,\%} + 1$

$\lambda = 0{,}2 + 1$

$\lambda = \underline{1{,}2}$

$L = \lambda \cdot L_{min}$

$L = 1{,}2 \cdot 9{,}8\,\frac{m^3}{m^3}$

$L = \underline{\underline{11{,}76\,\frac{m^3}{m^3}}}$

Zu 28)

geg.: $CO_{2gem} = 11{,}8\,\%$; $CO_{2max} = 15{,}4\,\%$;
$L_{min} = 11{,}2\,\frac{m^3}{kg}$

ges.: a) n in %
b) L in $\frac{m^3}{kg}$

Lösung:

a) $\lambda = \frac{CO_{2max}}{CO_{2gem}}$

$\lambda = \frac{15{,}4\,\%}{11{,}8\,\%}$

$\lambda = \underline{1{,}3}$

$n = (\lambda - 1) \cdot 100\,\%$

$n = (1{,}3 - 1) \cdot 100\,\%$

$n = 0{,}3 \cdot 100\,\%$

$n = \underline{\underline{30\,\%}}$

b) $L = \lambda \cdot L_{min}$

$L = 1{,}3 \cdot 11{,}2\,\frac{m^3}{kg}$

$L = \underline{\underline{14{,}56\,\frac{m^3}{kg}}}$

Zu 29)

geg.: $n = 50\,\%$; $V_{Br} = 25\,m^3$; $CO_{2max} = 11{,}8\,\%$;
$L_{min} = 8{,}4\,\frac{m^3}{m^3}$

ges.: a) CO_{2gem} in %
b) V_L in m^3

Lösung:

a) $\lambda = \frac{n}{100\,\%} + 1$

$\lambda = \frac{50\,\%}{100\,\%} + 1$

$\lambda = 0{,}5 + 1$

$\lambda = \underline{1{,}5}$

$CO_{2gem} = \frac{CO_{2max}}{\lambda}$

$CO_{2gem} = \frac{11{,}8\,\%}{1{,}5}$

$CO_{2gem} = \underline{\underline{7{,}87\,\%}}$

b) $L = \lambda \cdot L_{min}$

$L = 1{,}5 \cdot 8{,}4\,\frac{m^3}{m^3}$

$L = \underline{12{,}6\,\frac{m^3}{m^3}}$

$V_L = L \cdot V_{Br}$

$V_L = 12{,}6\,\frac{m^3}{m^3} \cdot 25\,m^3$

$V_L = \underline{\underline{315\,m^3}}$

Zu 3 Wirkungsgrade und Nutzungsgrade

Zu 2)

geg.: $q_A = 10\,\%$

ges.: η_F

Lösung:

$\eta_F = 100\,\% - q_A$

$\eta_F = 100\,\% - 10\,\%$

$\eta_F = \underline{\underline{90\,\%}}$

Zu 5)

geg.: $q_A = 9\,\%; q_S = 2\,\%$

ges.: η_K

Lösung:

$\eta_K = 100\,\% - q_A - q_S$

$\eta_K = 100\,\% - 9\,\% - 2\,\%$

$\eta_K = \underline{\underline{89\,\%}}$

Zu 6)

geg.: $\dot{m} = 1{,}7\,\frac{kg}{h}; H_i = 11{,}8\,\frac{kWh}{kg}; \Phi_L = 18\,kW$

ges.: η_K

Lösung:

$\Phi_B = \dot{m} \cdot H_i$

$\Phi_B = 1{,}7\,\frac{kg}{h} \cdot 11{,}8\,\frac{kWh}{kg}$

$\Phi_B = \underline{20\,kW}$

$\eta_K = \frac{\Phi_L}{\Phi_B} \cdot 100\,\%$

$\eta_K = \frac{18\,kW}{20\,kW} \cdot 100\,\%$

$\eta_K = \underline{\underline{90\,\%}}$

Zu 7)

geg.: $\dot{V} = 42\,\frac{l}{min}; H_{iB} = 9{,}4\,\frac{kWh}{m^3}; \eta_K = 0{,}88$

ges.: a) Φ_B

b) Φ_L

Lösung:

a) $\dot{V} = \frac{42 \cdot 60\,m^3}{1000\,h}$

$\dot{V} = \frac{2{,}52\,m^3}{h}$

$\Phi_B = \dot{V} \cdot H_{iB}$

$\Phi_B = 2{,}52\,\frac{m^3}{h} \cdot 9{,}4\,\frac{kWh}{m^3}$

$\Phi_B = \underline{\underline{23{,}69\,kW}}$

b) $\Phi_L = \eta_K \cdot \Phi_B$

$\Phi_L = 0{,}88 \cdot 23{,}69\,kW$

$\Phi_L = \underline{\underline{20{,}85\,kW}}$

Zu 8)

geg.: $\dot{m}_{Öl} = 3{,}0\,\frac{kg}{h}; H_i = 11{,}8\,\frac{kWh}{kg}; \eta_K = 0{,}90;$

$\Delta\theta = 45\,K; c = 1{,}163\,\frac{Wh}{kg \cdot K};$

$V_{PWC} = 160\,l \Rightarrow m_{PWC} = 160\,kg$

ges.: t in min und s

Lösung:

$\Phi_B = \dot{m}_{Öl} \cdot H_i$

$\Phi_B = 3{,}0\,\frac{kg}{h} \cdot 11{,}8\,\frac{kWh}{kg}$

$\Phi_B = \underline{35{,}4\,kW}$

$\Phi_L = \eta_K \cdot \Phi_B$

$\Phi_L = 0{,}90 \cdot 35{,}4\,kW$

$\Phi_L = \underline{31{,}86\,kW}$

$t = \frac{m \cdot c \cdot \Delta\theta}{\Phi_L}$

$$t = \frac{160\,kg \cdot 1{,}163\,\frac{Wh}{kg \cdot K} \cdot 45\,K}{31\,860\,W}$$

$t = 0{,}2628\,h = \underline{\underline{15\,min\;46\,s}}$

Zu 13)

geg.: $\Phi_L = 18\,kW; \eta_K = 96\,\% = 0{,}96;$

$q_B = 0{,}6\,\% = 0{,}006;$

$b = 5460\,\frac{h}{a}; b_V = 1400\,\frac{h}{a}; \eta_V = 0{,}96$

ges.: a) η_a

b) $\eta_{a,Anl}$

Lösung:

a) $$\eta_a = \frac{\eta_K}{\left(\frac{b}{b_V} - 1\right) \cdot q_B + 1}$$

$$\eta_a = \frac{0{,}96}{\left(\frac{5460\,\frac{h}{a}}{1400\,\frac{h}{a}} - 1\right) \cdot 0{,}006 + 1}$$

$\eta_a = 0{,}94 = \underline{\underline{94\,\%}}$

b) $\eta_{a,Anl} = \eta_a \cdot \eta_V$

$\eta_{a,Anl} = 0{,}94 \cdot 0{,}96$

$\eta_{a,Anl} = 0{,}90 = \underline{\underline{90\,\%}}$

Zu 14)

geg.: $\Phi_{HL} = 24\,kW$; $b_V = 1300\,\frac{h}{a}$; $B_a = 4520\,l$;

$H_i = 10\,\frac{kWh}{l}$

ges.: $\eta_{a,Anl}$

Lösung:

$$\eta_{a,Anl} = \frac{\Phi_{HL} \cdot b_V}{H_i \cdot B_a}$$

$$\eta_{a,Anl} = \frac{24\,kW \cdot 1300\,\frac{h}{a}}{10\,\frac{kWh}{l} \cdot 4520\,l}$$

$$\eta_{a,Anl} = 0{,}69 = \underline{\underline{69\,\%}}$$

Zu 4 Sicherheitstechnische Ausrüstung

Zu 2)

Lösung:

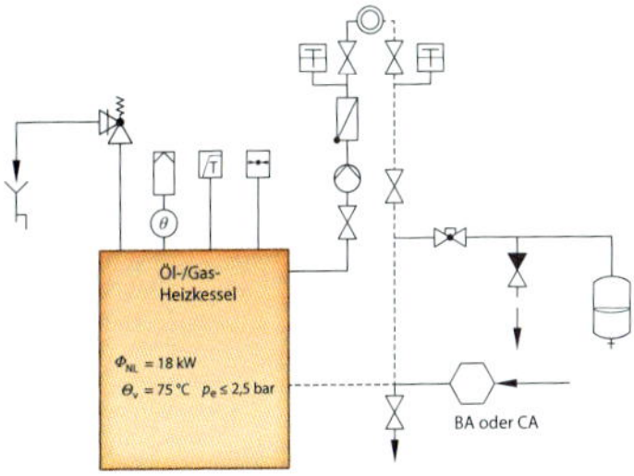

Zu 29)

Lösung:

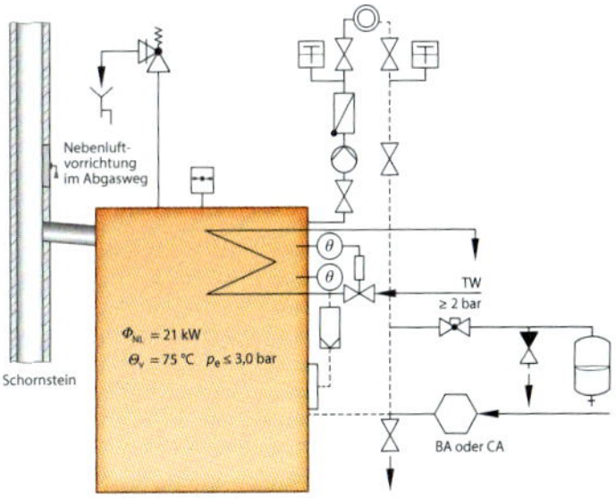

Zu 33)

geg.: $\Phi_{NL} = 18\,kW$; $\theta_V = 70\,°C$; $\theta_R = 50\,°C$

$v_A = 26{,}1\,\frac{l}{kW}$ (Tabellenbuch, Fachbuch)

ges.: V_A

Lösung:

$$V_A = v_A \cdot \Phi_{NL}$$

$$V_A = 26{,}1\,\frac{l}{kW} \cdot 18\,kW$$

$$V_A = \underline{\underline{469{,}8\,l}}$$

Zu 34)

geg.: $\Phi_{NL} = 20\,kW$; $\theta_V = 70\,°C$; $\theta_R = 55\,°C$; $v_{A,HK} = 11{,}6\,\frac{l}{kW} \cdot 0{,}7$;
$v_{A,FBH} = 20\,\frac{l}{kW} \cdot 0{,}3$ (Tabellenbuch, Fachbuch); $p_{SV} = 2{,}5\,bar$; $p_{ST} = 6\,mWS = 0{,}6\,bar$;
$e = 2{,}22$ (Tabellenbuch, Fachbuch)

ges.: $V_{n,min}$

Lösung:

$V_A = v_{A,HK} \cdot \Phi_{NL} + v_{A,FBH} \cdot \Phi_{NL}$

$V_A = 11{,}6\,\frac{l}{kW} \cdot 0{,}7 \cdot 20\,kW + 20\,\frac{l}{kW} \cdot 0{,}3 \cdot 20\,kW$

$V_A = 162{,}4\,l + 120\,l$

$V_A = \underline{282{,}4\,l}$

$V_e = \frac{e \cdot V_A}{100}$

$V_e = \frac{2{,}22 \cdot 282{,}4\,l}{100}$

$V_e = \underline{6{,}27\,l}$

$V_v = \frac{V_A \cdot 0{,}5}{100} \geq 3\,l$

$V_v = \frac{282{,}4\,l \cdot 0{,}5}{100}$

$V_v = \underline{1{,}41\,l;\ \text{gewählt}\ 3\,l}$

$p_0 = p_{ST} + p_D$

$p_0 = 0{,}6\,bar + 0\,bar$

$p_0 = \underline{0{,}6\,bar}$

$p_e = p_{SV} - 0{,}5\,bar$

$p_e = 2{,}5\,bar - 0{,}5\,bar$

$p_e = \underline{2{,}0\,bar}$

$V_{n,min} = (V_e + V_V) \cdot \frac{p_e + 1\,bar}{p_e - p_0}$

$V_{n,min} = (6{,}27\,l + 3\,l) \cdot \frac{2{,}0\,bar + 1\,bar}{2{,}0\,bar - 0{,}6\,bar}$

$V_{n,min} = 9{,}27\,l \cdot \frac{3{,}0\,bar}{1{,}4\,bar}$

$V_{n,min} = \underline{\underline{19{,}86\,l;\ \text{gewählt}\ 25\,l}}$

Zu 35)

geg.: $V_A = 480\,l$; $\theta_V = 75\,°C$; $p_{SV} = 3\,bar$; $p_0 = 1{,}2\,bar$

ges.: $V_{n,min}$

Lösung:

$80\,°C \Rightarrow e = 2{,}81$ (Tabellenbuch, Fachbuch)

$70\,°C \Rightarrow e = 2{,}22$ (Tabellenbuch, Fachbuch)

$75\,°C \Rightarrow e = (2{,}81 + 2{,}22) : 2$

$75\,°C \Rightarrow e = \underline{2{,}52}$

$V_e = \frac{e \cdot V_A}{100}$

$V_e = \frac{2{,}52 \cdot 480\,l}{100}$

$V_e = \underline{12{,}1\,l}$

$V_v = \frac{V_A \cdot 0{,}5}{100} \geq 3\,l$

$V_v = \frac{480\,l \cdot 0{,}5}{100}$

$V_v = \underline{2{,}4\,l;\ \text{gewählt}\ 3\,l}$

$p_e = p_{SV} - 0{,}5\,bar$

$p_e = 3\,bar - 0{,}5\,bar$

$p_e = \underline{2{,}5\,bar}$

$V_{n,min} = (V_e + V_V) \cdot \frac{p_e + 1\,bar}{p_e - p_0}$

$V_{n,min} = (12{,}1\,l + 3\,l) \cdot \frac{2{,}5\,bar + 1\,bar}{2{,}5\,bar - 1{,}2\,bar}$

$V_{n,min} = 15{,}1\,l \cdot \frac{3{,}5\,bar}{1{,}3\,bar}$

$V_{n,min} = \underline{\underline{40{,}6\,l;\ \text{gewählt}\ 50\,l}}$

Zu 36)

geg.: $V_n = 35\,l$; $p_0 = 0{,}8\,bar$; $V_V = 3\,l$

ges.: p_F in bar

Lösung:

$p_F = \frac{V_n \cdot (p_0 + 1\,bar)}{V_n - V_V} - 1\,bar$

$p_F = \frac{35\,l \cdot (0{,}8\,bar + 1\,bar)}{35\,l - 3\,l} - 1\,bar$

$p_F = \frac{35\,l \cdot 1{,}8\,bar}{32\,l} - 1\,bar$

$p_F = \underline{\underline{0{,}97\,bar}}$

Zu 5 Abgasanlagen

Zu 25)

Lösung:

Auslegungsdiagramm für einen Heizkessel mit Ölzerstäubungsbrenner für Isolierschornsteine mit Hinterlüftung

Der erforderliche Schornsteindurchmesser beträgt 120 mm.

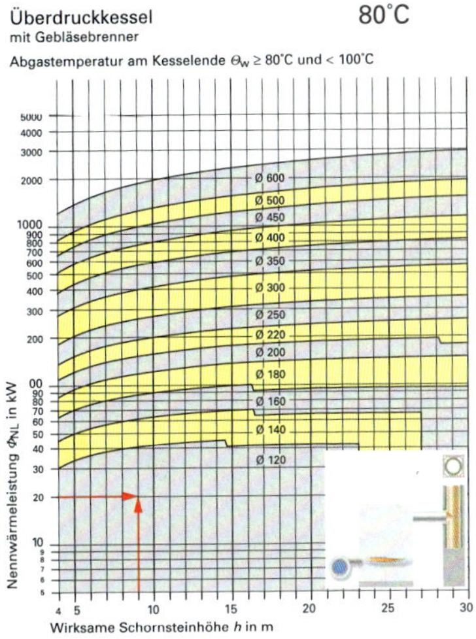

Zu 6 Abgasüberwachung

Zu 16)

geg.: $CO_{2\,max} = 15{,}4\,\%$; $CO_{2\,gem} = 12\,\%$;

$\theta_A = 150\,°C$; $\theta_L = 18\,°C$;

$A_1 = 0{,}50$ (aus Tabellenbuch oder Fachbuch)

$B = 0{,}007$ (aus Tabellenbuch oder Fachbuch)

ges.: a) q_A in %; b) Überprüfung

Lösung:

a) $q_A = (\theta_A - \theta_L) \cdot \left[\frac{A_1}{CO_{2\,gem}} + B\right]$

$q_A = (150\,°C - 18\,°C) \cdot \left[\frac{0{,}50}{12\,\%} + 0{,}007\right]$

$q_A = 132\,°C \cdot 0{,}0487\,\%$ $\qquad q_A = \underline{\underline{6{,}4\,\%}}$

b) $q_{A,vorhanden} = 6{,}4\,\% < q_{A,erlaubt} = 11\,\%$

(für $\Phi_{NL} = 21$ kW)

Die Feuerungsanlage darf weiterbetrieben werden, da der Abgasverlustgrenzwert von 11 %, der für Feuerungsanlagen mit einer Nennwärmeleistung ≥ 4 ≤ 25 kW gilt, deutlich unterschritten wird.

Zu 30)

geg.: $CO_{gemessen} = 60$ ppm; $\lambda = 1{,}05$

ges.: CO-Gehalt$_{unverdünnt}$

Lösung:

CO-Gehalt$_{unverdünnt} = CO_{gemessen} \cdot \lambda$

CO-Gehalt$_{unverdünnt} = 60\text{ ppm} \cdot 1{,}05$

CO-Gehalt$_{unverdünnt} = \underline{\underline{63\text{ ppm}}}$

Zu 7 Anbindung der Wärmeerzeuger

Zu 1a) und 1b)

a)

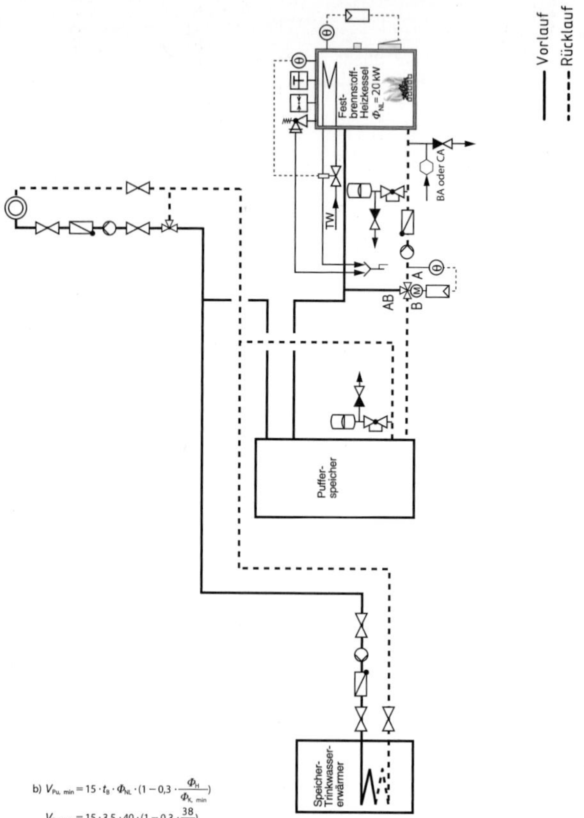

b) $V_{Pu,\,min} = 15 \cdot t_B \cdot \Phi_{NL} \cdot (1 - 0{,}3 \cdot \frac{\Phi_H}{\Phi_{K,\,min}})$

$V_{Pu,\,min} = 15 \cdot 3{,}5 \cdot 40 \cdot (1 - 0{,}3 \cdot \frac{38}{32})$

$\underline{\underline{V_{Pu,\,min} = 1351{,}875\ \text{l}}}$

Maße in mm	Datum	Name	Heizungsanlage mit Festbrennstoff-Heizkessel	Seite
gezeichnet				Blatt
geprüft				Klasse
Maßstab ---	Lösung Aufg. 2a und b			Schule

Zu 2a)

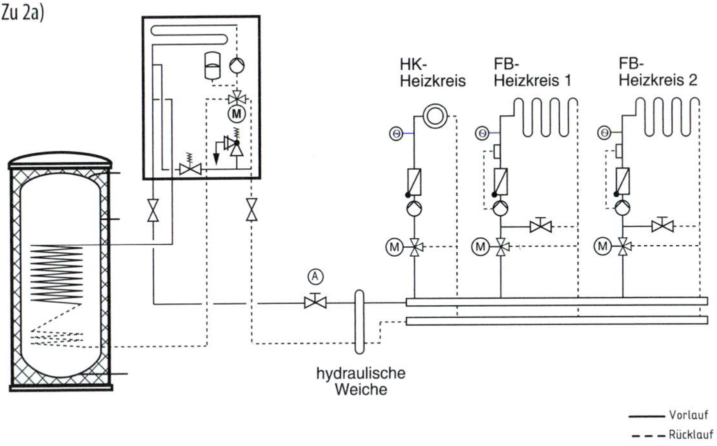

Zu 8 Jahresbrennstoffbedarf und Jahresbrennstoffkosten

Zu 1)

geg.: $\Phi_{HL,Geb} = 18\,kW$; $b_V = 1400\,\frac{h}{a}$; $\eta_{aAnl} = 0{,}90$;

$H_i = 10\,\frac{kWh}{l}$ (Tabellenbuch, Fachbuch)

ges.: B_a

Lösung:

$Q_a = b_v \cdot \Phi_{HL,Geb}$

$Q_a = 1400\,\frac{h}{a} \cdot 18\,kW$

$Q_a = 25\,200 \cdot \frac{kWh}{a}$

$B_a = \frac{Q_a}{H_i \cdot \eta_{aAnl}}$

$B_a = \frac{25\,200\,\frac{kWh}{a}}{10\,\frac{kWh}{l} \cdot 0{,}90}$

$B_a = \underline{\underline{2800\,\frac{l}{a}}}$

Zu 2)

geg.: $\Phi_{HL,Geb} = 24\,kW$; $b_V = 1300\,\frac{h}{a}$;

$\eta_{aAnl} = 0{,}89$; $k = 0{,}94\,\frac{€}{l}$;

$H_i = 10\,\frac{kWh}{l}$ (Tabellenbuch, Fachbuch)

ges.: a) B_a; b) K_a

Lösung:

a) $Q_a = b_v \cdot \Phi_{HL,Geb}$

$Q_a = 1300\,\frac{h}{a} \cdot 24\,kW$

$Q_a = 31\,200\,\frac{kWh}{a}$

$B_a = \frac{Q_a}{H_i \cdot \eta_{aAnl}}$

$B_a = \frac{31\,200\,\frac{kWh}{a}}{10\,\frac{kWh}{l} \cdot 0{,}89}$

$B_a = \underline{\underline{3505{,}6\,\frac{l}{a}}}$

b) $K_a = B_a \cdot k$

$K_a = 3505{,}6\,\frac{l}{a} \cdot 0{,}94\,\frac{€}{l}$

$K_a = \underline{\underline{3295{,}26\,\frac{€}{a}}}$

Zu 3)

geg.: $q = 70\,\frac{W}{m^2}$; $\eta_{aAnl} = 0{,}86$; $H_{iB} = 9{,}6\,\frac{kWh}{m^3}$;

$A = 180\,m^2$; $k = 0{,}62\,\frac{€}{m^3}$

$b_v = 1400\,\frac{h}{a}$ (Tabellenbuch, Fachbuch)

ges.: a) $\Phi_{HL,Geb}$; b) B_a; c) K_a

Lösung:

a) $\Phi_{HL,Geb} = A \cdot q$

$\Phi_{HL,Geb} = 180\,m^2 \cdot 70\,\frac{W}{m^2}$

$\Phi_{HL,Geb} = 12\,600\,W$

$\Phi_{HL,Geb} = \underline{\underline{12{,}6\,kW}}$

b) $Q_a = b_v \cdot \Phi_{HL,Geb}$

$Q_a = 1400\,\frac{h}{a} \cdot 12{,}6\,kW$

$Q_a = 17\,640\,\frac{kWh}{a}$

$B_a = \frac{Q_a}{H_{iB} \cdot \eta_{aAnl}}$

$B_a = \frac{17\,640\,\frac{kWh}{a}}{9{,}6\,\frac{kWh}{m^3} \cdot 0{,}86}$

$B_a = \underline{\underline{2136{,}6\,\frac{m^3}{a}}}$

c) $K_a = B_a \cdot k$

$K_a = 2136{,}6\,\frac{m^3}{a} \cdot 0{,}62\,\frac{€}{m^3}$

$K_a = \underline{\underline{1324{,}69\,\frac{€}{a}}}$

Zu 4)

geg.: $\Phi_{HL,Geb} = 10\,kW$; $H_{iB} = 9{,}6\,\frac{kWh}{m^3}$;

$b_v = 1400\,\frac{h}{a}$; $B_a = 1700\,\frac{m^3}{a}$

ges.: η_{aAnl}

Lösung:

$Q_a = b_v \cdot \Phi_{HL,Geb}$

$Q_a = 1400\,\frac{h}{a} \cdot 10\,kW$

$Q_a = 14\,000\,\frac{kWh}{a}$

$\eta_{aAnl} = \frac{Q_a}{H_{iB} \cdot B_a}$

$\eta_{aAnl} = \frac{14\,000\,\frac{kWh}{a}}{9{,}6\,\frac{kWh}{m^3} \cdot 1700\,\frac{m^3}{a}}$

$\eta_{aAnl} = 0{,}858 = \underline{\underline{85{,}8\,\%}}$

Zu 9.2 Trinkwassererwärmung durch elektrisch betriebene Anlagen

Berechnungsübungen

Zu 1)

geg.: $P = 27\,kW$

$t = 10\,min$

ges.: W in kWh

Lösung:

$W = P \cdot t = 27\,kW \cdot \frac{10\,min \cdot 1\,h}{60\,min}$

$W = \underline{\underline{4{,}5\,kWh}}$

Zu 2)

geg.: $\theta_{PWH} = 60\,°C$

$\theta_{PWC} = 12\,°C$

$P = 27\,kW$

$t = 8\,min$

$\eta = 0{,}88$

ges.: m in Liter

Lösung:

$m = \frac{\eta \cdot P \cdot t}{c \cdot \Delta\theta}$

$m = \frac{0{,}88 \cdot 27\,000\,W \cdot kg \cdot K \cdot 8\,min \cdot 1\,h}{1{,}16\,Wh \cdot 48\,K \cdot 60\,min}$

$m = 56{,}9\,kg$

$m = \underline{\underline{56{,}9\,l}}$

Zu 3)

geg.: $m = 65\,l$

$P = 4{,}5\,kW$

$\eta = 0{,}85$

$\theta_{PWC} = 12\,°C$

$\theta_{PWH} = 55\,°C$

ges.: t in min

Lösung:

$t = \frac{m \cdot c \cdot \Delta\theta}{P \cdot \eta}$

$t = \frac{65\,kg \cdot 1{,}16\,Wh \cdot 43\,K}{4500\,kW \cdot 0{,}85 \cdot kg \cdot K}$

$t = \frac{0{,}848\,h \cdot 60\,min}{1\,h}$

$t = \underline{\underline{50{,}86\,min}}$

Zu 4)

geg.: $P = 21\,\text{kW}$; $t = 10\,\text{min}$; $\eta = 0{,}92$;

Strompreis $= 0{,}28\,\frac{€}{\text{kWh}}$; $\theta_{PWC} = 10\,°\text{C}$;

Wasserpreis $= 3{,}90\,\frac{€}{\text{m}^3}$; $\theta_{PWH} = 48\,°\text{C}$

ges.: a) m_{PWH} (Liter) in 10 min

b) W in kWh

c) Gesamtkosten in €

Lösung:

a) $m = \frac{\eta \cdot P \cdot t}{c \cdot \Delta\theta}$

$m = \frac{0{,}92 \cdot 21\,000\,\text{W} \cdot 0{,}17\,\text{h} \cdot \text{kg} \cdot \text{K}}{1{,}16\,\text{Wh} \cdot 38\,\text{K}}$

$m = 74{,}51\,\text{kg}$

$m = \underline{\underline{74{,}51\,\text{l}}}$

b) $W = P \cdot t$

$W = 21\,\text{kW} \cdot 0{,}17\,\text{h}$

$W = \underline{\underline{3{,}57\,\text{kWh}}}$

c) Stromkosten $= W \cdot 0{,}28\,\frac{€}{\text{kWh}}$

Stromkosten $= \frac{3{,}57\,\text{kWh} \cdot 0{,}28\,€}{\text{kWh}}$

Stromkosten $= \underline{1{,}00\,€}$

Wasserkosten $= m \cdot 3{,}90\,\frac{€}{\text{m}^3}$

Wasserkosten $= \frac{0{,}07451\,\text{m}^3 \cdot 3{,}90\,€}{\text{m}^3}$

Wasserkosten $= \underline{0{,}29\,€}$

Gesamtkosten = Stromkosten + Wasserkosten

Gesamtkosten = 1,00 € + 0,29 €

Gesamtkosten $= \underline{\underline{1{,}29\,€}}$

Zu 5)

geg.: $m = 110\,\text{l}$; $\eta = 0{,}91$

Strompreis $= 0{,}265\,\frac{€}{\text{kWh}}$; $\theta_{PWC} = 10\,°\text{C}$;

Wasserpreis $= 4{,}00\,\frac{€}{\text{m}^3}$; $\theta_{PWH} = 38\,°\text{C}$

ges.: Gesamtkosten in €

Lösung:

$W = \frac{m \cdot c \cdot \Delta\theta}{\eta}$

$W = \frac{110\,\text{kg} \cdot 1{,}16\,\text{Wh} \cdot 28\,\text{K}}{0{,}91 \cdot \text{kg} \cdot \text{K}}$

$W = \underline{3926{,}154\,\text{Wh}}$

Stromkosten $= W \cdot 0{,}265\,\frac{€}{\text{kWh}}$

Stromkosten $= \frac{3{,}926154\,\text{kWh} \cdot 0{,}265\,€}{\text{kWh}}$

Stromkosten $= \underline{1{,}04\,€}$

Wasserkosten $= m \cdot 4{,}00\,\frac{€}{\text{m}^3}$

Wasserkosten $= \frac{0{,}11\,\text{m}^3 \cdot 4{,}00\,€}{\text{m}^3}$

Wasserkosten $= \underline{0{,}44\,€}$

Gesamtkosten = Stromkosten + Wasserkosten

Gesamtkosten = 1,04 € + 0,44 €

Gesamtkosten $= \underline{\underline{1{,}48\,€}}$

Zu 9.5 Trinkwassererwärmung durch solarthermische Anlagen

Kollektoren

Zu 40)

geg.: $h = 1{,}20\,\text{m}$; $\alpha = 42°$; $\beta = 18°$

ges.: z in m

Lösung:

$$\frac{z}{h} = \frac{\sin[180 - (\alpha + \beta)]}{\sin \beta}$$

$$z = \frac{\sin[180 - (42° + 18°)]}{\sin 18°} \cdot 1{,}20\,\text{m}$$

$$z = \frac{\sin 120°}{\sin 18°} \cdot 1{,}20\,\text{m}$$

$$z = \underline{\underline{3{,}36\,\text{m}}}$$

Solarkreislauf

Zu 50)

geg.: $G = \frac{2{,}68\,\text{kWh}}{\text{m}^2 \cdot \text{d}}$ (Hamburg)

$A_{spez} = 0{,}48\,\frac{\text{m}^2 \cdot \text{d}}{\text{kWh}}$ (aus Tabelle)

$K = 1{,}13$ (70° SSW Kollektorneigung bzw. -ausrichtung)

$SF = 52\,\%$ (Solare Deckungsrate)

PWC-Temperatur: 12 °C

PWH-Temperatur: 58 °C

Trinkwarmwasserbedarf: $45\,\frac{\text{l}}{\text{Person}}$

Wirksame Kollektoroberfläche: $1{,}8\,\text{m}^2$

ges.: a) A_{erf} in m^2 für einen Fünf-Personen-Haushalt

b) n (Anzahl der Kollektorflächen)

Lösung:

a) Erforderliche Wärmemenge für den täglichen Bedarf Φ:

$$\Phi = m \cdot c \cdot \Delta\theta$$

$$\Phi = 225\,\frac{\text{kg}}{\text{d}} \cdot 1{,}16\,\frac{\text{Wh}}{\text{kg} \cdot \text{K}} \cdot 46\,\text{K}$$

$$\Phi = 12\,006\,\frac{\text{Wh}}{\text{d}} = \underline{\underline{12{,}006\,\frac{\text{kWh}}{\text{d}}}}$$

Erforderliche Kollektorfläche A_{erf}:

$$A_{erf} = A_{spez} \cdot K \cdot \Phi$$

$$A_{erf} = 0{,}48\,\frac{\text{m}^2 \cdot \text{d}}{\text{kWh}} \cdot 1{,}13 \cdot 12{,}006\,\frac{\text{kWh}}{\text{d}}$$

$$A_{erf} = \underline{\underline{6{,}51\,\text{m}^2}}$$

b) Erforderliche Anzahl der Kollektoren n:

$$n = \frac{A_{erf}}{A_{wirksam}}$$

$$n = \frac{6{,}51\,\text{m}^2}{1{,}8\,\text{m}^2}$$

$$n = \underline{\underline{3{,}62}}$$

<u>Gewählt werden vier Kollektoren.</u>

Zu 9.6 Trinkwasseranschluss von geschlossenen Trinkwassererwärmern

Zu 17)

geg.: Speicherinhalt $V_{Sp} = 350\,l$
Ansprechdruck des SV $p_{SV} = 7{,}5\,bar$
Anfangsdruck $p_a = 4{,}2\,bar$
Anlagenenddruck $p_e = 5{,}0\,bar$
Gasvordruck im MAG-W $p_0 = 4{,}0\,bar$

ges.: V_n in l

Lösung:

$$V_n = \frac{\frac{V_{Sp} \cdot 1{,}67}{100}}{\frac{p_e - p_0}{p_e + 1} - 1 + \frac{p_0 + 1}{p_a + 1}}$$

$$V_n = \frac{\frac{350\,l \cdot 1{,}67}{100}}{\frac{5{,}0\,bar - 4{,}0\,bar}{5{,}0\,bar + 1} - 1 + \frac{4{,}0\,bar + 1}{4{,}2\,bar + 1}}$$

$$V_n = \frac{5{,}845\,l}{\frac{1{,}0\,bar}{6{,}0\,bar} - 1 + \frac{5{,}0\,bar}{5{,}2\,bar}}$$

$$V_n = \frac{5{,}845\,l}{0{,}167 - 1 + 0{,}962}$$

$$V_n = \frac{5{,}845\,l}{0{,}129}$$

$$V_n = \underline{\underline{45{,}31\,l}}$$

Zu 9.7 Trinkwarmwasser-Verteilungssysteme in zentralen TWE-Anlagen

Zu 8)

geg.: $d_i = 20\,mm$; $V_{max} = 3\,dm^3$

ges.: l_{max} in m

Lösung:

$$l = \frac{4 \cdot V_{max}}{d_i^2 \cdot \pi}$$

$$l = \frac{4 \cdot 3\,dm^3}{(0{,}20\,dm)^2 \cdot \pi}$$

$$l = \frac{12\,dm^3}{0{,}1256\,dm^2}$$

$$l = 95{,}54\,dm = \underline{\underline{9{,}554\,m}}$$

Zu 9.9 Berechnungen bei Trinkwasser-Erwärmungsanlagen

Wärmeleistung, Aufheizzeit und Massenstrom

Zu 1)

geg.: $m = 180\,\text{kg}; c = 1{,}163\,\frac{\text{Wh}}{\text{kg}\cdot\text{K}}; \Delta\theta = 38\,\text{K}; t = 0{,}3\,\text{h}$

ges.: Φ_L in kW

Lösung:

$\Phi_\text{L} = \frac{m}{t}\cdot c\cdot\Delta\theta$

$\Phi_\text{L} = \frac{180\,\text{kg}}{0{,}3\,\text{h}}\cdot\frac{1{,}163\,\text{Wh}}{\text{kg}\cdot\text{K}}\cdot 38\,\text{K}$

$\Phi_\text{L} = 26\,516{,}4\,\text{W}$

$\Phi_\text{L} = \underline{\underline{26{,}516\,\text{kW}}}$

Zu 2)

geg.: $m = 960\,\text{kg}; c = 1{,}163\,\frac{\text{Wh}}{\text{kg}\cdot\text{K}}; \Delta\theta = 12\,\text{K}; t = 1{,}0\,\text{h}$

ges.: Φ_L in kW

Lösung:

$\Phi_\text{L} = \frac{m}{t}\cdot c\cdot\Delta\theta$

$\Phi_\text{L} = \frac{960\,\text{kg}}{1{,}0\,\text{h}}\cdot\frac{1{,}163\,\text{Wh}}{\text{kg}\cdot\text{K}}\cdot 12\,\text{K}$

$\Phi_\text{L} = 13\,397{,}76\,\text{W}$

$\Phi_\text{L} = \underline{\underline{13{,}398\,\text{kW}}}$

Zu 3)

geg.: $m = 160\,\text{kg}; c = 1{,}163\,\frac{\text{Wh}}{\text{kg}\cdot\text{K}}; t = 0{,}367\,\text{h};$

a) $\Delta\theta = 43\,\text{K}$

b) $\Delta\theta = 14\,\text{K}$

ges.: Φ_L in kW

Lösung a):

$\Phi_\text{L} = \frac{m}{t}\cdot c\cdot\Delta\theta$

$\Phi_\text{L} = \frac{160\,\text{kg}}{0{,}367\,\text{h}}\cdot\frac{1{,}163\,\text{Wh}}{\text{kg}\cdot\text{K}}\cdot 43\,\text{K}$

$\Phi_\text{L} = 21\,802{,}288\,\text{W}$

$\Phi_\text{L} = \underline{\underline{21{,}802\,\text{kW}}}$

Lösung b):

$\frac{m}{t} = \frac{\Phi_\text{L}}{c\cdot\Delta\theta}$

$\frac{m}{t} = \frac{21\,802\,\text{W}\cdot\text{kg}\cdot\text{K}}{1{,}163\,\text{Wh}\cdot 14\,\text{K}}$

$m = 1339{,}02\,\frac{\text{kg}}{\text{h}}$

$m = \underline{\underline{13{,}39\,\frac{\text{l}}{\text{h}}}}$

Zu 4)

geg.: $m = 160\,\text{kg}; c = 1{,}163\,\frac{\text{Wh}}{\text{kg}\cdot\text{K}}; \Delta\theta = 44\,\text{K}; \Phi_\text{L} = 24\,\text{kW}$

ges.: t in min

Lösung:

$t = \frac{m\cdot c\cdot\Delta\theta}{\Phi_\text{L}}$

$t = \frac{160\,\text{kg}\cdot 1{,}163\,\text{Wh}\cdot 44\,\text{K}}{\text{kg}\cdot\text{K}\cdot 24\,000\,\text{W}}$

$t = 0{,}34\,\text{h}$

$t = \underline{\underline{20{,}4\,\text{min}}}$

Zu 5)

geg.: $m = 220\,\text{kg}; c = 1{,}163\,\frac{\text{Wh}}{\text{kg}\cdot\text{K}}; \Delta\theta = 48\,\text{K};$

$\Phi_\text{B} = 12{,}4\,\text{kW}; \eta = 80\,\%$

ges.: t in min

Lösung:

$t = \frac{m\cdot c\cdot\Delta\theta}{\Phi_\text{B}}\cdot\eta$

$t = \frac{220\,\text{kg}\cdot 1{,}163\,\text{Wh}\cdot 48\,\text{K}}{\text{kg}\cdot\text{K}\cdot 12\,400\,\text{W}}\cdot 0{,}8$

$t = 0{,}79\,\text{h}$

$t = \underline{\underline{47{,}5\,\text{min}}}$

Zu 6)

geg.: $m = 140\,\text{kg}; c = 1{,}163\,\frac{\text{Wh}}{\text{kg}\cdot\text{K}}; \theta_1 = 12\,°\text{C};$

$\Phi_\text{L} = 7{,}8\,\text{kW}; t = 54\,\text{min}$

ges.: θ_2

Lösung:

$\theta_2 = \frac{t\cdot\Phi_\text{L}}{m\cdot c} + \theta_1$

$\theta_2 = \frac{0{,}9\,\text{h}\cdot 7800\,\text{W}\cdot\text{kg}\cdot\text{K}}{140\,\text{kg}\cdot 1{,}163\,\text{Wh}} + 12\,°\text{C}$

$\theta_2 = \underline{\underline{55{,}12\,°\text{C}}}$

Zu 7)
geg.: $m = 160\,\text{kg}; c = 1{,}163\,\frac{\text{Wh}}{\text{kg}\cdot\text{K}}; \theta_1 = 12\,°\text{C};$

$\Phi_\text{B} = 9{,}5\,\text{kW}; t = 50\,\text{min}; \eta = 82\,\%$

ges.: θ_2

Lösung:

$$\theta_2 = \frac{t\cdot\Phi_\text{B}}{m\cdot c}\cdot\eta + \theta_1$$

$$\theta_2 = \frac{0{,}83\,\text{h}\cdot 9500\,\text{W}\cdot\text{kg}\cdot\text{K}}{160\,\text{kg}\cdot 1{,}163\,\text{Wh}}\cdot 0{,}82 + 12\,°\text{C}$$

$$\theta_2 = \underline{\underline{46{,}75\,°\text{C}}}$$

Zu 8)
geg.: $c = 1{,}163\,\frac{\text{Wh}}{\text{kg}\cdot\text{K}}; \Delta\theta = 46\,°\text{C}; \Phi_\text{L} = 21\,\text{kW}$

ges.: $\dot{m}$ in Liter pro Minute

Lösung:

$$\dot{m} = \frac{\Phi_\text{L}}{c\cdot\Delta\theta}$$

$$\dot{m} = \frac{21\,000\,\text{W}\cdot\text{kg}\cdot\text{K}}{1{,}163\,\text{Wh}\cdot 46\,°\text{C}}$$

$$\dot{m} = 392{,}54\,\frac{\text{l}}{\text{h}} = \underline{\underline{6{,}54\,\frac{\text{l}}{\text{min}}}}$$

Zu 9)
geg.: $c = 1{,}163\,\frac{\text{Wh}}{\text{kg}\cdot\text{K}}; \theta_1 = 10\,°\text{C}; \Phi_\text{L} = 18\,\text{kW};$

$\dot{m} = 9\,\frac{\text{l}}{\text{min}}$

ges.: θ_2

Lösung:

$$\theta_2 = \frac{\Phi_\text{L}}{c\cdot\dot{m}} + \theta_1$$

$$\theta_2 = \frac{18\,000\,\text{W}\cdot\text{kg}\cdot\text{K}\cdot\text{h}}{1{,}163\,\text{Wh}\cdot 540\,\text{l}} + 10\,°\text{C}$$

$$\theta_2 = \underline{\underline{38{,}7\,°\text{C}}}$$

Zu 10)
geg.: $m = 150\,\text{kg}; c = 1{,}163\,\frac{\text{Wh}}{\text{kg}\cdot\text{K}}; \Delta\theta = 25\,\text{K};$

$\Phi_\text{B} = 21\,\text{kW}; \eta = 82\,\%$

ges.: t in min

Lösung:

$$t = \frac{m\cdot c\cdot\Delta\theta}{\Phi_\text{B}}\cdot\eta$$

$$t = \frac{150\,\text{kg}\cdot 1{,}163\,\text{Wh}\cdot 25\,\text{K}}{\text{kg}\cdot\text{K}\cdot 21\,000\,\text{W}}\cdot 0{,}82$$

$$t = 0{,}17\,\text{h} = \underline{\underline{10{,}2\,\text{min}}}$$

Wärmeübertragung

Zu 1)
geg.: $A = 1{,}4\,\text{m}^2; U = 680\,\frac{\text{W}}{\text{m}^2\cdot\text{K}};$

$\theta_{1\text{E}} = 72\,°\text{C}; \theta_{1\text{A}} = 63\,°\text{C};$

$\theta_{2\text{E}} = 12\,°\text{C}; \theta_{2\text{A}} = 58\,°\text{C}$

ges.: Φ_L in kW

Lösung:

$$\Phi_\text{L} = A\cdot U\cdot\Delta\theta_\text{m}$$

$$\Delta\theta_\text{m} = \frac{\theta_{1\text{E}} + \theta_{1\text{A}}}{2} - \frac{\theta_{2\text{E}} + \theta_{2\text{A}}}{2}$$

$$\Delta\theta_\text{m} = \frac{72\,°\text{C} + 63\,°\text{C}}{2} - \frac{12\,°\text{C} + 58\,°\text{C}}{2}$$

$$\Delta\theta_\text{m} = 67{,}5\,°\text{C} - 35\,°\text{C}$$

$$\Delta\theta_\text{m} = \underline{32{,}5\,°\text{C}}$$

$$\Phi_\text{L} = 1{,}4\,\text{m}^2\cdot 680\,\frac{\text{W}}{\text{m}^2\cdot\text{K}}\cdot 32{,}5\,\text{K}$$

$$\Phi_\text{L} = 30\,940\,\text{W}$$

$$\Phi_\text{L} = \underline{\underline{30{,}94\,\text{kW}}}$$

Zu 2)
geg.: $d_\text{m} = 22\,\text{mm}; U = 620\,\frac{\text{W}}{\text{m}^2\cdot\text{K}};$

$\theta_{1\text{E}} = 72\,°\text{C}; \theta_{1\text{A}} = 53\,°\text{C};$

$\theta_{2\text{E}} = 12\,°\text{C}; \theta_{2\text{A}} = 58\,°\text{C};$

$\Phi_\text{L} = 21\,\text{kW}$

ges.: l in m

Lösung:

$$l = \frac{\Phi_\text{L}}{d_\text{m}\cdot\pi\cdot U\cdot\Delta\theta_\text{m}}$$

$$\Delta\theta_\text{m} = \frac{\theta_{1\text{E}} + \theta_{1\text{A}}}{2} - \frac{\theta_{2\text{E}} + \theta_{2\text{A}}}{2}$$

$$\Delta\theta_\text{m} = \frac{72\,°\text{C} + 53\,°\text{C}}{2} - \frac{12\,°\text{C} + 58\,°\text{C}}{2}$$

$$\Delta\theta_\text{m} = 62{,}5\,°\text{C} - 35\,°\text{C}$$

$$\Delta\theta_\text{m} = \underline{27{,}5\,\text{K}}$$

$$l = \frac{21\,000\,\text{W}\cdot\text{m}^2\cdot\text{K}}{0{,}022\,\text{m}\cdot\pi\cdot 620\,\text{W}\cdot 27{,}5\,\text{K}} \qquad l = \underline{\underline{17{,}83\,\text{m}}}$$

Zu 3)

geg.: $m = 550\,\text{kg}$; $c = 1{,}163\,\frac{\text{Wh}}{\text{kg}\cdot\text{K}}$; $\Delta\theta = 43\,\text{K}$;
$t = 70\,\text{min}$; $\theta_{1E} = 72\,°\text{C}$; $\theta_{1A} = 54\,°\text{C}$;
$\Delta\theta_m = 63\,\text{K}$; $U = 580\,\frac{\text{Wh}}{\text{m}^2\cdot\text{K}}$

ges.: a) Φ_L in kW
b) A in m²

Lösung:

a) $\Phi_L = \frac{m}{t}\cdot c\cdot\Delta\theta$

$\Phi_L = \frac{550\,\text{kg}}{1{,}17\,\text{h}}\cdot\frac{1{,}163\,\text{Wh}}{\text{kg}\cdot\text{K}}\cdot 43\,\text{K}$

$\Phi_L = 23\,508{,}5\,\text{W}$

$\Phi_L = \underline{\underline{23{,}509\,\text{kW}}}$

b) $A = \frac{\Phi_L}{U\cdot\Delta\theta_m}$

$A = \frac{23\,508{,}5\,\text{W}\cdot\text{m}^2\cdot\text{K}}{580\,\text{W}\cdot 63\,\text{K}}$

$A = \underline{\underline{0{,}643\,\text{m}^2}}$

Größenbestimmung und Auswahl von Speicher-Trinkwassererwärmern

Zu 1)

geg.: $N = 1{,}8$
Gas-Vorratswasserheizer

ges.: a) V in l
b) Φ_L in kW; Φ_B in kW
c) η
d) t in min

Speicherinhalt V in l	130	160	190	220
Leistungskennzahl N_L	1,0	1,5	2,0	2,5
Nennwärmeleistung Φ_{NL} in kW	6,13	7,25	8,20	8,50
Nennwärmebelastung Φ_{NB} in kW	6,80	8,00	9,00	9,50
Aufheizzeit t in min bei $\Delta\theta = 50\,\text{K}$	72	74	77	86
Bereitschaftsenergieverbrauch[1)] in $\frac{\text{kWh}}{24\,\text{h}}$	5,02	5,80	6,60	7,39
Warmwasser-Dauerleistung[2)] Φ_D in $\frac{\text{l}}{\text{h}}$	151	178	202	210
Kurzzeitentnahmemenge in $\frac{\text{l}}{10\,\text{min}}$	130	180	218	280

Lösung:

a) Laut Tabelle:
$N_L \geq N$
$2{,}0 \geq 1{,}8$
$V = \underline{\underline{190\,\text{l}}}$

b) Laut Tabelle:
$\Phi_L = \underline{\underline{8{,}2\,\text{kW}}}$
$\Phi_B = \underline{\underline{9{,}0\,\text{kW}}}$

c) $\eta = \frac{\Phi_L}{\Phi_B}$

$\eta = \frac{8{,}2\,\text{kW}}{9{,}0\,\text{kW}}$

$\eta = 0{,}91 = \underline{\underline{91\,\%}}$

d) Laut Tabelle:
$t = \underline{\underline{77\,\text{min}}}$

Zu 2)

Bedarfsermittlung für zentral versorgte Wohnungen										Projekt-Nr. ______ Blatt-Nr. ______
Ermittlung der Bedarfskennzahl *N* zur Größenbestimmung des Speicher-Trinkwassererwärmers Projekt: **Zweifamilienhaus** ______										
1	2	3	4	5	6	7	8	9	10	11
					Zapfstellen je Wohnung					
Lfd. Nr. der Wohnungsgruppe	Raumzahl	Wohnungsanzahl	Belegungszahl		Zapfstellenanzahl	Kurzzeichen	Wärmebedarf pro Zapfstelle in Wh	in Wh	in Wh	Bemerkungen
	r	n	p	$n \cdot p$	v		Q_v	$v \cdot Q_v$	$n \cdot p \cdot v \cdot Q_v$	
1	6	2	5,0	10,0	1 1	NB 2 HT	6510 350	6510 350	65100 3500	

Lösung:

a) $\Sigma(n \cdot p \cdot v \cdot Q_V) = 68\,600\,\text{Wh}$

$$N = \frac{\Sigma(n \cdot p \cdot v \cdot Q_V)}{Q_{vEW}}$$

$$N = \frac{68\,600\,\text{Wh}}{3{,}5 \cdot 5820\,\text{Wh}}$$

$$N = \underline{\underline{3{,}4}}$$

b) Größe des Speichertrinkwassererwärmers nach Tabelle: $V = \underline{\underline{200\,\text{l}}}$

Bestimmung der Mischwassertemperatur

Zu 1)

geg.: $m_W = 140\,\text{kg}$; $m_K = 65\,\text{kg}$;
$\theta_w = 58\,°\text{C}$; $\theta_k = 10\,°\text{C}$

ges.: θ_m

Lösung:

$$\theta_m = \frac{m_k \cdot \theta_k + m_w \cdot \theta_w}{m_m}$$

$$m_m = m_k + m_w$$

$$m_m = 65\,\text{kg} + 140\,\text{kg}$$

$$m_m = \underline{205\,\text{kg}}$$

$$\theta_m = \frac{65\,\text{kg} \cdot 10\,°\text{C} + 140\,\text{kg} \cdot 58\,°\text{C}}{205\,\text{kg}}$$

$$\theta_m = \underline{\underline{42{,}78\,°\text{C}}}$$

Zu 2)

geg.: $m_m = 170\,\text{kg}$; $m_K = 135\,\text{kg}$; $m_w = 35\,\text{kg}$;
$\theta_m = 37\,°\text{C}$; $\theta_k = 30\,°\text{C}$

ges.: θ_w

Lösung:

$$\theta_w = \frac{m_m \cdot \theta_m - m_k \cdot \theta_k}{m_w}$$

$$\theta_w = \frac{170\,\text{kg} \cdot 37\,°\text{C} - 135\,\text{kg} \cdot 30\,°\text{C}}{35\,\text{kg}}$$

$$\theta_w = \underline{\underline{64\,°\text{C}}}$$

Zu 3)

geg.: $m_m = 165\,\text{kg};$

$\theta_w = 58\,°C; \theta_m = 37\,°C; \theta_k = 12\,°C$

ges.: m_K in Liter

Lösung:

$$m_k = m_m \cdot \frac{\theta_w - \theta_m}{\theta_w - \theta_k}$$

$$m_k = 165\,\text{kg} \cdot \frac{58\,°C - 37\,°C}{58\,°C - 12\,°C}$$

$$m_k = 75{,}33\,\text{kg}$$

$$m_k = \underline{\underline{75{,}33\,\text{l}}}$$

Zu 4)

geg.: $m_k = 45\,\text{kg};$

$\theta_w = 58\,°C; \theta_m = 41\,°C; \theta_k = 14\,°C$

ges.: m_m in Liter

Lösung:

$$m_m = m_k \cdot \frac{\theta_w - \theta_k}{\theta_w - \theta_m}$$

$$m_m = 45\,\text{kg} \cdot \frac{58\,°C - 14\,°C}{58\,°C - 41\,°C}$$

$$m_m = 116{,}47\,\text{kg}$$

$$m_m = \underline{\underline{116{,}47\,\text{l}}}$$

Zu 5)

geg.: $m_m = 1200\,\text{kg};$

$\theta_w = 58\,°C; \theta_m = 38\,°C; \theta_k = 12\,°C;$

$t = 35\,\text{min} = 0{,}583\,\text{h}$

ges.: m_w in Liter

Lösung:

$$\frac{m_w}{\text{h}} = m_m \cdot \frac{\theta_w - \theta_m}{\theta_w - \theta_k}$$

$$\frac{m_w}{\text{h}} = 1200\,\text{kg} \cdot \frac{58\,°C - 38\,°C}{58\,°C - 12\,°C}$$

$$m_w = 521{,}74\,\text{kg} = 521{,}74\,\frac{\text{l}}{\text{h}}$$

$$\text{Speichervolumen TWE} = 521{,}74\,\frac{\text{l}}{\text{h}} \cdot 0{,}583\,\text{h}$$

$$\text{Speichervolumen TWE} = \underline{\underline{304{,}17\,\text{l}}}$$

Zu 10.2 Gasbrenner

Zu 19)

Lösung:

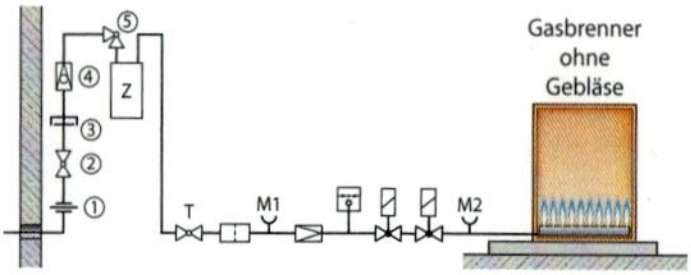

Zu 32)

Lösung:

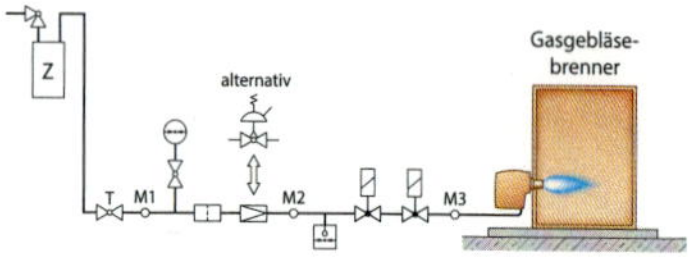

Zu 56c)

geg.: $\Phi_{NB} = 18\text{ kW}$; $H_{iB} = 9{,}8\,\frac{\text{kWh}}{\text{m}^3}$; Typenschild

ges.: $\dot{V}_E$ in $\frac{\text{l}}{\text{min}}$

Lösung:

$$\dot{V}_E = \frac{\Phi_{NB}}{H_{iB}}$$

$$\dot{V}_E = \frac{18\text{ kW} \cdot \text{m}^3 \cdot 1000\text{ l} \cdot \text{h}}{9{,}8\text{ kWh} \cdot \text{m}^3 \cdot 60\text{ min}}$$

$$\dot{V}_E = \underline{\underline{30{,}6\,\frac{\text{l}}{\text{min}}}}$$

Zu 58)

geg.: $\Phi_{NB} = 21\text{ kW}$; $H_{iB} = 9{,}6\,\frac{\text{kWh}}{\text{m}^3}$; $\eta = 0{,}90$

ges.: a) $\dot{V}_E$ in $\frac{\text{l}}{\text{min}}$

b) Φ_{NL} in kW

Lösung:

a) $$\dot{V}_E = \frac{\Phi_{NB}}{H_{iB}}$$

$$\dot{V}_E = \frac{21\text{ kW} \cdot \text{m}^3 \cdot 1000\text{ l} \cdot \text{h}}{9{,}6\text{ kWh} \cdot \text{m}^3 \cdot 60\text{ min}}$$

$$\dot{V}_E = \underline{\underline{36{,}46\,\frac{\text{l}}{\text{min}}}}$$

b) $$\Phi_{NL} = \dot{V}_E \cdot \eta \cdot H_{iB}$$

$$\Phi_{NL} = \frac{36{,}46\text{ l} \cdot 60\text{ min} \cdot \text{m}^3}{\text{min} \cdot 1000\text{ l} \cdot \text{h}} \cdot 0{,}90 \cdot 9{,}6\,\frac{\text{kWh}}{\text{m}^3}$$

$$\Phi_{NL} = \underline{\underline{18{,}90\text{ kW}}}$$

Zu 59)

geg.: $\dot{V}_E = 34\,\frac{\text{l}}{\text{min}}$; $H_{iB} = 9{,}4\,\frac{\text{kWh}}{\text{m}^3}$; $\eta = 0{,}92$

ges.: a) Φ_{NB} in kW

b) Φ_{NL} in kW

Lösung:

a) $$\Phi_{NB} = \dot{V}_E \cdot H_{iB}$$

$$\Phi_{NB} = \frac{34\text{ l} \cdot 60\text{ min} \cdot \text{m}^3}{\text{min} \cdot 1000\text{ l} \cdot \text{h}} \cdot 9{,}4\,\frac{\text{kWh}}{\text{m}^3}$$

$$\Phi_{NB} = \underline{\underline{19{,}18\text{ kW}}}$$

b) $$\Phi_{NL} = \dot{V}_E \cdot \eta \cdot H_{iB}$$

$$\Phi_{NL} = \frac{34\text{ l} \cdot 60\text{ min} \cdot \text{m}^3}{\text{min} \cdot 1000\text{ l} \cdot \text{h}} \cdot 0{,}92 \cdot 9{,}4\,\frac{\text{kWh}}{\text{m}^3}$$

$$\Phi_{NL} = \underline{\underline{17{,}64\text{ kW}}}$$

Zu 60)

geg.: $\dot{V}_E = 38\,\frac{\text{l}}{\text{min}}$; $H_{iB} = 9{,}2\,\frac{\text{kWh}}{\text{m}^3}$; $\eta = 0{,}89$;

$\Phi_{NL} = 25\text{ kW}$

ges.: a) Φ_{NB} in kW

b) $\dot{V}_E$ in $\frac{\text{l}}{\text{min}}$

Lösung:

a) $$\Phi_{NB} = \dot{V}_E \cdot H_{iB}$$

$$\Phi_{NB} = \frac{38\text{ l} \cdot 60\text{ min} \cdot \text{m}^3}{\text{min} \cdot 1000\text{ l} \cdot \text{h}} \cdot 9{,}2\,\frac{\text{kWh}}{\text{m}^3}$$

$$\Phi_{NB} = \underline{\underline{20{,}98\text{ kW}}}$$

b) $$\dot{V}_E = \frac{\Phi_{NL}}{\eta \cdot H_{iB}}$$

$$\dot{V}_E = \frac{25\text{ kW} \cdot \text{m}^3 \cdot 1000\text{ l} \cdot \text{h}}{0{,}89 \cdot 9{,}2\text{ kWh} \cdot \text{m}^3 \cdot 60\text{ min}}$$

$$\dot{V}_E = \underline{\underline{50{,}89\,\frac{\text{l}}{\text{min}}}}$$

Zu 10.4 Aufstellung von Wärmeerzeugern – Verbrennungsluftversorgung

Zu 20)

geg.: Eingeschossige Wohnung, Mehrfamilienhaus, nach 2002 errichtet, $V_R = 32\ m^3$; $f_{wirk.komp} = 0{,}7$ (Tabelle); $n_{50} = 1{,}5\ \frac{1}{h}$ (Tabelle, da Messwert des Luftwechsels bei 50 Pa in $\frac{1}{h}$ nicht vorliegt)

ges.: $q_{v.inf}$ in $\frac{m^3}{h}$

Lösung:

$$q_{v.inf} = V_R \cdot f_{wirk.komp} \cdot n_{50} \cdot 0{,}1857$$

$$q_{v.inf} = 32\ m^3 \cdot 0{,}7 \cdot 1{,}5\ \frac{1}{h} \cdot 0{,}1857$$

$$q_{v.inf} = \underline{\underline{6{,}24\ \frac{m^3}{h}}}$$

Bemerkungen/Kriterien für Zuordnungen	Auslegungswert n_{50}	Wohnung/Nutzungseinheit[1] eingeschossig		Wohnung/Nutzungseinheit[1] mehrgeschossig	
		Korrekturfaktor $f_{wirk.komp}$ 0,7	Errechnete Luftwechselrate n in 1/h	Korrekturfaktor $f_{wirk.komp}$ 0,8	Errechnete Luftwechselrate n in 1/h
Ventilatorgestützte Lüftung[2] in ab 2002 errichteten Ein- und Mehrfamilienhäusern	1,0	Haustyp 1	0,13	Haustyp 2	0,15
Freie Lüftung[3] in ab 2002[4] errichteten Ein- und Mehrfamilienhäusern	1,5	Haustyp 3	0,19	Haustyp 4	0,22
Freie Lüftung in vor 2002 errichteten Mehrfamilienhäusern mit wesentlichen Änderungen[5] der Luftdurchlässigkeit der Gebäudehülle					
Freie Lüftung in vor 2002 errichteten Einfamilienhäusern mit wesentlichen Änderungen der Luftdurchlässigkeit der Gebäudehülle[4]	2,0	Haustyp 5	0,26	Haustyp 6	0,3
Freie Lüftung in vor 2002 errichteten Ein- und Mehrfamilienhäusern ohne wesentlichen Änderungen[5] der Luftdurchlässigkeit der Gebäudehülle	3	Haustyp 7	0,4[6]	Haustyp 7	0,4[6]

1) Einschossig/mehrschossig ist die Geschosszahl innerhalb der Wohnung/Nutzungseinheit, z. B. Wohnung in einer Etage eines Mehrfamilienhauses = eingeschossig; Wohnung über 2 Etagen eines Mehrfamilienhauses = mehrgeschossig
2) Z. B. kontrollierte Be- und Entlüftung mittels eines oder mehrerer Ventilatoren
3) Lüftung über Undichtheiten in der Gebäudehülle, z. B. Fensterfugen
4) D. h. nach EnEV 2002 und folgende errichtete Gebäude
5) Eine wesentliche Änderung der Luftdurchlässigkeit der Gebäudehülle liegt z. B. vor, wenn
– in einer Nutzungseinheit mehr als 1/3 der vorhandenen Fenster ausgetauscht wurden oder
– in einem Einfamilienhaus mehr als 1/3 der vorhandenen Fenster ausgetauscht oder mehr als 1/3 der Dachfläche abgedichtet wurde.
6) Entspricht den bisherigen 4 m^3/kW Regel.

1 Auslegungswert für n_{50}, wenn kein gemessener n_{50}-Wert vorliegt und Zuordnung zu einem Haustyp unter Berücksichtigung des Korrekturfaktors $f_{wirk.komp}$, vorherige Seite sowie errechneter Luftwechselrate (TRGI 2018)

Zu 28)

geg.: Aufstellraum: l = 6 m; b = 4 m; h = 2,5 m: $n = 0{,}4\,\frac{m^3}{h}$.

ges.: $\Phi_{NL,max}$

Lösung:

$V_R = l \cdot b \cdot h$

$V_R = 6\,m \cdot 4\,m \cdot 2{,}5\,m$

$V_R = \underline{\underline{60\,m^3}}$

$q_{v.inf} = V_R \cdot n$

$q_{v.inf} = 60\,m^3 \cdot 0{,}4\,\frac{1}{h}$

$q_{v,inf} = \underline{\underline{24\,\frac{m^3}{h}}}$

$q_{v.inf} = q_{Bed} = \Phi_{NL,max} \cdot 1{,}6\,\frac{m^3}{h \cdot kW}$

$\Phi_{NL,max} = \frac{q_{v,inf}}{1{,}6\,\frac{m^3}{h \cdot kW}}$

$\Phi_{NL,max} = \frac{24\,\frac{m^3}{h}}{1{,}6\,\frac{m^3}{h \cdot kW}}$

$\Phi_{NL,max} = \frac{24\,m^3 \cdot h \cdot kW}{1{,}6 \cdot h \cdot m^3}$

$\Phi_{N,maxL} = \underline{\underline{15\,kW}}$

Zu 29)

geg.: $\Phi_{NL} = 24\,kW$; h = 2,5 m

ges.: *h* in *m*

Lösung:

$RLV = \frac{V_R}{\Phi_{NL}} \geq 1\,\frac{m^3}{h}$

$V_R \geq \cdot 1\,\frac{m^3}{kW} \cdot \Phi_{NL}$

$V_R \geq \cdot 1\,\frac{m^3}{kW} \cdot 24\,kW$

$V_R \geq \cdot \underline{\underline{24\,m^3}}$

$V_R = A \cdot h$

$A \cdot h \geq 24\,m^3$

$A \geq \frac{24\,m^3}{2{,}5\,m}$

$A = \underline{\underline{9{,}6\,m^2}}$

Zu 30)

geg.: $V_R = 26$ m3; $\Phi_{NL} = 16\,kW$; $n = 0{,}22\,\frac{1}{h}$; $V_{zu} = 95\,m^2$ (Öffnung 150 cm^2)

ges.: a) Schutzziele; b) Nachweis Schutzziel 1 und 2;
c) Nachweis Schutzziel 2 (Verbrennungsluftverbund)

Lösung:

a) <u>Schutzziel 1 und Schutzziel 2</u>

b) Schutzziel 1

$R_{LV} = \;\geq 1\,\frac{m^3}{h}$

$V_{R,erf.} \geq \cdot 1\,\frac{m^3}{kW} \cdot \Phi_{NL}$

$V_{R,erf.} \geq \cdot 1\,\frac{m^3}{kW} \cdot 16\,kW$

$V_{R,erf.} \geq \cdot 16\,m^3$

$V_R = 26\,m^3 \geq V_{R,erf.} = 16\,m^3$

→ <u>Schutzziel 1 erfüllt</u>

Schutzziel 2

$q_{Bed} = \Sigma\Phi_{NL} \cdot 1{,}6\,\frac{m^3}{h \cdot kW}$

$q_{Bed} = 16\,kW \cdot 1{,}6\,\frac{m^3}{h \cdot kW}$

$q_{Bed} = 25{,}6\,\frac{m^3}{h}$

$q_{v.inf} = V_R \cdot n$

$q_{v.inf} = 26\,m^3 \cdot 0{,}22\,\frac{1}{h}$

$q_{v.inf} = 5{,}7\,\frac{m^3}{h}$

→ $q_{Vlanr.} = 5{,}7\,\frac{m^3}{h}$ (Diagramm)

$q_{VL,anr} = 5{,}7\,\frac{m^3}{h} \leq q_{Bed} = 25{,}6\,\frac{m^3}{h}$

→ <u>Schutzziel 2 nicht erfüllt</u>

c) $q_{v.inf} = V_R \cdot n$

$q_{v.inf} = 95\,m^3 \cdot 0{,}22\,\frac{1}{h}$

$q_{v.inf} = 20{,}9\,\frac{m^3}{h}$

→ $q_{Vlanr.} = 20{,}9\,\frac{m^3}{h}$ (Diagramm

$q_{VL,anr} = 5{,}7\,\frac{m^3}{h}$ (Aufstellraum) + $20{,}9\,\frac{m^3}{h}$ (angrenzender Raum) = $26{,}6\,\frac{m^3}{h} \geq q_{Bed} = 25{,}6\,\frac{m^3}{h}$

→ <u>Schutzziel 2 erfüllt</u>

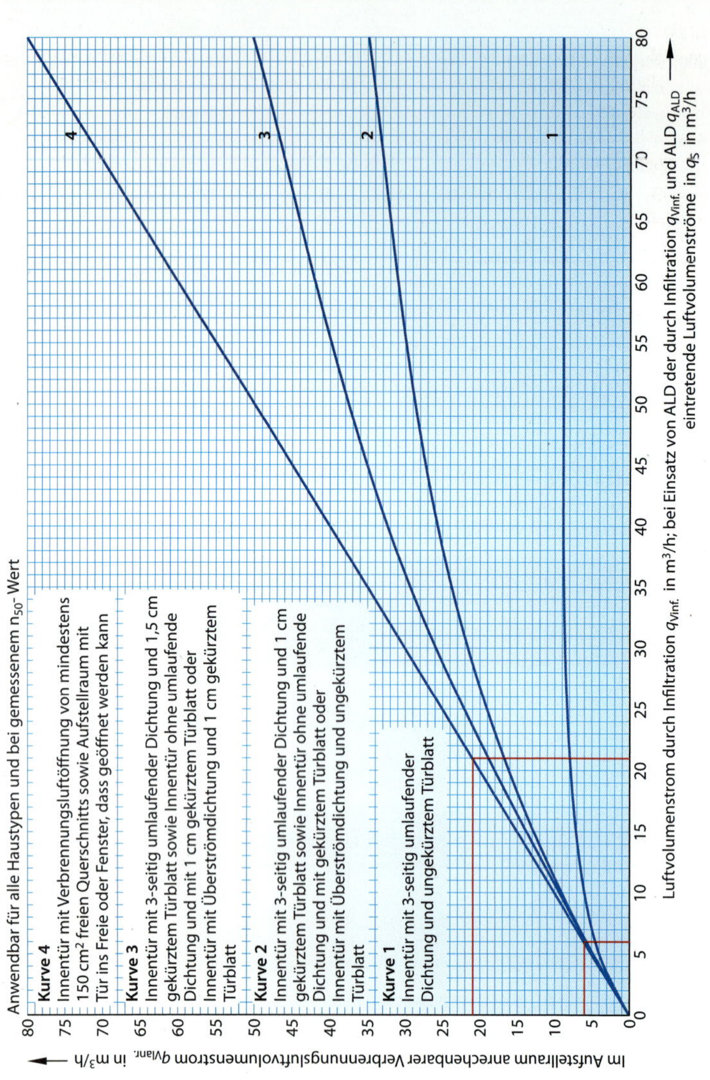
Anwendbar für alle Haustypen und bei gemessenem n_{50}-Wert
Kurve 4
Innentür mit Verbrennungsluftöffnung von mindestens 150 cm² freien Querschnitts sowie Aufstellraum mit Tür ins Freie oder Fenster, dass geöffnet werden kann
Kurve 3
Innentür mit 3-seitig umlaufender Dichtung und 1,5 cm gekürztem Türblatt sowie Innentür ohne umlaufende Dichtung und mit 1 cm gekürztem Türblatt oder Innentür mit Überströmdichtung und 1 cm gekürztem Türblatt
Kurve 2
Innentür mit 3-seitig umlaufender Dichtung und 1 cm gekürztem Türblatt sowie Innentür ohne umlaufende Dichtung und mit gekürztem Türblatt oder Innentür mit Überströmdichtung und ungekürztem Türblatt
Kurve 1
Innentür mit 3-seitig umlaufender Dichtung und ungekürztem Türblatt
1
2
3
4
Im Aufstellraum anrechenbarer Verbrennungsluftvolumenstrom $q_{Vlanr.}$ in m³/h
Luftvolumenstrom durch Infiltration $q_{VInf.}$ in m³/h; bei Einsatz von ALD der durch Infiltration $q_{VInf.}$ und ALD q_{ALD} eintretende Luftvolumenströme in q_S in m³/h
0
5
10
15
20
25
30
35
40
45
50
55
60
65
70
75
80

Zu 31)

geg.: $\Phi_{NL} = 18{,}0$ kW; Wohnung (Skizze) in Mehrfamilienhaus vor 2002 errichtet, neue Fenster, alle Innentüren mit 3-seitig umlaufender Dichtung, keine Verbrennungsluftöffnung ins Freie oder durch Innenwände

ges.: a) Nachweis Schutzziele 1 und 2

b) Maßnahmen.

Lösung:

a) Schutzziel 1

$\text{RLV} \geq 1\ \text{m}^3 \text{ pro kW } \Sigma\Phi_{NL}$

$\text{RLV} = \frac{V_R}{\Phi_{NL}}$; $\text{RLV} = \frac{33\ \text{m}^3}{18\ \text{lW}}$; $\text{RLV} = 1{,}8\ \frac{\text{m}^3}{\text{kW}} > 1\ \frac{\text{m}^3}{\text{kW}} \longrightarrow$ Schutzziel 1 erfüllt (Spalte 11)

Schutzziel 2

$q_{Bed} = \Sigma\Phi_{NL} \cdot 1{,}6\ \frac{\text{m}^3}{\text{h} \cdot \text{kW}}$; $q_{Bed} = 18\ \text{kW} \cdot 1{,}6\ \frac{\text{m}^3}{\text{h} \cdot \text{kW}}$; $q_{Bed} = 28{,}8\ \frac{\text{m}^3}{\text{h}}$

$q_{VL,anr} = 32{,}1\ \frac{\text{m}^3}{\text{h}}$ (Spalte 20) $\geq q_{Bed} = 28{,}8\ \frac{\text{m}^3}{\text{h}}$ (Spalte8) $\longrightarrow$ Schutzziel 2 erfüllt

b) Maßnahmen

- Zwei Öffnungen in der Tür zum Bad von jeweils mindestens 150 cm^2 freiem Querschnitt
- Überströmdichtungen in Schlaf- und Wohnzimmer

Objekt:									Messwert (wenn vorhanden)			Kennwerte der Nutzungseinheit (TRGI 2018)								
Datum:									n_{50}-Wert gemessen		$F_{wirk. komp}$	0,7	n_{50}-Auslegungswert		3	Haustyp		errechneter Luftwechsel in 1/h		
Ist-Zustand									Schutzziel 1			Schutzziel 2								
Raum			Verbrennungsluftträume (VLR)[1]			Feuerstätte(n)			min.1 m³ je kW			Werte aus Diagramm Bild 1, S. 208 oder Tabelle Bild 1, S. 209		Änderung	Werte aus Diagramm Bild 1, S. 208 oder Tabelle Bild 1, S. 209		Vom Hersteller angegebener Luftvolumenstrom bei 4 Pa in m³/h			
Spalte	1	2	3	4	5	6	7	8	9	10	11	12	13	14	15	16	17	18	19	20
Nr. des Raumes laut Skizze	Nutzung	Raumvolumen (VR)	bei Berechnung der Infiltration[2]	Angenommenes Raumvolumen bei Nutzung Tabelle XX[3]	Luftvolumenstrom durch Infiltration	Verwendungszweck/Art	Nennleistung bzw. fiktive Leistung	Verbrennungsluftbedarf	RLV[4] nur Aufstellraum	Raumvolumen Aufstellraum und Nebenraum	RVL[4] für Aufstellraum und Nebenraum	Kurve nach TRGI	Anrechenbarer Verbrennungsluftvolumenstrom bei Kurve aus Spalte 12	Maßnahme an der Tür des Raumes zur Verbesserung des Luftdurchlasses	Neue Kurve nach Maßnahme aus Spalte 14	Anrechenbarer Verbrennungsluftvolumenstrom bei Kurve aus Spalte 15	Anzahl ALD	Luftvolumenstrom ALD	Summe Luftvolumenstrom Spalte 5 + Spalte 18	Anrechenbarer Verbrennungsluftvolumenstrom bei Kurve aus Spalte 15[5]
Maßeinheit		m³	m³	m³	m³/h		kW	m³/h		m³			m³/h			m³/h		m³/h	m³/h	m³/h
I	B	15	15	13	2,4	KWH B11BS	18	28,8	0,8	15	0,8	4	2,4	2 x 150 cm²		2,4			2,4	2,4
II	Kü	29	29	29	5,5							1	4,2			4,2			5,5	4,2
III	Fl	18	18	18						18	1									
IV	W	122	122	122	23,1							1	8,0	Ü-Dichtung	2	18,1			23,1	18,1
V	S	42	42	42	7,9							1	5,3	Ü-Dichtung	2	7,4			7,9	7,4
VI																				
VII																				
Σ	x	226		224	38,9	x	18	28,8	x	33	1,8	x	19,9	x	x	32,1			38,9	32,1

[1] VLR sind Räume mit Tür oder Fenster ins Freie das geöffnet werden kann; [2] gleiches Volumen wie Spalte 2; [3] ist das Raumvolumen des zu berechnenden Raumes in Bild 1, nächste Seite für den betrachteten Haustyp nicht enthalten, wird der Wert für das nächst kleinere Raumvolumen verwendet – dieses Raumvolumen ist in Spalte 4 einzutragen; [4] Raum-Leistungs-Verhältnis (RVL) = Raumvolumen durch Leistung; [5] steht in Spalte 15 keine Kurve (wurde also an der vorhandenen Tür dieses Raumes keine Änderung vorgenommen) gilt die Kurve aus Spalte 12

Zu 11.2 Heizöllagerung

Zu 12)

geg.: $l = 3{,}0\,\text{m};\ b = 2{,}6\,\text{m}$

a) $V = 3 \cdot 2000\,\text{l}$

b) $V = 2000\,\text{l}$

ges.: a) h_1

b) h_2

Lösung:

a) $h_1 = \frac{V}{A}$

$h_1 = \frac{V}{l \cdot b}$

$h_1 = \frac{3 \cdot 2000\,\text{dm}^3}{30\,\text{dm} \cdot 26\,\text{dm}}$

$h_1 = 7{,}692\,\text{dm} = \underline{\underline{76{,}92\,\text{cm}}}$

b) $h_2 = \frac{V}{A}$

$h_2 = \frac{V}{l \cdot b}$

$h_2 = \frac{2000\,\text{dm}^3}{30\,\text{dm} \cdot 26\,\text{dm}}$

$h_2 = 2{,}564\,\text{dm} = \underline{\underline{25{,}64\,\text{cm}}}$

Zu 11.3 Ölzerstäubungsbrenner

Zu 47)

geg.: Öldüse 0,75 US gph; $p_e = 7\,\text{bar}$

ges.: a) $\dot{m}_e$ in $\frac{\text{kg}}{\text{h}}$

b) Begründung

Lösung:

a) $\dot{m}_e = 0{,}75 \cdot 3{,}1794\,\frac{\text{kg}}{\text{h}}$

$\dot{m}_e = \underline{\underline{2{,}38\,\frac{\text{kg}}{\text{h}}}}$

b) Der errechnete Öldurchsatz $\dot{m}_e = 2{,}38\,\frac{\text{kg}}{\text{h}}$ ergibt sich bei einem Öldruck von 7 bar. Der auf der Schlüsselfläche angegebene Öldurchsatz (Düsengröße nach CEN) $\dot{m}_e = \underline{\underline{2{,}5\,\frac{\text{kg}}{\text{h}}}}$ bezieht sich auf einen Öldruck von 10 bar.

Zu 48)

geg.: $\Phi_{NB} = 21\,\text{kW};\ H_i = 10\,\frac{\text{kWh}}{\text{l}}$

ges.: $\dot{V}_E$ in $\frac{\text{l}}{\text{h}}$

Lösung:

$\dot{V}_E = \frac{\Phi_{NB}}{H_i}$

$\dot{V}_E = \frac{21\,\text{kW}}{10\,\frac{\text{kWh}}{\text{l}}}$

$\dot{V}_E = \underline{\underline{2{,}1\,\frac{\text{l}}{\text{h}}}}$

Zu 49)

geg.: $\Phi_{NL} = 18\ \text{kW}; \eta_K = 0{,}92; H_i = 11{,}8\ \frac{\text{kWh}}{\text{kg}}$

ges.: a) $\dot{m}_e$ in $\frac{\text{kg}}{\text{h}}$

b) Düse

Lösung:

a) $\dot{m}_e = \frac{\Phi_{NL}}{H_i \cdot \eta_K}$

$$\dot{m}_e = \frac{18\ \text{kW}}{11{,}8\ \frac{\text{kWh}}{\text{kg}} \cdot 0{,}92}$$

$$\dot{m}_e = \underline{\underline{1{,}66\ \frac{\text{kg}}{\text{h}}}}$$

b) Nach Tabelle: Öldüse $\underline{\underline{1{,}66\ \frac{\text{kg}}{\text{h}}}}$ bei $\underline{\underline{10\ \text{bar}}}$ Öldruck

Zu 50)

geg.: Öldüse 0,65 US gph;

a) $p_e = 10\ \text{bar}$

b) $\dot{V}_E = 3\ \frac{\text{l}}{\text{h}}$

ges.: a) $\dot{V}_E$ in $\frac{\text{l}}{\text{h}}$

b) p_e in bar

Lösung: mittels Weishaupt-Rechenschieber:

a) Skale 6 Öldruck $p_e = 10$ bar (Öl vorgewärmt) unter Skale 5 Düsengröße 0,65 US gph und Öldurchsatz $\dot{V}_E$ in $\frac{\text{l}}{\text{h}}$ auf Skale 3 ablesen.

$$\dot{V}_E = \underline{\underline{2{,}6\ \frac{\text{l}}{\text{h}}}}$$

b) Pfeil $\frac{\text{l}}{\text{h}}$ über Öldurchsatz $\dot{V}_E = 3\ \frac{\text{l}}{\text{h}}$ von Skale 3 stellen und unter Skale 5 Düsengröße 0,65 US gph Öldruck p_e in bar auf Skale 6 (Öl vorgewärmt) ablesen.

$$p_e = \underline{\underline{13{,}5\ \text{bar}}}$$

Zu 51)

geg.: $\Phi_{NL} = 25\ \text{kW}; \eta_K = 0{,}92$

ges.: Öldüse

Lösung: mittels Weishaupt-Rechenschieber:
Wirkungsgrad η von 92 % in der Skale 2 unter die Wärmeleistung $\Phi = 25$ kW der Skale 1 stellen und die Düsengröße auf Skale 5 und den entsprechenden Öldruck p_e auf Skale 6 (Öl vorgewärmt) ablesen.

Öldüse $\underline{\underline{\text{0,65 US gph}}}$ bei $\underline{\underline{\text{11 bar}}}$ Öldruck.

Alternativ kann die Öldüse 0,6 US gph bei 13 bar Öldruck gewählt werden.

Zu 52)

geg.: Öldüse $2{,}11\ \frac{\text{kg}}{\text{h}}$ bei $p_e = 12\ \text{bar}; \eta_K = 0{,}90;$

$H_i = 11{,}8\ \frac{\text{kWh}}{\text{kg}}$

ges.: a) $\dot{m}_e$ in $\frac{\text{kg}}{\text{h}}$

b) Φ_{NL} in kW

Lösung:

a) Nach Tabelle (siehe Aufgabe 44):

Öldüse $2{,}11\ \frac{\text{kg}}{\text{h}}$ bei $p_e = 12\ \text{bar}; \dot{m}_e = \underline{\underline{2{,}31\ \frac{\text{kg}}{\text{h}}}}$

b) $\dot{m}_e = \frac{\Phi_{NL}}{H_i \cdot \eta_K}$

$$\Phi_{NL} = \dot{m}_e \cdot H_i \cdot \eta_K$$

$$\Phi_{NL} = 2{,}31\ \frac{\text{kg}}{\text{h}} \cdot 11{,}8\ \frac{\text{kWh}}{\text{kg}} \cdot 0{,}90$$

$$\Phi_{NL} = \underline{\underline{24{,}5\ \text{kW}}}$$

Zu 11.6 Festbrennstofflagerung

Zu 2)

geg.: $\Phi_{HL} = 10\,kW; \rho = 650\,\frac{kg}{m^3}$

ges.: a) V

b) m

c) V

Lösung:

a) $V = \Phi_{HL} \cdot 0{,}9\,\frac{m^3}{kW}$

$V = 10\,kW \cdot 0{,}9\,\frac{m^3}{kW}$

$V = \underline{\underline{9\,m^3}}$

b) $m = V \cdot \rho$

$m = 9\,m^3 \cdot 650\,\frac{kg}{m^3}$

$m = 5850\,kg$

$m = \underline{\underline{5{,}85\,t}}$

c) $V_S = V \cdot \frac{3}{2}$

$V_S = 9\,m^3 \cdot \frac{3}{2}$

$V = \underline{\underline{13{,}5\,m^3}}$

Zu 3)

geg.: $V_{Öl} = 2800\,l; \rho_{Pellets} = 650\,\frac{kg}{m^3};$

$l = 2{,}5\,m; b = 2{,}2\,m; h = 2{,}4\,m$

ges.: a) $m_{Pellets}$

b) $V_{Pellets}$

c) V_R ausreichend

Lösung:

a) $m_{Pellets} = V_{Öl} \cdot 2\,\frac{kg}{l}$

$m_{Pellets} = 2800\,l \cdot 2\,\frac{kg}{l}$

$m_{Pellets} = 5600\,kg$

$m_{Pellets} = \underline{\underline{5{,}6\,t}}$

b) $V_{Pellets} = \frac{m_{Pellets}}{\rho_{Pellets}}$

$V_{Pellets} = \frac{5600\,kg}{650\,\frac{kg}{m^3}}$

$V_{Pellets} = \underline{\underline{8{,}62\,m^3}}$

c) $V_R = l \cdot b \cdot h$

$V_R = 2{,}5\,m \cdot 2{,}2\,m \cdot 2{,}4\,m$

$V_R = 13{,}2\,m^3$

$V_S = V_R \cdot \frac{2}{3}$

$V_S = 13{,}2\,m^3 \cdot \frac{2}{3}$

$V_S = \underline{\underline{8{,}8\,m^3}} > V_{Pellets} = \underline{\underline{8{,}62\,m^3}}$

<u>Der bisherige Öllagerraum reicht für die Lagerung der Pellets aus.</u>

Zu 12.2 Solare Heizungsunterstützung

Zu 10)

geg.: $A = 6\,m^2$

2,5 (= von den Herstellern empfohlener Faktor, mit dem die zur reinen Trinkwassererwärmung benötigte Kollektorfläche zu multiplizieren ist)

ges.: A in m^2

Lösung:

$A = 6\,m^2 \cdot 2{,}5$

$A = \underline{\underline{15\,m^2}}$

Zu 12)

geg.: min. $50\,\frac{l}{m^2}; A = 15\,m^2$

ges.: V_{min}

Lösung:

$V_{min} = 50\,\frac{l}{m^2} \cdot 15\,m^2$

$V_{min} = \underline{\underline{750\,l}}$

Zu 12.3 Wärmepumpen

Zu 29)

geg.: $P_{el} = 1{,}8\,\text{kW}$; $COP = 5{,}9$

ges.: Φ_{WP}

Lösung:

$\Phi_{WP} = COP \cdot P_{el}$

$\Phi_{WP} = 5{,}9 \cdot 1{,}8\,\text{kW}$

$\Phi_{WP} = \underline{\underline{10{,}62\,\text{kW}}}$

Zu 31)

geg.: $A = 160\,\text{m}^2$; $q = 50\,\frac{\text{W}}{\text{m}^2}$; 5 Personen;

$f = 1{,}05$ (Fachbuch, Tabellenbuch)

ges.: Φ_{ges}

Lösung:

$\Phi_{HL,Geb} = A \cdot q$

$\Phi_{HL,Geb} = 160\,\text{m}^2 \cdot 50\,\frac{\text{W}}{\text{m}^2}$

$\Phi_{HL,Geb} = 8000\,\text{W} = 8\,\text{kW}$

$\Phi_{ges} = (\Phi_{HL,Geb} + \Phi_{TW}) \cdot f$

$\Phi_{ges} = (8\,\text{kW} + 0{,}25\,\frac{\text{kW}}{\text{Pers}} \cdot 5\,\text{Pers}) \cdot 1{,}05$

$\Phi_{ges} = \underline{\underline{9{,}7\,\text{kW}}}$

Zu 32)

geg.: $\Phi_{WP} = 10\,\text{kW}$; $c = 1{,}163\,\frac{\text{Wh}}{\text{kg} \cdot \text{K}}$; $P_{el} = 2{,}2\,\text{kW}$;

$\dot{V}_{vorh} = 1200\,\frac{\text{l}}{\text{h}} \Rightarrow \dot{m}_{vorh} = 1200\,\frac{\text{kg}}{\text{h}}$; $\Delta\theta = 5\,\text{K}$

ges.: $\dot{V}_{erf}$

Lösung:

$\Phi_U = \Phi_{WP} - P_{el}$

$\Phi_U = 10\,\text{kW} - 2{,}2\,\text{kW}$

$\Phi_U = \underline{7{,}8\,\text{kW}}$

$\dot{m}_{erf} = \frac{\Phi_U}{c \cdot \Delta\theta}$

$\dot{m}_{erf} = \frac{7800\,\text{W}}{1{,}163\,\frac{\text{Wh}}{\text{kg} \cdot \text{K}} \cdot 5\,\text{K}}$

$\dot{m}_{erf} = 1341{,}4\,\frac{\text{kg}}{\text{h}}$

$\dot{V}_{erf} = \underline{\underline{1341{,}4\,\frac{\text{l}}{\text{h}}}} > \dot{V}_{vorh} = \underline{\underline{1200\,\frac{\text{l}}{\text{h}}}}$

$\Rightarrow$ Die Wassermenge reicht für eine monovalente Betriebsweise nicht aus.

Zu 33)

geg.: $\Phi_{WP} = 12\,\text{kW}$; $\Phi_U = 9{,}5\,\text{kW}$; $q_E = 25\,\frac{\text{W}}{\text{m}^2}$;

$A_{vorh} = 600\,\text{m}^2$

ges.: A_{erf}

Lösung:

$A_{erf} = \frac{\Phi_U}{q_E}$

$A_{erf} = \frac{9500\,\text{W}}{25\,\frac{\text{W}}{\text{m}^2}}$

$A_{erf} = \underline{\underline{380\,\text{m}^2}} < A_{vorh} = \underline{\underline{600\,\text{m}^2}}$

$\Rightarrow$ Die Gartenfläche reicht für eine monovalente Betriebsweise aus.

Zu 34)

geg.: $\Phi_U = 9{,}1\,\text{kW};\ q_E = 65\,\frac{\text{W}}{\text{m}};\ l_{max} = 100\,\text{m}$

ges.: a) l_{ges}

b) n

Lösung:

a) $l_{ges} = \frac{\Phi_U}{q_E}$

$l_{ges} = \frac{9100\,\text{W}}{65\,\frac{\text{W}}{\text{m}}}$

$l_{ges} = \underline{\underline{140\,\text{m}}}$

b) $n = \frac{l_{ges}}{l_{max}}$

$n = \frac{140\,\text{m}}{100\,\text{m}}$

$n = \underline{\underline{1{,}4}} \Rightarrow \underline{\underline{\text{gewählt } 2 \times 70\,\text{m}}}$

Zu 14.2 Messtechnik

Zu 3)

Lösung:

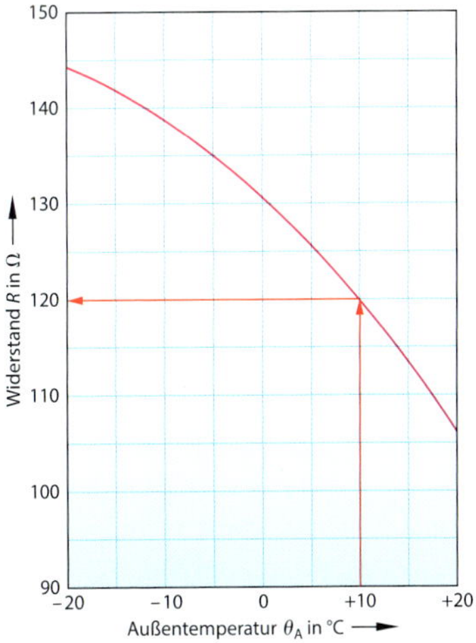

Widerstandskennlinie eines Außentemperaturfühlers

Zu 14.4 Regelungstechnik

Zu 38)

Lösung:

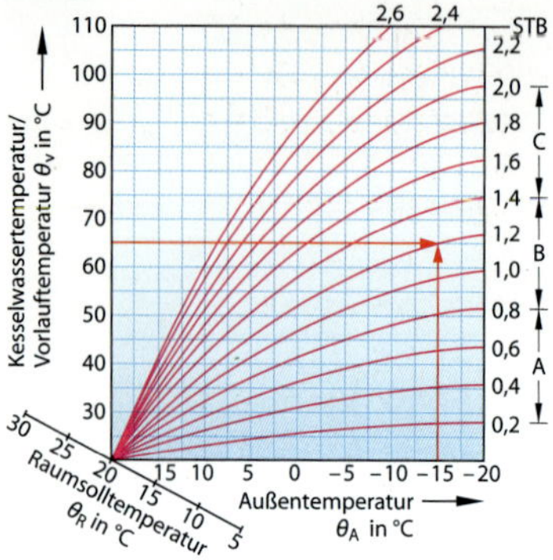

Zu 39)

Lösung:

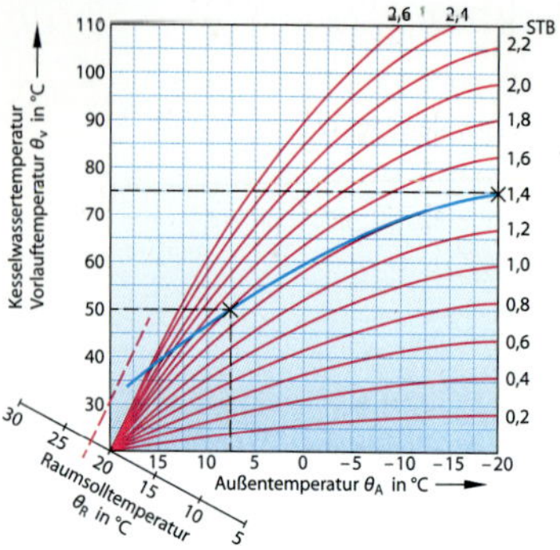

Zu 42)

Lösung:

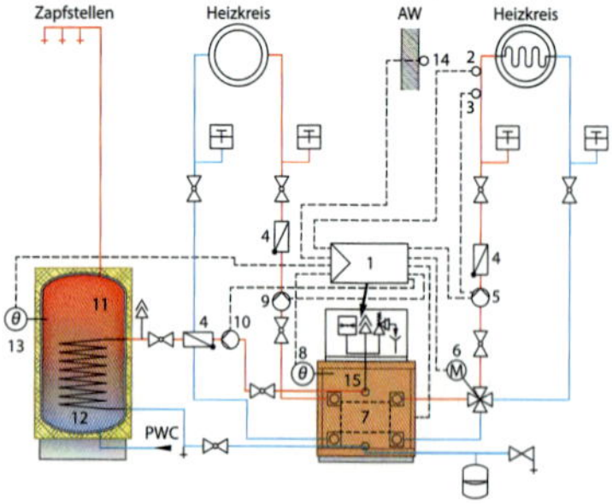

Zu 43)

Lösung:

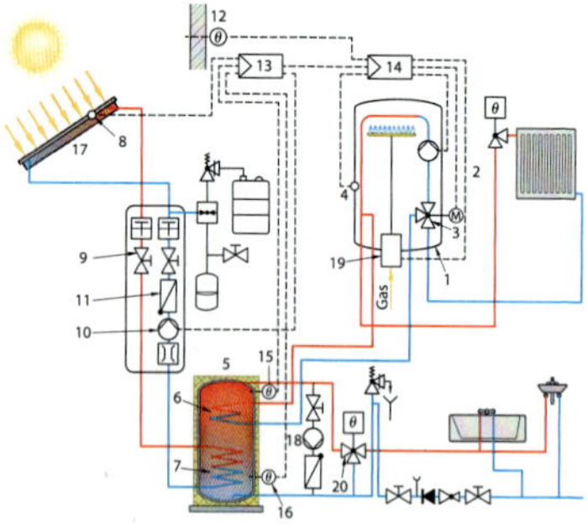

Symbole

A

B

C

D

E

F

G

H

I

J

K

L

M

N

O

P

Q

R

S

T

U

V

W

Z